职业教育“十二五”规划教材

焊接结构生产与实例

第二版

赵　岩　主　编
陈　玲　杨德云　彭　硕　鄂学伟　副主编
孙伟东　主　审

化学工业出版社
·北京·

本书是焊接专业主干课程教材之一，是根据高职高专焊接专业教学大纲和教育部16号文件精神编写的。全书采用了最新的国家和行业标准。内容主要包括绪论、焊接结构基本知识、焊接应力与变形、焊接结构零件加工工艺、焊接结构装配与焊接工艺、焊接结构工艺性审查及典型生产工艺、焊接工艺评定、焊接结构生产的组织与安全技术、焊接结构课程设计等主要内容。为了达到学以致用的目的，提高学生调研、组织资料及管理能力，本教材加入了焊接工艺评定和焊接结构课程设计的内容，再版时增补了焊接结构的疲劳破坏和焊接结构的脆性断裂等内容，增加了一些实际案例，可使教师在实际教学中取舍。本书不仅注重生产，而且还注重生产管理，每章后面都编入了生产实例。为了利于教师教学和学生复习巩固知识，每节加入了技能点、知识点，每章后都编写了综合训练，供大家参考。为便于教学，配套电子课件和习题参考答案。

本书可作为高职高专院校和中等职业学校焊接专业学生的教材，也可供从事焊接生产管理方面的工程技术人员参考。

图书在版编目（CIP）数据

焊接结构生产与实例/赵岩主编. —2版. —北京：
化学工业出版社，2014.11（2024.7重印）
职业教育“十二五”规划教材
ISBN 978-7-122-21812-4

Ⅰ.①焊… Ⅱ.①赵… Ⅲ.①焊接结构-焊接工艺-高等职业教育-教材 Ⅳ.①TG44

中国版本图书馆CIP数据核字（2014）第210004号

责任编辑：韩庆利
责任校对：宋　玮　　　　装帧设计：孙远博

出版发行：化学工业出版社（北京市东城区青年湖南街13号　邮政编码100011）
印　　装：北京科印技术咨询服务有限公司数码印刷分部
787mm×1092mm　1/16　印张15½　字数379千字　2024年7月北京第2版第2次印刷

购书咨询：010-64518888　　　　售后服务：010-64518899
网　　址：http://www.cip.com.cn
凡购买本书，如有缺损质量问题，本社销售中心负责调换。

定　　价：48.00元

前　言

本书的第一版自2008年出版以来，深受广大师生和企业人员的青睐，随着焊接技术的不断更新、标准的不断修订和高职院校对人才培养模式、优质核心课程、实践教学基础建设工作的不断深入，教材结构和内容方面则不能满足教学要求，需要进一步优化和完善。为此，编者认真总结近几年的教学经验和反馈意见，根据“高职高专焊接专业人才培养目标及岗位定位”、“高等职业学校焊接技术及自动化专业教学标准”的要求，组织有教学经验的职业院校教师和企业工程技术人员对教材做了修订。

焊接结构与生产是装备制造业、化工制造业、船舶制造业、建筑结构业等诸多领域的重要生产内容，焊接结构生产与实例是焊接专业的一门重要专业技能课，它主要包括绪论、焊接结构基本知识、焊接应力与变形、焊接结构零件加工工艺、焊接结构装配与焊接工艺、焊接结构工艺性审查及典型生产工艺、焊接工艺评定、焊接结构生产的组织与安全技术、焊接结构课程设计等主要内容。为了达到学以致用的目的，提高学生调研、组织资料及管理能力，本教材加入了焊接工艺评定和焊接结构课程设计的内容，可使教师在实际教学中取舍。每章后面或者是每章中都编入了源于企业的生产实例，将生产中遇到的鲜活技术、案例引进课堂，生产实例源于作者的实际工作任务或取材于最新的期刊杂志，达到了“案例进课堂、车间进课堂”教学内容基本与生产同步的效果，不但注重生产而且还注重生产管理。全书采用了最新的国家和行业标准。

本书对焊接结构生产进行了理论分析，并与企业生产实际紧密结合，重点突出，逻辑性强，图文并茂，对生产中易出现的变形问题进行了准确分析，提出了防止措施。编写中力求简练通俗，本书可作为高职高专院校和其他职业学校焊接专业学生的教材，也可供从事焊接生产管理方面的技术人员参考。

本书由赵岩主编，陈玲、杨德云、彭硕、鄂学伟副主编。本书绪论、第1章由黑龙江职业学院赵岩、孙春华，哈尔滨物业供热集团付新宇编写，第2章由荆楚理工学院彭硕编写，第3章、第5章由四川化工职业技术学院陈玲、吉林铁道职业技术学院朱立东编写，第4章由渤海石油职业技术学院刘松淼编写，第6章、第7章由哈尔滨华德学院杨德云编写，第8章由黑龙江职业学院赵岩、哈尔滨建成北方专用车有限公司鄂学伟编写，全书由赵岩负责统稿和定稿，由哈尔滨四方锅炉有限公司总经理孙伟东主审。

本书配套电子课件和习题参考答案，可赠送给用本书作为授课教材的院校和老师，如有需要可发邮件到 hqlbook@126.com 索取。

在此要感谢参编企业及院校的领导和老师对教材编写工作给予的大力支持，还要特别感谢哈尔滨工业大学机电工程学院研究生赵朝夕同学对教材中的图表进行了绘制、修改和加工，此外教材编写过程中援引大量的参考文献，向文献的原作者表示衷心的感谢。

由于编者水平有限，加之时间仓促，调研论证不足，书中缺点在所难免，敬请各界读者批评指正，提出宝贵意见，以便再版时修订。

编　者

前 言

目　录

绪 论

1. 焊接结构及焊接生产的发展

我国是世界上最早应用焊接技术的国家之一。远在战国时期，铜器的主体、耳、足就是利用钎焊来连接的。其后明代《天工开物》一书中有“凡铁性逐节黏合，涂黄泥于接口之上，入火挥锤，泥渣成枵而去，取其神气为谋合，胶结之后，非灼红斧斩，永不可断”的记载。这说明当时人们已懂得锻焊使用焊剂，可获得质量较高的焊接接头。我们的祖先为古老的焊接技术发展史留下了光辉的一页，显示出我国是一个具有悠久焊接历史的国家。

近代焊接技术是在电能成功地应用于工业生产之后出现的，从1882年发明电弧焊到现在已有一百余年的历史。在电弧焊的初期，不成熟的焊接工艺使焊接在生产中的应用受到限制，直到20世纪40年代才形成较为完整的焊接工艺体系，埋弧焊和电阻焊得到成功的应用。20世纪50年代的电渣焊、各种气体保护焊、超声波焊，20世纪60年代的等离子弧焊、电子束焊、激光焊等先进焊接方法的不断涌现，使焊接技术达到一个新水平。近年来对能量束焊接、太阳能焊接、冷压焊等新的焊接方法也开始研究，尤其是在焊接工艺自动控制方面有了很大的发展，采用电子计算机控制和工业电视监视焊接过程，使焊接过程便于遥控，有助于实现焊接自动化。工业机器人的问世，使焊接工艺自动化达到一个崭新的阶段。

焊接结构随焊接技术的发展而产生，从20世纪20年代开始得到了越来越广泛的应用。第一艘全焊远洋船是1921年建造的，但开始大量制造焊接结构是20世纪30年代以后。伴随焊接结构的发展也发生了一些事故，如20世纪30年代末有名的比利时全焊钢桥的断裂和第二次世界大战期间紧急建造的EC2货轮的断裂等。随着冶金和钢铁工业的发展，一些新工艺、新材料、新技术不断涌现，以及焊接技术和理论的发展，更重要的是国民经济和军事工业发展的需要，大大推动了焊接结构及焊接生产，使其获得了迅猛的发展。

(1) 焊接结构的发展　焊接结构近几年来的发展趋势如下。

① 焊接结构获得进一步推广和应用。焊接结构生产是将各种经过轧制的金属材料及铸、锻等坯料采用焊接方法制成能承受一定载荷的金属结构制造过程。随着焊接技术的发展和进步，焊接结构的应用越来越广泛，焊接结构几乎渗透到国民经济的各个领域。如机械制造、石油化工、矿山机械、能源电力、铁道车辆、国防装备、航空航天、舰船制造等，与其他可制造金属结构的工艺如锻造、铸造、铆接相比，只有焊接结构的占有率是上升的。在工业发达的国家中一般焊接结构占钢产量的45%～50%，如前苏联到20世纪80年代中期焊接结构已近80兆吨，其用钢量占全前苏联总量的50%。我国2001年钢产量即达1.5226亿吨，2002年更达1.8亿吨。2013年，我国粗钢产量达7.82亿吨，这个数量已经超过了全球总产量的50%。由于采矿机械，采油、炼油、输油装备，大型风能、水电、火电、核电成套设备，大中型建筑机械，国防工业成套装备以及规模生产汽车和农用车及其组装焊接生产线的建设，要求机械工业提供大型冶金设备，并且这些重大成套技术装备极大部分为焊接结构。

② 焊接结构向大型化、高参数、精确尺寸方向发展。如100万吨级巨型油轮；容积为10万立方米的大型储罐；国产核电站600MW反应堆压力壳，高达12.11m，内径3.85m，外径4.5m，壁厚从195～475mm，国外还有1480MW反应堆压力壳，高12.85m，直径5～

5.5m，壁厚从200～600mm，重达483t；工作压力为32.4MPa，温度为650℃的1.2GW电站锅炉；壁厚达200～280mm，内径2m，筒体部件长20多米，重达560t的热壁加氢反应器；我国第一台煤直接液化反应器，直径5.5m，长62m，壁厚337mm，质量2060t，为世界最大加氢反应器，采用双丝窄间隙埋弧焊技术焊接而成；还有众所周知的，总发电装机容量达1820万千瓦的三峡电站，年发电847亿千瓦时，相当于6个半葛洲坝电站和10个大亚湾核电站，到2009年全部机组发电后，三峡电站向华东、华中、川东供电，并与华北、华南联网，成为中国电力布局的“中枢”，它采用26台70万千瓦水轮发电机组，其水轮机的座环、转轮——叶片、主轴、蜗壳等都是巨型焊接结构，仅蜗壳其进口直径就达12m，壁厚70～80mm，而水轮机叶片不仅焊接量大，而且要求精度高。与此相对应，数控切割、数控卷板、少切屑、无切屑和一次成形、精密成形的应用使得一些重型机械的主要部件在设计时采用焊接件，已经突破了将其作为毛坯的传统概念，这些焊接件采用先进的切割和焊接方法，不经机械加工或很少加工即可直接进行装配，并保证必要的安装装配精度和公差要求。如近净形焊熔（焊熔工件达到或接近净加工尺寸外形）技术——特别适用于对材料有特殊要求或对形状有一定要求的场合，可获得或接近获得最终形状的零部件，故特别适用于零部件原型的开发；具有“世界第一拱桥”之称的上海卢浦大桥，全长3900m，跨度550m，为世界跨度最大的全焊钢结构拱桥，用厚度30～100mm的细晶粒钢焊接而成，如图0-1所示。2007年由美国《时代》周刊评出的世界十大建筑奇迹之一的2008年奥运会主会场——中国国家体育场造型呈双曲面马鞍形，东西向结构高度为68m，南北向结构高度为41m，钢结构最大跨度长轴333m，短轴297m，由24榀门式桁架围绕体育场内部碗状看台旋转而成，结构组件相互支撑，形成网格状构架，组成体育场整个的“鸟巢”造型，如图0-2所示；在石油输送管道建

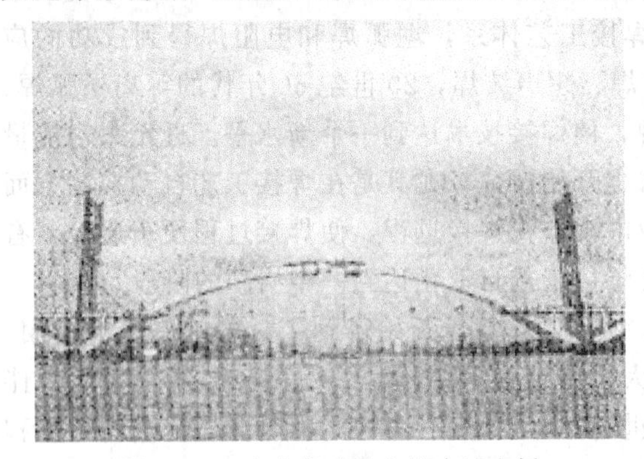

图0-1　正在合拢中的上海卢浦大桥

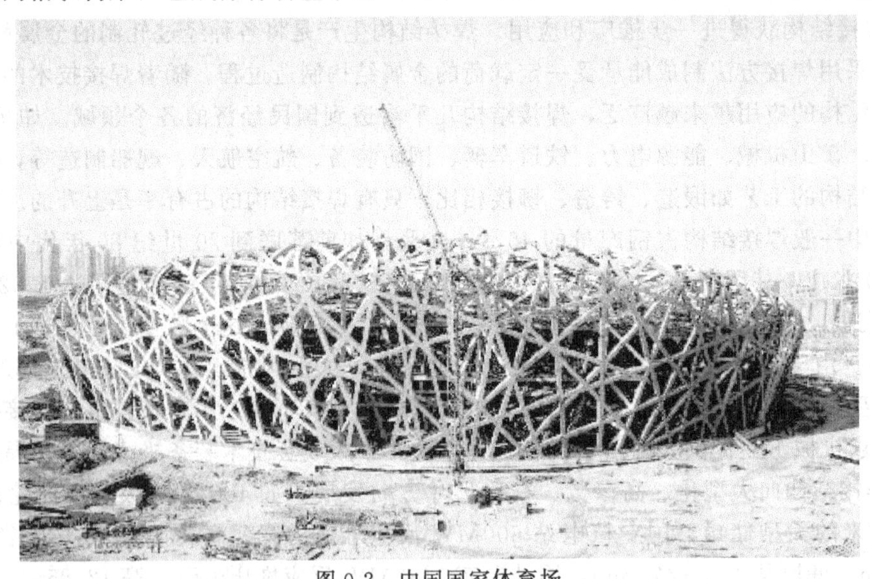

图0-2　中国国家体育场

设安装方面，如图 0-3 是某油田集团正在建设中的西部原油成品油管道工程；在航空航天方面，已建成了一个最大的空间环境模拟装置，它是一个大型不锈钢整体焊接结构，主舱是一个直径 18m，高 22m 的真空容器，辅舱直径 12m，我国发射的第一个“神州”五号载人飞船就曾在这个模拟舱中进行试验。图 0-4 所示为上海环球金融中心，上海环球金融中心 2008 年 8 月 29 日竣工，是中国目前第三高楼、世界第四高楼、世界最高的平顶式大楼，楼高 492 米，地上 101 层。图 0-5 所示为广州电视塔，整体高 600 米，为国内第一高塔，世界第三高塔。

图 0-3　西部原油成品油管道工程

图 0-4　上海环球金融中心

图 0-5　广州电视塔

③ 焊接结构材料已从碳素结构钢转向采用低合金结构钢、合金结构钢、特殊用途钢，工业发达国家采用了的而我国已经开发或正在研制的微合金化控轧钢（如 TMCP 钢）、高强度细晶粒钢、精炼钢（如 CF 钢）、非微合金化的 C-Mn 钢、制造海洋平台基础导管架用的 Z 向钢。高强和超高强度钢也开始广泛用于制造焊接结构，如高强管线钢 X80、X100、X120

钢，汽车车身用超轻型结构用钢，高耐火性高层建筑用钢；制造固体燃料火箭发动机壳的4340钢，抗拉强度可达1765MPa等。

与焊接结构的使用环境相对应日益复杂的苛刻条件，一些耐高温、耐腐蚀、耐深冷及脆性断裂的高合金钢及非钢铁合金也在焊接结构中获得了应用，如3.5Ni、5.5Ni及9Ni钢，不锈钢和耐热钢，铝及铝合金，钛及钛合金，还有用防锈铝合金制造输送液化天然气的货船和球罐等。

④ 焊接结构的设计应依据其工作条件和要求分别按照有关的规范进行，接受有关部门的监督，但结构设计共同的发展趋势是采用计算机辅助技术进行优化设计，从而使结构更加经济合理，并且减少了设计的工作量。

（2）焊接结构生产的发展　与以上焊接结构的发展趋势相适应，必然有以先进的焊接工艺为基础的焊接生产发展，近年来焊接生产的主要发展趋势如下。

① 先进的优质、高产、低耗、廉价和清洁的焊接不断发展并快速在焊接生产中获得应用。如在很多场合，CO_2气体保护焊代替了焊条电弧焊；用富氩的混合气体保护焊、氩弧焊（MIG焊和TIG焊）焊接高强度钢、大厚度的压力容器；热壁加氢反应器采用窄间隙焊；需要单面焊的压力容器和管道中常用的TIG焊、STT（表面张力过渡法）焊打底；药芯焊丝气体保护焊已用于诸如造船、重型机械、大型储罐等焊接结构的空间焊缝；管道的高速旋转电弧焊，全自动的气电保护焊和脉冲闪光焊；在航空航天、核设备的焊接中使用了激光焊、氩弧焊。一些传统的焊接工艺又有新发展，如搅拌摩擦焊、活性焊剂氩弧焊，埋弧焊有了多丝（串联和并联），还有热丝、填金属粉、窄间隙埋弧焊等。即使采用焊条电弧焊的场合，也采用了高效焊接工艺，例如在长输管道的焊接中采用向下立焊方法对接，在造船焊接中采用重力焊，广泛采用铁粉焊条等。

② 包括上述先进焊接工艺在内的焊接机械化和自动化得到推广，焊接机器人得到应用。表0-1是20世纪90年代国外一些工业先进国家按焊接填充金属重量计算已达到机械化、自动化的水平，我国与之相比差距较大。

表0-1　一些国家机械化、自动化比例

国　别	前苏联	美国	日本	德国	中国
机械化和自动化所占百分比	40%	55%	45%	64%	25%

高效、优质的机械化和自动化是靠相应的自动化设备和焊接材料支持的。像大型化的焊接成套设备，具有自动跟踪焊缝、检测、调整等功能，如长输管线的全位置气电自动焊的成套设备、脉冲闪光焊的成套设备，这不仅可以大幅度提高焊接质量和生产率，也为改善工人的劳动强度，进而向无人化生产铺平道路。又如大型储油罐壁焊缝自动焊机，特别是焊接机器人，目前在世界上所有的工业机器人中，50%以上为焊接机器人，在一些劳动条件十分恶劣的场合，为摆脱对高级熟练焊工的依赖，进一步提高劳动生产率和质量，选择焊接机器人是重要的途径。

③ 焊接生产中的备料工艺有了重大进步。这是使整个生产工艺现代化、自动化和短流程的一个重要环节。例如广泛采用数控热割机，目前主要采用数控氧-乙炔气割下料，如海上平台的导管架，全部管节点的构成管头各种空间曲线，都采用了精密的数控切割。有的工厂6mm以上的钢材大都采用数控热切割方法下料，使划线、下料实现了自动化，保证了零件的形状、尺寸正确，边缘光滑，不再需用边缘刨削来改善零件精度，80%以

上的板材零件只需这道下料工序和修磨即可进入装配。一些工厂根据产品特点还保留了部分剪床下料，但由剪切向热切割、数控切割过渡的趋向已十分明显。与上述变化相对应，热切割工艺与设备得到了很大发展，新的热切割工艺，如等离子弧切割、激光切割等获得应用。

备料生产中的材料成形工艺也有很大变化，如制造圆筒容器所用大量卷板工艺，已经开始采用数控卷板代替繁重的手工卷板。各种封头的成形工艺也有了很大进步。

④ 加强了基本金属如钢材、铝合金等的表面处理和边缘处理，以保证热切割的连续、焊接及装配质量和成本涂饰质量。

⑤ 焊接结构的可靠性预测。焊接结构的可靠性保证主要体现在三个方面：大型装备中焊接结构的应力控制；薄板结构的变形控制；服役装备结构的寿命预测和评估。目前采用的主要方法是利用高速计算机、工具软件和模型进行仿真模拟，提供工艺优化的方法，以及利用各种消除应力的手段来解决这一问题，进行大型水轮机转子的应力评估、大功率电动机主轴应力分析等。焊接工作者正在完成焊接结构的“理论—工程试验—实践”向“理论—计算机模拟—实践”的过渡。

⑥ 焊接结构生产的发展趋势。焊接领域将来的发展趋势是高速焊接、数字化电源、传感技术、激光应用、自动化、省力化。

综上所述焊接结构与焊接生产的发展趋势，不难看出无论在结构设计还是在焊接工艺、焊接设备、备料工艺与设备和焊接材料方面均有较大的发展。在图样设计方面采用了先进的技术标准、高性能的材料，在制造时采用了与技术标准和材料相适应的高质、高效、低成本的工艺，制造出了一流的产品，而焊接生产是整个生产制造过程中主要的一环，占有极重要的地位。现在我国产品进入国际市场，面临残酷激烈的竞争，我国机电产品，包括焊接结构能否站住脚，争一席之地，这与焊接生产的能力有很大关系，它往往是产品打入国际市场，在国内取代进口产品，能否成为与外商合作的伙伴，并参与国际竞争的首要条件之一。

在焊接理论研究方面，建立了焊接研究所和焊接设备研究所，在许多高、中等职业院校设置了焊接专业，为发展焊接科学技术和培养焊接技术技能型人才创造了良好的氛围。

目前，随着科学技术的进步和工业的发展，一方面高强度钢等新材料不断开发和应用；另一方面焊接结构日趋复杂，焊接工作量越来越大，对焊接技术的要求越来越严格，对提高焊接生产率的要求日益迫切。

2. 焊接结构的特点与分类

（1）焊接结构优点　焊接结构之所以能有上述巨大的发展，是与焊接结构的一系列优点分不开的。

① 焊接结构可以减轻结构的重量，提高产品的质量，特别是大型毛坯的质量（相对铸造毛坯）。相对铆接结构其接头效能较高，节省金属材料，节约基建投资，可以取得较大的经济效益。如120000kN水压机改用焊接结构后，主机重量减轻20%～26%，上梁、活动横梁减轻20%～40%，下梁减轻50%；某大型颚式破碎机改用焊接结构后，节约生产费用30多万元，成本降低了20%～25%。

② 焊接结构由于采用焊接连接，理论上其连接厚度是没有限制的（与铆接相比），这就为制造大厚度巨型结构创造了条件。采用焊接能使结构有很好的气密性和水密性，这是储罐、压力容器、船壳等结构必备的性能。前述热壁式加氢反应器和核容器是极好的

实例。

③ 焊接结构多用轧钢制造，它的过载能力、承受冲击载荷能力较强（和铸造结构相比）。对于复杂的连接，用焊接接头来实现要比铆接简单得多，高水平的焊接结构设计人员可以灵活地进行结构设计，并有多种满足使用要求可供选择，简单的对接焊和角焊就能构成各种焊接结构。

④ 焊接结构可根据结构各部位在工作时的环境，所承受的载荷大小和特征，采用不同的材料制造，并采用异种钢焊接式堆焊制成。从而满足了结构使用性能，又降低制造成本。如热壁加氢反应器，内壁要有抗氢腐蚀能力，如全用抗氢钢卷制，贵而不划算，尿素合成塔则要耐包括尿素在内多种化工产品的腐蚀，故这类厚壁筒内壁采用堆焊（或内衬）不锈钢（或镍基合金）来制造。

⑤ 节省制造工时，同时也就节约了设备及工作场地的占用时间，这也可以获得节约资金的效果。例如在现代造船厂里，一个自重 20 万吨的油轮，可在不到 3 个月的时间里下水，同样的油轮如用铆接制造，需要一年多的时间下水。与铆接结构的经济性相比，它还具有结构制造成品率高的特点，即焊接结构制造过程中一旦出现焊接缺陷，修复比较容易，很少产生废品。

（2）焊接结构存在的问题　焊接结构也存在一些问题，这些问题正是本书要进行讨论的主要内容之一。

① 焊接结构中必然存在焊接残余应力和变形。绝大多数焊接结构都是采用局部加热的焊接方法制造，这样不可避免地将产生较大的焊接应力和变形。焊接应力和变形不仅影响结构的外形和尺寸；在一定条件下，还将影响结构的承载能力，如强度、刚度和稳定性；对焊后加工也带来一些问题，如尺寸的稳定性和加工精度；同时还是导致焊接缺陷的重要原因之一。

② 焊接过程会局部改变材料的性能，使结构中的性能可能不均匀。尤其是某些高强度、超高强度钢，如微合金控轧钢有优良的性能，但它要求焊接过程实现焊缝金属洁净化和通过微合金化使之实现细晶粒化。一些金属材料焊接比较困难，这就导致了焊接缺陷，虽然焊接缺陷大多数能够修复，但是一旦漏检或修复不当则可能带来严重的问题，如形成应力集中，加之性能不均匀将更严重地影响结构的断裂行为，降低结构的承载能力。

③ 焊接结构是一个整体，这一方面是气密、水密的前提，另一方面刚度大，在焊接结构中易产生裂纹，使之很难像铆接或螺栓连接那样在零件的过渡处被制止，由于这个原因和上述原因（焊接应力和变形、缺陷、大应力集中、性能不均匀等）导致焊接结构对脆性断裂和疲劳、应力腐蚀等的破坏特别敏感。

④ 由于科学技术的进步，无损检测手段获得了重大发展，但到目前为止，经济而十分可靠的检测手段仍感缺乏。

（3）焊接结构的分类　焊接结构难以用单一的方法将其分类。有时按照制造结构板件的厚度分为薄板、中厚板、厚板结构；有时又按照最终产品分为飞机结构、油罐车、船体结构、客车车体等；按采用的材料，可分为钢焊结构，铝、钛合金结构等。按结构工作的特征，并与其设计和制造紧密相连，结构的分类及其各自的特点可简述如下。

① 梁、柱和桁架结构。分别工作在横向弯曲载荷和纵向弯曲或压力下的结构可称为梁和柱。由多种杆件被节点连成承担梁或柱的载荷，而各杆件都是主要工作在拉伸或压缩载荷下的结构称为桁架。作为梁的桁架结构杆件分为上下弦杆、腹杆（又分竖杆和斜杆），载荷

作用在节点上，从而使各杆件形成只受拉（或压）的二力杆。实际上，许多高耸结构，如输变电钢塔、电视塔等也是桁架结构。

梁、柱和桁架结构是组成各类建筑钢结构的基础，如高层建筑的钢结构、冶金厂房的钢结构（屋架、吊车梁、柱等）、冶炼平台的框架结构等。它还是各类起重机金属结构的基础，如起重机的主梁、横梁，门式起重机的支腿、栈桥结构等。用作建筑钢结构的梁、柱和桁架常常在静载下工作，如屋顶桁架。而作为起重机的金属结构，包括桥梁桁架和起重机桁架则在交变载荷下工作，有时还是在露天条件下工作，受气候环境与温度的影响，这类结构的脆性断裂和疲劳问题应引起更大关注。

② 壳体结构。它是充分发挥焊接结构水、气密特点，应用最广、用钢量最大的结构。它包括各种焊接容器、立式和卧式储罐（圆筒形）、球形容器（包括水珠状容器）、各种工业锅炉、废热锅炉、电站锅炉的锅筒、各种压力容器，以及冶金设备（高炉炉壳、热风炉、除尘器、洗涤塔等）、水泥窑炉壳、水轮发电机的蜗壳等。

壳体结构大多用钢板成形加工后拼焊而成，要求焊缝致密。一些承受内压或外压的结构一旦焊缝失效，将造成重大损失。

③ 运输装备的结构。它们大多承受动载，有很高的强度、刚度、安全性要求，并希望重量最小，如汽车结构（轿车车体、载货车的驾驶室等）、铁路敞车、客车车体和船体结构等。而汽车结构全部、客车体大部分又是冷冲压后经电阻焊或熔焊组成的结构。

以上所述结构因失效会造成严重损失，这类结构的设计和制造监察应按国家法规进行。

④ 复合结构及焊接机器零件。这些结构或零件是机器的一部分，要满足工作机器的各项要求，如工作载荷常是冲击或交变载荷，还常要求耐磨、耐蚀、耐高温等。为满足这些要求，或满足零件不同部位的不同要求，如前焊接结构优点所述，这类结构往往采用多种材料与工艺制成的毛坯再焊接而成，有的就构成所谓的复合结构，常见的有铸-压-焊结构、铸-焊结构和锻-焊结构等。

复合结构的焊接可以在加工毛坯后完成，如挖掘机的焊接铲斗；而大多数是粗加工或未经机加工的毛坯焊接成结构后再精加工完成，如巨型焊接齿轮、锅筒、汽轮发电机的转子和水轮机的焊接主轴、转轮和座环，60000kN 水压机的立柱、梁、工作缸等。

(4) 焊接结构设计和制造的相关标准　这里列举最重要和最常用的一些国内外标准，以便在具体工作中参照执行，先列举与焊接结构设计有关的标准，后是有关结构制造（施工）及验收（质量监控）的规范。

有一些标准在下面的有关章节（1.5 焊接标准简介）将会作进一步介绍。

① 国内常用标准代号：

GB　国家标准代号

GB/T　国家推荐性标准代号

SH　石油化工行业专业标准代号

QB　轻工行业标准代号

YB　冶金行业标准代号

HG　化工行业标准代号

JB　机械行业标准代号

SJ　电子行业标准代号

QC　汽车行业标准代号

TB 铁道运输行业标准代号

CB 船舶工业标准代号

HB 航空工业行业标准代号

QJ 航天工业行业标准代号

② 国外常用标准代号：

ISO 国际标准化组织代号

IEC 国际电工委员会标准代号

IIW 国际焊接学会代号

AWS 美国焊接学会代号

CEN 欧洲标准化委员会代号

ANSI 美国国家标准学会代号

AISI 美国钢铁学会代号

AISE 美国钢铁工程师学会代号

ASM 美国金属学会代号

ASIM 美国材料学会代号

ASME 美国机械工程师协会或锅炉压力容器规范代号

BS 英国标准代号

DIN 德国标准代号

JIS 日本工业标准代号

NF 法国标准代号

ГОСТ 前苏联标准代号

③ 焊接基础标准：

焊缝符号表示法（GB/T 324—2008）；焊接术语（GB/T 3375—1994）；

气焊、焊条电弧焊、气体保护焊和高能束焊的推荐坡口（GB/T 985.1—2008）；

埋弧焊的推荐坡口（GB/T 985.2—2008）；

焊接及相关工艺方法代号（GB/T 5185—2005）；

钢结构焊缝外形尺寸（JB/T 7949—1999）；钢、镍及镍合金的焊接工艺评定试验（GB/T 19869.1—2005）；

金属材料熔焊质量要求 第1～5部分（GB/T 12467.1～5—2009）；

钢熔焊焊工技能评定（GB/T 15169—2003）。

④ 锅炉、压力容器、核电用容器常用标准及规程：

固定式压力容器安全技术监察规程（2009版）；锅炉安全技术监察规程（2013）；

钢制压力容器（GB 150—2011）；

钢制球形储罐（GB 12337—2010）；

钢制塔式容器（JB 4710—2005）；

液化石油气钢瓶（GB 5842—2006）；水管锅炉（GB/T 16507—2013）；

锅炉角焊缝强度计算方法（JB/T 6734—1993）；

工业锅炉焊接管孔（JB/T 1625—2002）；

承压设备焊接工艺评定（NB/T 47014—2011）；

钢制压力容器焊接规程（JB/T 4709—2007）；特种设备焊接操作人员考核细则（TSG

Z6002—2010）

2×600MW 压水堆核电厂核岛系统设计建造规范（GB/T 15761—1995）；

压水堆核电厂核岛机械设备焊接规范（EJ/T 1027.1～.19 包括焊接材料验收、工艺评定、焊工的资格评定等 19 项）；

ASME 第Ⅸ卷焊接和钎焊评定；

EN288-Ⅲ钢材电弧焊工艺评定。

⑤ 造船和建筑工程行业常用标准及规程：

钢质海船入级与建造规范（2005 版）；船舶焊缝符号（CB/T 860—1995）；

921A、922A 钢焊接坡口基本形式及焊缝外形尺寸（CB 1220—1993）；

船体结构焊接坡口形式及尺寸（CB/T 3190—1997）；

钢结构设计规范（GB 50017—2003）；网架结构设计与施工规定（JGJ 7—91）；

焊工考试规则（船检局）；

钢结构工程施工及验收规范（GB 50205—2001）。

⑥ 水利、电力行业常用标准及规程：

火力发电厂金属技术监督规程（DL 438—2000）；

电站钢结构焊接通用技术条件（DL/T 678—1999）；

火力发电厂焊接技术规程（DL/T 869—2004）；

工业金属管道工程施工规范（GB 50235—2010）；

现场设备、工业管道焊接工程施工及验收规范（GB 50236—2011）；

水工金属结构焊接通用技术条件（SL 36—2006）；

水工金属结构焊工考试规则（SL 35—1992）；

焊工技术考核规程（DL/T 679—1999）。

⑦ 铁路桥梁、机车车辆行业常用标准及规程：

铁路桥梁钢结构设计规范（TB 10002.2—1999）；

钢桥制造（包括通用桁梁、板梁、箱梁三个技术条件；TB/T 2659.1～.3—1995）；

机车车辆耐候钢焊接技术条件（TB/T 2446—1993）；

机车车辆焊接技术条件（包括新造和修理：TB/T 1580—1995～1581—1996）；

内燃机车柴油机机体焊接技术条件（TB/T 1742—1991）；

铁路工人技术标准（TB/T 2152.19～.21—1990 包括了焊接的主要工种）。

⑧ 石油天然气和其他一些行业常用标准及规程：

立式圆筒形钢制焊接油罐施工及验收规范（GBJ 128—1990）；

海上固定平台规划、设计和建造的推荐做法（SY/T 4802—1992 等同采用 API RP 2A）；

浅海钢质固定平台结构设计与建造技术规范（SY/T 4094—1995）；

浅海钢质移动平台结构设计与建造技术规范（SY/T 4095—1995）；

长输管道线路工程施工及验收规范（SY J4001—1990）；

油气管道焊接工艺评定方法（SY 4052—1992）；

管道下向焊接工艺规程（SY/T 4071—1993）；汽轮机焊接工艺评定（JB/T 6315—1992）。

⑨ 工程机械：

工程机械焊接件通用技术条件（JB/T 5943—1991）。

⑩ 机器人标准：

工业机器人词汇（JB/T 12643—1997）；

工业机器人性能规范及其试验方法（JB/T 12642—2001）；

工业机器人特性表示（JB/T 12644—2001）。

从以上所列有关标准和规范看（并非全部），由于条块分割，并非行业实际需要。

注意学习上述标准、规程、法规和技术条件时应以现行公布的为准。

3. 焊接生产的特点

焊接生产过程是指采用焊接的工艺方法把毛坯、零件和部件连接起来制成焊接结构的生产过程。如上所述，各种各样的焊接结构都是焊接生产的产品，有许多就是最终的制成品，如大型球罐、全焊钢桥、热风炉、加氢反应器、蒸煮球、尿素合成塔等；更多则是最终制成品的主要部件或零件，如全焊船体、工业锅炉主体、起重机的金属结构，压力容器的承压壳、油罐车的油罐和底架、内燃机车柴油机的焊接机体及水轮机的主轴、转轮和座环等。

在工厂中负担焊接生产的车间，如金属结构车间、装焊车间、总装车间等是工厂的主要车间之一，在一些情况下，它是初级产品、半成品的准备车间（如汽车制造厂的车体车间或车身车间），是工厂最终产品的总装车间、涂饰车间或成品库的供应者，同时它也是工厂的备料车间（切割下料与冲压成形、零件机加工等）、机加工车间、某些中间仓库的“消费者”。它还必须由动力车间（包括变电站、空压站、锅炉房、氧-乙炔站等）提供能源。总之，焊接生产和工业生产的其他部门有着紧密地联系，随着焊接结构和焊接生产的发展，焊接生产在工业生产中占有越来越重要的地位。

此外，焊接生产在工程建设和工程施工中也是最重要的环节之一，例如在石油化工企业的建设中，焊接工作量约占 1/3；目前计划修建西气东输管线，干线长 4000km 的管线，拟采用 X70 钢管，直径 1016mm，壁厚 14.6～26.2mm，仅接头就有约 40 万个，还未计入各种附属设施、闸阀门、加温装置等的焊接接头。可见焊接生产的水平是加快基本建设速度，提高工程质量，保证建成的工程和企业很快投产达产的重要保证。

第1章　焊接结构基本知识

1.1　焊接结构基本构件

技能点：

从焊接零件的刚度、强度、制造工艺、生产成本、使用寿命等角度进行合理的选用与设计。

知识点：

焊接圆盘、焊接机身、压力容器、焊接梁、焊接柱、船舶的结构特点。

1.1.1　机器零部件焊接结构

焊接作为一种金属连接的工艺方法，已经在机械制造业中得到大量使用，许多传统的铸、锻制品，由于毛坯加工量大，零部件受力不理想等原因逐步由焊接结构产品或铸-焊、锻-焊结构产品所代替。如机器零部件中的圆盘形零件、机床机身、减速器箱体、轴承座等。

1. 圆盘形焊接零件

圆盘形焊接零件主要用于机器的传动机构中，应用最广的是制动轮、飞轮、带轮和齿轮

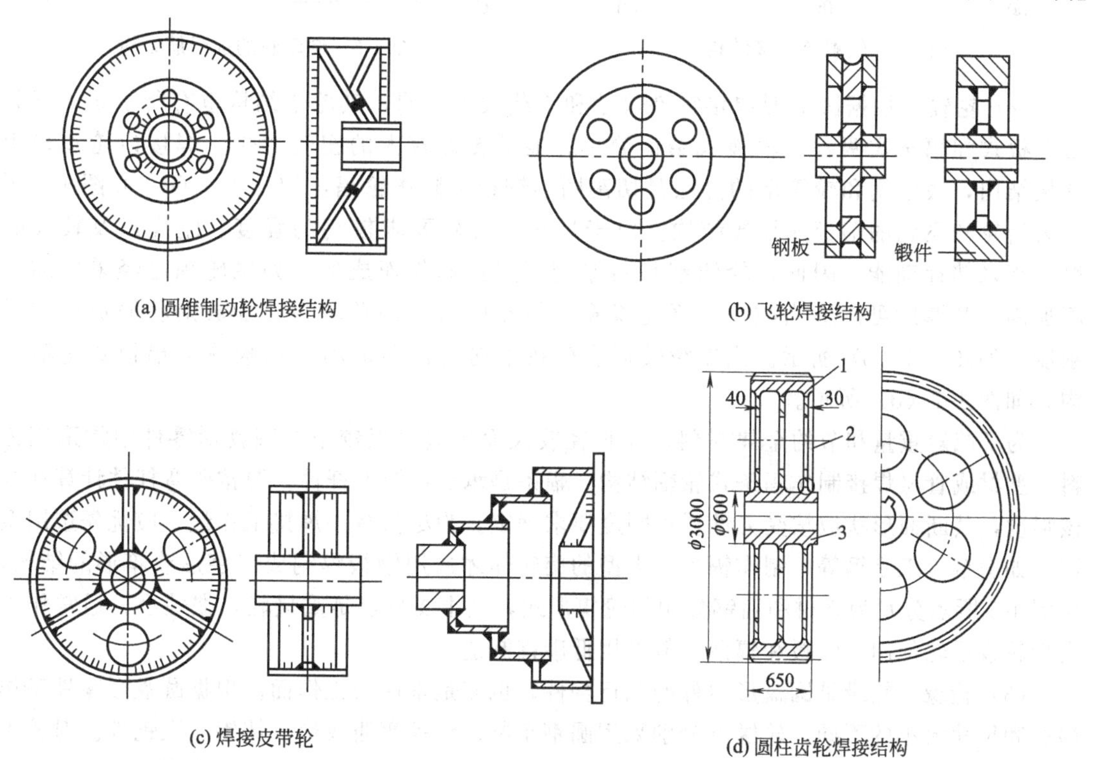

(a) 圆锥制动轮焊接结构

(b) 飞轮焊接结构

(c) 焊接皮带轮

(d) 圆柱齿轮焊接结构

图 1-1　圆盘形焊接零件

1—轮缘；2—轮辐；3—轮毂

等，如图 1-1 所示。圆盘形焊接零件可分为工作和基体两部分，工作部分直接与外界接触并实现圆盘形零件相应的功能，如齿轮中的轮齿、叶轮中的叶片以及带轮中的轮缘等；基本部分对工作部分起支承和传递动力作用。这类结构通常是在交变载荷或重复载荷状态下工作，因此对于这类焊接结构要求具有良好的刚度和强度。

圆盘形焊接零件一般由轮缘、轮辐和轮毂等结构要素组成，如图 1-1 所示。

(1) 轮毂　对于承受载荷不大，精度要求不高的圆盘形零件，轮毂可以用圆钢焊在轮辐上，然后再加工出轴孔和键槽。对于一些直径稍大的圆盘形零件，其轮毂除了采用圆钢车削而成外，更宜采用厚壁管制作。一般常用的焊接轮毂形式如图 1-2 所示。为保证轮毂与轮辐的精度，可以在轮毂上加工出定位台阶，如图 1-2 (c) 所示。有时为了防止轮子的偏摆、振动以及提高圆盘形焊接零件的承载能力，常常在轮毂与轮辐之间焊接加强筋，如图 1-2 (b) 所示。图 1-3 所示为钢板焊制的制动轮结构，由于轮辐宽度较大，为了提高制动轮的强度和刚度，在辐板与轮毂之间采用焊接矩形加强筋和三角筋进行加固。

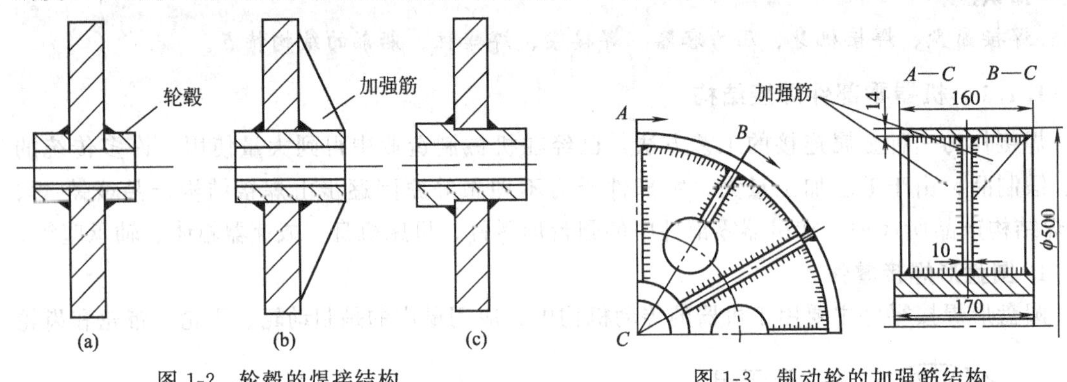

图 1-2　轮毂的焊接结构

图 1-3　制动轮的加强筋结构

(2) 轮辐　根据圆盘形焊接零件尺寸和承载大小不同，其轮辐结构也有所不同，可分为辐板式和辐条式两种。辐板式结构简单，能够传递较大的扭转力矩。焊接齿轮多采用辐板结构，最常用和较简单的办法是切割圆形钢板来制作轮辐，如图 1-1 (d) 和图 1-4 所示为齿轮和飞轮的辐板式焊接结构。由于齿轮和飞轮要求较高的强度、刚度以及较大的惯性矩来储存动能，因此，轮辐都是由厚钢板焊接制作而成的。如果轮辐已经采用加强筋加固，其厚度可以适当减小。当轮缘宽度较小时可采用单辐板，加放射状筋板以增强刚度，如图 1-4 (b) 所示。当轮缘较宽或存在轴向力，则采用双辐板或多辐板式轮辐结构，如图 1-1 (d) 所示。

为了减轻重量和节约金属材料，在直径较大而传递力矩较小的圆盘形零件中常采用棒料、型材或管材焊接制作辐条式轮辐结构。辐条是承受弯矩的杆件，要按受弯杆件计算和校核强度，其断面形状应按受力性质和刚度要求确定。为尽量减小焊接工作量，应优先选用型钢（如扁钢、工字钢等）制作辐条，大型的旋转体才采用钢板焊制成工字形或箱形的结构，如图 1-5 所示分别为管材和扁钢焊制的轮辐形式，其主要特点是重量轻，惯性小，通常作为皮带轮或手轮使用。辐板和辐条一般可用低碳钢制造。

(3) 轮缘　轮缘是圆盘形零件的执行构件，也多是零件的工作面。根据圆盘形零件工作用途和尺寸大小的不同，轮缘可分别采用圆钢车制、钢板弯曲成形、铸钢或锻钢件。对较大尺寸的零件，还可以分段制造，然后拼焊成环形轮缘。图 1-6 (a) 所示圆盘形零件为齿轮毛坯，图 1-6 (b) 为平皮带轮毛坯，图 1-6 (c) 为链轮毛坯，图 1-6 (d) 为轻型三角皮带轮

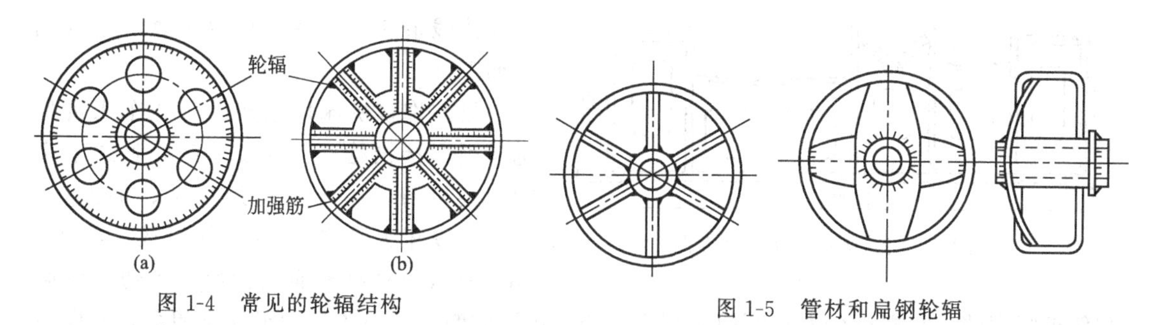

图 1-4 常见的轮辐结构

图 1-5 管材和扁钢轮辐

毛坯。当断面形状较为复杂时，轮缘还可用专门设备把钢坯轧制成所要求的断面形状，然后卷圆再对焊，制造出单个轮缘，如图 1-6（e）所示。对于一些重型焊接齿轮，可以用如图 1-1（d)所示的宽缘多辐焊接结构，以提高重载齿轮的刚性和抗震性能。

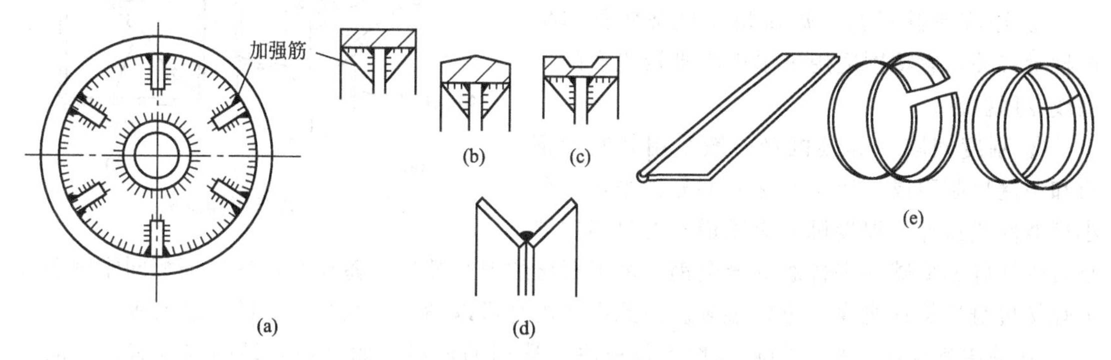

图 1-6 圆盘形焊接零件的轮缘结构

轮缘、轮辐和轮毂之间可以用 T 形接头或对接接头焊接，它们均为受力焊缝，其中轮辐和轮毂之间的焊接接头所受的载荷较大，需要进行强度计算。另外，对于重要的圆盘形零件，T 形接头应按辐板厚度开坡口，以便焊透焊缝根部。对于转速较高的或经常受冲击载荷的圆盘形零件，最好采用对接接头。

2. 焊接机身

机身是各种动力机器、传动机构和各类机床的主体部分，是实现某些机械加工的基础。如切削机床的机身、锻压设备的机身、柴油机机身、减速器箱体和轴承座等。通常机身上安装有机器的各种运动部件，并承受各部件的重力、运动部件之间的作用力和运动时产生的惯性力，因此在多数情况下要求机身应具有足够的强度和刚度。对于切削机床的机身还要求应具有更高的刚度和减振性能，以确保切削加工的精度。过去的机身大多采用铸钢或铸铁件，现在由于焊接技术水平的提高以及焊接结构所具有的一些优良特性，使得焊接结构机身在机器领域中得到了更为广泛的应用。

（1）切削机床焊接机身　切削加工是一种精度较高的工艺过程，因此必须要求机床的机身应具有很高的刚度。过去，由于铸铁价格低，铸件适于成批生产，加上铸铁具有良好的减震性能，所以铸铁机床机身一直占有明显的优势。随着现代工业和新型加工技术的发展，为提高机床的整体工作性能，减轻结构重量，缩短机身的生产周期和降低制造成本，机床机身逐步改用焊接结构。尤其是单件小批生产的大型和重型机床，以及专用机床，大量采用焊接结构后的经济效果十分明显。如图 1-7 所示是门式刨铣床机身断面，断面为箱形结构，由钢板拼焊而成，导轨采用低合金钢，其余部分一般用普通碳素钢制造。机身焊后进行热处理消

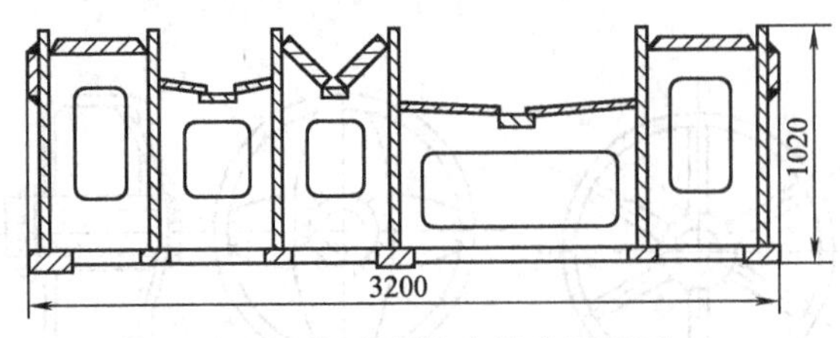

图 1-7　门式刨铣床机身断面图

除焊接残余应力，并经自然时效后进行机械加工。

目前许多机床厂生产的卧式车床机身也采用焊接结构，图 1-8 是普通卧式车床的焊接机身，主要由箱形床腿、加强筋、导轨、纵梁及斜板等零部件组成，图 1-8（b）所示的机身断面结构形式是通过纵梁和斜板实现的，它把整个方箱断面分割成两个三边形的断面，下方三边形完全闭合，断面结构具有较大的抗弯扭刚度。

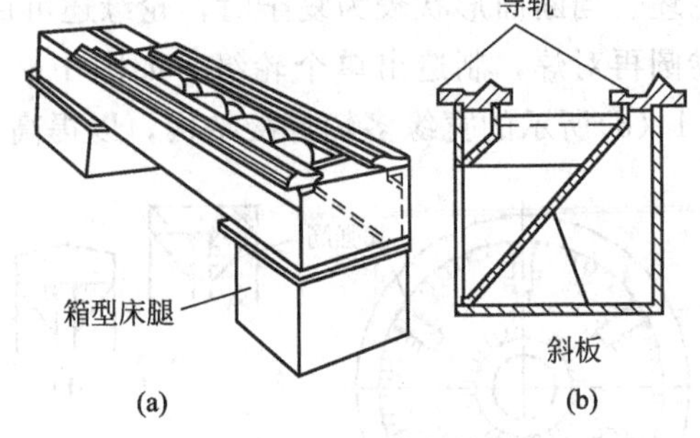

图 1-8　卧式车床焊接机身

在切削机床中采用焊接机身时，需要考虑以下几个方面的问题。

① 经济效益问题　焊接机身经济效益与生产批量有关，它特别适用于单件小批量生产的大型或专用机床。

② 刚度问题　焊接机身一般采用轧制的钢板和型钢焊制而成，形状特殊的部分也采用一些小型锻件或铸件。焊接机身应用最多的材料主要是可焊性好的低碳钢和普通低合金钢，由于钢材的弹性模量比铸铁高，在保证相同刚度条件下焊接机身比铸铁机身自重轻很多。因此焊接机身可以满足切削加工时的刚度要求。

③ 减震性问题　机身的减震性不仅取决于选用的材料，而且还与结构本身有关。故可以分为材料减震性和结构减震性两个方面。焊接机身钢质材料的减震性低于铸铁，因此，必须从结构上采取措施以保证焊接机身结构的减震性。

④ 尺寸稳定性问题　由于焊接机身中存在较严重的焊接残余应力，这对焊接结构的尺寸稳定性有影响，特别是切削机床的机身，要求尺寸的稳定性更高，故焊接机身在焊后必须进行消除残余应力处理。

⑤ 机械加工问题　机床焊接结构与建筑、石油化工和船舶工业所采用的焊接结构不同，机床焊接结构焊后需要进行一定的机加工。机身采用的低碳钢尽管可焊性好，但机械加工性能则不如铸铁和中碳钢。所以在研究机身焊接结构工艺性时，还应该考虑机械加工工艺性问题。

（2）锻压设备焊接机身　锻压设备种类较多，如各种锻锤、压力机和冲压机等。锻压设备机身多是铸钢件或是焊接构件，但是制造大型锻压设备采用铸钢机身工艺十分复杂，并需要重型炼钢设备，而且大型铸件易出现工艺缺陷，直接影响结构强度，因此锻压设备机身采用焊接结构比切削机床要多。中国早在 20 世纪 60 年代初就已经成功制造出机身为焊接结构的 12000t 水压机，现在各种吨位锻压设备采用焊接机身已愈来愈普通。

锻压设备焊接机身的结构形式有开式和闭式两种，按各主要部件的连接方式则可以分为整体式和组合式两类，如图 1-9 所示。开式机身多用于小型压力机，这种机身在工作时易产生角变形，如果角变形过大会直接影响上下模具的对中性，降低冲压件的精度和模具的使用寿命。闭式机身可以采用整体焊接结构，其结构具有重量轻和刚度大的优点，考虑到加工和运输问题，多适用于小型锻压设备。

锻压设备不同于切削机床，其加工零件的精度要求比切削加工件低，并在操作过程中要产生很大的作用力由机身承受，因此锻压设备的机身除保证必要的刚度外，还应该具有较高的强度。同时考虑到锻压设备机身承受的是动载荷，还应尽可能地降低机身关键部位的应力集中，以免产生疲劳破坏。机身焊接完后需要进行热处理以消除残余应力。

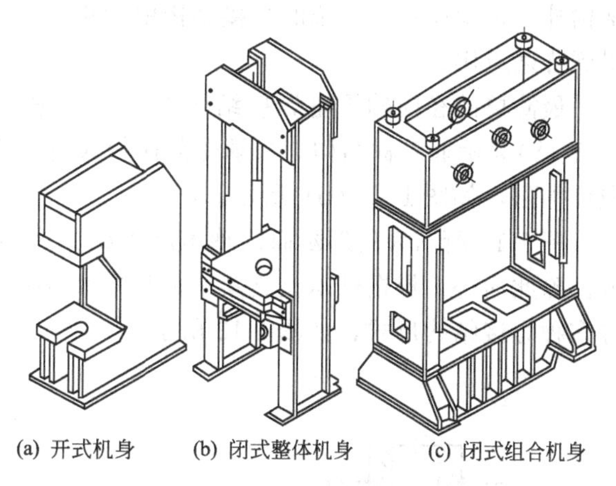

(a) 开式机身　(b) 闭式整体机身　(c) 闭式组合机身

图 1-9　锻压设备机身焊接结构形式

（3）减速器箱体焊接结构　减速器箱体是安装各传动轴的基础部件，由于减速器工作时各轴传递转矩时要产生比较大的反作用力，并作用在箱体上，因此要求箱体应具有足够的刚度，以确保各传动轴相对位置精度。如果箱体刚度不足，不仅使减速器的传动效率降低，而且还会缩短齿轮的使用寿命。采用焊接结构箱体能获得较大的强度和刚度，且结构紧凑，重量较轻。

减速器箱体结构形式繁多，在小批量生产时，采用焊接减速器箱体较为合理。焊接减速器箱体一般制成剖分式结构，即把一个箱体分成上下两个部分，分别加工制造，然后在剖分面处通过螺栓将两个半箱连成一个整体，如图 1-10 所示为一个单壁剖分式减速器箱体焊接结构。为了增加焊接箱体的刚度，通常在壁板的轴承支座处用垂直筋板加强，并与箱体的壁板焊接成一个整体。小型焊接箱体的轴承支座用厚钢板弯制，大型焊接箱体的轴承支座可以采用铸件或锻件。轴承支座必须有足够的厚度，以保证机械加工时有一定的加工余量。焊接箱体的下半部分由于承受传动轴的作用力较大并与地面接触，因此必须采用较厚的钢板制作。

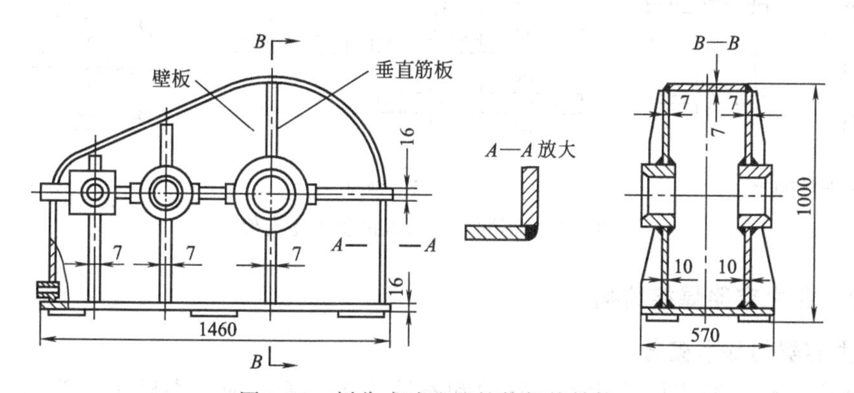

图 1-10　剖分式减速器箱体焊接结构

对于工作条件比较平稳的减速器，箱体焊接时可以不必开坡口，焊脚尺寸也可以小一些。但对于承受反复冲击载荷的减速器箱体应该开坡口以增加焊缝的工作断面。焊接减速器箱体多用低碳钢制作，为保证传动稳定性，焊后需要进行热处理以消除残余应力。

承受大转矩的重型机器的减速器箱体，还可以采用双层壁板的焊接结构。并在双层壁板间设置加强筋以提高焊接箱体的整体刚度。

（4）轴承座和支架焊接结构　在机械工业中，除了前面介绍的减速器箱体、机身等焊接结构外，轴承座及其支架的焊接结构由于重量轻、生产周期短，设计制作十分方便等特点也得到普遍应用。

最简单的径向轴承座焊接结构如图 1-11 所示，其中图 1-11（a）表示对称式结构，图 1-11（b）表示非对称结构，当承受载荷较大时，为保证轴承有足够的刚度和强度，可采用加强筋加强，如图 1-11（b）所示。

图 1-12 所示为∩形断面的轴承座支架，这类结构通常采用钢板、型材和厚壁管焊接制成。除此而外，根据轴承座支架断面形状的不同，还有 I 形或 H 形、十字形、T 形和箱形等多种焊接结构形式，如图 1-13 所示。

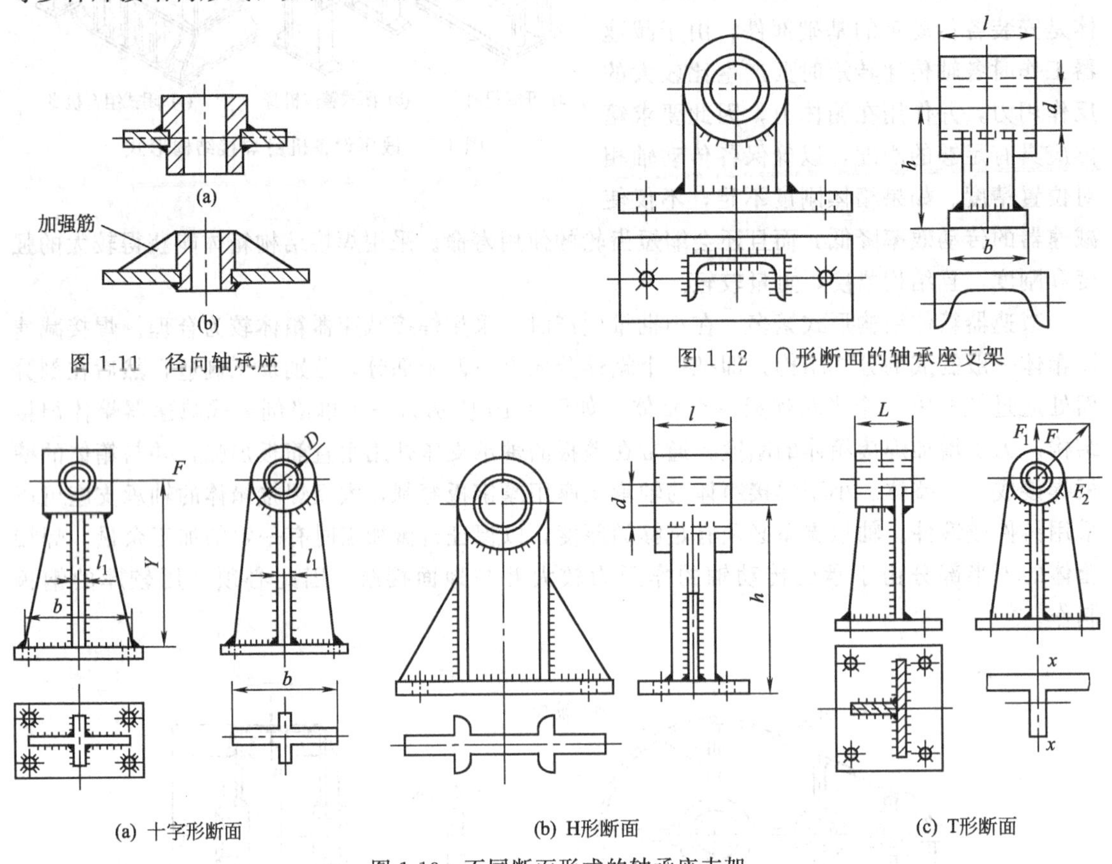

图 1-11 径向轴承座

图 1-12 ∩形断面的轴承座支架

图 1-13 不同断面形式的轴承座支架

1.1.2 压力容器焊接结构

1. 压力容器的基本概念

压力容器不仅普遍应用于化工、石油和石油化工生产，而且在轻工、医药、食品、冶金、能源、交通和科学研究等许多领域中也有着广泛的应用。由此可见，压力容器是工业部门和人民生活必不可少的生产装备，对国民经济的发展起着十分重要的作用。

“压力容器”是指压力和容积达到一定数值，容器所处的工作温度使其内部介质呈气体状态的密闭容器，如图 1-14 所示。这类容器一旦发生事故其后果非常严重，世界各国都把这类容器作为一种特殊设备，对容器的设计、制造、安装、检验和使用等方面制定了一系列专门的法规和标准予以管理。

按照中国《压力容器安全技术监察规程》中的有关规定，同时具备下列条件的容器即称

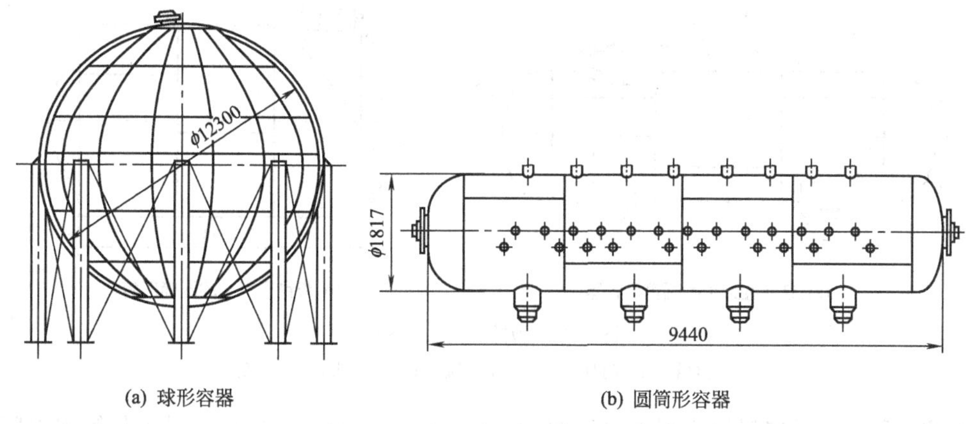

(a) 球形容器　(b) 圆筒形容器

图 1-14 球形和圆筒形压力容器

为压力容器：

(1) 最高工作压力大于 0.1MPa（不含液体静压力）；

(2) 内直径（非圆形截面指断面最大尺寸）大于或等于 0.15m，且容积大于或等于 0.025m³；

(3) 介质为气体、液化气体或最高工作温度高于或等于标准沸点的液体。

2. 压力容器分类和构造

压力容器一般是由板材经成形加工，并焊接成能承受内外压力的密闭性结构。由于应用极为广泛，形式也多种多样，通常从以下几个方面进行分类。

(1) 按工艺用途分类

① 反应压力容器　用于完成介质的物理、化学反应，如反应器、反应釜、分解塔、合成塔和煤气发生炉等。

② 换热压力容器　用于完成介质的热量交换，如换热器、冷却塔、冷凝器、蒸发器、加热器等。

③ 分离压力容器　用于完成介质的流体压力平衡和气体净化分离等，如分离器、过滤器、缓冲器、洗涤器、吸收塔和干燥塔等。

④ 储存压力容器　用于盛装生产用的原料气、液体、液化气体等，如储罐、球罐等。

(2) 按壳体的承压方式分类

① 内压容器　作用于压力容器器壁内部的压力高于外表面所承受的压力。

② 外压容器　作用于压力容器器壁内部的压力低于外表面所承受的压力。

(3) 按设计压力分类　分为低压容器、中压容器、高压容器和超高压容器。

除上述分类方法外，还可以按容器的壳体结构、容器壁厚、结构材料、结构形式和工作介质进行分类。压力容器的分类方式和结构形式虽然很多，但压力容器最基本的结构是一个密闭的焊接壳体。根据压力容器壳体的受力分析，最适宜的形状是球形，球形容器制造相对比较困难，成本较高，因此在工业生产中，大多数中、低压容器多采用圆筒形结构。圆筒形容器由筒体、封头、法兰、密封元件、开孔接管以及支座六大部件组成，并通过焊接构成一个整体，如图 1-15 所示。

3. 压力容器的焊接结构

(1) 一般用途的压力容器压力低，焊接结构比较简单，如图 1-16 所示为载重汽车的刹车储气筒，由于低碳钢可焊性好，对应力集中敏感性低，故储气筒多采用 Q235 钢材制成。

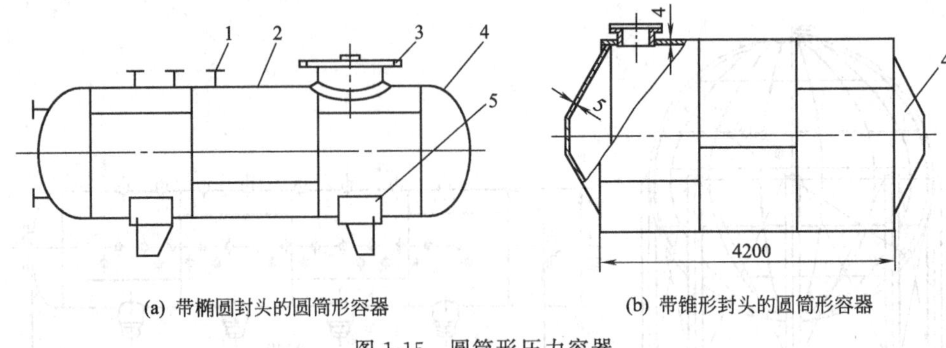

(a) 带椭圆封头的圆筒形容器　　(b) 带锥形封头的圆筒形容器

图 1-15　圆筒形压力容器

1—接管；2—筒体；3—人孔及法兰；4—封头；5—支座

筒体由钢板弯制，纵向焊缝用埋弧自动焊一次焊成，两封头冲压成形，封头与筒体之间采用对接接头，为了保证焊缝质量在焊缝底部设置残留垫板。

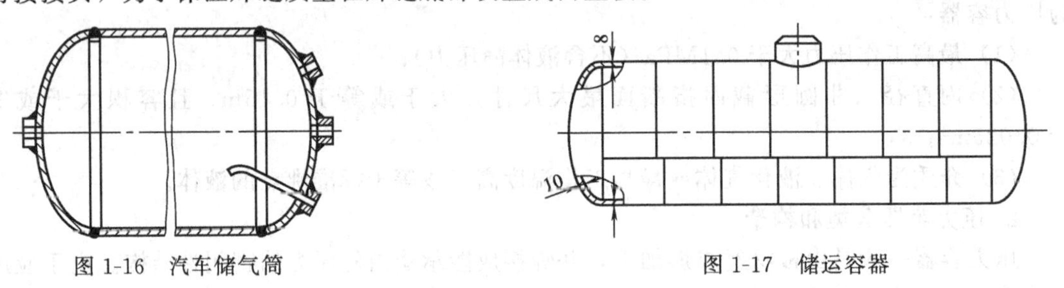

图 1-16　汽车储气筒　　图 1-17　储运容器

（2）储存气体或液体的容器广泛应用于各生产部门和运输行业。固定小型储存容器的技术要求较低，一般用薄钢板制造即可。而对于大型储运容器则在结构和设计上有许多特别的地方。如铁路运输石油产品用的油罐，如图 1-17 所示。油罐承受的内压力不高，但在运输车辆启动和刹车时有较大的惯性力，因此要求罐体应有适当的厚度，以保证足够的刚度。油罐罐体一般用低碳钢制造，筒体由上下两部分组成，上半部分占整个筒体的 3/4，用 8～12mm 厚的钢板成形拼制而成。筒体下部分占 1/4，要求有较大的刚度，采用较厚的钢板弯制。筒体上下两部分用对接纵焊缝连接。封头为椭圆封头，热压成形，与筒体之间采用对接焊接。

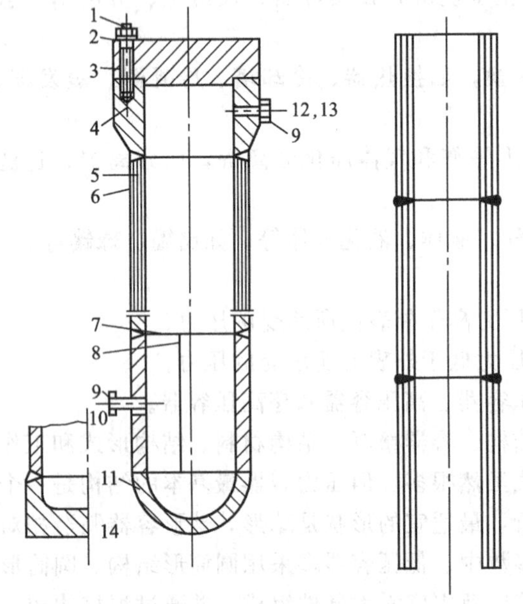

图 1-18　多层包扎式厚壁容器

1,2—主螺栓（螺母）；3—平盖；4—筒体端部；5—内筒；6—多层结构；7,8—环纵焊缝；9—管法兰；10—接管；11—封头；12,13—管螺栓（螺母）；14—平板封头

（3）焊接容器承受的压力越高，其壁厚也越大，因此厚壁容器也称为高压容器。完整的厚壁容器作为工业生产中的高压装置，一般由外壳和内件构成。内件因工艺过程的不同而多种多样，外壳由于加工条件，钢板资源的限制，以及充分利用材料和避免深厚焊缝等方面考虑，则采用大体相近，较为复杂的结构形式，如图 1-18 所示为一多层包扎式厚壁容器。这种结构是先用厚度 14～34mm 的不锈钢板卷

焊成内筒，纵焊缝经无损检测、热处理消除应力和机械加工磨平后，把厚度4～8mm的薄板卷成瓦片形，作为层板包到内筒的外表面，用钢丝索滚动包扎，把层板点焊固定后，用自动焊焊接纵焊缝，并用砂轮磨平纵焊缝。用同样方法依次包扎焊接第二层，这样逐层包扎至总的厚度达到设计要求为止，构成一个筒节。最后筒节两端经机械加工，车出环焊缝坡口，通过环缝焊接，把筒节连接成一个完整的筒体，如图1-19所示。

（4）裙式支座是高大容器设备最常用的一种支座，它由钢板卷制的座体、基础环和螺栓座焊接而成。裙式支座有圆筒形和圆锥形两种结构，如图1-20所示。

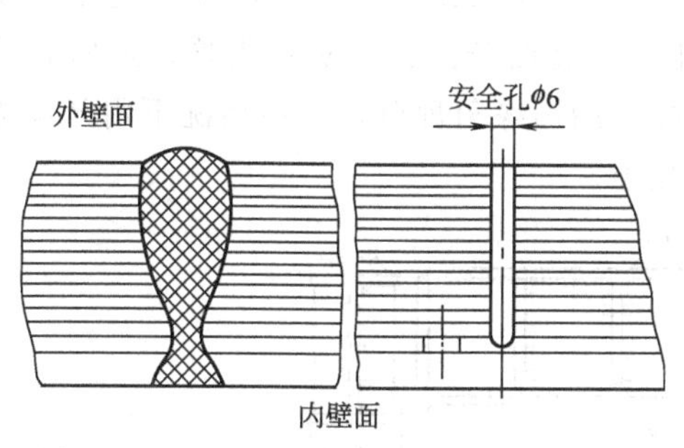

图1-19　厚壁容器筒体及筒体环焊缝结构

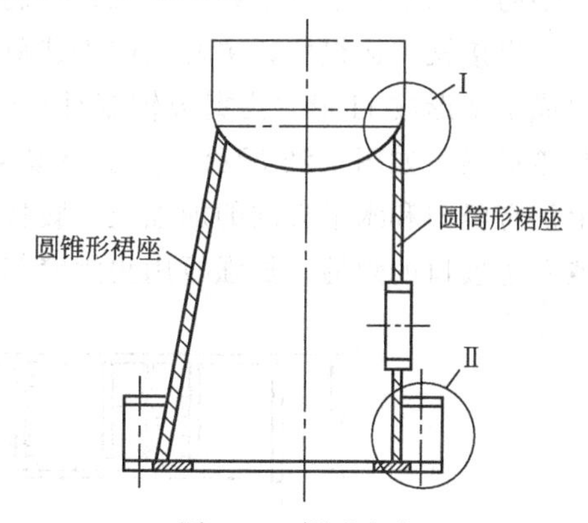

图1-20　裙式支座

裙座体与塔壳的连接有对接接头和搭接接头两种形式。当座体的外径与下封头外径相等时，可采用对接接头，其连接焊缝须采用全焊透连续焊，如图1-21（a）所示。这种连接结构，焊缝主要承受压缩载荷，封头局部受载。当采用搭接接头形式时，搭接的焊缝部位可在下封头直边上，也可在筒体上，裙座体内径稍大于塔体外径，其结构如图1-21（b）所示。这种焊接结构，焊缝主要承受剪切载荷，所以焊缝受力条件恶劣，一般用于直径小于1000mm的塔设备。

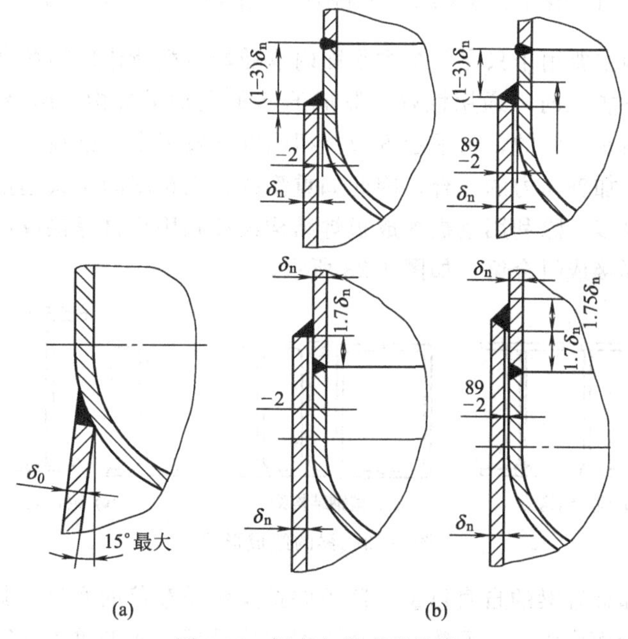

图1-21　裙座与塔壳的连接

1.1.3 梁、柱焊接结构

1. 焊接梁

焊接梁一般是由钢板或型钢焊接成形的实腹板受弯构件，它主要承受横向弯曲载荷的作用。在钢结构中梁是最主要的一种构件形式，是组成各种建筑钢结构的基础。例如，可用组合梁来制造桥梁；用梁与梁组合成格栅制作工厂工作平台的基础；也可作为高层建筑钢结构的楼层盖等。同时，焊接梁又是某些机器结构中的重要组成部分，例如常见的桥式起重机最主要的金属结构是桥架和小车架，它们都是用焊接梁通过连接而制成的。

焊接梁用途很广，主要应用于载荷和跨度都比较大的场合，大多由两块翼板及一块腹板组成工字形或H形（当翼板较宽时）或由两块翼板和两块腹板组成箱形，故又称为工字梁与箱形梁，如图1-22所示。由于焊接梁腹板厚度相对于高度较薄，为防止失稳，通常在梁上加有竖向和水平方向的加强板。腹板与翼板的连接采用翼缘角焊缝，少数情况下用开单边或双边坡口的焊缝；加强板用角焊缝与腹板、翼板相连。

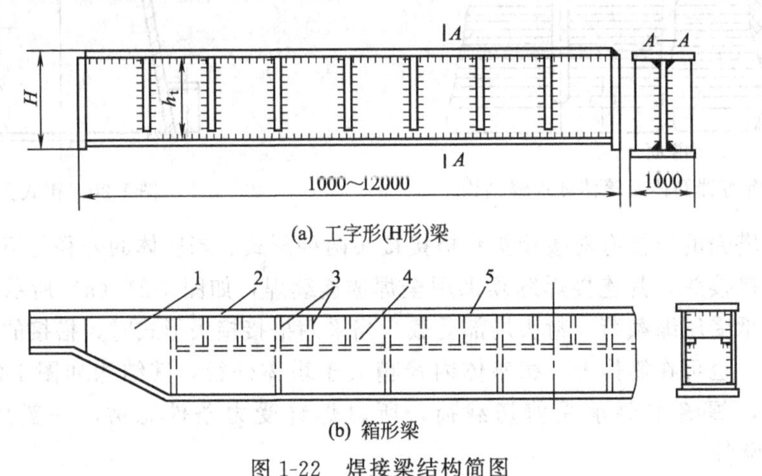

(a) 工字形(H形)梁

(b) 箱形梁

图1-22 焊接梁结构简图

1—腹板；2—翼板；3—竖向筋板；4—水平筋板；5—翼缘焊缝

工字梁焊接结构主要用于只在一个主平面内承受弯矩载荷作用的场合，而箱形梁截面结构简单，设计和制造省工时，通用性好，制成的起重机桥梁机构安装及检修较为方便。同时，由于箱形梁断面是封闭的，水平刚度及抗扭刚度都较工字形梁高，特别适用于在两个主平面内承受弯矩及附加轴向力的场合。因此如重型的、大跨度的桥式起重机多采用箱形梁。

梁的组成形式较多，除利用钢板焊成板焊结构梁和利用型材焊接成形钢结构梁外，还可以利用钢板和型材焊接成组合梁，如图1-23所示。

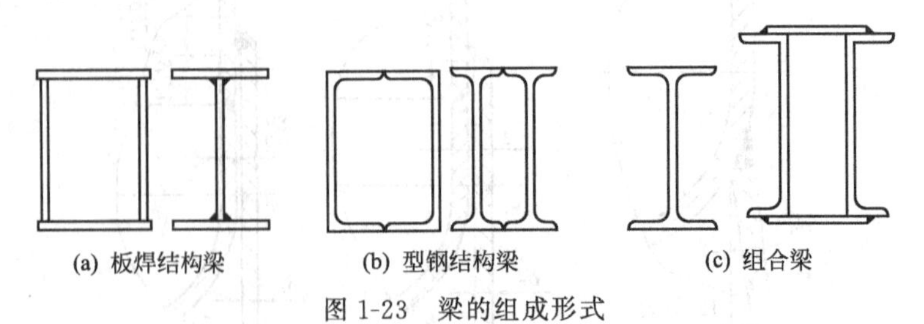

(a) 板焊结构梁　(b) 型钢结构梁　(c) 组合梁

图1-23 梁的组成形式

为了节约材料和减轻梁的自身重量，随着焊接梁承受载荷的变化，其截面沿梁的长度方向进行了相应的改变而成为变截面梁。变截面梁主要是通过改变翼板的宽度、厚度或腹板的高度以及截面积来实现，如图 1-24 所示。

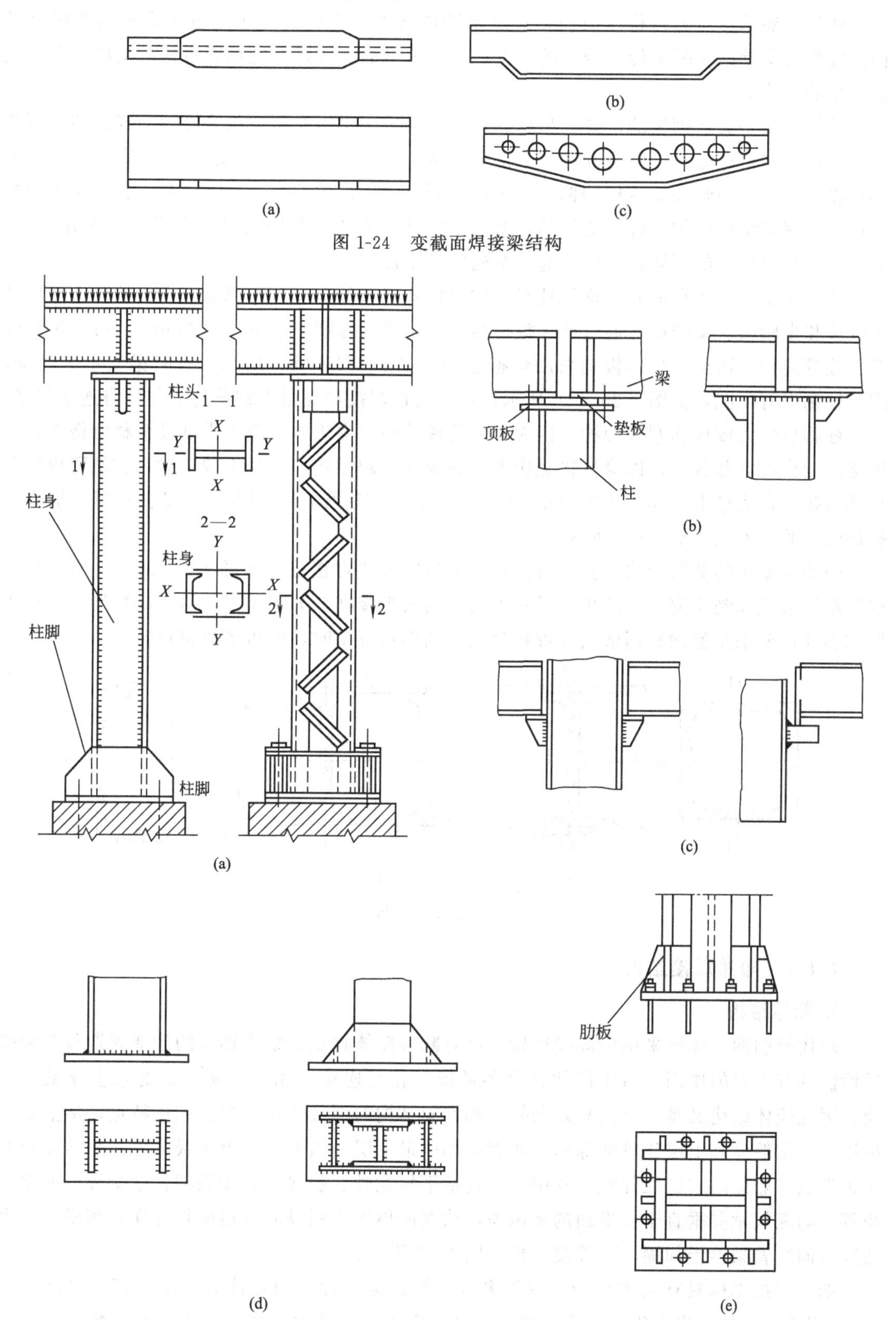

图 1-24　变截面焊接梁结构

图 1-25　焊接柱结构

2. 焊接柱

柱是主要承受压力并将压载荷传递至基础的构件，广泛应用于建筑工程机械和机器结构。柱作为支承梁和桁架传递载荷的构件，如起重机的支撑臂和龙门起重机的支腿、自升式钻井船的柱腿等。

焊接柱则是通过钢板的拼焊、型材的焊接以及采用钢板和型材组合施焊而成形的受压构件，焊接柱主要由柱头、柱身和柱脚三部分组成，如图 1-25（a）所示。按照受力特点的不同焊接柱一般分为轴心受压柱和偏心受压柱。轴心受压柱主要承受压力载荷，如工作平台的支撑柱、网架结构中的压杆、塔架等，偏心受压柱承受压力的同时又承受纵向弯曲作用力，如厂房和高层建筑的框架柱、门式起重机的门架支柱等。

柱头承受施加的载荷并传递给柱身，柱身再将载荷传至柱脚和基础。柱头按传力性质分为铰接和半刚接。梁的载荷通过柱顶板传给柱子，顶板厚度一般取 16～30mm，通常用角焊缝与柱身连接，而梁与柱顶板则采用螺栓连接，如图 1-25（b）所示。有时梁支承于柱侧，因此柱侧焊有牛腿，如图 1-25（c）所示，然后通过焊接和高强度螺栓将梁与柱身连接起来。

柱脚也分为铰接和刚接两种，但大多数是铰接的。由于水泥基础强度较钢材低得多，所以必须把柱脚底部放大，以降低接触应力。底板与基础相连，当受力较小时，柱端可以用角焊缝直接焊在底板上，如图 1-25（d）所示。为了增加底板抗弯刚度，可以在柱脚上加焊一些加强筋肋，如图 1-25（c）所示。

焊接柱常用的截面形式主要有两类，一类为实腹式焊接柱，如图 1-26（a）、（b）所示，这种结构形式和制作都比较简单；另一类为格构式焊接柱，如图 1-26（c）、（d）所示，这类结构形式主要采用型钢和钢板组合焊接制成，制作稍费工时，但可节省材料。

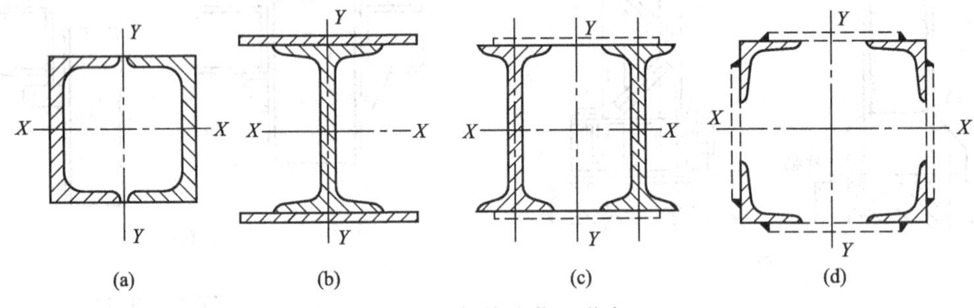

图 1-26 焊接柱截面形式

1.1.4 船舶焊接结构

1. 船体结构

现代船舶的船体已采用全焊接结构，这对减轻船体自重、缩短船舶的建造周期和改善航运性能具有重要的作用。由于船体是由各种板架相互连接又相互支持构成的水上浮动结构物，因此船体结构又是一个具有复杂外形和空间结构的焊接结构。按其结构特点，从上到下可以分为主船体和上层建筑两部分，两者以船体最上层贯通首尾的上甲板为界。船体外板及甲板形成主船体的水密性外壳。其中外板包括平板龙骨、船底板、舭列板、舷侧板、舷顶列板等。船底板承受垂直于板平面的水压力，故在船体中采用纵向（沿船长方向）和横向（沿船宽方向）骨架给予加固，其焊接结构如图 1-27 所示。

船体焊接结构具有结构复杂、零件多（一艘万吨级货船的船体有大小零部件 26000 多个）、刚性大，易因应力集中而产生裂纹，以及应用的钢种多，焊接工作量大等特点。为提高船体结构生产效率和质量，现代船体结构的制造多采用分段制造法，即将船体结构划分为部件、分段和总段，它们是平面和立体的结构。这些部件、分段和总段都有足够的刚度，它们的焊接装配工作可以在车间条件下，利用装配焊接夹具及机械化装置进行施工。这种工艺工序生产易于实现专业化，且便于组织连续流水生产，提高船舶的生产率和建造质量。

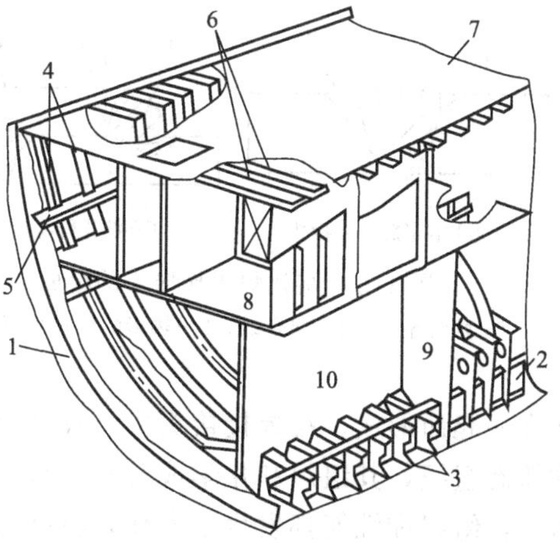

图 1-27 船体结构

1—外板；2—中内龙骨；3—肋板；4—肋骨和加强肋骨；5—舷侧纵桁；6—横梁；7—上甲板；8—下甲板；9—横隔壁；10—纵隔壁

2. 球鼻结构

现代海船大多采用球鼻形船艏以减小兴波阻力。球鼻处在水位线以下且向前突出，受力大，易遭碰撞，在结构上必须保证足够的刚度和强度，如图 1-28 所示为球鼻结构的一例。在底部每个肋位上都设有实肋板。艏端及内底以上的球鼻空间用纵横加强材料和平台板加强，再设三道横制荡壁（在大型球鼻空间中还设有纵制荡壁）。而在舷侧则采用纵骨架式结构。

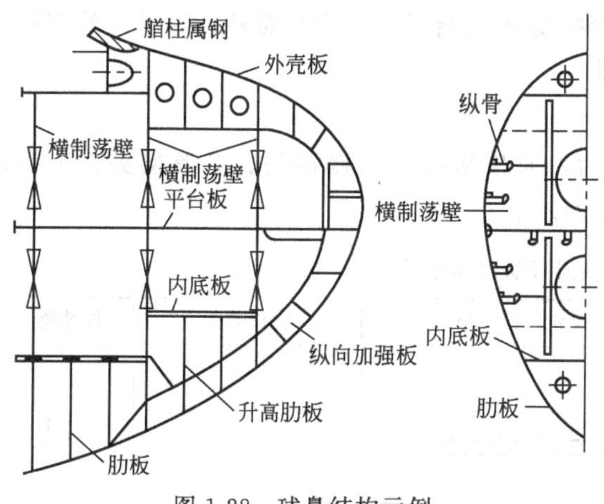

图 1-28 球鼻结构示例

球鼻结构在设计和焊接制造时需注意以下几点。

(1) 球鼻外壳板在易受锚链碰撞的部位应适当加厚。

(2) 尽可能减轻船体结构的质量。在保证强度和刚度的前提下，制荡壁、平台甲板和肋板可适当开设减轻孔。

(3) 要确保焊工能接近施焊。因球鼻内空间比较狭小，尤其是靠近船底部位置，零件多，又相互交错。因此，在如图 1-28 所示的球鼻结构中，应在内底板上开设一排供焊工焊接施工用的长椭圆孔，使得焊工能进入底部施焊。

1.2 焊接接头基本知识

技能点：

焊缝符号的应用，常见焊接接头形式设计方法。

知识点：

焊接接头形式；

焊接接头工艺性设计；

焊缝及坡口设计。

1.2.1 焊接接头组成和基本形式

焊接接头是指用焊接方法连接的接头。随着现代焊接技术的发展，新的焊接方式不断出

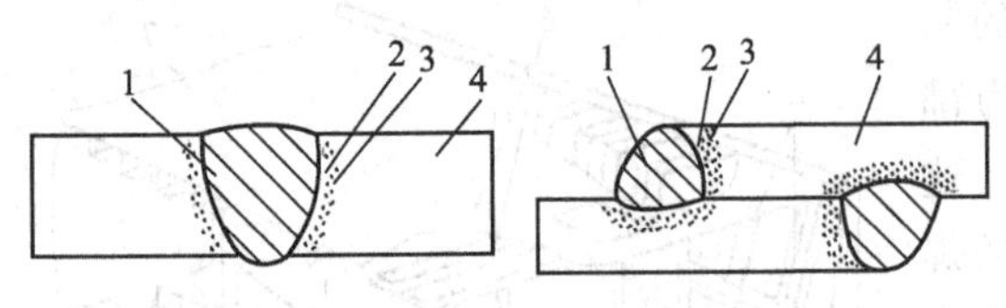

(a) 熔化焊对接接头　　(b) 熔化焊搭接接头

图 1-29　熔化焊焊接接头的组成

1—焊缝金属；2—熔合线；3—热影响区；4—母材

现，接头类型日益繁多，但应用最广泛的是熔化焊焊接接头。

1. 焊接接头的组成

以熔化焊为例，焊接接头是由焊缝金属、熔合线、热影响区和母材等组成，如图 1-29 所示。熔化焊焊接接头是采用高温热源对被焊金属进行局部高温加热，使之熔化并随之冷却凝固，将被焊母材熔合连接在一起而形成。在焊接接头中，焊缝金属一般是由焊接填充材料及部分母材熔合凝固形成的铸态组织，其组织和化学成分与母材有较大差异。近缝区受焊接热源循环和热塑性变形的影响，组织和性能都发生了变化，特别是在熔合线处的组织和成分更为复杂。此外，焊接接头因焊缝形状和布局不同，会产生不同程度的应力集中。因此焊接接头是一个不均匀体。

由于焊接接头是一个不均匀体，所以其断裂强度、塑性和韧性与母材不同。影响焊接接头性能的因素较多，归纳起来大致有两个方面：一是焊接接头形状的不连续性、焊接缺陷（如焊接裂纹、熔合不良、咬边、夹渣和气孔等）、残余应力和焊接变形；二是在焊接过程中的热循环不仅使局部区域内发生组织变化，而且还会在一些区域内虽不发生组织变化，但会使这部分金属经受较复杂的塑性变形，造成焊接材质性能下降。除此而外，焊后热处理和矫正变形等加工工序，也会影响焊接接头的性能。

2. 焊接接头的基本形式

焊接接头类型较多，按其结合形式可分为：对接接头、搭接接头、T 形接头、十字接头、角接头和端面接头。其主要形式如表 1-1 所示。

表 1-1　焊接接头及焊缝基本形式

接头形式	序号	焊接接头示意图	焊缝形式举例	坡口名称	焊缝符号
对接	(a)	$\leqslant\delta+1$　R　δ		卷边坡口	
	(b)	R　$\leqslant\delta+1$　δ			
	(c)	b　δ		I 形坡口	
	(d)	b　δ　3～4　20～30		I 形带垫板坡口	

续表

接头形式	序号	焊接接头示意图	焊缝形式举例	坡口名称	焊缝符号
对接	(e)	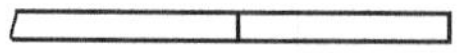	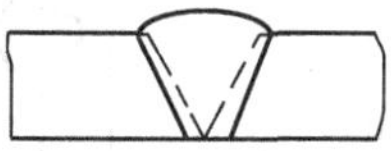	V形	
			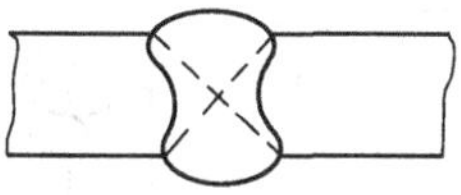	双V形	
			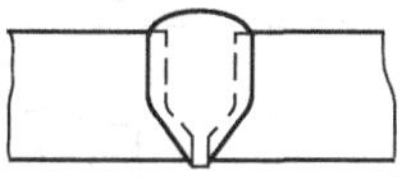	带钝边U形	
			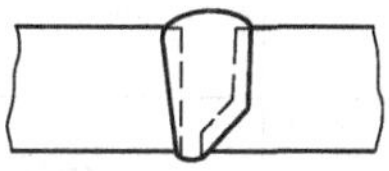	带钝边J形	
			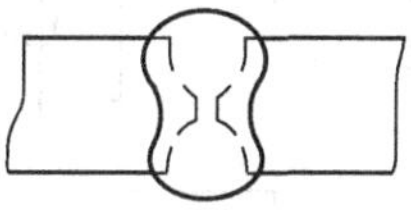	带钝边双U形坡口	
搭接	(f)	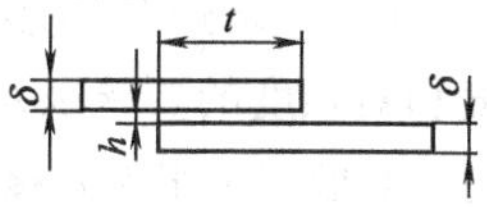	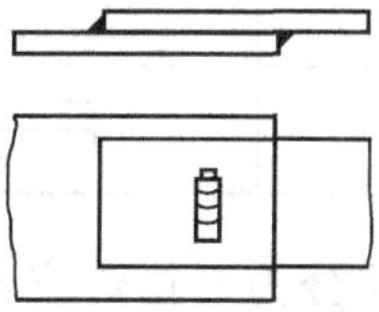	不开坡口填角(槽)焊缝	
	(g)		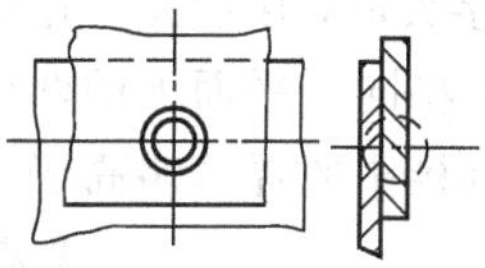	圆孔内塞焊缝	
T形(十字)接	(h)	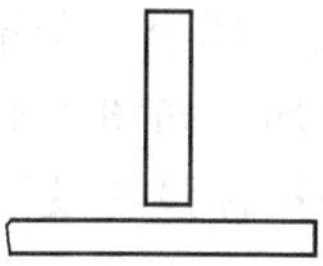	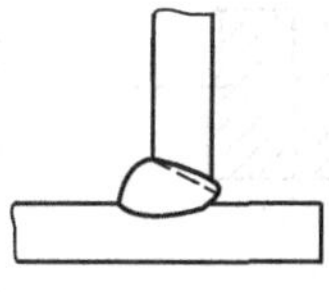	单边V形坡口	
	(i)		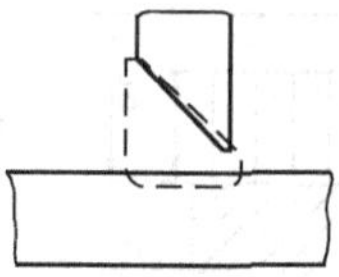	钝边单边V形	
	(j)		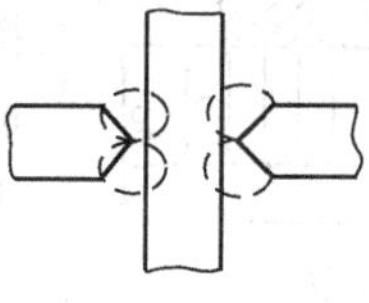	双单边V形	

续表

接头形式	序号	焊接接头示意图	焊缝形式举例	坡口名称	焊缝符号
角接	(k)			错边Ⅰ形坡口	
	(l)			带钝边单V形坡口	
	(m)			带钝边双V形坡口	
端接	(n)			卷边端接	
	(o)			直边端接	

焊接接头还可以根据焊缝形状分为对接焊或坡口焊、角焊、塞焊和槽形焊等。

在焊接结构中，一般根据焊接件的结构形式、钢材厚度和对强度的要求以及施工条件等情况来选择焊接接头形式。最常用的接头是对接接头、搭接接头、T形（十字形）接头和角接接头。

(1) 对接接头　对接接头是将同一平面上的两个被焊工件的边缘相对焊接起来而形成接头。在焊接生产中，通常使对接接头的焊缝略高于母材板面，高出部分称为焊缝余高。由于余高的存在则造成构件表面的不光滑，在焊缝与母材的过渡处会引起应力集中，其应力分布如图1-30所示。在焊缝正面与母材的过渡处，应力集中系数为1.6，在焊缝背面与母材的过渡处，应力集中系数为1.5。应力的大小主要与余高h和焊缝向母材过渡的半径r有关，减小r和增大h，都会使应力集中系数增加，如图1-31所示。

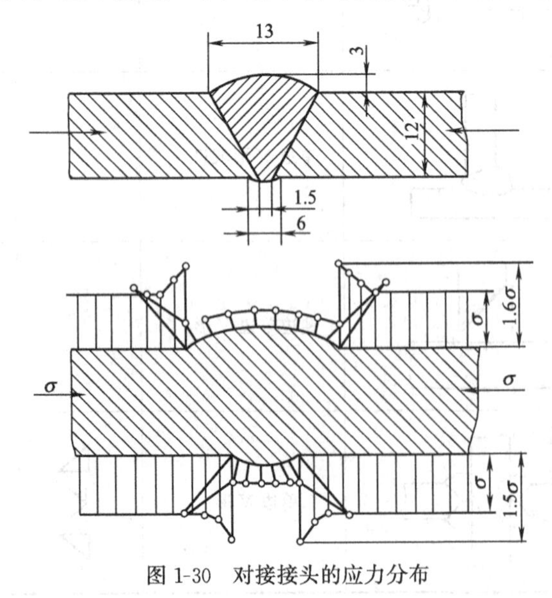

图1-30　对接接头的应力分布

按照焊接件厚度及坡口准备的不同，对接接头的形式也可以分为边对接接头、Ⅰ形接头和坡口对接接头。各种接头形式和坡口形状如表1-1 (a)～(e) 所示。用于对接接头中的焊缝叫做对接焊缝。

对接接头是各种焊接结构中采用最多，

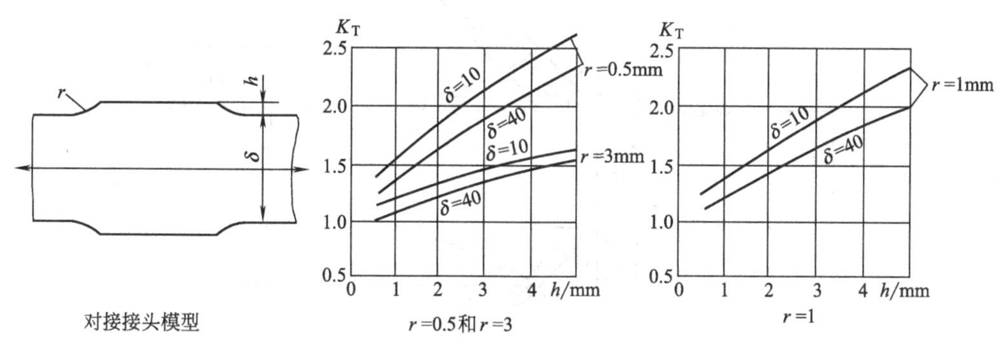

图 1-31 焊缝余高和过渡半径与应力集中系数的关系

也是力学性能最好的一种接头形式。受力好，强度大，应力集中小以及材料消耗小是它的显著特点。但是，由于是两焊件对接连接，被连接件边缘加工及装配要求则较高。

开坡口的目的是使焊缝根部焊透，确保焊接质量和接头的性能。而坡口形式的选择主要根据被焊工件的厚度、焊后应力变形的大小、坡口加工的难易程度、焊接方法和焊接工艺过程来确定。选择坡口时还要考虑经济性，有无坡口，形状大小都将影响到坡口的加工成本和填充金属量的多少。一般情况下，焊条电弧焊焊接 6mm 以下厚度的焊件和自动焊焊接 14mm 以下厚度的焊件时，可不开坡口就能得到合格的焊缝，但是，板间要留有一定的间隙，以保证熔敷金属填满熔池，确保焊透。

(2) 搭接接头 搭接接头是将两被焊接工件相叠，在相叠部分的端部或侧面以角焊缝连接，或加上塞焊缝、槽焊缝连接的接头。根据结构形式和强度要求的不同，一般可以采用不开坡口、圆孔塞焊和开槽塞焊等形式，如表 1-1 (f)、(g) 所示。

由于搭接接头使构件形状发生较大的变化，所以应力集中要比对接接头的情况复杂得多，而且接头的应力分布极不均匀。在搭接接头中，根据搭接角焊缝受力方向的不同，可以将搭接角焊缝分为正面角焊缝、侧面角焊缝和斜向角焊缝，如图 1-32 所示。与受力方向垂直的角焊缝（图中的 l_3）称为正面角焊缝。与受力方向平行的角焊缝（图中的 l_1 和 l_5）称为侧面角焊缝。与受力方向成一定角度的焊缝（图中的 l_2 和 l_4）称为斜向角焊缝。

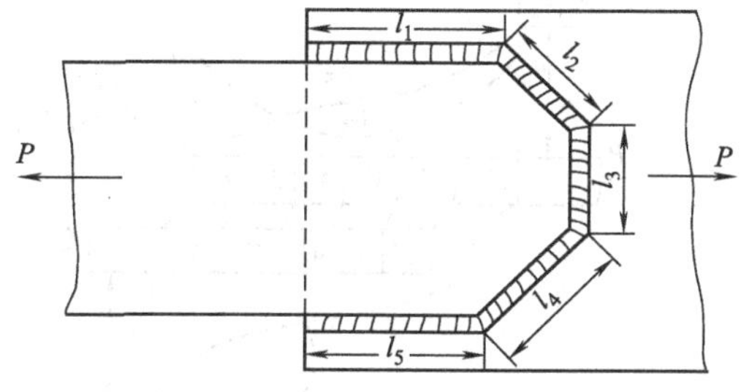

图 1-32 搭接接头角焊

正面角焊缝的工作应力分布如图 1-33 所示。由图看出，在角焊缝的根部 A 点和焊趾 B 点都有较严重的应力集中现象，其数值与许多因素有关，如焊趾 B 点处的应力集中系数随角焊缝斜边与水平边的夹角 θ 不同而改变，减小夹角 θ 和增大焊接熔深以及焊透根部，都会使应力集中系数减小。因此在一些承受动载荷的结构中，为了减小正面角焊缝的应力集中，将双搭板接头的各板厚度取为一样，如图 1-34 所示，并使角焊缝两直角边之比为 1：3.8，其长边与受力方向近似一致。为使焊趾处过渡平滑，还可在焊趾附近进行机械加工。经过这些处理，可以使正面搭接接头的工作性能接近对接接头。

在侧面角焊缝连接的搭接接头中，其应力分布更为复杂。当接头受力时，焊缝中既有正应力，又有剪切应力。剪切应力沿侧面焊缝长度方向的分布极不均匀，主要与焊缝尺寸、断面尺寸和外力作用点的位置等因素有关。如图 1-35 所示是最为常见的外力作用情况，当两

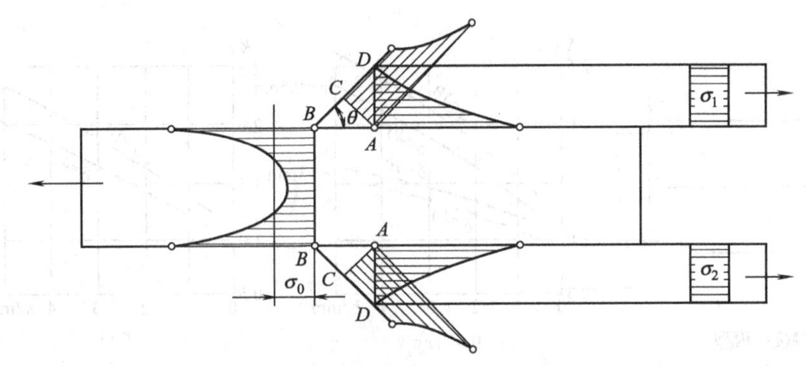

图 1-33　正面搭接角焊缝的应力分布

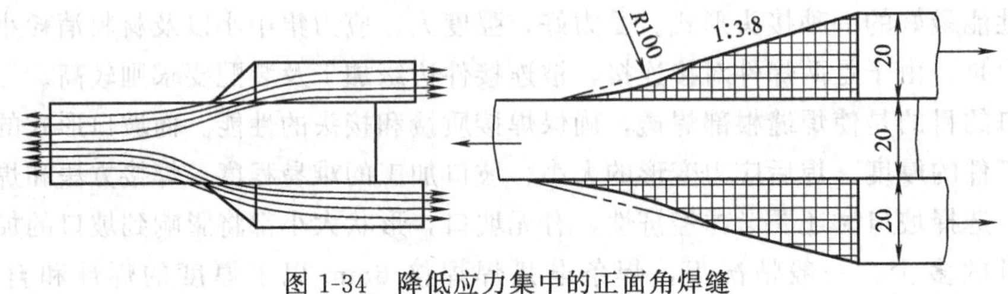

图 1-34　降低应力集中的正面角焊缝

板截面积相等时（即 $F_1=F_2$），沿侧面焊缝长度方向上的剪力 q_{xa} 分布如图 1-35（a）所示。即出现两端大，中间小的分布特征。

当受力情况如图 1-35（b）所示时，夹在上下板之间的侧面焊缝剪力 q_{xa} 从左至右逐渐减小，其变化规律如图 1-35（b）中的 q_{xa} 所示。

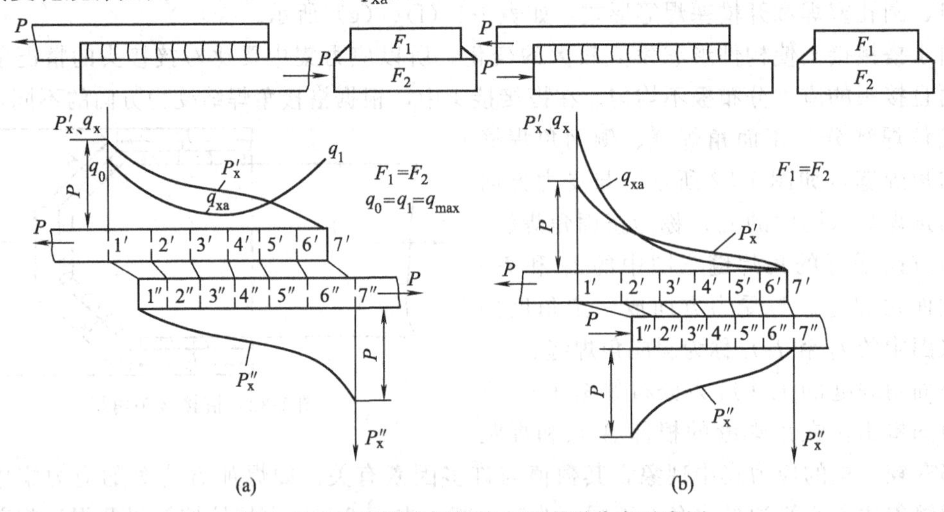

图 1-35　侧面搭接焊缝剪力及变形分布示意图

搭接接头由于受力时两焊接件中心线可能不一致，易产生附加弯矩，加上工作应力分布不均匀，疲劳强度低，因此搭接接头不是焊接结构中的理想连接形式。但它的焊前准备和装配工作比对接接头简单得多，而且横向收缩量也比对接接头小，所以在焊接结构中仍得到较为广泛的应用。

不开坡口的搭接接头一般用于 12mm 厚度以下的焊接件连接。但对锅炉、压力容器以及其他一些承载能力要求较高的焊接件焊缝都不采用搭接形式。在工程实际应用中，为了提高搭接接头的使用性能，尽可能采用正反面都进行焊接的接头形式，如图 1-36 所示。

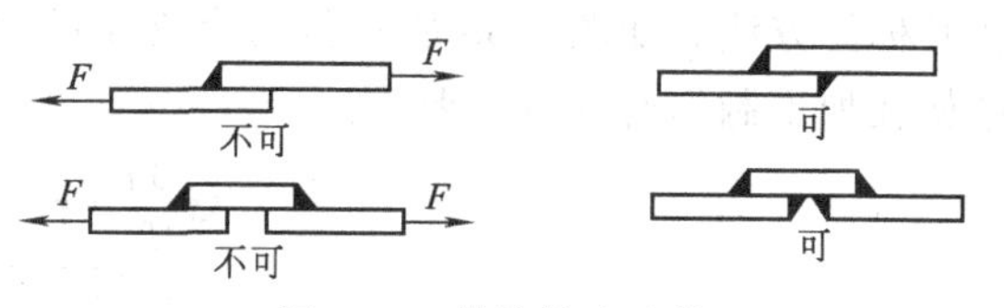

图 1-36 搭接接头比较

(3) T形(十字形)接头 T形(十字形)接头是把互相垂直的被焊工件用角焊缝连接的接头,它能承受各个方向的力和力矩。T形接头是各类箱形构件中最常见的接头形式,在压力容器插入式管子与筒体的连接、人孔与加强圈、筒体的连接结构中也有较多的应用。T形(十字形)接头的种类较多,有焊透和不焊透的、开坡口和不开坡口的,如表1-1所示。

由于T形(十字形)接头焊缝向母材过渡较急剧,接头在外力作用下应力线扭曲很大,造成应力分布极不均匀,并在角焊缝的焊根和趾部有很大的应力集中,如图1-37所示,图1-37(a)是未开坡口T形(十字形)接头中正面焊缝的应力分布情况,由于焊缝根部没有焊透,所以焊缝根部应力集中较大。同时在焊趾截面 $B—B$ 上的应力分布也是不均匀的,B 点的应力集中系数值随角焊缝的形状而变化。图1-37(b)是开坡口并焊透的T形(十字形)接头,这种接头应力集中大大降低。由此可见,保证焊透是降低T形(十字形)接头应力集中的重要措施之一。因此,在实际生产中,这种接头应避免采用不开坡口的单面焊。对于厚板并承受动载荷的T形(十字形)接头,应采用K形或V形坡口使之焊透,如表1-1(h)~(j)所示。这不仅可以节约焊缝金属,而且疲劳强度也能得到较大改善。对于要求全焊透的T形接头,若采用V形坡口单面焊,焊后再清根焊满,如表1-1(h)所示,比采用K形坡口焊接时力学性能更为理想。

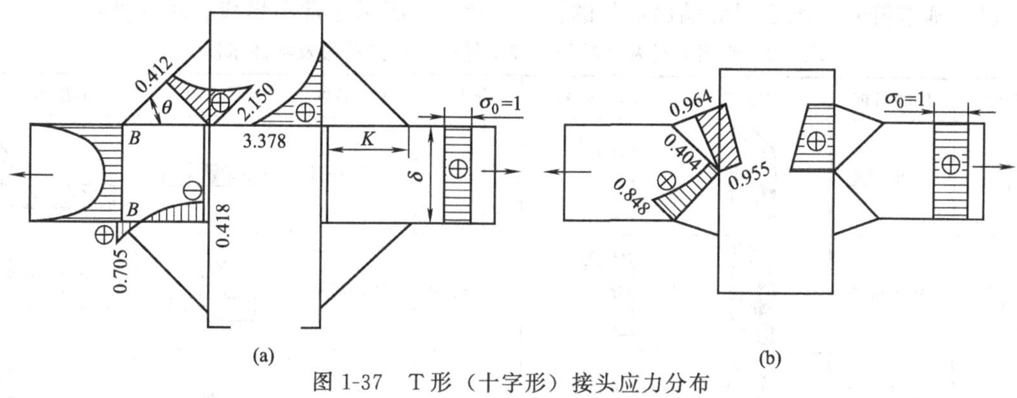

图 1-37 T形(十字形)接头应力分布

(4) 角接接头 角接接头是两个被焊接工件端面间构成一定的角度,在焊件边缘焊接的接头。根据板厚及工件的重要性,角接接头也有不开坡口或开V形、单边V形及K形坡口等形式,如表1-1所示,角接接头多用在箱形构件上,骑坐式管接头和筒体的连接,小型锅炉中炉胆和封头连接也属于这种接头形式。

与T形接头类似,单面焊的角接接头承受反向弯曲的能力较低,除了焊接件很薄或不重要的结构外,一般都应开坡口两面焊。如表1-1中(k)角接接头形式较简单,但承载能力最差,特别是当接头处于弯曲力矩时,焊根处产生较大的应力集中。若采用如表1-1(m)所示的双面焊角焊缝连接,其承载能力将会大大提高。

焊接接头形式的选用,主要根据焊件的结构形式、结构和零件的几何尺寸、焊接方法、焊接位置和焊接条件等情况而定,其中焊接方法是决定焊接接头类型的主要依据。

1.2.2 焊缝符号及其表示方法

焊接图是焊接施工所用的工程图样。要看懂施工图,就必须了解各焊接结构中焊缝符号及其标注方法。如图 1-38 所示是两个支座的焊接图，其中多处标注有焊缝符号，说明焊接结构在加工制作时的基本要求。

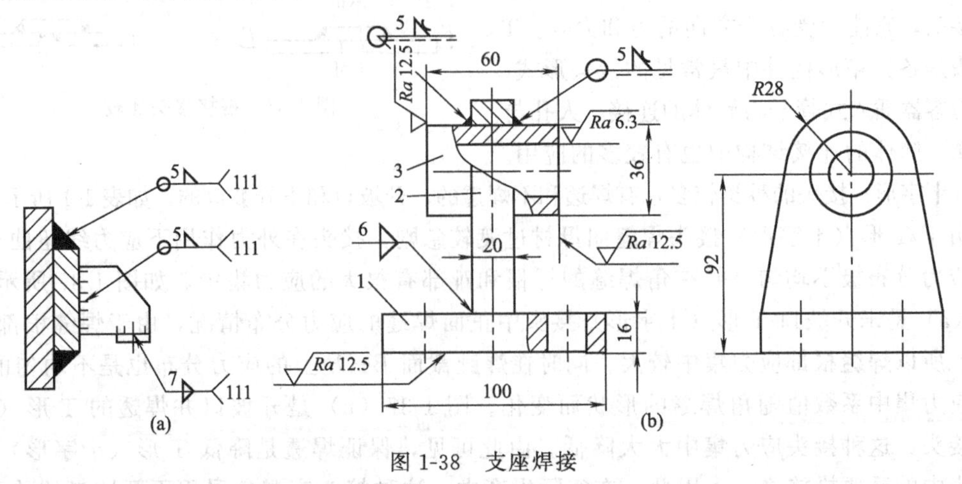

图 1-38　支座焊接

1. 焊缝符号的组成与表示

为了简化图样，统一焊接施工图上的标注代号，国家标准 GB 324—1988 规定了焊缝符号的表示方法。焊缝符号一般由基本符号和指引线组成，必要时可以加上辅助符号、补充符号和焊缝尺寸及数据。

（1）基本符号　表示焊缝端面形状的符号。表 1-2 所示为常用焊缝的基本符号。

表 1-2　常用焊缝基本符号、辅助符号、补充符号及标注示例

符号	焊缝名称	示意图	标注示例		符号	焊缝名称	示意图	标注示例
||	Ⅰ形焊缝			辅助符号	—	平面符号		
V	V形焊缝				⌣	凹面符号		
V	单边 V 形焊缝				⌢	凸面符号		
Y	带钝边 V 形焊缝				⊏	三面焊缝符号		
Y	带钝边单边 V 形焊缝				○	周围焊缝符号		
◺	角焊缝				▶	现场符号		
○	点焊缝				<	尾部符号		

（2）辅助符号　表示焊缝表面形状特征的符号，如表 1-2 所示。当不需要确切说明焊缝的表面形状时，可以不用辅助符号。

（3）补充符号　为了补充说明焊缝某些特征而采用的符号，表 1-2 所示为常用焊缝的补充符号。

（4）焊缝尺寸符号　用来代表焊缝的尺寸要求，当需要注明尺寸要求时才标注。表 1-3 所示为常用的焊缝尺寸符号。

表 1-3　常用焊缝尺寸符号及标注示例

名称	符号	示意图	标注示例
工件厚度 坡口角度 坡口深度 根部间隙 钝边高度	δ α H b p	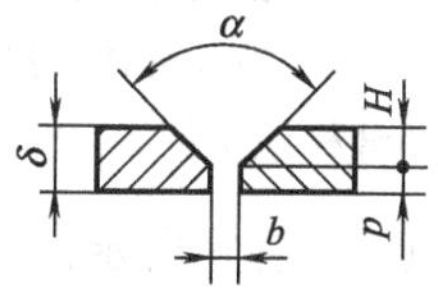	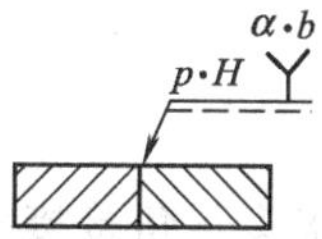 $\alpha \cdot b$ $p \cdot H$
焊缝段数 焊缝长度 焊缝间隙 焊脚尺寸	n l e K	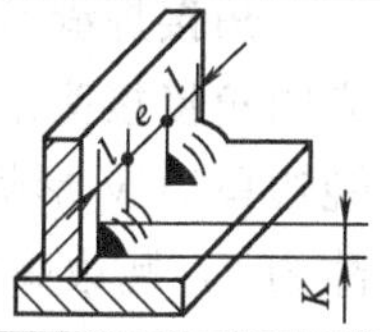	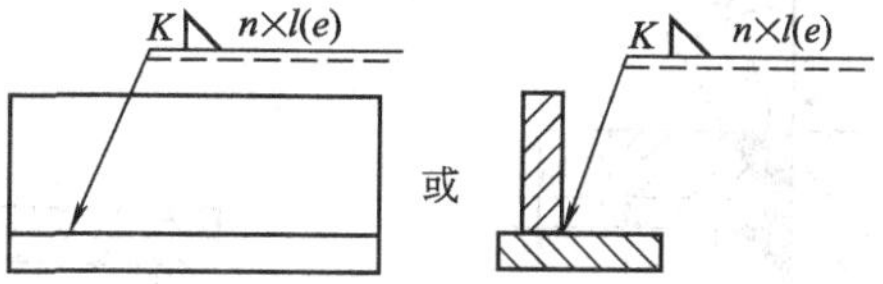 K $n\times l(e)$　或　K $n\times l(e)$
熔核直径	d	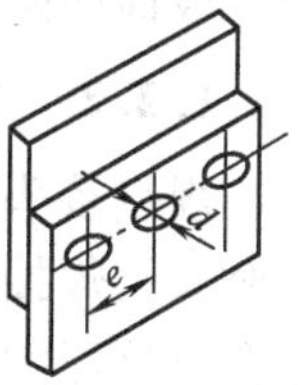	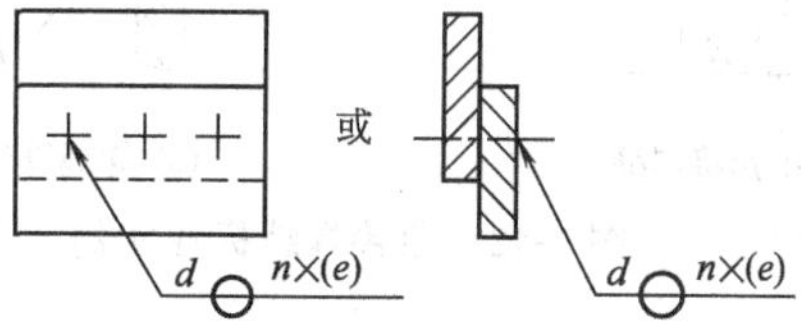 d $n\times(e)$　或　d $n\times(e)$
相同焊缝数量符号	N		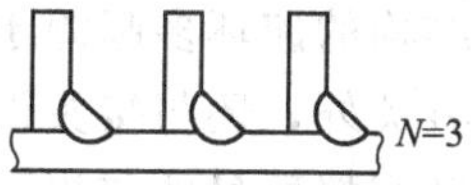 N=3

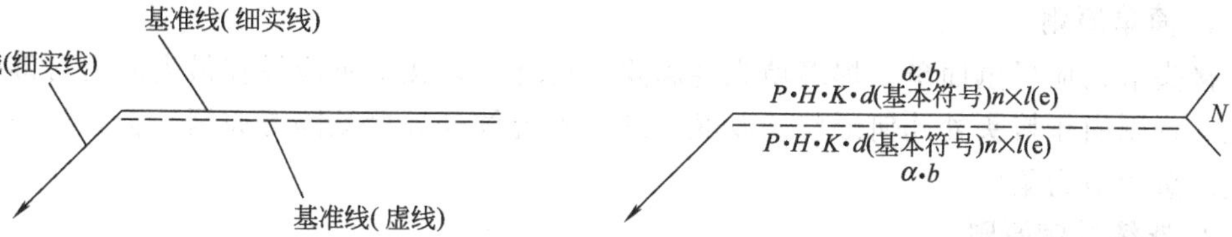

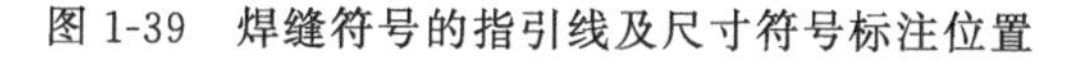

(a) 焊缝指引线　　(b) 焊缝尺寸符号及数据标注位置

图 1-39　焊缝符号的指引线及尺寸符号标注位置

（5）指引线　由箭头线和基准线组成，箭头指向焊缝处，基准线由两条互相平行的细实线和虚线组成。当需要说明焊接方法时，可以在基准线末端增加尾部符号，如图 1-39（a）所示。图 1-39（b）所示为焊缝尺寸符号及数据的标注位置。

2. 焊缝符号应用实例

（1）对接接头　对接接头的焊缝形式如图 1-40（a）所示。

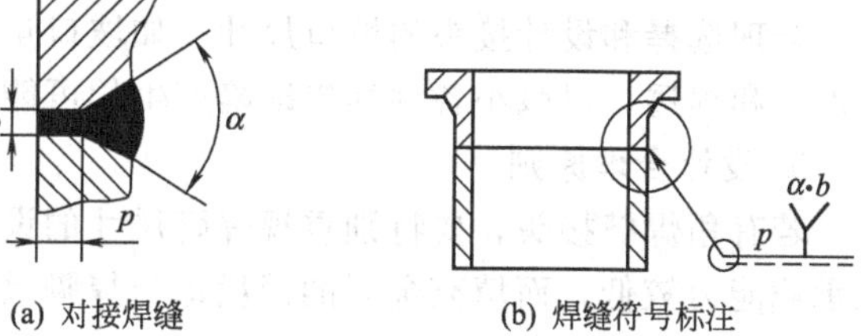

(a) 对接焊缝　　(b) 焊缝符号标注

图 1-40　对接焊缝标注实例

焊缝符号标注如图 1-40（b）所示。表明此焊接结构采用带钝边的 V 形对接焊缝坡口角度为 α，根部间隙为 b，钝边高度为 p，环绕工件周围施焊。

（2）T 形接头　T 形接头的焊缝形式如图 1-41（a）所示。

焊缝符号标注如图 1-41（b）所示。表明 T 形接头采用对称断续角焊缝。其中 n 表示焊缝段数，l 表示每段焊缝长度，e 为焊缝段的间距，K 表示焊脚尺寸。

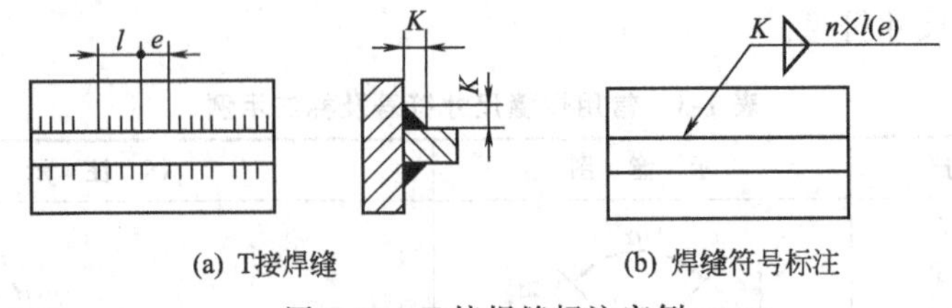

(a) T接焊缝　　(b) 焊缝符号标注

图 1-41　T 接焊缝标注实例

（3）角接接头　角接接头的焊缝形式如图 1-42（a）所示。

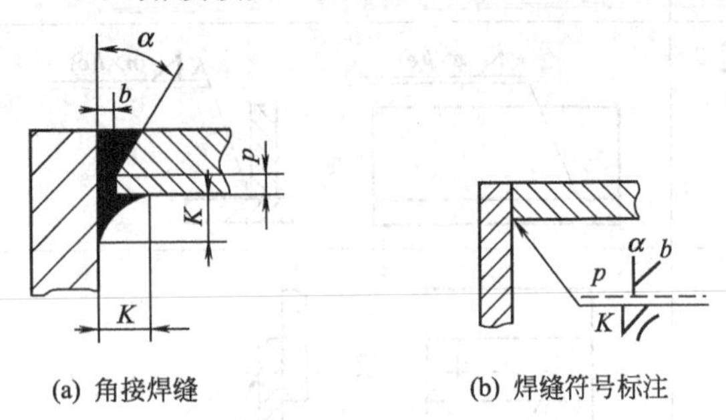

(a) 角接焊缝　　(b) 焊缝符号标注

图 1-42　角接焊缝标注实例

角接焊缝符号标注如图 1-42（b）所示。表明角接接头采用双面焊缝。接头上侧为带钝边单边 V 形焊缝，坡口角度为 α，根部间隙为 b，钝边高度为 p，接头下侧为角焊缝，焊缝表面凹陷，焊脚尺寸为 K。

1.2.3　焊接接头设计和选用原则

焊接接头是构成焊接结构的关键部分，同时又是焊接结构的薄弱环节，其性能的好坏会直接影响整个焊接结构的质量。实践已表明，焊接结构的破坏多起源于焊接接头区，这除了与材料的选用、结构的合理性以及结构的制造工艺有关外，还与接头设计的好坏有直接关系，因此选择合理的接头形式就显得十分重要。在保证焊接质量的前提下，焊接接头的设计与选用应遵循以下原则。

1. 简单原则

接头形式应尽量简单，焊缝填充金属要尽可能少，接头不应设在最大应力可能作用的截面上。否则由于接头处几何形状的改变、形状不连续和焊接缺陷等原因，会在焊缝局部区域引起严重的应力集中。

2. 连续过渡原则

焊接结构外形应连续、圆滑，以减小应力集中。

3. 方便检验原则

接头设计要使焊接工作量尽量少，且便于制造与检验。

4. 工艺合理原则

合理选择和设计接头的坡口尺寸，如坡口角度、钝边高度、根部间隙等，使之有利于坡口加工和焊透，以减小各种焊接缺陷产生的可能性。

5. 设计合理原则

若有角焊缝接头，要特别重视焊脚尺寸的设计和选用。这是因为大尺寸角焊缝的单位面积承载能力较低，而填充金属的消耗却与焊脚尺寸的平方成正比。

6. 等强度原则

按等强度要求，焊接接头的强度应不低于母材标准规定的抗拉强度的下限值。

7. 残余应力影响原则

焊接残余应力对接头强度的影响通常可以不考虑，但是对于焊缝和母材在正常工作时缺乏塑性变形能力的接头以及承受重载荷的接头，仍需考虑残余应力对焊接接头强度的影响。

表 1-4 是部分合理焊接接头设计与选用。

表 1-4　合理焊接接头设计与选用

不合理的设计	合理的设计	合理设计的效果
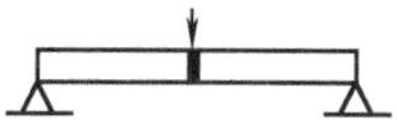	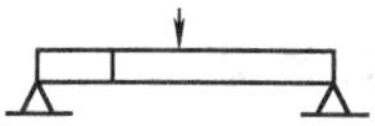	焊缝避开最大应力作用的截面
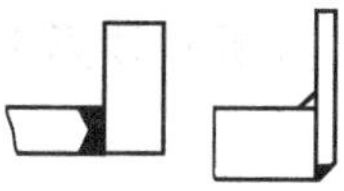	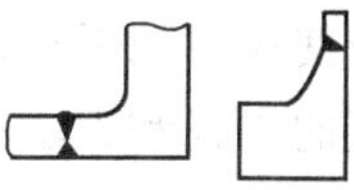	焊缝不在应力集中处
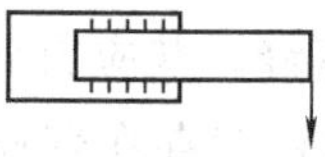	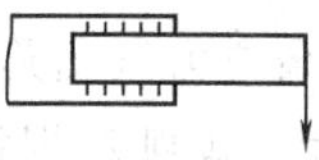	焊缝布置在工作时最有效的地方，用少量的焊接金属得到最佳的承载效果
		焊缝应便于制造与检验
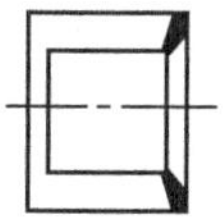	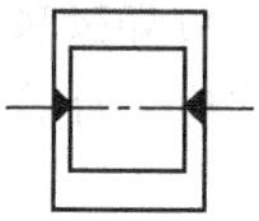	焊缝排列对称于截面重心，以减小应力和变形
	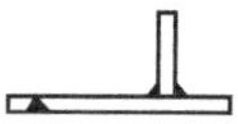	避免相邻焊缝过近，以减小焊接应力
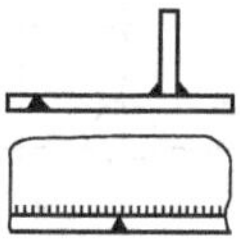	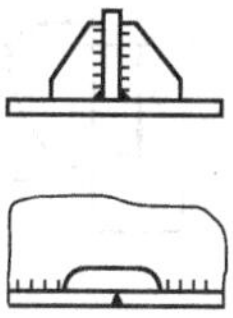	避免焊缝交于一点，以减小结构的局部刚性，有利于接头工作
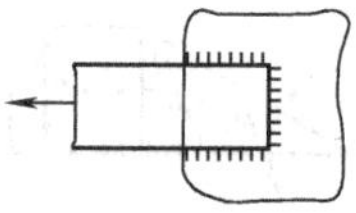	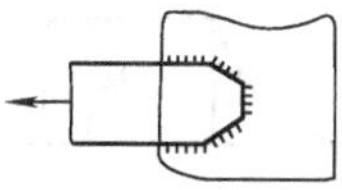	增加连接板端部的缓和过渡
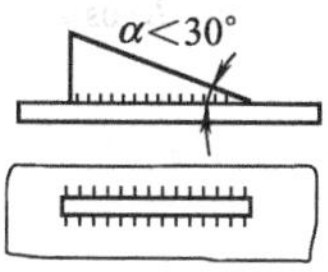 $\alpha<30^\circ$	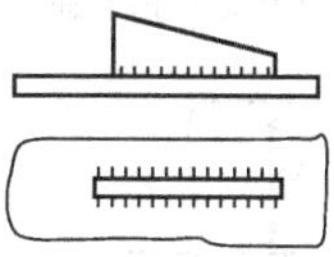	削去加强筋端部的锐角
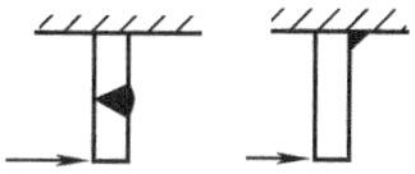	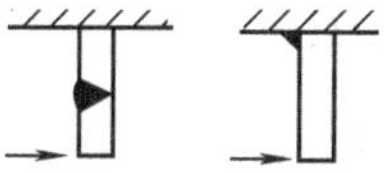	承受弯曲载荷时，焊缝的未焊侧不应位于受拉伸应力处
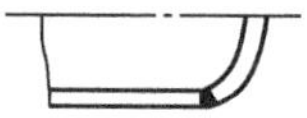	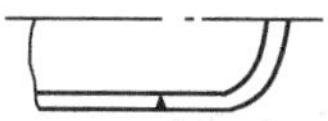	避免焊缝处于应力集中区，改善焊缝的工作条件

1.3 焊接接头静载强度计算

技能点：

焊接接头静载强度的计算。

知识点：

对接接头受力图的假设；

对接接头、搭接接头、T形接头静载强度的校核。

焊接接头的设计有许用应力设计方法和极限状态设计法两种。目前许用应力是常用的设计方法，极限状态设计法仅在建筑钢结构设计中使用。两者在接头的应力分析和计算中没有本质区别，在强度表达式上也很类似，只是取值的方式和方法有所不同。

1.3.1 静载强度计算的假定

熔化焊接头在热循环的作用下产生了焊接残余应力（尤其是各类形焊缝，其应力分布十分复杂）、残余变形、热影响区的晶粒比母材粗大、焊趾和焊根处都不同程度存在着应力集中、焊缝中有时存在缺陷等，所以焊接接头的强度与焊缝很难等强。为了便于计算，工程上往往采用近似计算作如下假定。

① 焊接残余应力不影响焊接接头的静载强度。

② 由于几何形状不连续而引起局部应力集中，对焊接接头没有影响。

③ 焊接接头工作应力的分布是均匀的，以平均应力计算。

④ 正面角焊缝和侧面角焊缝在强度上无差别。

⑤ 焊脚尺寸的大小对角焊缝的强度没有影响。

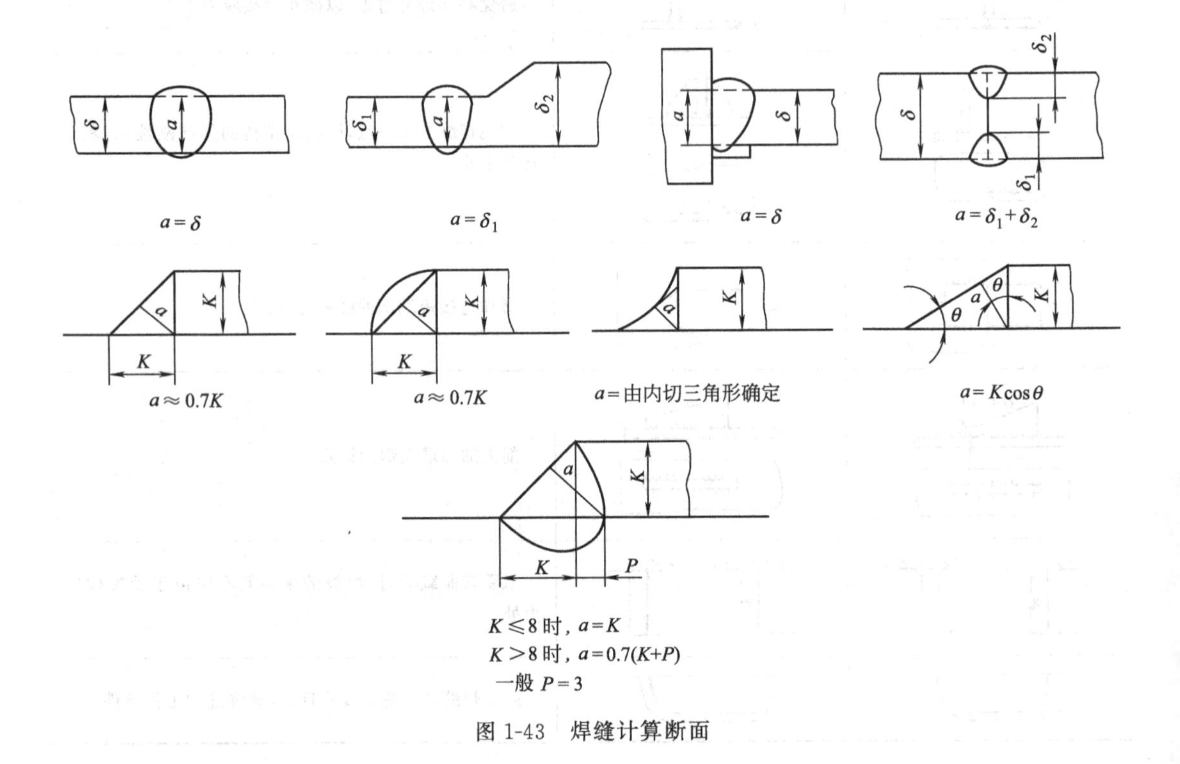

图 1-43 焊缝计算断面

表 1-5 焊接接头强度计算

接头名称	简图	计算公式	备注
对接接头	图 1-44	受拉：$\sigma=\dfrac{F}{l\delta_1}\leqslant[\sigma_1']$	$[\sigma_1']$——焊缝的许用拉应力 $[\sigma_a']$——焊缝的许用压应力 $[\tau']$——焊缝的许用切应力 $\delta_1\leqslant\delta_2$
		受压：$\sigma=\dfrac{F'}{l\delta_1}\leqslant[\sigma_a']$	
		受剪：$\tau=\dfrac{Q}{l\delta_1}\leqslant[\tau']$	
		平面内弯矩：$(M_1)\sigma=\dfrac{6M_1}{\delta_1 l^2}\leqslant[\sigma_1']$	
		平面外弯矩：$(M_2)\sigma=\dfrac{6M_2}{\delta_1^2 l}\leqslant[\sigma_1']$	
搭接接头 正面焊缝	图 1-45	受拉、受压：$\tau=\dfrac{F}{1.4Kl}\leqslant[\tau']$	$[\tau']$——焊缝的许用切应力 $\sum l=2l_1+l_2$
搭接接头 侧面焊缝		受拉、受压：$\tau=\dfrac{F}{1.4Kl}\leqslant[\tau']$	
搭接接头 正侧联合搭接焊缝		受拉、受压：$\tau=\dfrac{F}{0.7K\sum l}\leqslant[\tau']$	
	图 1-46	分段计算法：$\tau=\dfrac{M}{0.7Kl(h+K)+\dfrac{0.7Kh^2}{6}}\leqslant[\tau']$	I_x、I_y——焊缝对 x、y 轴的惯性矩 y_{max}——焊缝计算截面积距 x 轴的最大距离 I_P——焊缝计算面积的极惯性矩 $I_P=I_x+I_y$ r_{max}——焊缝计算截面距 O 点的最大距离
	图 1-47	轴惯性矩计算法：$\tau_{max}=\dfrac{M}{I_x}y_{max}\leqslant[\tau']$	
	图 1-48	极惯性矩计算法：$\tau_{max}=\dfrac{M}{I_P}r_{max}\leqslant[\tau']$	
搭接接头 双焊缝搭接	图 1-49	长焊缝小间距：$F\perp$焊缝：$\tau_合=\tau_M+\tau_Q$；$F/\!/$焊缝：$\tau_合=\sqrt{\tau_M^2+\tau_Q^2}$；$\tau_M=\dfrac{3FL}{0.7Kl^2}$，$\tau_Q=\dfrac{F}{1.4Kl}$	$F\perp$焊缝——受力方向与焊缝垂直 $F/\!/$焊缝——受力方向与焊缝平行
		短焊缝大间距：$F/\!/$焊缝：$\tau_合=\tau_M+\tau_Q$；$F\perp$焊缝：$\tau_合=\sqrt{\tau_M^2+\tau_Q^2}$；$\tau_M=\dfrac{FL}{0.7Klh}$，$\tau_Q=\dfrac{F}{1.4Kl}$	
搭接接头 塞焊缝	图 1-50	受剪：$[F]=2\delta l[\tau']m$，$0.7<m\leqslant1.0$	m——安全系数
搭接接头 开槽焊		受剪：$[F]=h\dfrac{\pi}{4}d^2[\tau']m$，$0.7<m\leqslant1.0$	
T形或十字接头开坡口	图 1-51	受拉：$\sigma=\dfrac{F}{l\delta}\leqslant[\sigma_1']$	
		受剪：$\tau=\dfrac{Q}{l\delta}\leqslant[\tau']$	
		平面内弯矩：(M_1)：$\sigma=\dfrac{6M_1}{l^2\delta}\leqslant[\sigma_1']$	
		平面外弯矩：(M_2)：$\sigma=\dfrac{6M_2}{\delta^2 l}\leqslant[\sigma_1']$	
无坡口T形接头	图 1-53	$F/\!/$焊缝：$\tau_合=\sqrt{\tau_M^2+\tau_Q^2}$　$\tau_M=\dfrac{3FL}{0.7Kh^2}$ $\tau_Q=\dfrac{F}{1.4Kh}$	
	图 1-54	$F\perp$板面：$\tau=\dfrac{M}{W}$　$W=\dfrac{l[(\delta+1.4K)^3-\delta^3]}{6(\delta+1.4K)}$	W——焊缝抗弯截面系数

⑥ 角焊缝均是在切应力的作用下破坏，一律按切应力计算其强度。

⑦ 忽略焊缝的余高和少量的熔深，以焊缝中最小截面（又称危险断面）计算强度。各种接头的焊缝计算断面如图 1-43 所示。

1.3.2 对接、搭接和 T 形接头焊缝强度计算

相同的条件下钢结构中的焊缝与母材受外力作用时，其受力同等。所以，在计算焊缝静载强度时其计算方法与材料力学中钢材强度计算方法完全相同。即焊缝强度表达式：

$$\sigma \leqslant [\sigma'] \text{或} \tau \leqslant [\tau']$$

式中 σ 或 τ——平均工作应力；

$[\sigma']$ 或 $[\tau']$——焊缝的许用应力。

1. 对接接头

全焊透对接接头受外拉应力、弯矩、剪切等作用，如图 1-44 所示。由于各种原因焊缝的各尺寸和形状很难达到完全一致，为了便于计算对接焊缝的强度，焊缝的余高不许考虑，强度的计算与母材金属相同，焊缝的计算厚度取被连接的两块板中较薄的厚度，焊缝长度一般取焊缝的实际长度。对于优质碳素结构钢和低合金结构钢全焊透时，如果选择的焊缝填充金属的强度与母材金属基本相同，可以不进行强度计算。计算公式见表 1-5。

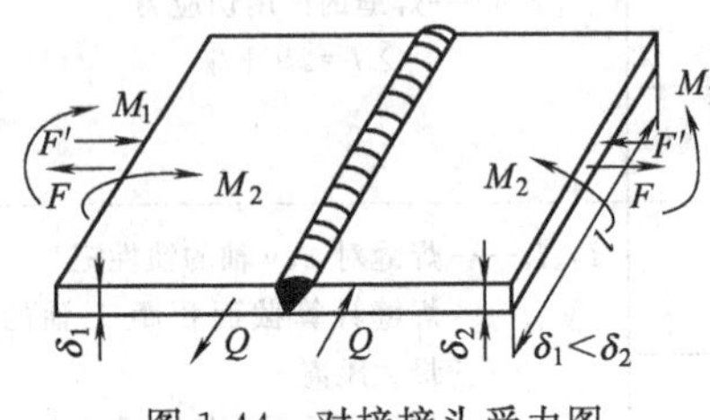

图 1-44 对接接头受力图

2. 搭接接头

搭接接头角焊缝受拉、压和各种搭接接头受拉、受压静载强度计算公式见表 1-5。焊脚断面的计算厚度 a，如图 1-43 所示，应取内接三角形的最小高度。搭接接头受拉、受压如图 1-45 所示。

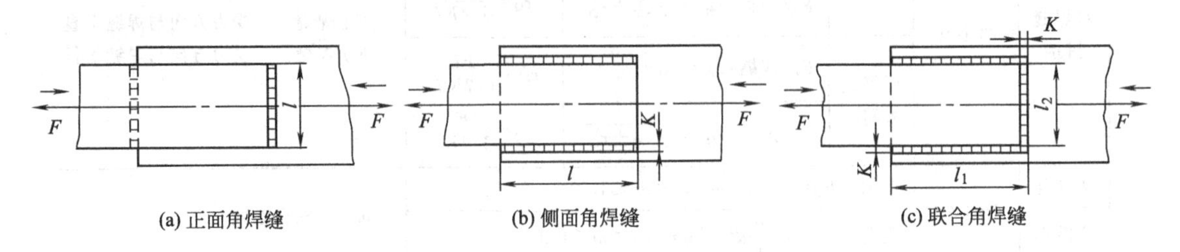

(a) 正面角焊缝 (b) 侧面角焊缝 (c) 联合角焊缝

图 1-45 搭接接头受剪切图

搭接接头若在焊缝平面受内弯矩时，其强度计算可采用分段法，如图 1-46 所示；轴惯性矩法，如图 1-47 所示；极惯性矩法，如图 1-48 所示，见表 1-5。

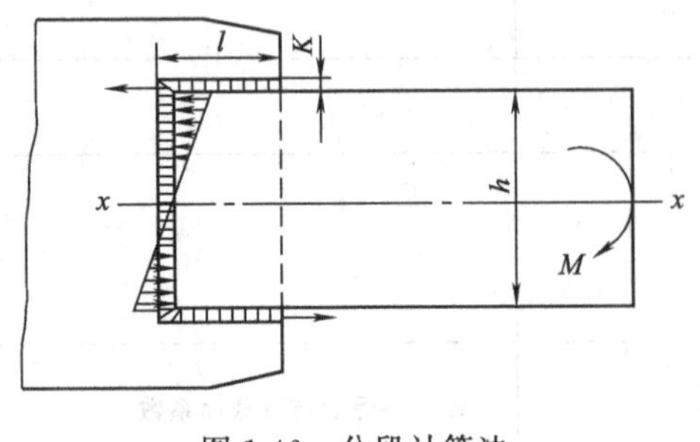

图 1-46 分段计算法

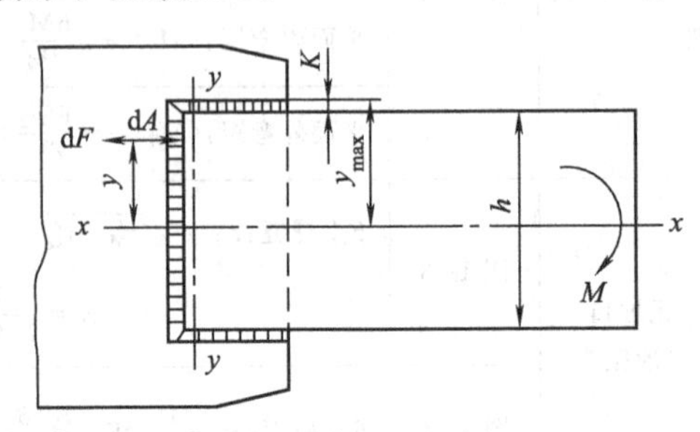

图 1-47 轴惯性矩计算法

对于采用两条角焊缝的长焊缝小间距和短焊缝大间距的搭接接头，如图 1-49 所示，其焊缝强度计算见表 1-5。

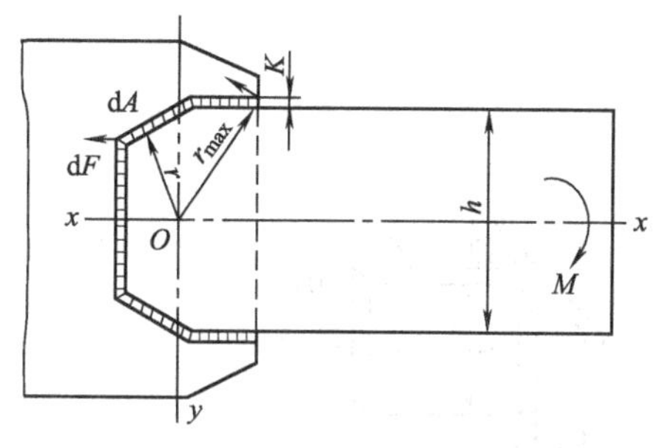

图 1-48　极惯性矩计算法

对于塞焊、开槽焊的搭接接头，焊缝的强度应按剪切力实际作用母材与焊缝接触面上计算。塞焊焊缝的强度与焊点直径的平方和点数成正比。开槽焊缝承载能力与开槽的长度和板厚成正比，如图 1-50所示。此外，塞焊和开槽焊尺寸小，焊接方法对可焊到性有很大的影响，所以，计算公式中乘以安全系数 m。当孔和槽的可焊到性差时 m 取 0.7，可焊到性好时取 1.0，见表 1-5。

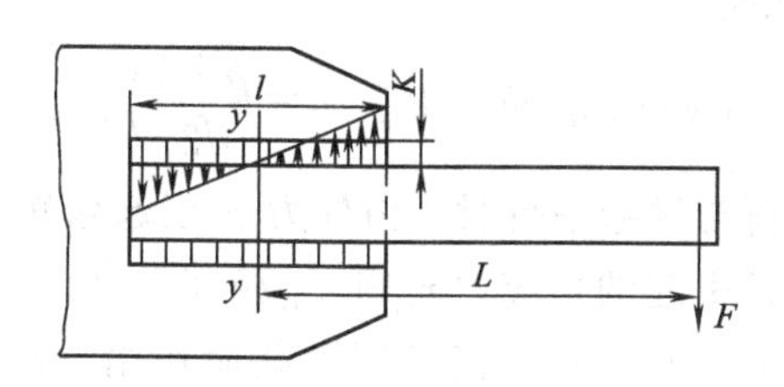

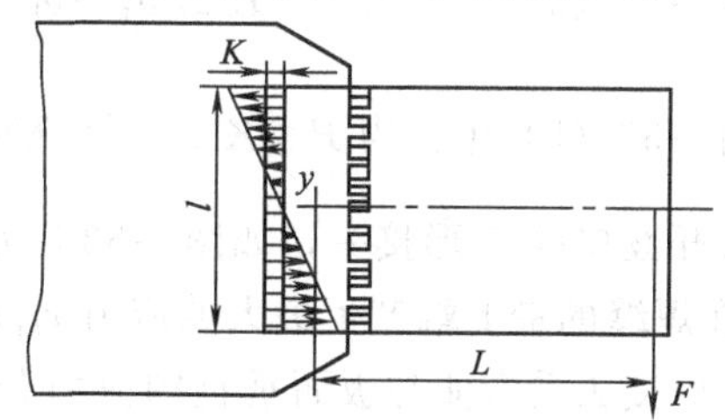

(a) 长焊缝小间距

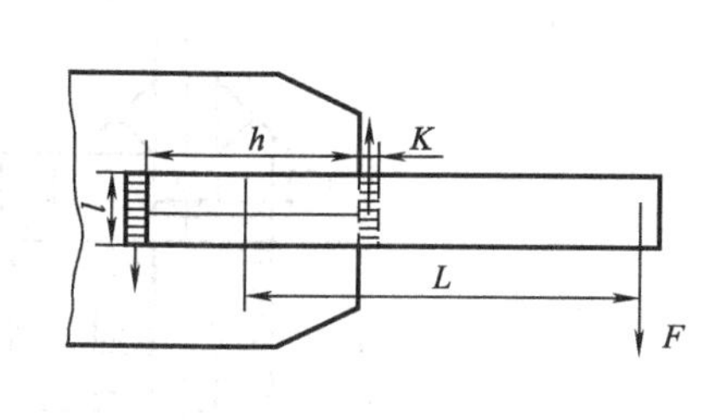

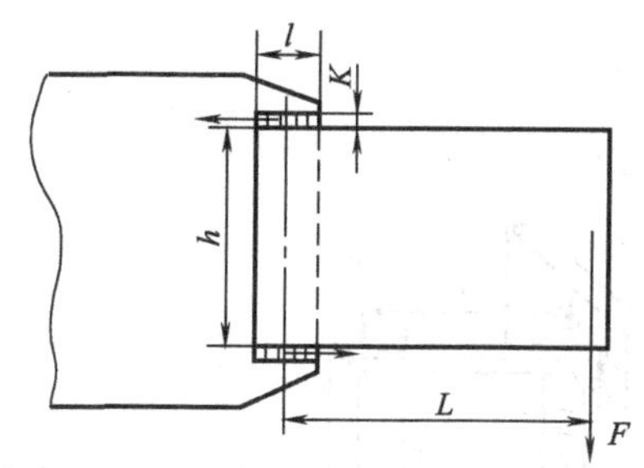

(b) 短焊缝大间距

图 1-49　两条焊缝搭接接头

3. T 形接头（十字接头）

T 形或十字形接头分为开坡口和不开坡口的。对于开坡口熔透的 T 形接头，如图1-51所示，实际是坡口焊缝与角焊缝组合的焊缝，在同样承载能力下，比未开坡口的角焊缝节省大量填充金属材料。焊缝的计算厚度 a 应按图 1-52 确定。焊缝强度按表 1-5 进行计算。

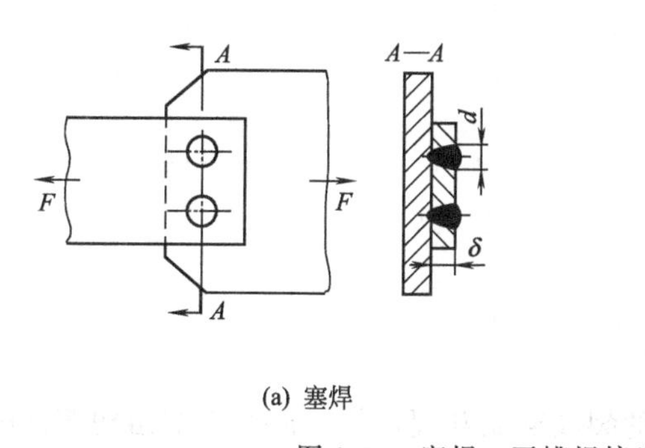

(a) 塞焊

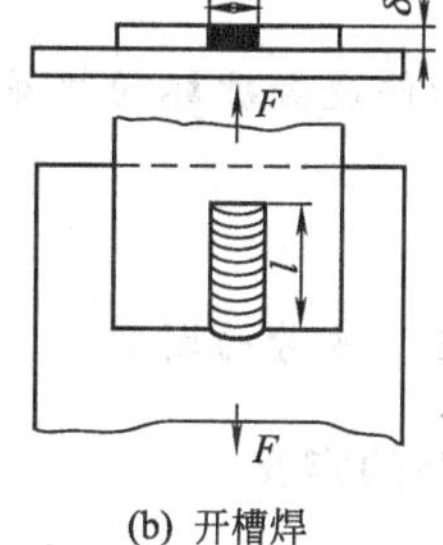

(b) 开槽焊

图 1-50　塞焊、开槽焊接头

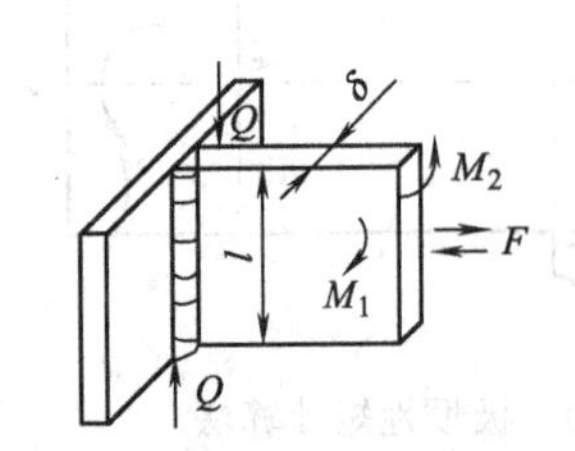

图 1-51　开坡口熔透 T 形接头

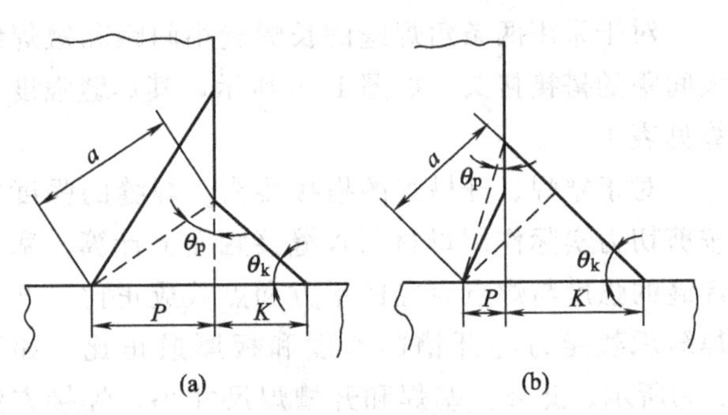

图 1-52　部分熔透角焊缝 a 的确定

图 1-52（a）中，当 $P>K$ 或 $\theta_p>\theta_k$ 时，$a=\dfrac{p}{\sin\theta_p}$（$\theta_k=45°$，$a=\sqrt{p^2+k^2}$）。

图 1-52（b）中，当 $P<K$ 或 $\theta_p<\theta_k$ 时，$a=(p+k)\sin\theta_k\left(\theta_k=45°，a=\dfrac{p+k}{\sqrt{2}}\right)$。

未开坡口的 T 形接头，如图 1-53 所示。当载荷与焊缝平行时，由外力 F 引起弯矩 $M=FL$，在焊缝的最上端产生最大的应力 τ_M；由 $Q=F$ 引起的切应力 τ_Q 和 τ_M 相互垂直。

T 形接头受弯曲与板面垂直的应力分布，如图 1-54 所示。在纯弯矩载荷作用下，弯矩所在的平面垂直于焊缝。根据强度计算假设，应按剪切应力计算，其公式见表 1-5。

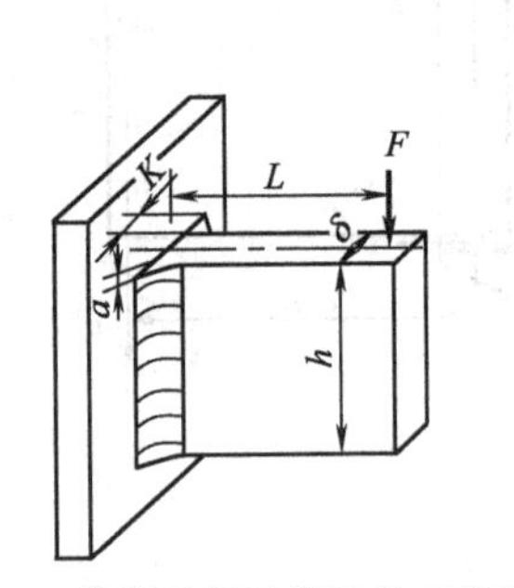

图 1-53　载荷平行于焊缝的 T 形接头

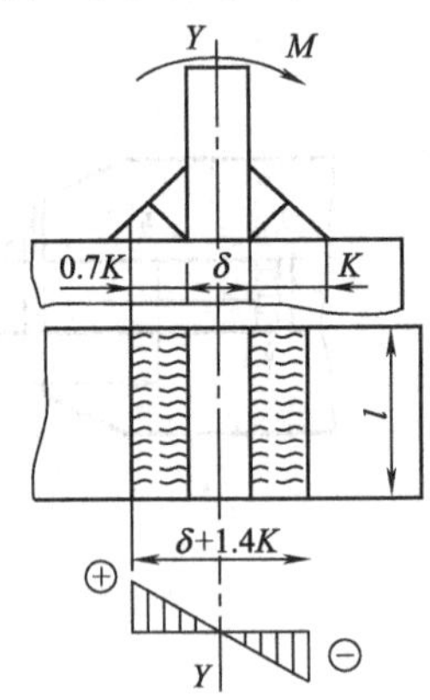

图 1-54　弯矩垂直于板面的 T 形接头

1.4　焊接结构的疲劳破坏

技能点：

防止焊接构件疲劳破坏的措施。

知识点：

疲劳的定义；

影响焊接接头疲劳的因素。

1.4.1　疲劳的定义

疲劳定义为由重复应力所引起的裂纹起始和缓慢扩展而产生的结构部件的损伤，疲劳极限是指试样受“无数次”应力循环而不发生疲劳破坏的最大应力值。在承受重复载荷结构的应力集中部位，当部件所受的公称应力低于弹性极限时，就可能产生疲劳裂纹，由于疲劳裂纹发展的最后阶段——失稳扩展（断裂）是突然发生的，没有预兆，没有明显的塑性变形，难以采取预防措施，所以疲劳裂纹对结构的安全性有很大威胁。

焊接结构在交变应力或应变作用下，也会由于裂纹引发（或）扩展而发生疲劳破坏。疲劳破坏一般从应力集中处开始，而焊接结构的疲劳破坏又往往从焊接接头处产生。

1.4.2　影响焊接接头疲劳性能的因素

焊接结构的疲劳强度在很大程度上决定于构件中的应力集中情况，不合理的接头形式和焊接过程中产生的各种缺陷（如未焊透、咬边等）是产生应力集中的主要原因。除此之外，焊接结构自身的一些特点，如接头性能的不均匀性、焊接残余应力等，都对焊接结构疲劳强度有影响。

1. 应力集中和表面状态的影响

结构上几何不连续的部位都会产生不同程度的应力集中，金属材料表面的缺口和内部的缺陷也可造成应力集中。焊接接头本身就是一个几何不连续体，不同的接头形式和不同的焊缝形状，就有不同程度的应力集中，其中具有角焊缝的接头应力集中较为严重。

构件上缺口越尖锐，应力集中越严重（即应力集中系数 K_T 越大），疲劳强度降低也愈大。不同材料或同一材料因组织和强度不同，缺口的敏感性（或缺口效应）是不相同的。高强度钢较低强度钢对缺口敏感，即在具有同样的缺口情况下，高强度钢的疲劳强度比低强度钢降低很多。焊接接头中，承载焊缝的缺口效应比非承载焊缝强烈，而承载焊缝中又以垂直于焊缝轴线方向的载荷对缺口最敏感。

表面状态粗糙相当于存在很多微缺口，这些缺口的应力集中导致疲劳强度下降。表面越粗糙，疲劳极限降低就越严重。材料的强度水平越高，表面状态的影响也越大。焊缝表面波纹过于粗糙，对接头的疲劳强度是不利的。

2. 焊接残余应力的影响

焊接结构的残余应力对疲劳强度是有影响的。焊接残余应力的存在，改变了平均应力 σ_m 的大小，而应力幅 σ_a 却没有改变。在残余拉应力区使平均应力增大，其工作应力有可能达到或超出疲劳极限而破坏，故对疲劳强度有不利影响。反之，残余压应力对提高疲劳强度是有利的。

对于塑性材料，当循环特性（应力循环中最小应力与最大应力的比值，称为循环特性，用 r 表示）$r<1$ 时，材料是先屈服后才疲劳破坏，这时残余应力已不发生影响。

由于焊接残余应力在结构上是拉应力与压应力同时存在。如果能调整到残余压应力位于材料表面或应力集中区则是十分有利的，如果材料表面或应力集中区存在的是残余拉应力，则极为不利，应设法消除。

3. 焊接缺陷的影响

焊接缺陷对疲劳强度影响的大小与缺陷的种类、尺寸、方向和位置有关。片状缺陷（如裂纹、未熔合、未焊透）比带圆角的缺陷（如气孔等）影响大；表面缺陷比内部缺陷影响大；与作用力方向垂直的片状缺陷的影响比其他方向的大；位于残余拉应力场内的缺陷，其影响比在残余压应力场内的大；同样的缺陷，位于应力集中场内（如焊趾裂纹和根部裂纹）的影响比在均匀应力场中的影响大。

1.4.3　提高焊接结构疲劳强度的措施

由上面讨论知道，应力集中是降低焊接接头和结构疲劳强度的主要原因，只有当焊接接头和结构的构造合理，焊接工艺完善，焊缝金属质量良好时，才能保证焊接接头和结构具有较高的疲劳强度。提高焊接接头的疲劳强度，一般采取下列措施：

1. 降低应力集中

疲劳裂纹源于焊接接头和结构上的应力集中点，消除或降低应力集中的一切手段，都可以提高结构的疲劳强度。

(1) 采用合理的结构形式

① 优先选用对接接头，尽量不用搭接接头；重要结构最好把T形接头或角接接头改成对接接头，让焊缝避开拐角部位；必须采用T形接头或角接接头时，希望采用全熔透的对接焊缝。

② 尽量避免偏心受载的设计，使构件内力的传递流畅、分布均匀，不引起附加应力。

③ 减小断面突变，当板厚或板宽相差悬殊而需对接时，应设计平缓的过渡区；结构上的尖角或拐角处应作成圆弧状，其曲率半径越大越好。

④ 避免三向焊缝空间汇交，焊缝尽量不设置在应力集中区，尽量不在主要受拉构件上设置横向焊缝；不可避免时，一定要保证该焊缝的内外质量，减小焊趾处的应力集中。

⑤ 只能单面施焊的对接焊缝，在重要结构上不允许在背面放置永久性垫板；避免采用断续焊缝，因为每段焊缝的始末端有较高的应力集中。

综上所述，在常温静载下工作的焊接结构和在动载或低温下工作的焊接结构，在构造设计上有着不同的要求，后者更要重视焊接接头突变部位设计。表1-6列出两种承载情况下构造设计上的差别。

表1-6 常温下承受静载荷与变载荷的焊接结构焊接接头突变部位设计区别

序　号	静载荷下工作	变载荷下工作
1	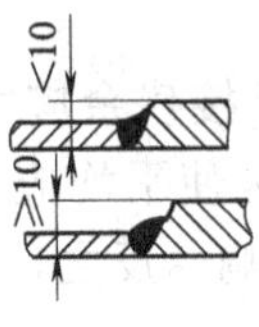 <10 ≥ 10	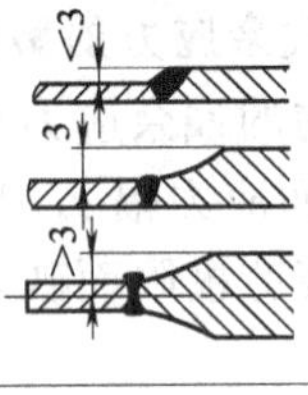 <3 3 >3
2	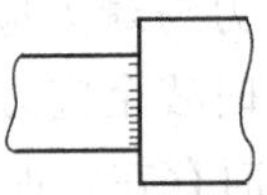	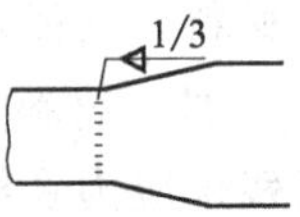 1/3
3	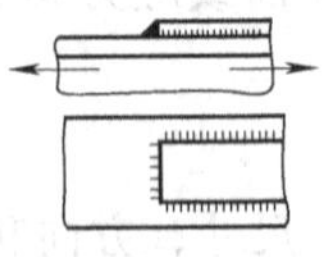	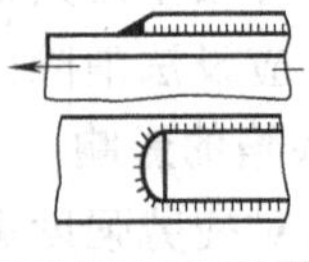
4	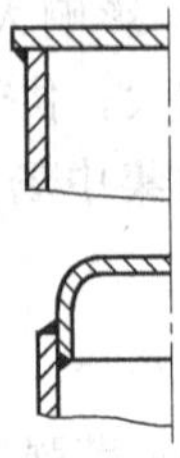	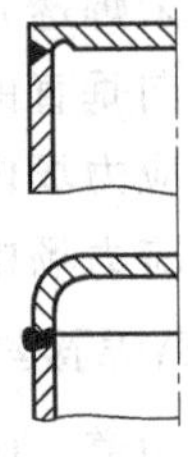

续表

序　号	静载荷下工作	变载荷下工作
5		
6		
7		
8		
9		

(2) 正确的焊缝形状和良好的焊缝内外质量

① 对接接头焊缝的余高应尽可能小，焊后最好能刨（或磨）平而不留余高；

② T 形接头最好采用带凹度表面的角焊缝，不用有凸度的角焊缝；

③ 焊缝与母材表面交界处的焊趾应平滑过渡，必要时对焊趾进行磨削或氩弧重熔，以降低该处的应力集中。

任何焊接缺陷都有不同程度的应力集中，尤其是片状焊接缺陷如裂纹、未焊透、未熔合和咬边等对疲劳强度影响最大。因此，在结构设计上要保证每条焊缝易于施焊，以减少焊接缺陷，同时发现超标的缺陷必须清除。

2. 调整残余应力

残余压应力可提高疲劳强度，而拉应力降低疲劳强度。因此，若能调整构件表面或应力集中处存在残余压应力，就能提高疲劳强度。例如，通过调整施焊顺序、局部加热等都有可能获得有利于提高疲劳强度的残余应力场。图 1-55 所示工字梁对接，对接焊缝 1 受弯曲应力最大且与之垂直。若在接头两端预留一段角焊缝 3 不

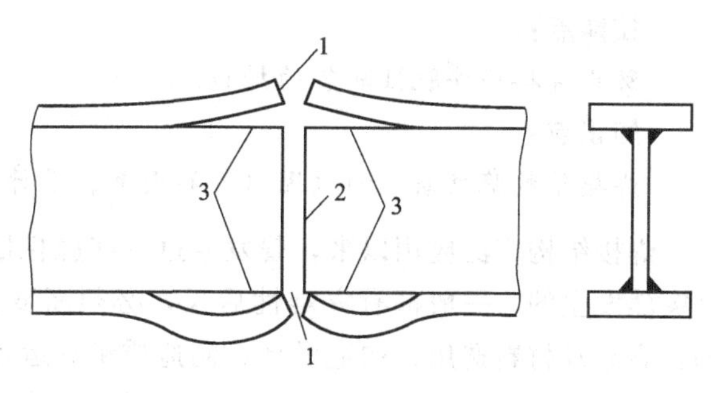

图 1-55　按受力大小确定焊接顺序

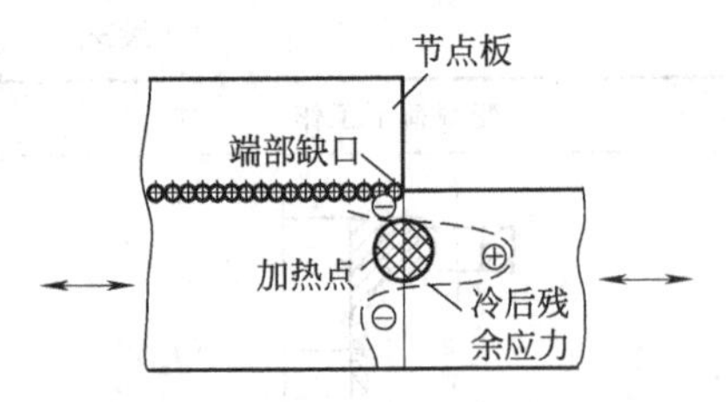

图 1-56 节点板局部加热的残余应力

焊，先焊焊缝 1，再焊腹板对接缝 2，焊缝 2 的收缩，使焊缝 1 产生残余压应力。最后焊预留的角焊缝 3，它的收缩使缝 1 与缝 2 都产生残余压应力。试验表明，这种焊接顺序比先焊焊缝 2 后焊焊缝 1 疲劳强度提高 30%。图 1-56 所示为纵向焊缝连接节点板，在纵缝端部缺口处是应力集中点，采取点状局部加热，只要加热位置适当，就能形成一个残余应力场，使缺口处获得有利的压残余应力。

此外，还可以采取表面形变强化，如滚压、锤击或喷丸等工艺使金属表面塑性变形而硬化，并在表层产生残余压应力，以达到提高疲劳强度的目的。

对有缺口的构件，采取一次性预超载拉伸，可以使缺口顶端得到残余压应力。因为在弹性卸载后，缺口残余应力的符号总是与（弹塑性）加载时缺口应力的符号相反。此法不宜用弯曲超载或多次拉伸加载。它常与结构验收试验结合，如压力容器进行水压试验时，能起到预超载拉伸作用。

3. 改善材料的组织和性能

（1）提高母材金属和焊缝金属的疲劳抗力还应从材料内在质量考虑。应提高材料的冶金质量、减少钢中夹杂物。重要构件可采用真空熔炼、真空除气、甚至电渣重熔等冶炼工艺的材料，以保证纯度；在室温下细化晶粒钢可提高疲劳寿命；通过热处理可以获得最佳的组织状态，在提高（或保证）强度同时，也能提高其塑性和韧性。回火马氏体、低碳马氏体（一般都有自回火效应）和下贝氏体等组织都具有较高抗疲劳能力。

（2）强度、塑性和韧性应合理配合。强度是材料抵抗断裂的能力，但高强度材料对缺口敏感。塑性的主要作用是通过塑性变形，可吸收变形功、削减应力峰值，使高应力重新分布。同时，也使缺口和裂纹尖端得以钝化，裂纹的扩展得到缓和甚至停止。塑性能保证强度作用充分发挥。所以对于高强度钢和超高强度钢，设法提高一点塑性和韧性，将显著改善其抗疲劳能力。

4. 特殊保护措施

大气及介质侵蚀往往对材料的疲劳强度有影响，因此采用一定的保护涂层是有利的。例如在应力集中处涂上含填料的塑料层是一种实用的改进方法。

1.5 焊接结构的脆性断裂

技能点：

防止焊接构件脆性断裂的措施。

知识点：

焊接结构脆性断裂的原因（外界因素、设计因素、工艺因素）。

焊接结构广泛应用以来，曾发生过一些脆性断裂（简称脆断）事故。这些事故无征兆，是突然发生的，一般都有灾难性后果，必须高度重视。引起焊接结构脆断的原因是多方面的，它涉及材料选用、构造设计、制造质量和运行条件等。防止焊接结构脆断是一个系统工程，光靠个别试验或计算方法是不能确保安全使用的。

1.5.1　焊接结构脆断的基本现象和特点

通过大量焊接结构脆断事故分析，发现焊接结构脆断有下述一些现象和特点：

（1）多数脆断是在环境温度或介质温度降低时发生，故称为低温脆断。

（2）脆断的名义应力较低，通常低于材料的屈服点，往往还低于设计应力，故又称为低应力脆性破坏。

（3）破坏总是从焊接缺陷处或几何形状突变、应力和应变集中处开始的。

（4）破坏时没有或极少有宏观塑性变形产生，一般都有断裂片散落在事故周围。断口是脆性的平断口，宏观外貌呈人字纹和晶粒状，根据人字纹的尖端可以找到裂纹源。微观上多为晶界断裂和解理断裂。

（5）脆断时，裂纹传播速度极高，一般是声速的1/3左右，在钢中可达1200～1800m/s。当裂纹扩展进入更低的应力区或材料的高韧性区时，裂纹就停止扩展。

（6）若模拟断裂时的温度对断口附近材料做韧性能试验，则发现其韧性均很差，对离断口较远材料进行力学性能复验，其强度和伸长率往往仍符合原规范要求。

1.5.2　焊接结构脆断的原因

对各种焊接结构脆断事故进行分析和研究，发现焊接结构发生脆断是材料（包括母材和焊材）、结构设计和制造工艺三方面因素综合作用的结果。就材料而言，主要是在工作温度下韧性不足，就结构设计而言，主要是造成极为不利的应力状态，限制了材料塑性的发挥；就制造工艺而言，除了因焊接工艺缺陷造成严重应力集中外，还因为焊接热的作用改变了材质（如产生热影响区的脆化）和产生焊接残余应力与变形等。

1. 影响金属材料脆断的主要因素

研究表明，同一种金属材料由于受到外界因素的影响，其断裂的性质会发生改变，其中最主要的因素是温度、加载速度和应力状态，而且这三者往往是共同起作用。

（1）温度的影响

温度对材料断裂性质影响很大，图1-57为热轧低碳钢的温度-拉伸性能关系曲线。从图中可看出，随着温度降低，材料的屈服应力σ_s和断裂应力σ_b增加。而反映材料塑性的断面收缩率ψ却随着温度降低而降低，约在−200℃时为零。这时对应的屈服应力与断裂应力接近相等，说明材料断裂的性质已从延性转化为脆性。图中屈服应力σ_s与断裂应力σ_b汇交处所对应的温度或温度区间，被称为材料从延性向脆性转变的温度，又称为临界温度。其他钢材也有类似规律，只是脆性转变温度的高低不同。因此，可以用作衡量材料抗脆性断裂的指标。脆性转变温度受试验条件影响，如带缺口试样的转变温度高于光滑试样的转变温度。

温度不仅对材料的拉伸性能有影响，也对材料的冲击韧度、断裂韧度发生类似的影响。

（2）加载速度的影响

实验证明，钢的屈服点σ_s随着加载速度提高而提高，如图1-58说明了钢材的塑性变形抗力随加载速度提高而加强，促进了材料脆性断裂。提高加载速度的作用相当于降低温度。

（3）应力状态的影响

塑性变形主要是由于金属晶体内沿滑移面发生滑移，引起滑移的力学因素是切应力。因此，金属内有切应力存在，滑移可能发生。

裂纹尖端或结构上其他应力集中点和焊接残余应力容易出现三向应力状态。

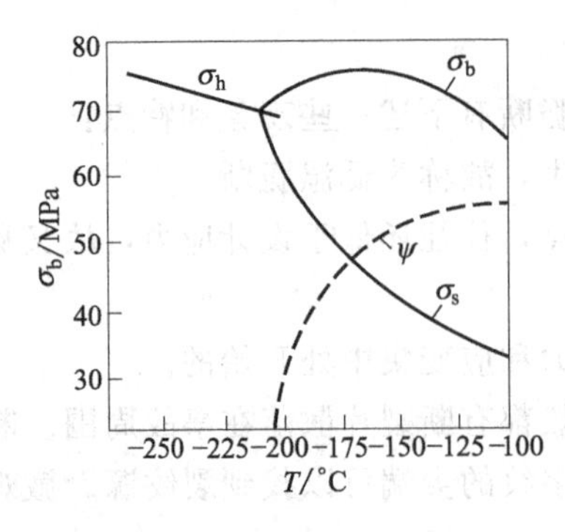

图 1-57 w_C 为 0.2%的碳素钢的温度与拉伸性能的关系

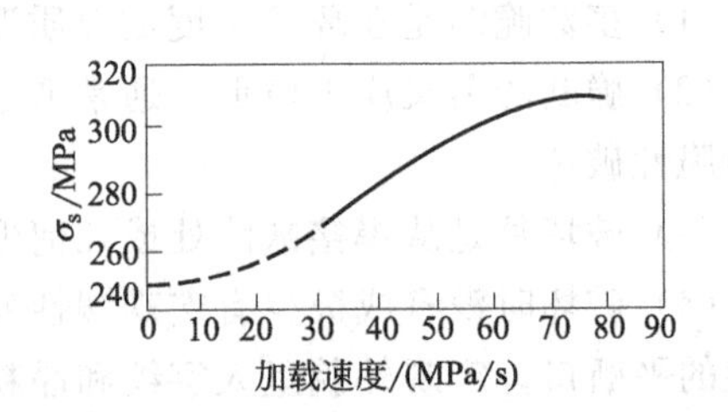

图 1-58 加载速度对 σ_s 的影响

（4）材料状态的影响

前述三个因素均属引起材料脆断的外因。材料本身的质量则是引起脆断的内因。

① 厚度的影响。厚度增大，发生脆断可能性增大。一方面原因已如前所述，厚板在缺口处容易形成三向拉应力，沿厚度方向的收缩和变形受到较大的限制而形成平面应变状态，约束了塑性的发挥，使材料变脆；另一方面是因为厚板相对于薄板受轧制次数少，终轧温度高，组织较疏松，内外层均匀性差，抗脆断能力较低。不像薄板轧制的压延量大，终轧温度低，组织细密而均匀，具有较高抗断能力。

② 晶粒度的影响。对于低碳钢和低合金钢来说，晶粒度对钢的脆性转变温度影响很大，晶粒度越细，转变温度越低，越不易发生脆断。

③ 化学成分的影响。碳素结构钢，随着碳含量增加，其强度也随之提高，而塑性和韧性却下降，即脆断倾向增大。其他如 N、O、H、S、P 等元素会增大钢材的脆性。而适量加入 Ni、Cr、V、Mn 等元素则有助于减小钢的脆性。

必须指出，金属材料韧性不足发生脆断既有内因，又有外因，外因通过内因起作用。但是上述三个外因的作用往往不是单独的而是共同作用，相互促进。同一材料光滑试样拉伸要达到纯脆性断裂，其温度一般都很低。如果是带缺口试样，则发生脆性断裂的温度将大大提高。缺口越尖锐，提高脆断的温度幅度就越大。说明不利的应力状态提高了脆性转变温度。如果厚板再加上带有尖锐的缺口（如裂纹的尖端），在常温下也会产生脆性断裂。提高加载速度（如冲击）也同样使材料的脆性转变温度大幅度提高。

2. 影响结构脆断的设计因素

焊接结构是根据焊接工艺特点和使用要求而设计的。设计上，有些不利因素是这类结构固有特点造成的，因而比其他结构更易于引起脆断。有些则是设计不合理而引起脆断。这些因素有以下几个方面。

（1）焊接连接是刚性连接

焊接接头通过焊缝把两母材熔合成连续的、不可拆卸的整体，两母材之间已没有任何相对松动的可能。结构一旦开裂，裂纹很容易从一个构件穿越焊缝传播到另一构件，继而扩展到结构整体，造成整体断裂，铆钉连接和螺栓连接不是刚性连接，接头处两母材是搭接，金属之间不连续。靠搭接面的摩擦传递载荷，遇到偶然冲击时，搭接面有相对位移可能，起到吸收能量和缓冲作用。万一有一构件开裂，裂纹扩展到接头处因不能跨越而自动停止，不会导致整体结构的断裂。

（2）结构的整体性

因其刚性大，导致对应力集中因素特别敏感。

（3）构造设计上存在有不同程度的应力集中因素

焊接接头中搭接接头、T字（或十字）接头和角接接头，本身就是结构上不连续部位。连接这些接头的角焊缝，在焊趾和焊根处便是应力集中点。对接接头是最理想的接头形式，但也随着余高的增加，使焊趾的应力集中趋于严重。

（4）结构细部设计不合理

焊接结构设计，重视选材和总体结构的强度和刚度计算是必须的，但构造设计不合理，尤其是细部设计考虑不周，也会导致脆断的发生。因为焊接结构的脆断总是从焊接缺陷处或几何形状突变、应力和应变集中处开始的。下面列举几种不妥的构造设计，它可能成为脆断的诱因。

① 断面突变处不作过渡处理；

② 造成三向拉应力状态的构造设计，如用过厚的板，焊缝密集，三向焊缝汇交，造成在拘束状态下施焊，复杂的残余应力分布等；

③ 在高工作应力区布置焊缝；

④ 在重要受力构件上随便焊接小附件而又不注意焊接质量；

⑤ 不便于施焊的构造设计，这样的设计最容易引起焊缝内外缺陷。

3. 影响结构脆断的工艺因素

焊接结构在生产过程中一般要经历下料、冷（或热）成形、装配、焊接、矫形和焊后热处理工序。金属材料经过这些工序其材质可能发生变化，焊接可能产生缺陷，焊后产生残余应力和变形等，都对结构脆断有影响。

（1）应变时效对结构脆断的影响

钢材随时间发生脆化的现象称为时效。钢材经一定塑性变形后发生的时效称为应变时效。焊接结构生产过程中有两种情况可以产生应变时效：一种是当钢材经剪切、冷成形或冷矫形等工序产生了一定塑性变形（冷作硬化）后经150～450℃温度加热而产生应变时效；另一种是焊接时，由于加热不均匀，近缝区的金属受到不同热循环作用，尤其是当近缝区上有某些尖锐刻槽或在多层焊的先焊焊道中存在有缺陷，便会在刻槽和缺陷处形成焊接应力-应变集中，产生了较大的塑性变形，结果在热循环和塑性变形同时作用下产生应变时效，这种时效称热应变时效，或动应变时效。

研究表明，许多低强度钢应变时效引起局部脆化非常严重，它大大降低了材料延性，提高了材料的脆性转变温度，使材料的缺口韧性和断裂韧度值下降；热（动）应变时效对脆性的影响比冷作硬化后的应变时效来得大，即前者的脆性转变温度高于后者。

焊后热处理（550～560℃）可消除这两类应变时效对碳钢和某些合金钢结构脆断的影响，可恢复其韧性。因此，对应变时效敏感的钢材，焊后热处理是必要的，既可消除焊接残余应力，也可改善这种局部脆化，对防止结构脆断有利。

（2）焊接接头非均质性的影响

焊接接头中焊缝金属与母材之间有强度匹配问题以及焊接的快速加热与冷却使焊缝和热影响区发生金相组织变化问题。这些非均质性对结构脆断有很大影响。

① 焊缝金属与母材不匹配。目前结构钢焊接在选择焊接填充金属时，总是以母材强度为依据。由于焊材供应或焊接工艺需要等原因，可能有三种不同的强度匹配（又称组配）的

情况，即焊缝金属强度略高于母材金属的高匹配、等于母材金属和略低于母材金属的低匹配。这三者只考虑了强度问题，忽略了对脆断影响最大的延性和韧性匹配问题，因而不够全面。通常强度级别高的钢材其延性和韧性都较好。很难做到既等强度又等韧性的理想匹配。

通过对不同强度级别钢材以不同强度匹配的焊接接头抗断裂试验研究发现，焊缝强度高于母材的焊接接头（高匹配）对抗脆断较为有利。这种高匹配接头的极限裂纹尺寸 a_{cr} 比等匹配和低匹配的接头来得大，而且焊缝金属的止裂性能也较高。这种现象被认为是高匹配的焊缝金属受到周围软质母材的保护，变形大部分发生在母材金属上。

采用高匹配并不意味着可放低焊缝金属塑性和韧性的要求。因为焊接工艺方面和焊缝金属抗开裂方面对塑、韧性的基本要求也应满足。因此认为，要求焊缝和母材具有相同的塑性，而强度稍高于母材是最佳的匹配方案。

② 接头金相组织发生变化。焊接局部快速加热和冷却的特点，使焊缝和热影响区发生一系列金相组织的变化，因而相应地改变了接头部位的缺口韧性。热影响区中的粗晶区和细晶区的缺口韧性相差很多，粗晶区是焊接接头的薄弱环节之一，有些钢的试验表明，它的临界转变温度可比母材提高 50～100℃。

热影响区的显微组织主要取决于母材的原始显微组织、材料的化学成分、焊接方法和焊接热输入。对于确定的钢种和焊接方法来说，主要取决于焊接热输入。实践表明，对高强度钢的焊接，用过小的热输入，接头散热快，造成淬火组织并易产生裂纹；过大热输入造成过热，因晶粒粗大而脆化，降低材料的韧性。通常需要通过工艺试验，确定出最佳的焊接热输入。采用多层焊可获得较满意的接头韧性，因为每道焊缝可以用较小的工艺参数，且每道焊缝的焊接热循环对前一道焊缝和热影响区起到热处理作用，有利于改善接头韧性。

(3) 焊接残余应力的影响

焊接残余应力对结构脆断的影响是有条件的，在材料的开裂转变温度以下（材料已变脆）时，焊接拉伸残余应力有不利影响，它与工作应力叠加，可以形成结构的低应力脆性破坏；而在转变温度以上时，焊接残余应力对脆性破坏无不利影响。

焊接拉伸残余应力具有局部性质，一般只限于焊缝及其附近部位，离开焊缝区其值迅速减小。峰值残余拉应力有助于断裂产生，若在峰值残余拉应力处存在有应力集中因素则是非常不利的。

(4) 焊接工艺缺陷的影响

焊接接头中，焊缝和热影响区是最容易产生焊接缺陷的地方。美国对第二次世界大战中焊接船舶脆断事故调查表明，40%的脆断事故是从焊缝缺陷处引发的。可以把缺陷和结构几何不连续性划分为三种类型：

平面缺陷：包括未熔合、未焊透、裂纹以及其他类裂纹缺陷；

体积缺陷：气孔、夹渣和类似缺陷，但有些夹渣和气孔（如线性气孔）常与未熔合有关，这些缺陷可按裂纹缺陷处理；

成形不佳：焊缝太厚、角变形、错边等。

这三类缺陷中以平面缺陷结构断裂影响最为严重，而平面缺陷中又以裂纹缺陷影响为甚。裂纹尖端应力应变集中严重，最易导致脆性断裂。裂纹的影响程度不但与其尺寸、形状有关，而且与其所在位置有关。若裂纹位于高值拉应力区，就更容易引起低应力破坏。若在结构的应力集中区（如压力容器的接管处、钢结构的节点上）产生焊接缺陷，则很危险。因此，最好将焊缝布置在结构的应力集中区以外。

体积缺陷也同样削减工作截面而造成结构不连续，也是产生应力集中的部位，它对脆断的影响程度决定于缺陷的形态和所处位置。

试验表明，焊接角变形越大，破坏应力也越低；对接接头发生错边，就与搭接接头相似，会造成载荷与重心不同轴，产生附加弯曲应力。图 1-59 所示为接头角变形和错边造成的附加弯矩。焊缝有余高，在焊趾处易产生高值的应力集中，导致在该处开裂。通常采取打磨焊趾处，使焊缝与母材圆滑过渡，也可在焊趾处作氩弧重熔或堆焊一层防裂焊缝来降低应力集中。

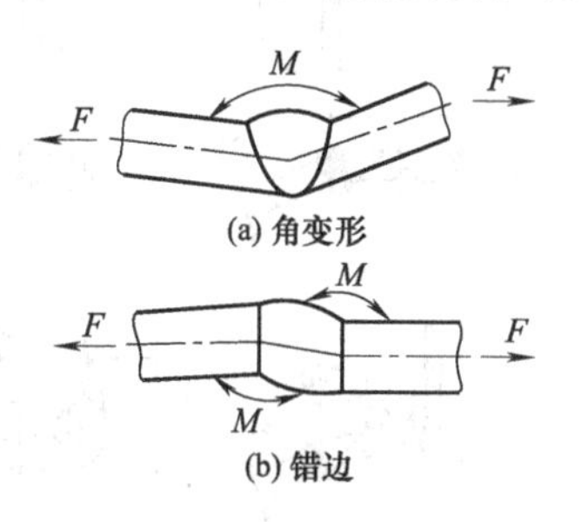

图 1-59 接头角变形与错边造成的附加弯矩

1.5.3 防止焊接结构脆性断裂的措施

材料在工作条件下韧性不足，结构上存在严重应力集中（包括设计上和工艺上）和过大的拉应力（包括工作应力、残余应力和温度应力）是造成结构脆性破坏的主要因素。若能有效地解决其中一方面因素所存在的问题，则发生脆断的可能性将显著减小。通常是从选材、设计和制造三方面采取措施来防止结构的脆性破坏。

1. 正确选用材料

所选钢材和焊接填充金属材料应保证在使用温度下具有合格的缺口韧性。为此选材时应注意以下两点：

(1) 在结构工作条件下，焊缝、熔合区和热影响区的最脆部位应有足够的抗开裂性能，母材应具有一定的止裂性能。也就是说，首先不让接头处开裂，万一开裂，母材能够制止裂纹的传播。

(2) 钢材的强度和韧度要兼顾，不能片面追求强度指标。

2. 合理的结构设计

设计有脆断倾向的焊接结构时，应注意以下几个原则。

(1) 减少结构或焊接接头部位的应力集中：

① 应尽量采用应力集中系数小的对接接头，避免采用搭接接头。若有可能把 T 形接头或角接接头改成对接接头，如图 1-60 所示。

② 尽量避免断面有突变。当不同厚度的构件对接时，应尽可能采用圆滑过渡，如图 1-61 所示。同样，宽度不同的板拼接时，也应平缓过渡，避免出现急剧转角，如图 1-62 所示。

③ 避免焊缝密集，焊缝之间应保持一定的距离，如图 1-63 所示。

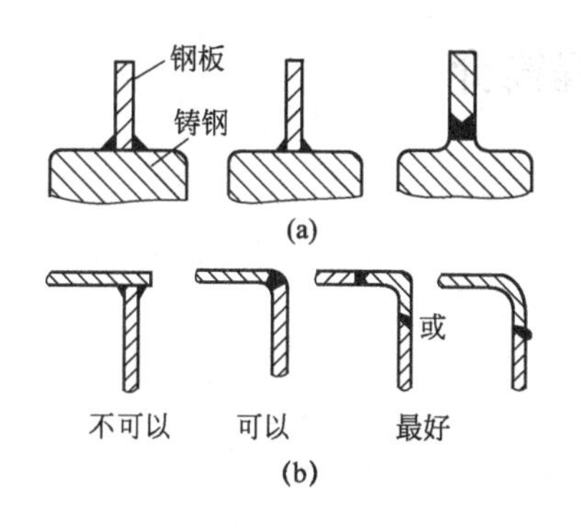

图 1-60 T 形接头和角接接头的设计方案

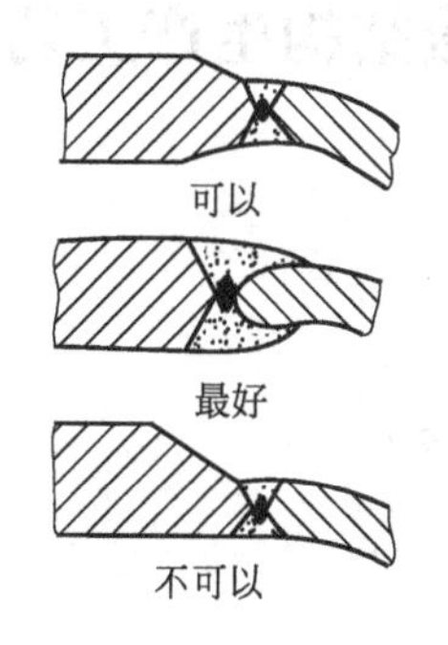

图 1-61 不同板厚的接头设计方案

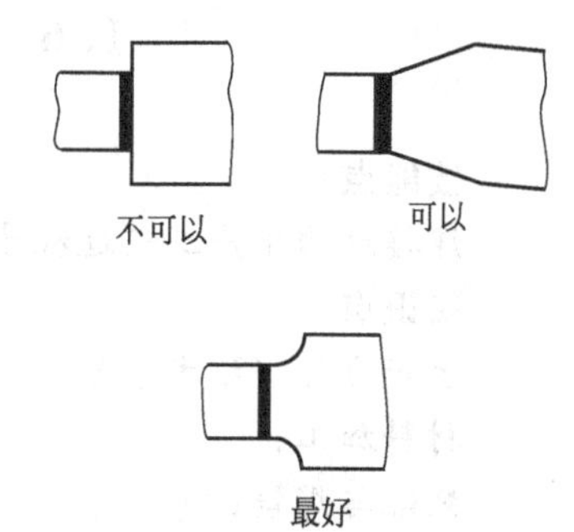

图 1-62 不同宽度钢板拼接设计方案

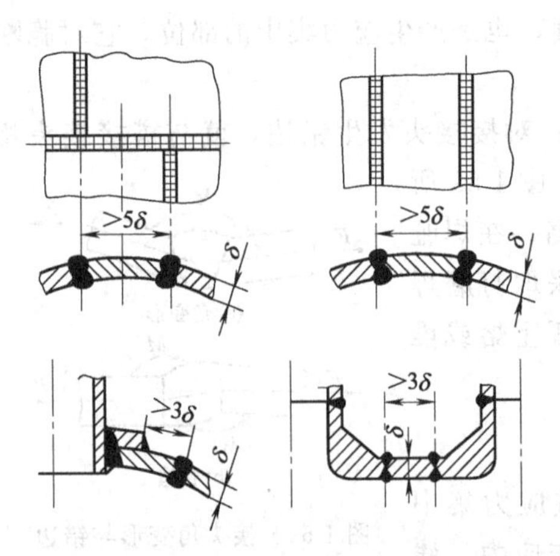

图 1-63　焊接容器中焊缝之间的最小距离

④ 焊缝应布置在便于施焊和检验的部位，以减少焊接缺陷。

(2) 在满足使用要求的前提下，尽量减小结构的刚度。刚度过大会引起对应力集中的敏感性和大的拘束应力。

(3) 不采用过厚的截面，厚截面结构容易形成三向拉应力状态，约束塑性变形，而降低断裂韧性并提高脆性转变温度，从而增加脆断危险。此外，厚板的冶金质量也不如薄板。

(4) 对附件或不受力的焊缝设计给予足够重视。应和主要承力构件或焊缝一样对待，精心设计，因为脆性裂纹一旦从这些不受重视部位产生，就会扩展到主要受力的构件中，使结构破坏。

3. 正确的制造过程

有脆断倾向的焊接结构制造时应注意：

(1) 对结构上任何焊缝都应看成是“工作焊缝”，焊缝内外质量同样重要。在选择焊接材料和制订工艺参数方面应同等看待。

(2) 在保证焊透的前提下减少焊接热输入，或选择热输入量小的焊接方法。因为焊缝金属和热影响区过热会降低冲击韧度，尤其是焊接高强度钢时更应注意。

(3) 充分考虑应变时效引起局部脆性的不利影响。尤其是结构上受拉边缘，要注意加工硬化，一般不用剪切而采用气割或刨边机加工边缘。若焊后进行热处理则不受此限制。

(4) 减小或消除焊接残余内应力。焊后热处理可消除焊接残余应力，同时也能消除冷作引起的应变时效和焊接引起的动应变时效的不利影响。

(5) 严格生产管理，加强工艺纪律，不能随意在构件上打火引弧，因为任何弧坑都是微裂纹源；减少造成应力集中的几何不连续性，如错边、角变形、焊接接头内外缺陷（如裂纹及类裂纹缺陷）等。凡超标缺陷需返修，焊补工作须在热处理之前进行。

为防止重要焊接结构发生脆性破坏，除采取上述措施外，在制造过程中还要加强质量检查，采用多种无损检测手段，及时发现焊接缺陷。在使用过程中也应不间断地进行监控，如用声发射技术监测，发现不安全因素及时处理，能修复的及时修复。在役的结构修复要十分慎重，有可能因修复引起新的问题。

1.6　焊接结构生产工艺过程简介

技能点：

焊接结构生产工艺过程步骤。

知识点：

生产准备（技术准备、物质准备）；

材料加工；

装配与焊接；

质量检验；

工艺评定。

焊接结构生产工艺过程，是根据生产任务的性质、产品的图纸、技术要求和工厂条件，运用现代焊接技术及相应的金属材料加工和保护技术、无损检测技术来完成焊接结构产品的全部生产过程的各个工艺过程。由于焊接结构的技术要求、形状、尺寸和加工设备等条件的差异，使各个工艺过程有一定区别，但从工艺过程中各工序的内容以及相互之间的关系来分析，它们又都有着大致相同的生产步骤，即生产准备、材料加工、装配焊接和质量检验。

1.6.1　生产准备

为了提高焊接产品的生产效率和质量，保证生产过程的顺利进行，生产前需做好以下准备工作。

1. 技术准备

首先研究将要生产的产品清单。因为在清单中按产品结构进行了分类，并注明该产品的年产量，即生产纲领。生产纲领确定了生产的性质，同时也决定了焊接生产工艺的技术水平。其次研究和审查产品施工图纸和技术条件，了解产品的结构特点，进行工艺分析，制定整个焊接结构生产工艺流程，确定技术措施，选择合理的工艺方法，并在此基础上进行必要的工艺实验和工艺评定，最后制定出工艺文件及质量保证文件。

2. 物质准备

根据产品加工和生产工艺要求，订购原材料、焊接材料以及其他辅助材料，并对生产中的焊接工艺设备、其他生产设备和工夹量具进行购置、设计、制造或维修。

1.6.2　材料加工

焊接结构零件绝大多数是以金属轧制材料为坯料，所以在装配前必须按照工艺要求对制造焊接结构的材料进行一系列的加工。其中包括以下两项内容。

1. 金属材料的预处理

主要包括验收、储存、矫正、除锈、表面保护处理和预落料等工序。其目的是为基本元件的加工提供合格的原材料，并获得优良的焊接产品和稳定的焊接生产过程。

2. 基本元件加工

主要包括划线（号料）、切割（下料）、边缘加工、冷热成形加工、焊前坡口清理等工序。基本元件加工阶段在焊接结构生产中约占全部工作量的40%～60%，因此，制订合理的材料加工工艺，应用先进的加工方法，保证基本元件的加工质量，对提高劳动生产率和保证整个产品质量有着重要的作用。

1.6.3　装配与焊接

装配与焊接，在焊接结构生产中是两个相互联系又有各自加工内容的生产工艺。一般来讲，装配是将加工好的零件，采用适当加工方法，按照产品图样的要求组装成产品结构的工艺过程（通常所说的铆工活）。而焊接则是将已装配好的结构，用规定的焊接方法和焊接工艺，使零件牢固连接成一个整体的工艺过程（通常所说的焊工活）。对于一些比较复杂的焊接结构总是要经过多次焊接、装配的交叉过程才能完成，甚至某些产品还要在现场进行再次装配和焊接。铆工、焊工有时分工明确，有时交叉作业，有时分工不太明确，有时完全由焊工同时兼任。装配与焊接在整个焊接结构制造过程中占有很重要的地位。

1.6.4　质量检验与安全评定

在焊接结构生产过程中，产品质量十分重要，因此生产中的各道加工工序中间都采用不同方法进行不同内容的检验。焊接产品的质量包括整体结构质量和焊缝质量。整体结构质量是指结构产品的几何尺寸、形状和性能，而焊缝质量则与结构的强度和安全使用有关。不论采用工序检查还是产品检查，都是对焊接结构生产的有效监督，也是保证焊接结构产品质量的重要手段。

焊接结构的安全性，不仅影响经济的发展，同时还关系到人民群众的生命安全。因此，发展与完善焊接结构的安全评定技术和在焊接生产中实施焊接结构安全评定，已经成为现代工业发展与进步的强烈要求。焊接结构的安全性评定可分为强度评定和断裂评定两个方面：强度评定主要包括动、静载荷强度计算、结构试验及刚度评定等；断裂评定则包括防脆断、防疲劳以及环境介质对疲劳和脆断的影响等内容。如图 1-64 所示为一般焊接结构生产的主要工艺过程。

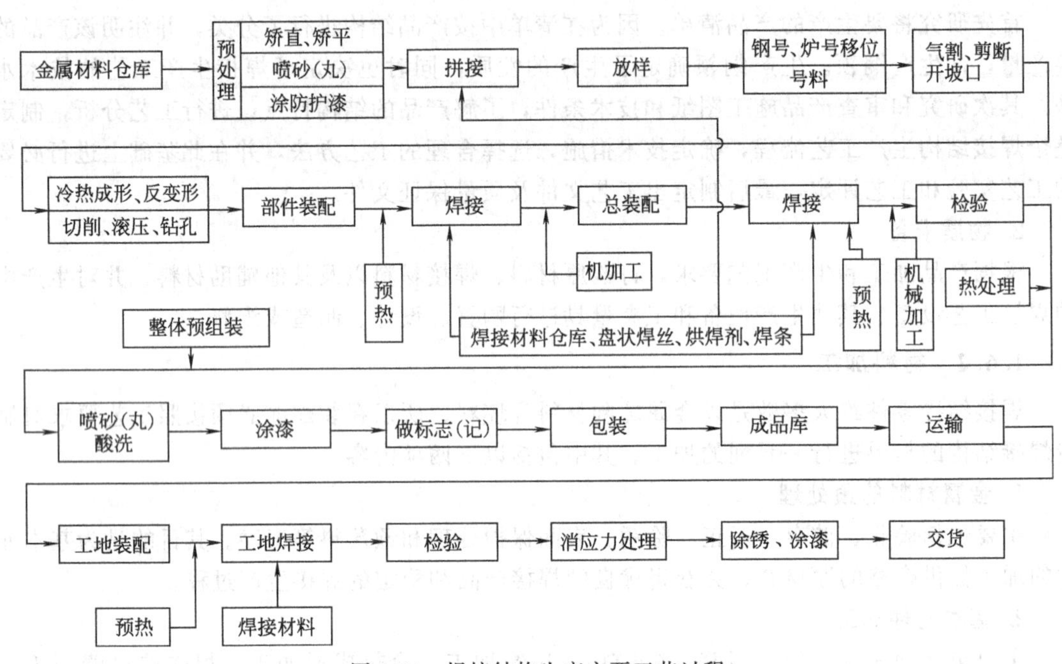

图 1-64 焊接结构生产主要工艺过程

1.7 焊接标准简介

技能点：

查阅、应用焊接标准。

知识点：

焊接结构设计制造必须遵循焊接的国家标准和相关行业标准。

焊接结构设计和制造不仅要依据焊接标准，而且由于焊接结构的广泛应用，焊接结构已成为各相关行业的产品、部件或毛坯，故这类标准除最基础标准外，大量存在相关行业的标准。故相关行业的一些标准也是焊接结构设计和制造所必须遵循的（绪论中已经叙及），本节介绍了焊接基本标准、材料标准、工艺标准、设备标准、管理标准、检验标准等。

GB/T 324—2008 焊缝符号表示方法

GB/T 983—2012　不锈钢焊条

GB/T 984—2001　堆焊焊条

GB/T 985.1—2008　气焊、手工电弧焊、气体保护焊和高能束焊的推荐坡口

GB/T 985.2—2008　埋弧焊的推荐坡口

GB/T 3375—1994　焊接术语

GB/T 3323—2005　金属熔化焊焊接接头射线照相

GB/T 5185—2005　焊接及相关工艺方法代号

GB/T 6208—1995　钎料型号表示方法

JB/T 6043—1992　金属电阻焊接头缺陷分类

GB/T 12467.1—2009　金属材料熔焊质量要求第1部分：质量要求相应等级的选择准则

GB/T 12467.2—2009　金属材料熔焊质量要求第2部分：完整质量要求

GB/T 12467.3—2009　金属材料熔焊质量要求第3部分：一般质量要求

GB/T 12467.4—2009　金属材料熔焊质量要求第4部分：基本质量要求

GB/T 12467.5　金属材料熔焊质量要求第5部分：满足质量要求应依据的标准文件

GB/T 12469—1990　焊接质量保证　钢熔化焊接头的要求和缺陷分类

GB/T 19418—2003　钢的弧焊接头　缺陷质量分级指南

GB/T 15169—2003　钢熔化焊焊工技能评定

GB/T 19869.1—2005　钢、镍及镍合金的焊接工艺评定试验

NB/T 47014—2011　承压设备焊接工艺评定

JB/T 4709—2007　钢制压力容器焊接工艺规程

JB/T 4730.1-6—2005　承压设备无损检测

GB/T 3669—2001　铝及铝合金焊条

GB/T 3670—1995　铜及铜合金焊条

GB/T 5117—2012　非合金钢及细晶粒钢焊条

GB/T 5118—2012　热强钢焊条

GB/T 8110—2008　气体保护电弧焊用碳钢、低合金钢焊丝

GB/T 9460—2008　铜及铜合金焊丝

GB/T 10044—2006　铸铁焊条及焊丝

GB/T 10045—2001　碳钢药芯焊丝

GB/T 12470—2003　埋弧焊用低合金钢焊丝与焊剂

GB/T 10858—2008　铝及铝合金焊丝

GB/T 13814—2008　镍及镍合金焊条

GB/T 15620—2008　镍及镍合金焊丝

GB/T 17493—2008　低合金钢药芯焊丝

GB/T 17853—1999　不锈钢药芯焊丝

GB/T 17854—1999　埋弧焊用低合金钢焊丝和焊剂

GB/T 8012—2000　铸造锡铅焊料

GB/T 3131—2001　锡铅钎料

GB/T 6418—2008　铜基钎料

GB/T 10046—2008　银钎料
GB/T 10859—2008　镍基钎料
GB/T 13679—1992　锰基钎料
GB/T 13815—2008　铝基钎料
JB/T 6045—1992　硬钎焊用钎剂
GB/T 15829—2008　软钎剂　分类与性能要求
JB/T 3168.1—1999　喷焊合金粉末
GB/T 11345—2013　焊缝无损检测超声波检测技术、检测等级和评定
JB/T 6046—1992　碳钢、低合金钢焊接结构件　焊后热处理方法
GB/T 18591—2001　焊接预热温度、道间温度及预热维持温度
JB/T8931—1999　堆焊层超声波探伤方法
JB/T 6967—1993　电渣焊通用技术条件
JB/T4251—1999　摩擦焊通用技术条件
JB/T 8833—2001　焊接变位机
GB/T 13164—2003　埋弧焊机
JB/T 9185—1999　钨极惰性气体保护焊工艺方法
JB/T9186—1999　二氧化碳气体保护焊工艺规程
GB 11638—2003　溶解乙炔气瓶
JB/T 9187—1999　焊接滚轮架
GB 3609.1—1994　焊接眼面防护具
GB 9448—1999　焊接与切割安全
GB 15701—1995　焊接防护服
GB 16194—1996　车间空气中电焊烟尘卫生标准
JB/T 5101—1991　气割机用割炬
JB/T 6969—1993　射吸式焊炬
JB/T 6970—1993　射吸式割炬
JB/T 7437—1994　干式回火保险器
JB/T 7438—1994　空气等离子弧切割机

1.8 实　　例

实例：热壁加氢反应器现场焊接的监检

1. 前言

现在，我国石化系统热壁加氢反应器已逐步取代了冷壁加氢反应器，一般热壁加氢反应器内壁堆焊 3～6mm 的不锈钢以防止腐蚀。热壁加氢反应器在高温、高压、临氢条件下运行，存在氢腐蚀、氢脆、回火脆化、堆焊层剥离和产生堆焊层下裂纹等问题。我国锻焊结构热壁加氢反应器制造技术是在核容器设备制造基础上，引进消化国外的经验或合作生产的，20 世纪 90 年代后期制造技术日臻完善。本实例叙述了热壁加氢反应器现场焊接的监检方法，提出了热壁加氢反应器的制造及后热处理工艺。

2. 热壁加氢反应器的规格与参数（见表 1-7）

表 1-7 热壁加氢反应器的基本参数

设计温度	设计压力	主体材料	规格	总长	容积	总重
450℃	12MPa	$2\frac{1}{4}$Cr1Mo	ϕ3413mm×144mm	25335.5mm	180.6m^3	338.83t

热壁加氢反应器结构如图 1-65 所示。

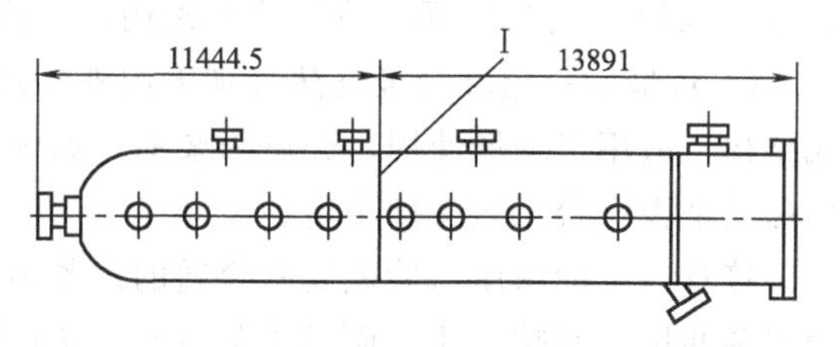

图 1-65 热壁加氢反应器外形结构

Ⅰ—现场组焊环焊缝

3. 选用标准

主体强度计算按 ASME 第Ⅷ篇第二分篇计算，其余按 GB 150—1998《钢制压力容器》执行。设计制造按 YB 5485《锻焊结构热壁加氢反应器设计制造技术规定》的技术条件。监检按《压力容器安全技术监查规程》和 ASME 规范Ⅱ、Ⅴ、Ⅷ卷标准执行。监检大纲按图纸、生产工艺流程及上述标准要求制订。

4. 监检方法与制造过程

（1）监检方法　采取一个零部件一张监查卡片，每个焊接接头一张监查卡片的办法。这样容器制造工序有监检卡记录可查，便于跟踪。

产品在投料前对设计、制造资格、制造厂质保体系、产品质量控制、产前工艺、工艺准备、产品技术等方面需要全面跟踪认定，保证合格。

（2）制造厂监检要点

① 原材料取样是在模拟焊后，在实施最大、最小热处理工艺后进行。监检重点是最小模拟热处理加急冷后冲击值与最小热处理后冲击值，绘出的两条吸收能与温度曲线对比上取多组试样，该项实例具有弥散性，能代表原材料质量。控制参数为：

$$VTr54+2.5\Delta VTr54\leqslant 38℃$$

式中　$VTr54$——脆化处理前吸收能为 54J 的试验温度，℃。

焊接材料有焊丝、焊带、焊条、焊剂共 14 种 22 个规格，需做复验。

② 堆焊面要均匀，搭接部位应平滑过渡，通过调整焊接方向、熔合面方向的磁场分布来保证堆焊质量，堆焊层 309$L\geqslant$3mm，堆焊层 347$L\geqslant$3.5mm，堆焊层铁素体含量为 3%～8%。主体焊缝采用窄间隙埋弧焊焊接，应严格执行焊接工艺评定，特别是底部清渣一定要彻底。

③ 无损探伤重点是：焊接接头 100%射线探伤；锻件表面 100%磁粉探伤和 100%超声波探伤；焊接接头表面 100%磁粉探伤；3 次内部 100%超声波探伤；堆焊 309L 后 100%着色探伤；堆焊 347L 后 100%着色探伤；双侧 100%超声波探伤。

④ 最终热处理 690℃×26h 分两段整体进行。

（3）现场焊接监检要点

① 环缝相对现场采用 3 台 200t 托辊，其中靠近最后一道环缝处用 1 台可调式托辊，组对后测试错边量、坡口间隙等外形尺寸，合格后点焊牢固。撤掉靠近最后一道环缝处托辊，用半环式预热器对施焊部位预热 150℃，燃烧介质为液化石油气，用测温仪随时监控预热温度。

焊接采用瑞典生产的窄间隙埋弧焊机和国内改装的焊嘴，焊枪用行走式龙门架支撑，通过微机控制每层每道焊缝的焊接参数，保证了焊接参数的稳定性，同时焊枪有 3 个自由度，操作方便。焊丝用 ϕ4US521＋焊剂 PF200，主焊缝均一次焊接成功，背面清根后用钨极氩弧焊封底。

② 无损探伤现场用 γ 射线探伤，均采用双片评审，保证其准确性，100％合格后堆焊 309L＋347L，每层之间均进行着色探伤，双侧 100％超声波探伤。

③ 对最后一道环缝最终热处理采用外燃加热方式（690℃×26h），热处理设备为环状罩式结构，适用于现场使用，介质为柴油，筒体内外布置 12 个测温点。监检重点是焊后热处理曲线是否符合工艺文件规定。

接管法兰的耐压试验需要有合适的预紧力，预紧力过小会造成试压泄漏，过大造成密封面出现凹坑，影响使用，而且预紧后八角垫可能屈服，实际上降低了预紧力造成泄漏。为此监检应注意法兰密封槽沟半径是否改变，应根据密封出现的侧隙值 J 修正预紧力，同时用应变仪监控，使预紧力均匀一致。

现场耐压试验一次合格，与《压力容器安全技术监察规程》的要求相比，反应保压时间为 1h，主要是考虑声发射监控测试的结果，这样有利于消除焊后残余应力。

【综合训练】

一、填空题

1. 焊接接头的设计有＿＿＿＿＿＿和＿＿＿＿＿＿设计法两种。
2. 压力容器按设计压力分为＿＿＿＿＿＿、＿＿＿＿＿＿、＿＿＿＿＿＿和＿＿＿＿＿＿。
3. 圆筒形容器由＿＿＿＿＿＿、＿＿＿＿＿＿、法兰、密封元件、开孔接管以及支座六大部件组成。
4. 切削机床采用焊接机身时，需考虑＿＿＿＿＿＿、＿＿＿＿＿＿、＿＿＿＿＿＿、＿＿＿＿＿＿和机械加工问题。
5. 焊接梁一般承受＿＿＿＿＿＿载荷的作用。

二、简答题

1. 材料的韧性指标有哪些？
2. 焊接零部件有哪些优点？
3. 焊接接头的性能为什么与母材不同？
4. 焊接接头设计与选用的原则是什么？

三、技能题

1. 解释教材图 1-44 对接接头的受力情况。
2. 举例说明通常工人师傅所说的铆工活和焊工活。
3. 解释 $VTr54+2.5\Delta VTr54\leqslant 38$℃的含义。

第2章 焊接应力与变形

2.1 焊接应力与变形的产生

技能点：
焊接应力与变形的关系。
知识点：
焊接应力形成的原因。

2.1.1 焊接应力与变形的基本概念

1. 焊接变形

物体在外力或温度等因素的作用下，其形状和尺寸发生变化，这种变化称为物体的变形。当使物体产生变形的外力或其他因素去除后变形也随之消失，物体可以恢复原状，这样的变形称为弹性变形。当外力或其他因素去除后变形仍然存在，物体不能恢复原状，这样的变形称为塑性变形。

以一根金属杆的变形为例，当温度为 T_0 时，其长度为 L_0，均匀受热，温度上升到 T 时，如果金属杆不受阻碍，杆的长度增加至 L，其长度的改变 $\Delta L_T=L-L_0$，ΔL_T 就是自由变形，如果金属杆件的伸长受阻碍，则变形量不能完全表现出来，就是非自由变形，其中，把能表现出来的这部分变形称为外观变形，用 ΔL_e 表示；而未表现出来的变形称为内部变形，用 ΔL 表示。在数值上 $\Delta L=(\Delta L_T-\Delta L_e)$，见图 2-1。

单位长度的变形量称为变形率，自由变形率用 ε_T 表示，其数学表达式为

$$\varepsilon_T=\Delta L_T/L_0=\alpha(T_1-T_0)$$

式中 α——金属的线膨胀系数，它的数值随材料及温度而变化。

外观变形率可用下式表示

$$\varepsilon_e=\Delta L_e/L_0$$

同样，内部变形率可用下式表示

$$\varepsilon=\Delta L/L_0$$

应力和应变之间的关系可以从材料试验的应力-应变图中得知。以低碳钢为例，当应变在弹性范围以内，应力和应变是直线关系，可以用胡克定律来表示

$$\sigma=E\varepsilon=E(\varepsilon_e-\varepsilon_T)$$

对于低碳钢一类材料，应力-应变曲线可以简化为图 2-2 中 OST 线，即当试棒中的应力达到材料的屈服极限 σ_s 后不再升高。

2. 内应力与焊接应力

内应力是在焊接结构上无外力作用时保留于物体内部的应力。这种应力存在于许多工程结构中，如铆接结构、铸造结构、焊接结构等。内应力是造成物体内部的不均匀变形而引起的应力。内应力的显著特点是在物体内部自成平衡的，形成一个平衡力系。焊接应力是焊接过程中及焊接过程结束后，存在于焊件中的内应力。

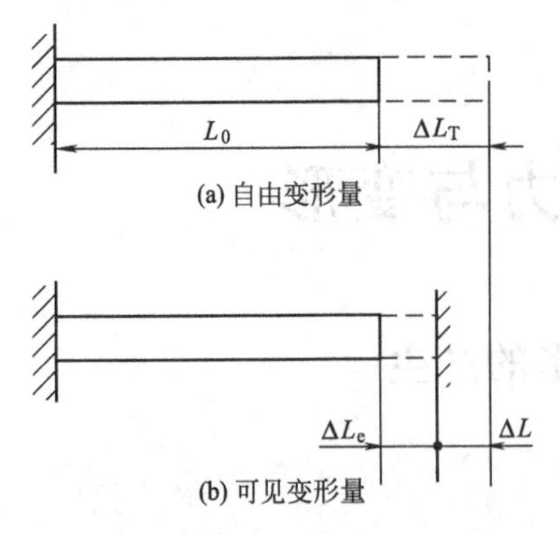

图 2-1 金属杆件的变形

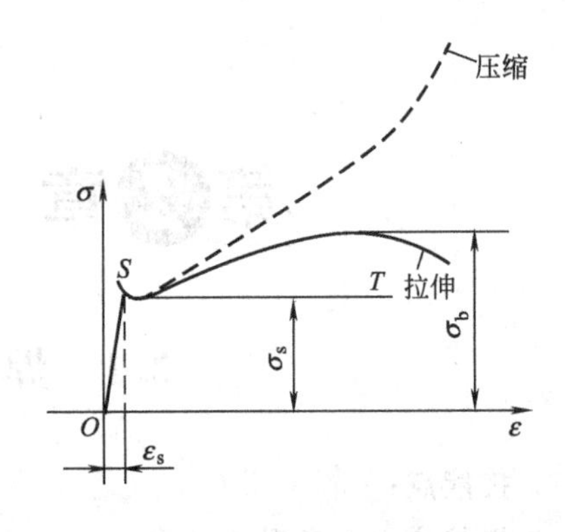

图 2-2 低碳钢的 σ-ε 图

2.1.2 焊接应力与变形产生的原因

1. 焊接结构产生应力和变形的原因

金属的焊接是局部加热过程，焊件上的温度分布极不均匀，焊缝及其附近区域的金属被加热至熔化，然后逐渐冷却凝固，再降至常温。近缝区的金属也要经历从常温到高温，再由高温降至低温的热循环过程。由于焊件各处的温度极不均匀，所以各处的膨胀和收缩变形也差别较大，这种变形不一致导致了各处材料相互约束，这样就产生了焊接应力和变形。

在焊接过程中，由于接头形式的不同，使得焊接熔池内熔化金属的散热条件有所差别，这样使得熔化金属凝固时产生的收缩量亦不相同。这种熔化金属凝固、冷却快慢不一引起收缩变形的差别也导致了焊接应力和变形的产生。

在焊接过程中，一部分金属在焊接热循环作用下发生相变，组织的转变引起体积变化，也产生应力和变形。

受焊前加工工艺的影响，施焊前构件若经历冷冲压等工艺而具有较高的内应力，在焊接时由于应力的重新分布，则形成新的应力和变形。

以上所述的几种因素在焊接结构的制造中是不可避免的，因此焊接结构中产生应力和变形是必然的。

2. 研究焊接应力与变形的基本假设

金属在焊接过程中，其物理性能和力学性能都会发生变化，给焊接应力的认识和确定带来了很大的困难，为了后面分析问题方便，对金属材料焊接应力与变形作如下假定。

（1）焊接温度场假定　通常将焊接过程中的某一瞬间焊接接头中各点的温度分布状态称为焊接温度场。在焊接热源的作用下，构件上各点的温度在不断变化，这是一个复杂的热循环过程，可以认为达到某一极限热状态时，温度场不再改变，这样的温度场称为极限温度场。

（2）平截面假定　假定构件在焊前所取的截面，焊后仍保持平面。即构件只发生伸长、缩短、弯曲，其横截面只发生平移或偏转，截面本身并不变形。

（3）金属性质不变的假定　假定焊接过程中材料的某些热物理性质，如线膨胀系数、热容、热导率等均不随温度而变化。

（4）金属屈服点假定　金属屈服点与温度的实际关系如图 2-3 实线所示，为了讨论问题的方便，将它简化为图 2-3 中虚线所示。即在 500℃以下，屈服点与常温下相同，不随温度而变化；500～600℃之间，屈服点迅速下降；600℃以上时呈全塑性状态，即屈服点为零。

把材料屈服点为零时的温度称为塑性温度。

3. 构件中焊接应力与变形的产生

(1) 长板条中心加热　图 2-4 所示厚度为 δ 的长板条，在其中间沿长度上用电阻丝进行间接加热，假设这个金属板条是由若干互不相连的小窄条组成，都可以按着自己被加热到的温度自由变形，其结果使单位长度板条端面出现图 2-5 (a) 所示的曲线，实际上，组成板条的小窄条之间是互相牵连和约束的整体，截面必须保持平面。由于温度场在板条上的分布是

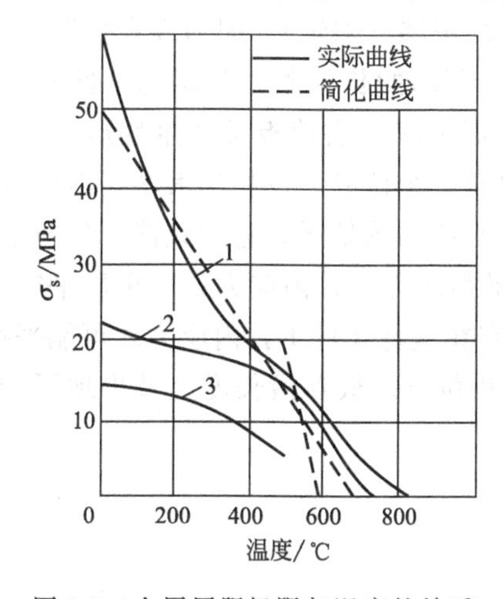

图 2-3　金属屈服极限与温度的关系

1—钛合金；2—低碳钢；3—铝合金

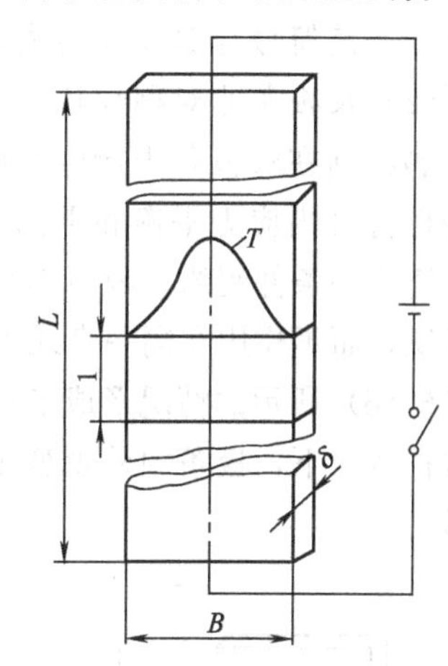

图 2-4　长板条中心受热

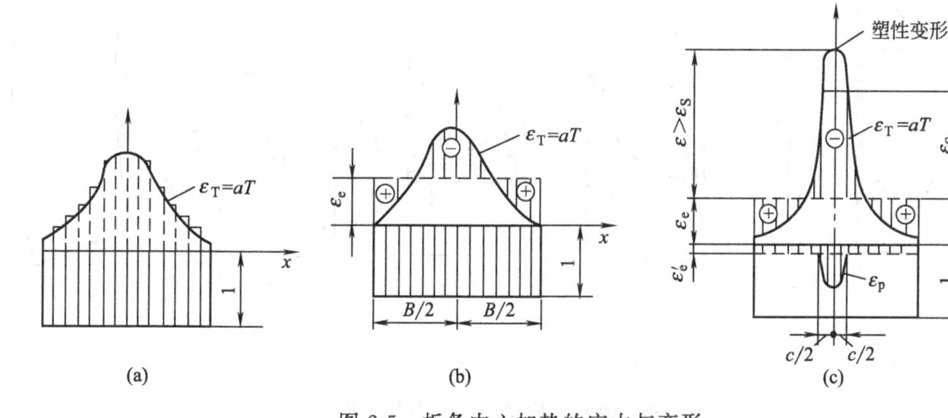

图 2-5　板条中心加热的应力与变形

对称的，故端面只作平移。移动距离为 ε_e，曲线 ε_T 与 ε_e 之间的差距为应变。此时板条中间受压，两侧受拉，见图 2-5 (b)。如果上述温度场在金属板条中引起的内应力小于金属的屈服极限，当加热电源断开后，板条逐渐冷却恢复原来的温度，此时板条亦恢复到原来长度，应力和变形均消失。

如果加在板条上的不均匀温度场使板条中心部分受热较高，则在板条中心“C”区内产生较大的内部变形，使“C”区中的内部变形力大于金属屈服极限时的变形率，则在“C”区中将产生塑性变形，此时把加热电源断开，让板条逐渐冷却，当板条恢复到原始温度后，“C”区产生压缩塑性变形，如果允许其自由收缩，则此时板条端部就形成了一个中心凹的曲线，实际上板条是一个整体，“C”区的收缩受到两侧金属的限制，截面保持为平面，板

条中心部分受拉，两侧受压，这个新的平衡力系就是残余应力，而板条端面的位移就是残余变形，见图 2-5（c）。

根据上述两种情况分析，可以归纳如下：在板条中心对称加热时，板条中产生温度应力，中心受压，两边受拉。同时平板端面向外平移（伸长）。如果此时不产生塑性变形，即 $|\varepsilon|<\varepsilon_S$，当温度恢复到原状后，内应力消失，平板端面恢复到原来的位置，如果此时产生塑性变形，即 $|\varepsilon|>\varepsilon_S$，当温度恢复到原状时，还会出现由于不均匀塑性变形形成的残余应力，其符号与温度应力大致相反，同时板条端面向外平移（缩短），即为残余变形。

（2）长板条非对称加热（一侧加热） 在图 2-6（a）所示的长板条一侧用电阻丝进行间接加热，则在长板条中产生对断面中心不对称的不均匀温度场，它使板条产生变形和应力。它们也符合内应力平衡和平面假设原则，此板条端面也有一个位移。位移的大小受内应力必须平衡这一条件制约，因而不是任意的，图 2-6（b）、（c）所示的情况，它们只能产生两个符号相反，而不作用在同一直线上的力，这样就构成了不平衡的力矩，内应力是不可能平衡的。图 2-6（d）所示的情况形成了三个正负相间的应力，只有在这种条件下，内应力才可能平衡。在这种情况下，板条的外观变形不仅有端面平移，还有角位移。板条沿长度上就出现了弯曲变形。

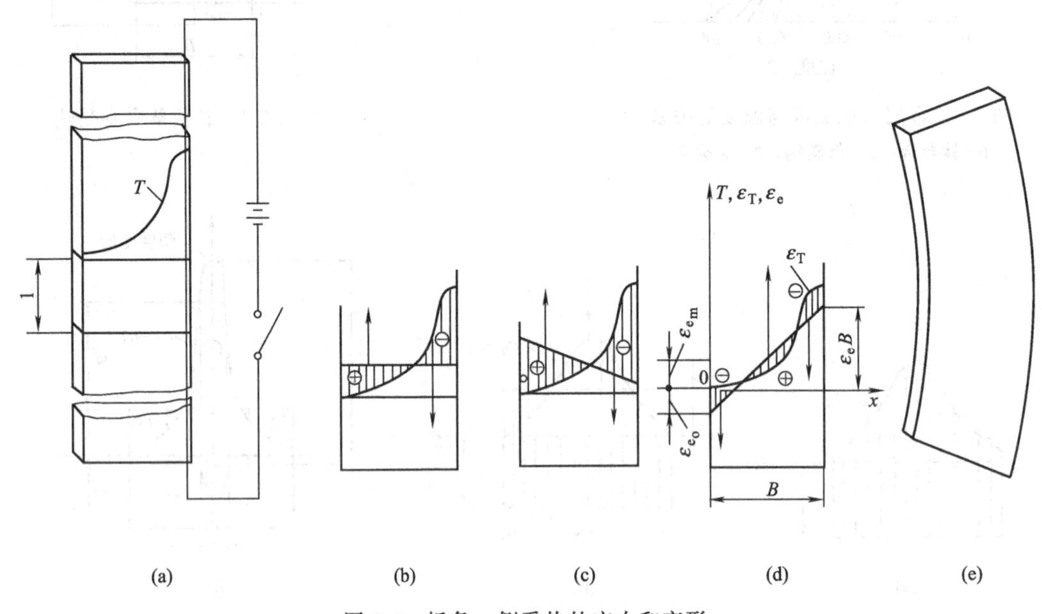

图 2-6 板条一侧受热的应力和变形

如果在加热时 $|\varepsilon|<\varepsilon_S$，则当温度恢复到原始温度时，板条中心不存在残余应力，也不出现残余变形。如果在加热时 $|\varepsilon|>\varepsilon_S$，则板条中将出现压缩塑性变形。冷却时板条恢复到原始温度，其中将出现残余应力。板条中也产生残余弯曲变形和收缩变形，方向与加热时相反，见图 2-7。变形位置应由平衡条件决定。

下面以低碳钢长板条中心对焊为例进行分析。

设有一低碳钢平板条沿中心线进行加热，在焊接过程中出现一个温度场，在接近热源处取一横截面，该截面上的温度如图 2-8 所示。按照长板条中心加热时的应力和变形的基本方法，可以找出该截面附近金属单元体的自由变形 ε_T 和外观变形 ε_e。假设端面从 AA' 平移到 A_1A_1'，则 AA_1 即为 ε_e。在 DD' 区域内，金属的温度超过 600℃，σ_s 可视为零，不产生应

力，因此这个区域不参加内应力的平衡。DC 和 $D'C'$ 区域温度由 600℃降到 500℃，屈服极限由零迅速上升到室温时的数值，因此在这两个区域中，内应力的大小是随 σ_s 的增加而增加的。在 CB 和 $C'B'$ 区域内 $|\varepsilon_e-\varepsilon_T|>\varepsilon_S$，故内应力为室温时的 σ_s 保持不变。AB 和 $A'B'$ 区域中的金属完全处于弹性状态，内应力正比于内部应力值。

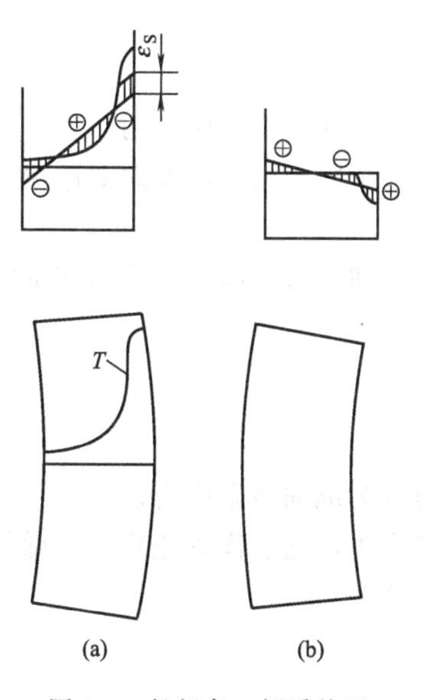

图 2-7　长板条一侧受热后产生的残余应力和变形

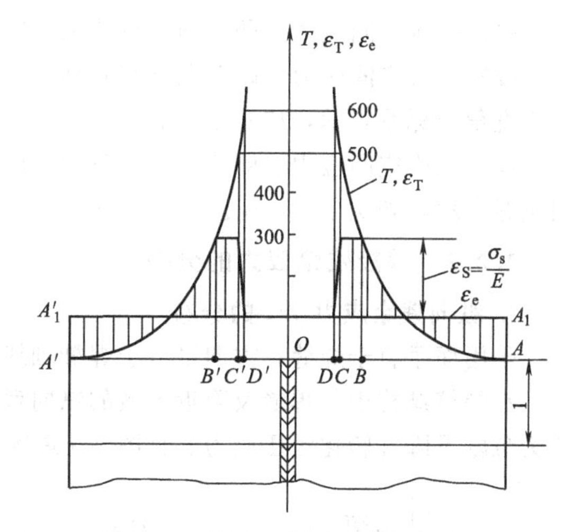

图 2-8　平板中心焊接的内应力分布

（3）受拘束的杆件在均匀加热时的应力与变形　受拘束杆件的变形属于非自由变形。如果加热温度较低 $T<T_s$，材料处于弹性变形范围内，杆件的变形全部为弹性变形，杆件内部存在压应力的作用。当温度恢复到原始温度时，杆件恢复到原状，压应力消失，既不存在残余应力也不存在残余变形。

如果加热温度较高，达到和超过材料的屈服点温度时 $T>T_s$，则杆件中产生压缩塑性变形，内部变形由弹性变形和塑性变形两部分组成。当温度恢复到原始温度时，弹性变形恢复，塑性变形不可恢复，杆件内部将存在残余应力或残余变形。

2.2　焊接残余应力

技能点：

减少焊接残余应力的措施。

知识点：

焊接残余应力形成的原因；

焊接残余应力的类型。

2.2.1　焊接残余应力的分类

1. 按产生的原因分

（1）热应力　是在焊接过程中焊接内部的温度有差异引起的应力，故又称温差应力。

（2）相变应力　是在焊接过程中局部金属发生相变，其比体积增大或减小而引起的应力。

（3）塑变应力　是指金属局部发生拉伸或压缩塑性变形后所引起的内应力。

2. 按应力存在的时间分

（1）焊接瞬时应力　是指在焊接过程中，某一瞬间的焊接应力，它随时间而变化。

（2）焊接残余应力　是焊件焊完冷却后残留在焊件内部的焊接应力，焊接残余应力对焊接结构的强度、耐蚀性和尺寸稳定性等使用性能有影响。

3. 按应力在焊件内的空间位置分

（1）一维空间应力　即单向（或单轴）应力。应力沿焊件的一个方向作用。

（2）二维空间应力　即双向（或双轴）应力。应力在一个平面内不同方向上作用，常用平面直角坐标系表示，如 σ_x、σ_y。

（3）三维空间应力　即三向（或三轴）应力。应力在空间所有方向上，常用三维空间直角坐标表示，如 σ_x、σ_y、σ_z。

2.2.2　焊接残余应力的分布

1. 纵向残余应力 σ_x 的分布

作用面垂直于焊缝，方向平行于焊缝轴线的残余应力称为纵向残余应力。

在焊接结构中，焊缝及附近区域的纵向残余应力为拉应力，随着离焊缝距离的增加，拉应力急剧下降并转化为压应力。见图 2-9 焊缝各截面中 σ_x 的分布。

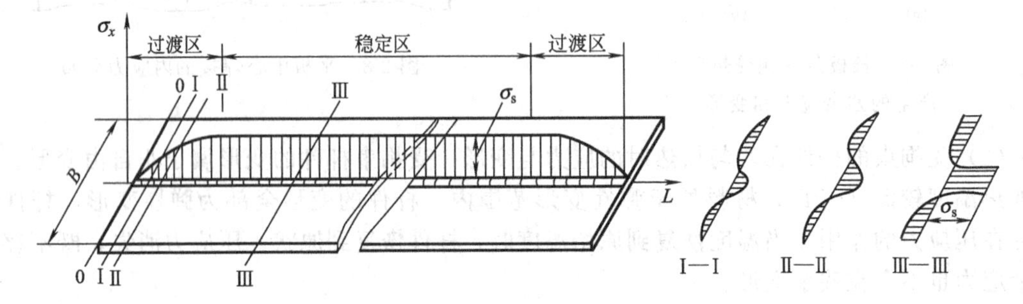

图 2-9　焊缝各截面中 σ_x 的分布

纵向残余应力在焊缝纵截面上的分布规律如图 2-10 所示。在焊缝纵截面端头，纵向应力为零，焊缝端部存在一个残余应力过渡区，焊缝中段是残余应力稳定区。当焊缝较短时，不存在稳定区，焊缝越短，σ_x 越小。因此，将长焊缝分段进行焊接，可以减小焊件中的纵向残余应力峰值。

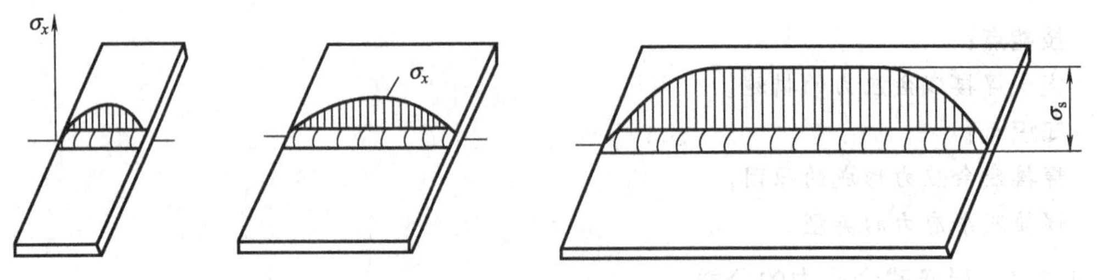

图 2-10　不同长度焊缝中 σ_x 的分布

两块等宽度钢板对接焊时，残余应力的分布如图 2-11（a）所示，当板宽增大时，纵向压应力的数值变小并趋于均匀，见图 2-11（b），当板宽进一步增大时，板边处的压应力下降为零，见图 2-11（c）。

两块板宽度不相等时，宽度相差越多，宽板中的应力分布越接近于板边堆焊时的分布情况，窄板边缘处出现较大的压应力，见图 2-11（d）。若两边宽度相差较小时，其应力分布近似于等宽板的分布规律，见图 2-11（e）。

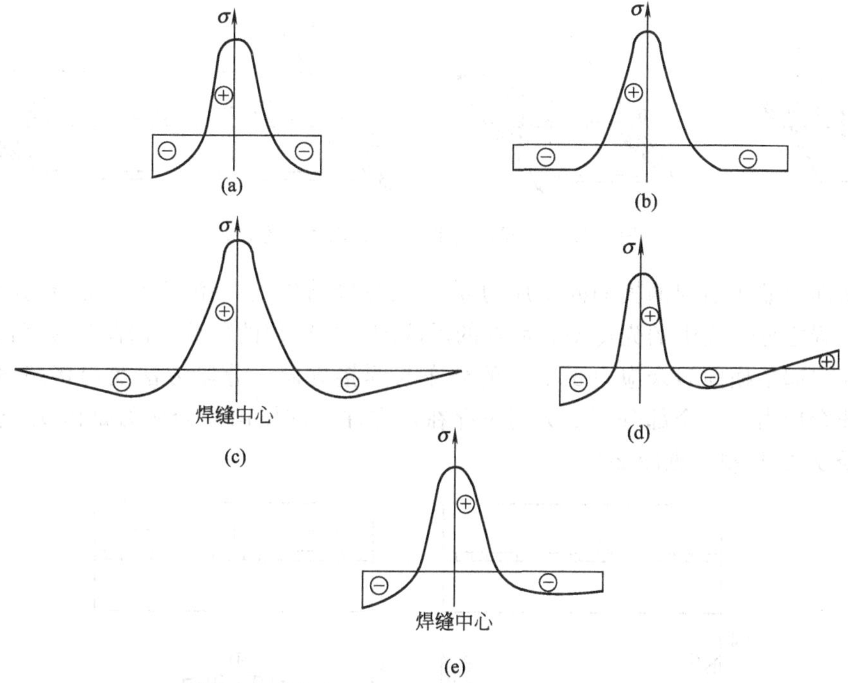

图 2-11　钢板对接焊时纵向残余应力的分布

2. 横向残余应力σ_y 的分布

作用面平行于焊缝，方向垂直于焊缝轴线的残余应力称为横向残余应力。

横向残余应力 σ_y 的产生原因非常复杂，将其分成两部分加以讨论：一部分是由焊缝及其附近塑性变形区的纵向收缩引起的横向残余应力，用 σ'_y表示；另一部分是由焊缝及其塑性变形区的横向收缩的不均匀和不同时性所引起的横向残余应力，用 σ''_y表示。

（1）焊缝及其附近塑性变形区的纵向收缩引起的横向残余应力 σ'_y　图 2-12（a）所示为由两块平板条对接而成的构件，如果假想沿焊缝中心将构件一分为二，即两块板条都相当于板边一侧堆焊，将出现如图 2-12（b）所示的弯曲变形，要使两板条恢复到原来位置，必须

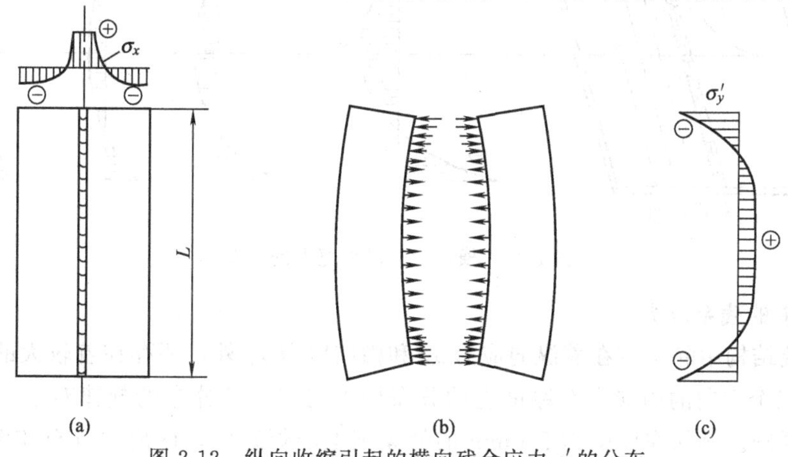

图 2-12　纵向收缩引起的横向残余应力 σ'_y的分布

在焊缝中部加上横向拉应力，在焊缝两端加上横向压应力，由此推断，焊缝及其附近塑性变形区的纵向收缩引起的横向残余应力 σ_y' 如图 2-12（c）所示。各种长度的平板条对接焊，其 σ_y' 的分布规律基本相同，但焊缝越长，中间部分的拉应力越低，如图 2-13 所示。

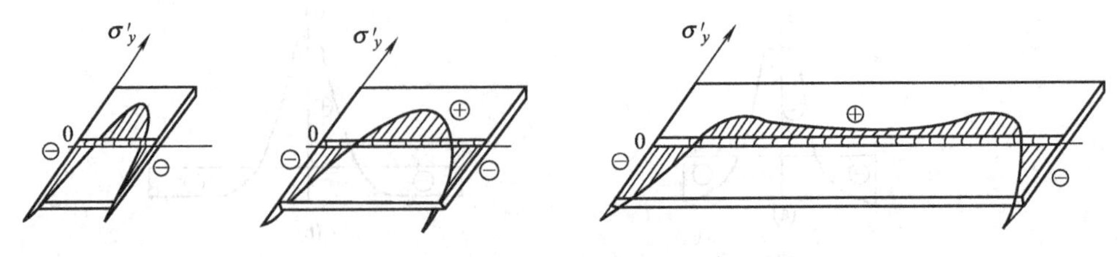

图 2-13　不同长度平板对接焊时 σ_y' 的分布

（2）横向收缩所引起的横向残余应力 σ_y''　在焊接结构上一条焊缝不可能同时完成，总有先焊和后焊之分，先焊的先冷却，后焊的后冷却，先冷却的部分又限制后冷却的部分的横向收缩，就引起了横向残余应力 σ_y''。σ_y'' 的分布与焊接方向、分段方法及焊接顺序有关。总之，横向残余应力的两个部分 σ_y'、σ_y'' 同时存在，焊件中的横向残余应力是由 σ_y 合成的，它的大小要受 σ_s 的限制，见图 2-14。

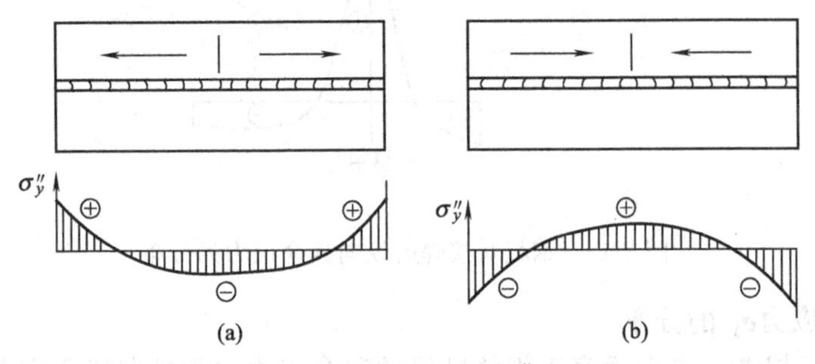

图 2-14　不同方向焊接时 σ_y'' 的分布

横向应力与焊缝平行的各截面上的分布大体与焊缝截面上相似，但是离开焊缝的距离越大应力值越低，到边缘上 σ_y 等于零。从图 2-15 中可以看出，离开焊缝 σ_y 就迅速衰减。

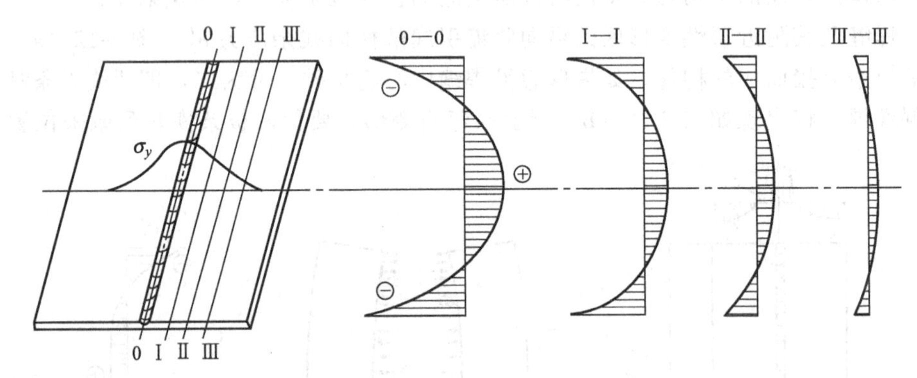

图 2-15　横向应力沿板宽上的分布

3. 厚板中的残余应力

厚板焊接结构中除了存在着纵向应力 σ_x 和横向应力 σ_y 外，还存在着较大的厚度方向的应力 σ_z，这三个方向的内应力在厚度上的分布极不均匀，其分布的规律对于不同的焊接工艺有较大的区别。例如在厚度为 240mm 的低碳钢电渣焊缝中，内应力分布如图 2-16 所示，该焊缝中心存在三向均为拉伸的残余应力。

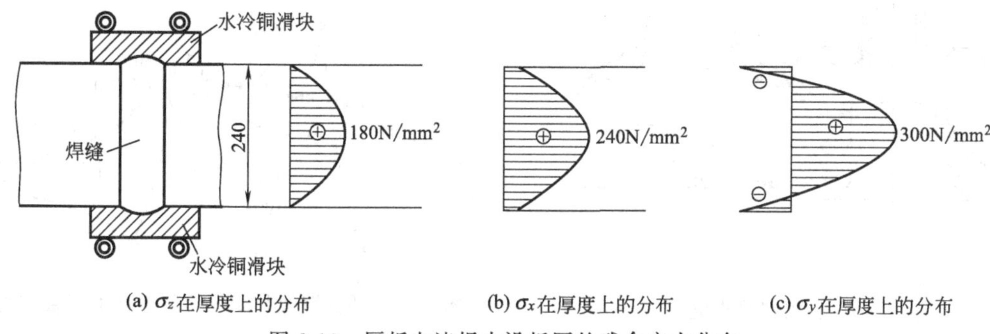

(a) σ_z在厚度上的分布　(b) σ_x在厚度上的分布　(c) σ_y在厚度上的分布

图 2-16 厚板电渣焊中沿板厚的残余应力分布

4. 在拘束状态下的焊接残余应力

如图 2-17 中的金属框架，该焊件焊后横向收缩受到框架的限制，在框架中心部位引起拉应力 σ_f，这种应力平衡于整个框架截面上，称为反作用内应力。此外，还引起了与自由状态下相似的横向内应力 σ_y。焊接接头的实际横向内应力是这两项内应力的综合。

如果框架中心构件上的焊缝是纵向的，则由焊缝引起的纵向收缩受到限制，将产生反作用力 σ_f。此时，还引起纵向应力 σ_x，最终的纵向内应力将是两者的综合。但是其最大应力受到屈服极限 σ_s 的限制，见图 2-18。

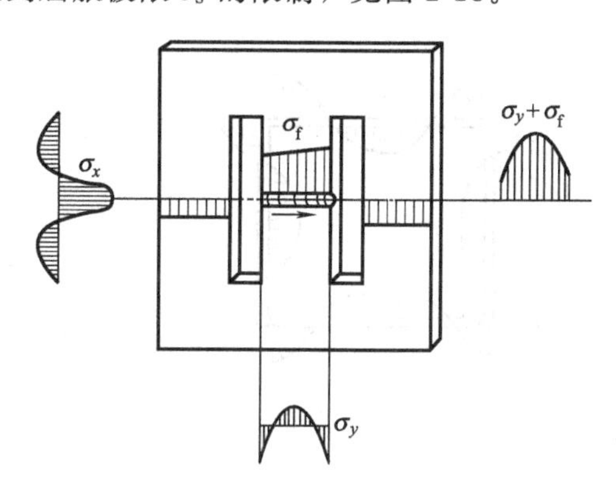

图 2-17 横向拘束下焊接的内应力

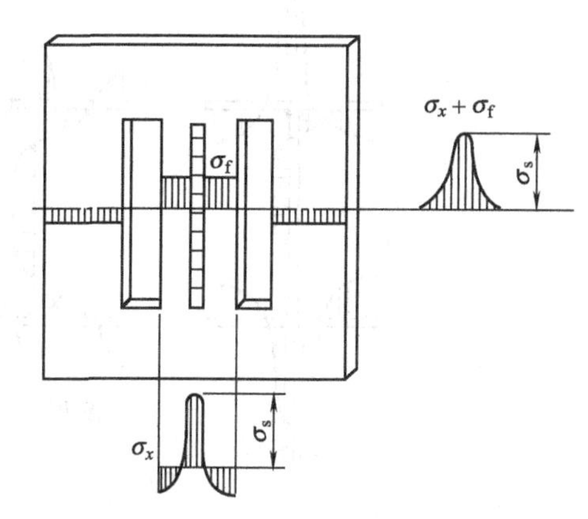

图 2-18 纵向拘束下焊接的内应力

5. 封闭焊缝中的残余应力

在容器、船舶等板壳结构中经常会遇到如图 2-19 所示的接管、人孔接头和镶块之类的结构，这些构造上都有封闭焊缝，都是在较大的拘束下焊接而成的。图 2-20 所示圆盘中焊入镶块的残余应力，径向内应力 σ_r 为拉应力，切向应力 σ_θ 在焊缝附近最大为拉应力。由焊缝向外侧逐渐下降为压应力由焊缝向中心达到一均匀值。拘束度越大，镶块中的内应力也越大。

6. 焊接梁柱中的残余应力

如图 2-21 所示，T 形梁、工字梁和箱形梁的残余应力分布情况，对于此类结构，可以将其腹板和翼板看作是板边堆焊或板中心堆焊，焊缝及附近区域中总是存在较高的纵向拉应力，而在腹板的中部，则会产生纵向压应力。

7. 圆筒纵环缝中的焊接残余应力

圆筒纵向焊缝在圆筒或圆锥壳体中引起的残余应力分布类似于平板对接，如图 2-22 所示。但焊接残余应力的峰值比平板对接焊要小。

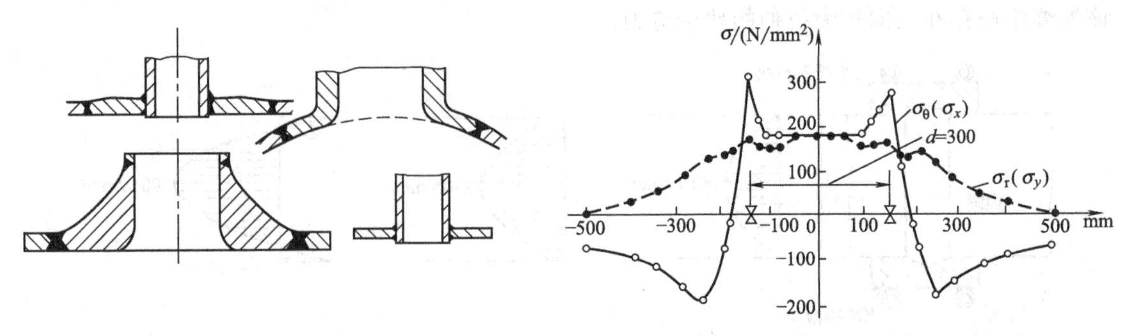

图 2-19　容器接管焊缝

图 2-20　圆盘镶块封闭焊缝所引起的焊接应力

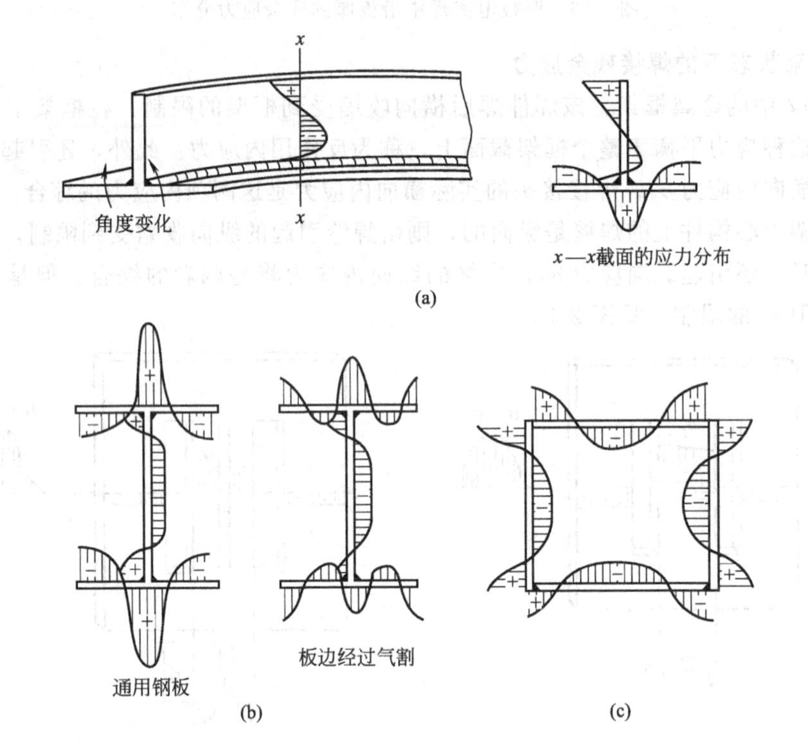

图 2-21　焊接梁、柱的纵向残余应力分布

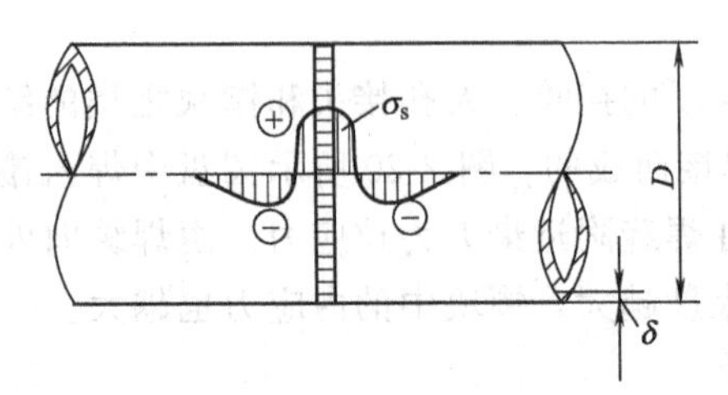

图 2-22　圆筒环焊缝纵向残余应力分布

2.2.3　焊接残余应力对焊件性能的影响

1. 对焊接结构强度的影响

没有严重应力集中的焊接结构，只要材料具有一定的塑性变形能力，焊接内应力并不影响结构的静载强度。但是，当材料处于脆性状态时，拉伸内应力和外载引起的拉应力叠加就有可能使局部区域的应力首先达到断裂强度，降低结构的静载强度，使之在远低于屈服点的外应力作用下就发生脆性断裂。因此，焊接残余应力的存在将明显降低脆性材料结构的静载强度。工程中有很多低碳钢和低合金钢结构的焊接结构发生过低应力脆断事故。

2. 对构件加工尺寸精度的影响

焊件上的内应力在机械加工时，因一部分金属从焊件上被切除而破坏了它原来的平衡状态，于是内应力重新分布以达到新的平衡，同时产生了变形，使加工精度受到影响。

3. 对受压杆件稳定性的影响

当外载引起的压应力与内应力中的压应力叠加后达到 σ_s 时，则这部分截面就丧失了进一步承受外载的能力，于是削弱了杆件的有效截面，使压杆的失稳临界应力 σ_{cr} 下降，对压杆稳定性有不利的影响。压杆内应力对稳定性的影响与压杆的界面形状和内应力分布有关，若能使有效截面远离压杆的中性轴，可以改善其稳定性。

4. 残余应力对应力腐蚀的影响

应力腐蚀开裂是对拉应力和介质腐蚀共同作用下产生裂纹的一种现象。其原因是由于在拉应力作用下对金属表面腐蚀钝化膜的破坏而加速腐蚀破坏过程。拉应力越大，发生应力腐蚀开裂的时间越早。如有残余拉应力和工作应力叠加，则会加速应力开裂。

焊接残余应力除了对上述的结构强度、加工尺寸精度、结构稳定性及腐蚀的影响外，还对结构的刚度、疲劳强度有不同程度的影响。因此，为了保证焊接结构具有良好的使用性能，必须设法在焊接过程中减小焊接残余应力，有些重要的结构，焊后还必须采取措施消除焊接残余应力。

2.2.4　减少焊接残余应力的措施

减小焊接残余应力和改善残余应力的分布可以从设计和工艺两方面着手，设计焊接结构时，在不影响结构使用性能的前提下，应尽量考虑采用能减小和改善焊接应力的设计方案，并采取一些必要的工艺措施，以使焊接残余应力对结构使用性能的不良影响减小到最低程度。

1. 设计措施

(1) 尽量减少结构上焊缝的数量和焊缝尺寸。多一条焊缝就多一处内应力源；过大的焊缝尺寸，焊接时受热区加大，使引起残余应力与变形的压缩塑性变形区或变形量增大。

(2) 避免焊缝过分集中，焊缝间也应保持足够的距离。焊缝过分集中不仅使应力分布更不均匀，而且还能出现双向或三向复杂的应力状态。如图 2-23 所示的框架，为了防止腹板失稳，布置了若干肋板，如图 2-23 (a) 所示这种布置由于焊缝密集，不仅施工不便，而且残余应力的分布范围很大。若按图 2-23 (b) 所示的方案布置肋板，残余应力的分布将得到明显改善。

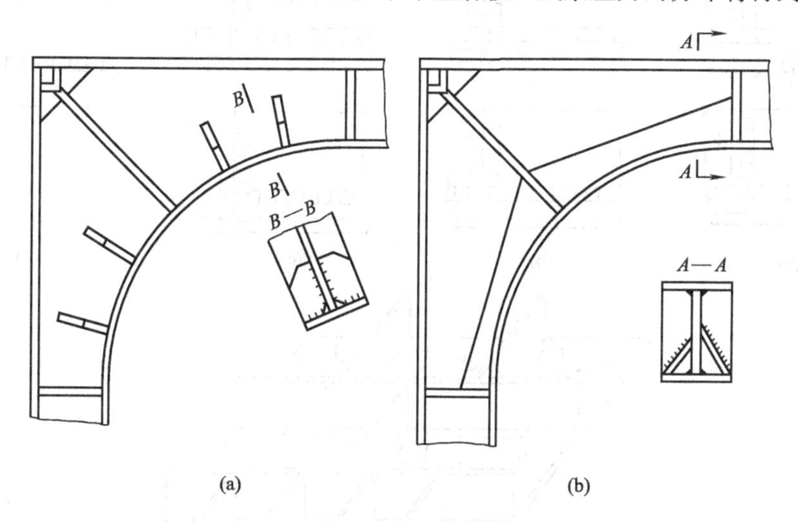

图 2-23　框架转角处肋板的布置

(3) 将焊缝尽量布置在最大工作应力区之外，防止残余应力与外加载荷产生的应力相叠加，影响结构的承载能力。

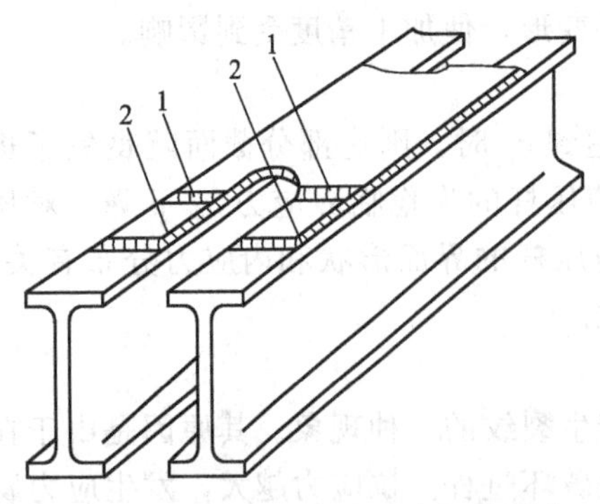

图 2-24 按收缩量大小确定焊接顺序

2. 工艺措施

(1) 采用合理的装配焊接顺序和方向 尽量使焊缝能自由收缩，先焊收缩量比较大的焊缝。图 2-24 中带盖板的双工字钢构件，应先焊盖板的对接焊缝 1，后焊盖板与工字钢之间的角焊缝 2，使对接焊缝 1 能自由收缩，从而减小内应力。

先焊工作时受力较大的焊缝，如图 2-25 所示工地焊接梁的接头应预先留出一段翼缘角焊缝最后焊接，先焊受力最大的翼缘对接焊缝 1，然后焊腹板对接焊缝 2，最后再焊接翼缘角焊缝 3。

在拼焊时应先焊错开的短焊缝，然后焊直通长焊缝，见图 2-26，先焊焊缝 1、2，后焊焊缝 3。

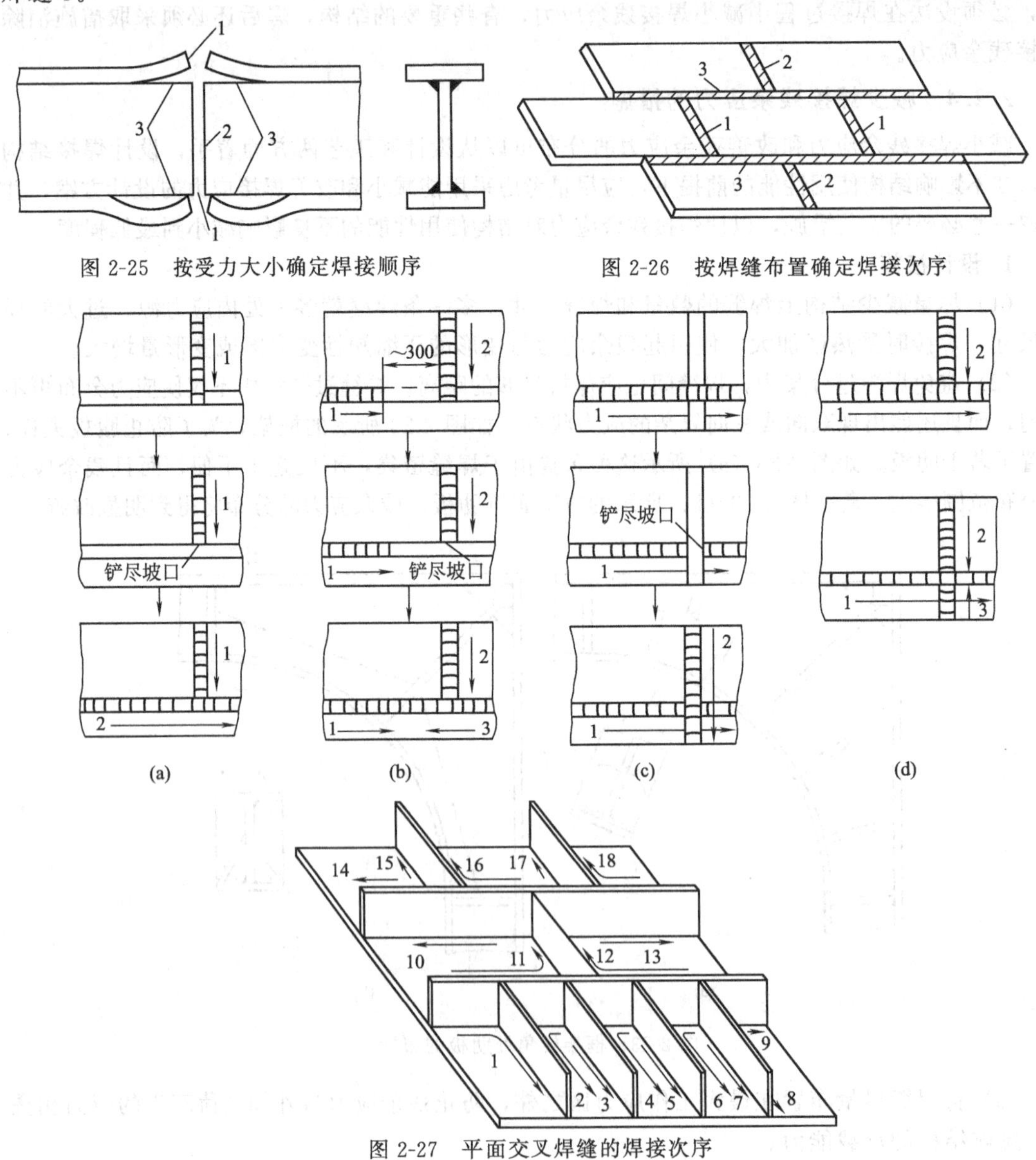

图 2-25 按受力大小确定焊接顺序

图 2-26 按焊缝布置确定焊接次序

图 2-27 平面交叉焊缝的焊接次序

焊接平面交叉焊缝时，在焊缝的交叉点易产生较大的焊接残余应力，如图 2-27 所示，应采用图 2-27（a）～（c）的焊接顺序才能避免在焊缝的交叉点产生裂纹、夹杂等缺陷，图 2-27（d）所示为不合理的焊接顺序。

（2）采用局部降低刚度的方法　使焊缝能比较自由地收缩。图 2-28 为几种局部降低刚度减小残余应力的实例。图 2-28（a）是采用在管板上开槽的方法，图 2-28（b）是采用在焊接镶块时的开槽方法，图 2-28（c）是采用在钢柱内挖槽的方法来减小刚度。在焊接环形封闭焊缝时，可使内板预制变形，这样焊缝收缩时有较大的自由度，从而可减小焊接残余应力。

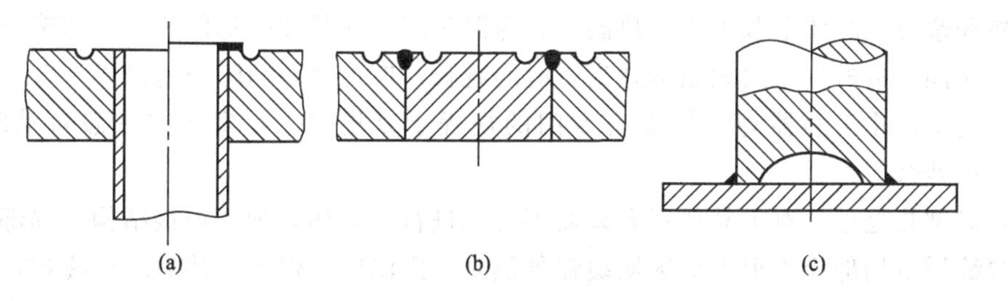

图 2-28　局部降低刚度减小内应力

（3）加热"减应区"法　焊接时加热那些阻碍焊接区自由收缩的部位（"减应区"），使之与焊接区同时膨胀和收缩，起到减小焊接残余应力的作用。其过程见图 2-29。利用这个原理可以焊接一些刚性比较大的焊缝，获得降低内应力的效果。例如图 2-30 所示的大皮带轮或齿轮的某一轮辐需要焊修，为了减少内应力，则在需焊修的轮辐两侧轮缘上进行加热，使轮辐向外产生变形。而在图 2-30 中，焊缝在轮缘上，则应在焊缝两侧的轮辐上进行加热，使轮缘焊缝产生反变形，然后进行焊接，都可取得良好降低焊接应力的效果。

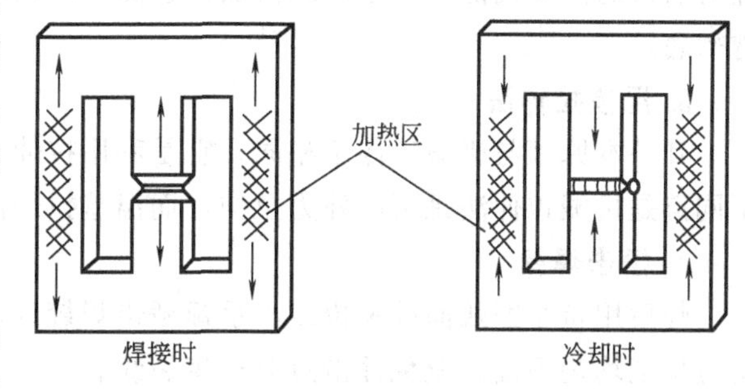

图 2-29　框架断口焊接

2.2.5　消除焊接残余应力的方法

虽然在结构设计时考虑了焊接残余应力的问题，在工艺上也采取了一定的措施来防止或减小焊接残余应力，但由于焊接应力的复杂性，结构焊接完后仍然可能存在较大的焊接残余应力。另外，有些结构在

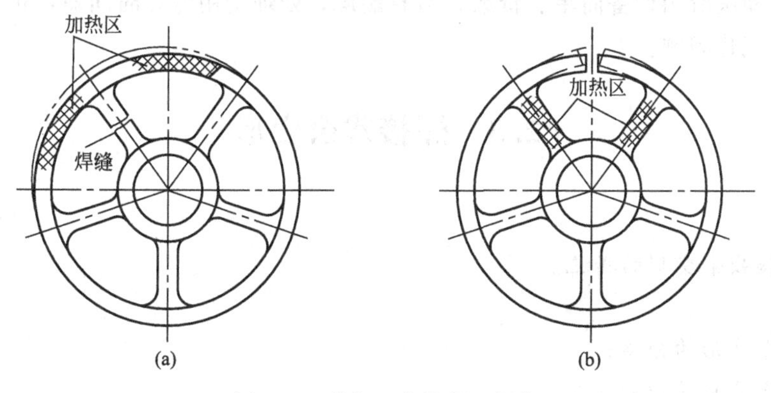

图 2-30　轮辐、轮缘断口焊接

装配过程中还可能产生新的残余应力，这些焊接残余应力及装配应力都会影响结构的使用性能。焊后是否需要消除残余应力，通常由设计部门根据钢材的性能、板厚、结构的制造及使用条件等多种因素综合考虑后确定。

常用消除焊接残余应力的措施如下。

1. 热处理法

热处理法是利用材料在高温下屈服点下降和蠕变现象来达到松弛焊接残余应力的目的，同时还可以改善焊接接头的性能。生产中常用的热处理法有整体热处理和局部热处理两种。

（1）整体热处理　一般是将构件整体加热到回火温度，保温一定时间后再冷却。整体热处理消除残余应力的效果取决于加热温度、保温时间、加热和冷却的速度、加热方法和加热的范围。对同一种材料，回火温度越高，时间越长，应力也就消除得越彻底。对于一些重要结构，如锅炉、化工容器等结构都有专门的规程予以规定。在生产中一般可消除60%～90%的焊接残余应力。

（2）局部热处理　对于某些不允许或不可能进行整体热处理的焊接结构，局部热处理是将构件焊缝周围局部应力很大的区域缓慢加热到一定温度后保温，然后缓慢冷却，其消除应力的效果不如整体热处理，但可以改善焊接接头的力学性能。它只能降低焊接残余应力的峰值，不能完全消除焊接残余应力。局部热处理可用电阻、红外线、火焰加热和感应加热。

2. 机械拉伸法

机械拉伸法是采用不同方式在构件上施加一定的拉应力，使焊缝及其附近产生拉伸塑性变形，与焊接时在焊缝及其附近所产生的压缩塑性变形相互抵消一部分，达到松弛焊接残余应力的目的。实践证明，拉伸载荷加得越高，压缩塑性变形量抵消得越多，残余应力消除得越彻底。

3. 温差拉伸法

其基本原理与机械拉伸法相同，它是利用拉伸来抵消焊接时产生的压缩塑性变形的。其不同点是机械拉伸法是利用外力拉伸，而温差拉伸法是利用局部加热的温差来拉伸焊缝区。

4. 锤击焊缝

焊后用带小圆弧面的风枪或小手锤锤击焊缝区，使焊缝得到延伸，从而降低内应力。锤击应保证均匀适度，避免锤击过分产生裂纹。

5. 振动法

它是利用由偏心轮和变速电动机组成的激振器，使结构发生共振所产生的循环应力来降低内应力。振动法所用设备简单、价廉，节省能源，处理费用低，时间短，也没有高温回火时的金属表面氧化问题。

2.3　焊接残余变形

技能点：

控制焊接残余变形的措施。

知识点：

焊接残余变形的分类；

焊接残余变形的影响因素。

2.3.1 焊接变形的分类及其影响因素

焊接变形在焊接结构中的分布是很复杂的。按变形对整个焊接结构的影响程度可将焊接变形分为局部变形和整体变形；按照变形的外观形态来分，可将焊接变形分为五种基本变形形式。

(1) 收缩变形　焊件尺寸比焊前缩短的现象称为收缩变形。它分为纵向收缩变形和横向收缩变形。如图 2-31 中的 ΔL 和 ΔB。

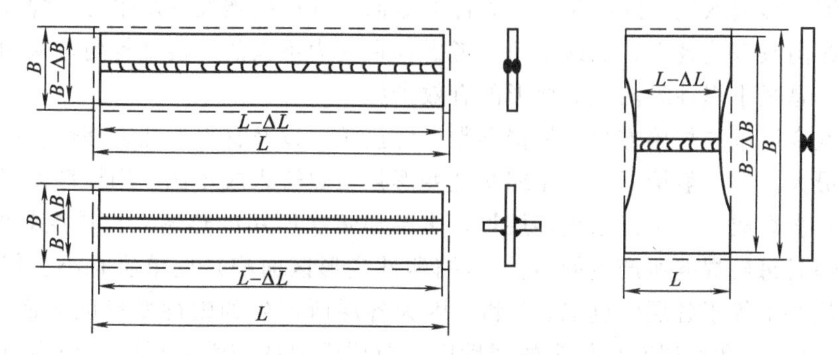

图 2-31　纵向和横向收缩变形

(2) 角变形　焊后构件的平面围绕焊缝产生的角位移。见图 2-32。

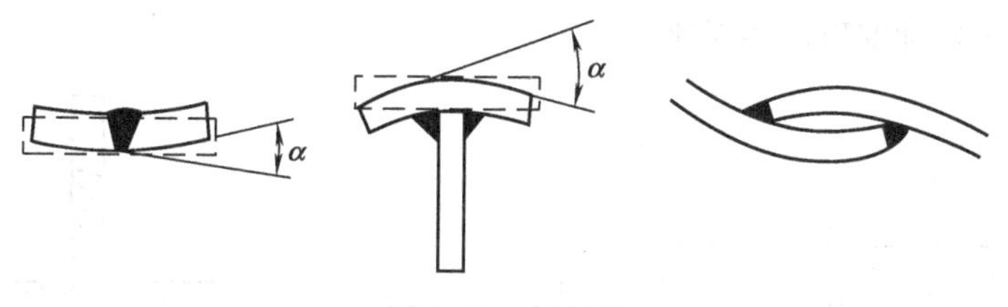

图 2-32　角变形

(3) 弯曲变形　构件焊后发生弯曲，如图 2-33 所示。弯曲可由焊缝的纵向收缩引起[见图 2-33 (a)] 和由焊缝横向收缩引起 [见图 2-33 (b)]。

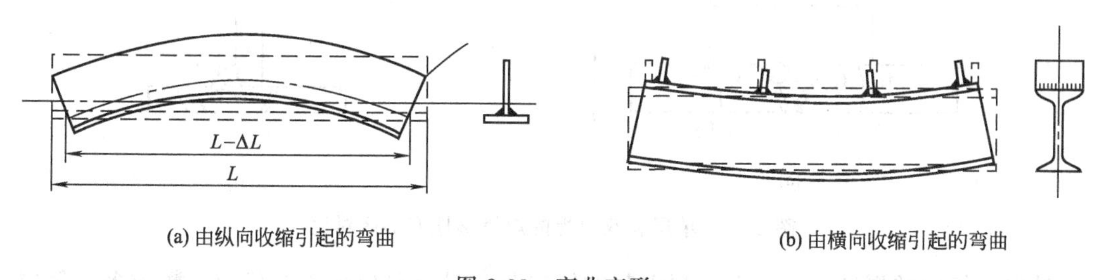

(a) 由纵向收缩引起的弯曲　　(b) 由横向收缩引起的弯曲

图 2-33　弯曲变形

(4) 波浪变形　焊后构件呈波浪形，如图 2-34 所示。这种变形在焊接薄板时最容易出现。

(5) 扭曲变形　焊后在结构上出现的扭曲，见图 2-35。

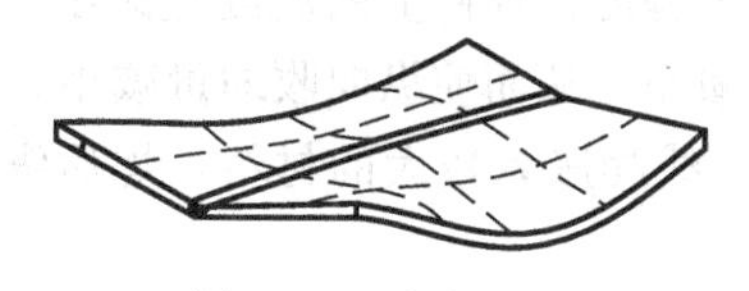

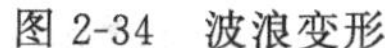

图 2-34　波浪变形

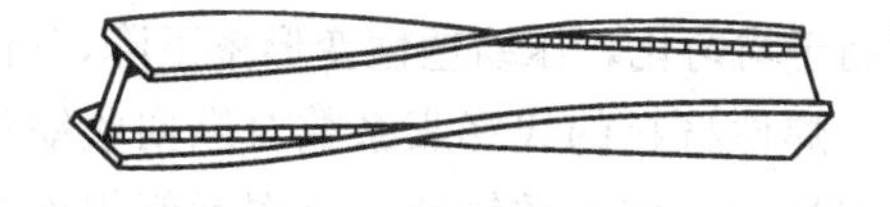

图 2-35　扭曲变形

这些基本变形形式的不同组合，形成了实际生产中焊件的变形。下面将分别讨论各种变形的形成规律和影响因素。

1. 收缩变形

（1）纵向收缩变形　纵向收缩变形即沿焊缝轴线方向尺寸的缩短。这是由于焊缝及其附近区域在焊接高温作用下产生纵向的压缩塑性变形，焊后这个区域要收缩，便引起焊件的纵向收缩变形。

纵向收缩变形量取决于焊缝长度、焊件的截面积和压缩塑性变形率等。焊件的截面积越大，焊件的纵向收缩量越大。从这个角度考虑，在受力不大的焊接结构内，采用断续焊缝代替连续焊缝，是减小焊件纵向收缩变形的有效措施。

压缩塑性变形量与焊接方法、焊接参数、焊接顺序以及材料的热物理性质有关，其中以热输入影响最大。在一般情况下，压缩塑性变形量与热输入成正比。同样截面形状和大小的焊缝，可以一次焊成，也可以采用多层焊，多层焊每次所用的热输入比单层焊时要小得多，因此，多层焊时每层焊缝所产生的 A_p（压缩塑性变形区面积）比单层时小。但多层焊所引起的总变形量并不等于各层焊缝 A_p 之和，因为各层所产生的塑性变形区域面积是重叠的。图 2-36（a）为单层和双层对接接头的塑性区。单层焊时的塑性变形区面积为 $ABCD$，而双层焊时，第一层所产生的塑性区为 $A_1B_1C_1D_1$，第二层所产生的为 $A_2B_2C_2D_2$。它们都小于单层焊时塑性区面积 $ABCD$。两个面积有相当一部分是相互重叠的。图 2-36（b）为单层和双层角焊缝所产生塑性变形区的对比。

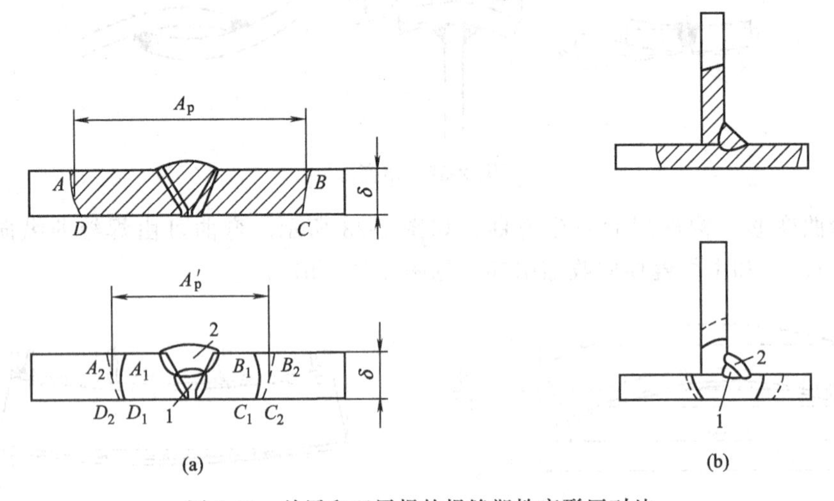

图 2-36　单层和双层焊的焊缝塑性变形区对比

对截面相同的焊缝，采用多层焊引起的纵向收缩量比单层焊小，分的层数越多，每层的热输入越小，纵向收缩量就越小。

焊件的原始温度对焊件的纵向收缩也有影响。一般来说，焊件的原始温度提高，相当于热输入增大，使焊缝塑性变形区扩大，焊后纵向收缩量增大。反之，原始温度下降，相当于减少线能量，收缩变形降低。但是，当焊件原始温度高到某一程度，焊件上的温度差减小，温度趋于均匀化，压缩塑性变形率下降，可使压缩塑性变形量减小，从而使纵向收缩量减小。

焊件材料的线膨胀系数对纵向收缩量也有一定的影响，线膨胀系数大的材料，焊后纵向收缩量大，如不锈钢和铝比碳素钢焊件的收缩量大。

（2）横向收缩变形　横向收缩变形是指沿垂直于焊缝轴线方向尺寸的缩短。构件焊接时，不仅产生纵向收缩变形，同时也产生横向收缩变形。产生横向收缩变形的过程比较复杂，影响因素很多，如热输入、接头形式、装配间隙、板厚、焊接方法以及焊件的刚性等，其中以热输入、装配间隙、接头形式等的影响最为明显。

不管何种接头形式，其横向收缩变形量总是随焊接热输入增大而增加。装配间隙对横向收缩变形量的影响也比较大，且情况复杂。一般来说，随着装配间隙的增大，横向收缩也增加。

两块平板，中间留有一定间隙的对接焊，焊接时，随着热源对金属的加热，对接边产生膨胀，焊接间隙减小。焊后冷却时，由于焊接金属很快凝固，阻碍平板两对接边的恢复，则产生横向收缩变形，见图 2-37。

如果两板对接焊时不留间隙，加热时板的膨胀引起板边挤压，使之在厚度方向上增厚，冷却时也会产生横向收缩变形，其横向收缩变形量小于间隙的情况，见图 2-38。

另外，横向收缩量沿焊缝长度方向分布不均匀，先焊的焊缝冷却收缩对后焊的焊缝有一定挤压作用，使后焊的焊缝横向收缩量更大。一般地，焊缝的横向收缩沿焊接方向是由小到大，逐渐增大到一定程度后便趋于稳定。横向收缩的大小还与装配后定位焊和装夹情况有关，定位焊缝越长，装夹的拘束程度越大，横向收缩变形量就越小。

对接接头的横向收缩量是随焊缝金属的增加而增大的；热输入、板厚和坡口角度增大，又可以限制焊缝的横向收缩。另外，多层焊时，先焊的焊道引起的横向收缩较明显，后焊焊道引起的横向收缩逐层减小。

焊接方法对横向收缩量也有影响，如相同尺寸的构件，采用埋弧焊比采用焊条电弧焊其横向收缩量小；气焊的收缩量比电弧焊的大。

角焊缝的横向收缩要比对接焊缝的横向收缩小得多。同样的焊缝尺寸，板越厚，横向收缩变形越小。

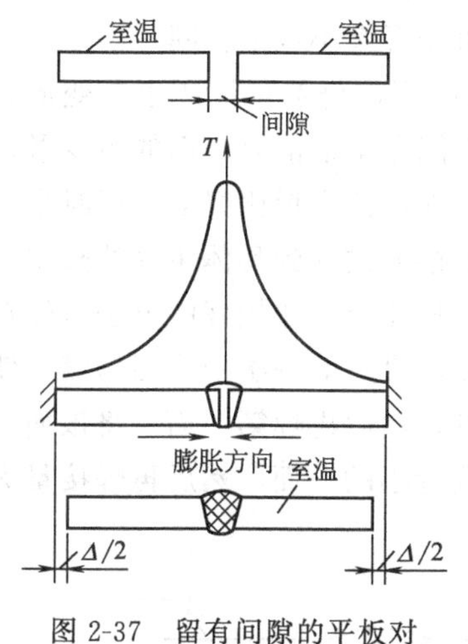

图 2-37　留有间隙的平板对接焊的横向变形过程

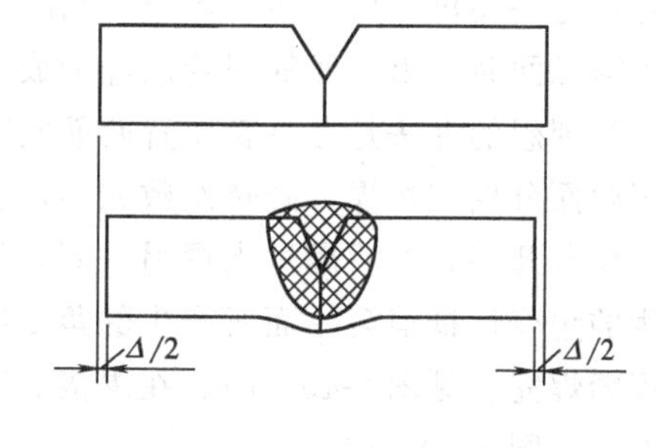

图 2-38　不留间隙的平板对接焊的横向变形过程

2. 角变形

中厚板对接焊、堆焊、搭接焊及 T 形接头焊接时，都可能产生角变形，角变形产生的根本原因是由于焊缝的横向收缩沿板厚分布不均匀。焊缝接头形式不同，其角变形的特点也不同，如图 2-39 所示。

就堆焊或对接而言，如果钢板很薄，可以认为在钢板厚度方向上的温度分布是均匀的，此时不会产生角变形。但在焊接（单面）较厚钢板时，在钢板厚度方向上的温度分布是不均

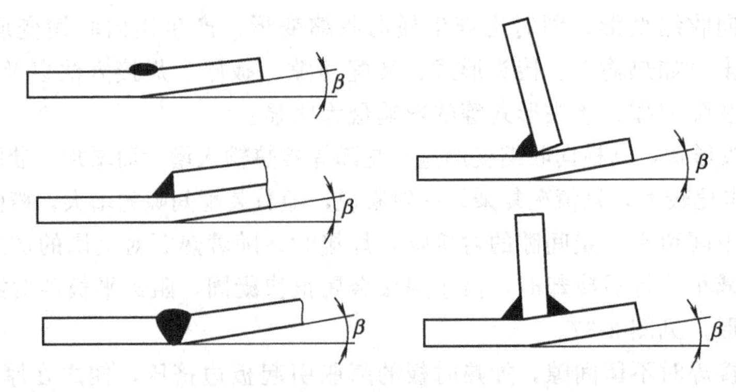

图 2-39　角变形

匀的。温度高的一面受热膨胀较大，另一面膨胀小甚至不膨胀。由于焊接面膨胀受阻，出现较大的压缩塑性变形，冷却时在钢板厚度方向上产生收缩不均匀现象，焊接钢板一面收缩大，另一面收缩小，故冷却后平板产生角变形。

角变形的大小与焊接热输入、板厚和焊件的刚性有关。当热输入一定时，板厚越大，厚度方向上的温差越大，角变形越大。当板厚增大到一定程度，此时构件的刚度增大，抵抗变形的能力增强，角变形反而减小。另外，板厚一定，热输入增大，压缩塑性变形量增加，角变形也增加。但热输入增大到一定程度，堆焊面与背面的温差减小，角变形反而减小。

对接接头角变形主要与坡口形式、坡口角度、焊接方式等有关。坡口截面不对称的焊缝，其角变形大，因而用 X 形坡口代替 V 形坡口，有利于减小角变形；坡口角度越大，焊缝横向收缩沿板厚分布越不均匀，角变形越大。同样板厚和坡口形式下，多层焊比单层焊角变形大，焊接层数越多，角变形越大。多层多道焊比多层焊角变形大。

另外，坡口截面对称，采用不同的焊接顺序，产生的角变形大小也不相同。

在采用 X 形或双 U 形坡口时，如果不采取合理的焊接顺序，仍然可能产生角变形。例如先焊完一面再焊另一面，焊第二面时所产生的角变形，不能完全抵消第一面的角变形，因为焊第二面时，第一面的焊缝已经形成，接头的刚度大大增加，角变形比焊第一面时小。当然，最理想的办法是在垂直位置两面同时焊接，但是这种焊接方式受到具体条件的限制。若采用两面分层交替焊，翻转次数太多，也不一定能完全消除角变形。比较好的方法是先在一面焊少数几层，然后翻过来焊另一面，焊的层数比第一面多，最好能一次把这面焊满，使它产生的角变形抵消第一面所产生的角变形外并稍稍超过一点，然后再焊第一面。将该面剩余的焊缝焊完。见图 2-40（a)。在焊接非对称坡口时应先焊接量小的一面，然后再焊接量大的一面，见图 2-40（b)。

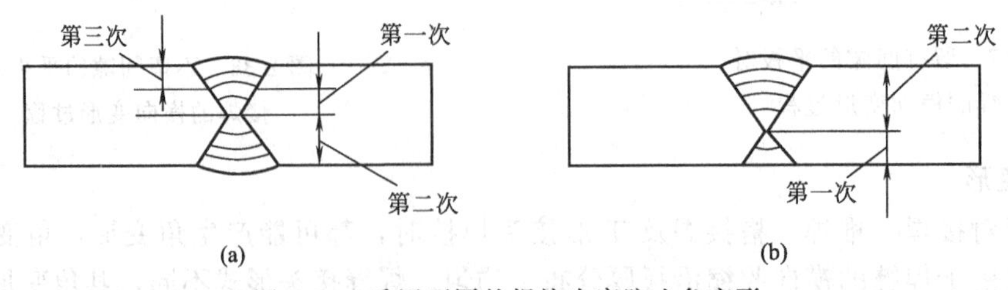

图 2-40　采用不同的焊接次序防止角变形

T 形接头的角变形包括两个内容：筋板与主板的角度变化和主板本身的角变形。前者相当于对接接头的角变形，对主板来说，它相当于在平板上进行堆焊时引起的角变形。这两种角变形的综合结果，使T形接头两板间的角度发生变化，破坏了垂直度，也破坏了平板的平直度。对T形接头的角变形，可以根据两种角变形的特点进行综合分析。例如通过开坡口，可以减少筋板与主板之间的焊缝夹角，从而降低了β'的数值。通过减少焊缝金属，可以降低β''的数值，见图2-41。

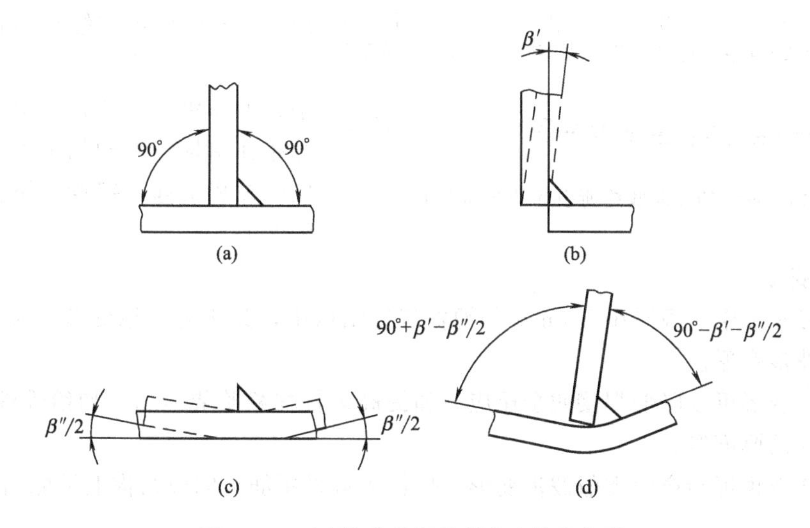

图2-41 丁字接头角焊缝所产生的角变形

3. 弯曲变形

弯曲变形是由于焊缝中心线与结构截面的中性轴不重合或不对称，焊缝的收缩沿构件宽度方向分布不均匀而引起的。弯曲变形分两种：焊缝纵向收缩引起的弯曲变形和焊缝横向收缩引起的弯曲变形。

（1）纵向收缩引起的弯曲变形 图2-42所示为不对称布置焊缝的纵向收缩所引起的弯曲变形。对于纵向收缩所引起的弯曲变形，类似于构件上作用一假想的偏心力F_p，在F_p的作用下，构件收缩并产生弯曲变形，其弯矩$M=F_pS$，由此引起的挠度f可用下式求得

$$f=ML^2/8EI=F_pSL^2/8EI$$

式中 f——弯曲变形挠度，cm；

E——弹性模量，MPa；

L——焊件长度，cm；

F_p——假想的纵向收缩力，N；

I——焊件截面惯性矩，cm^4；

S——塑性变形区的中心线到焊件截面中性轴的距离，cm。

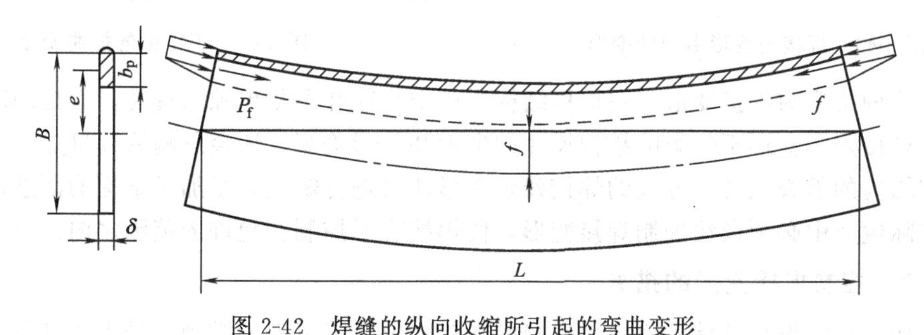

图2-42 焊缝的纵向收缩所引起的弯曲变形

从式中可以看出，弯曲变形的大小与焊缝在结构中的偏心距及偏心力成正比，与焊件的刚度成反比，偏心距越大，弯曲变形越严重。焊缝的位置对称或接近于截面中性轴则弯曲变形就越小。

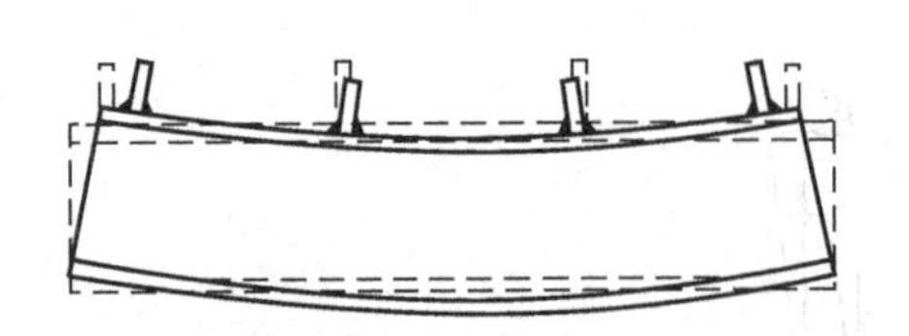
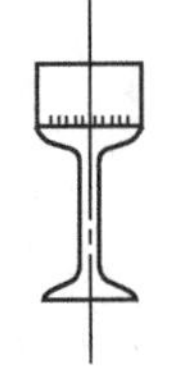
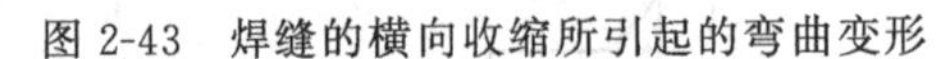
图 2-43 焊缝的横向收缩所引起的弯曲变形

（2）横向收缩引起的弯曲变形 焊缝的横向收缩在结构上不对称时，也会引起构件的弯曲变形。如工字梁上布置若干肋板，由于焊缝大多分布在结构中性轴的上部，它们的横向收缩将引起工字梁的下挠变形，见图 2-43。

4. 波浪变形

波浪变形常发生于板厚小于 6mm 的薄板焊接结构中，又称为失稳变形。大面积平板拼接极易产生波浪变形。

防止波浪变形可以降低焊接残余压应力和提高焊件失稳临界应力。如给焊件增加肋板、适当增加焊件的厚度等。

焊接角变形也可能产生类似波浪变形，例如大量采用筋板的板结构上可能出现如图2-44所示的变形。

5. 扭曲变形

产生扭曲变形的原因是焊缝的角变形沿焊缝长度方向分布不均匀。开放型断面的型材（如工字梁）的四条翼缘焊缝，如果在点固后不采用适当夹具，按图 2-45（a）的顺序和方向焊接，则可能产生图 2-45（b）那样的扭曲变形。这是因为角变形沿着焊缝长度上逐渐增大，使构件扭转。改变焊接次序和方向把两条相邻的焊缝同时向同一方向焊接，可以克服这种变形。

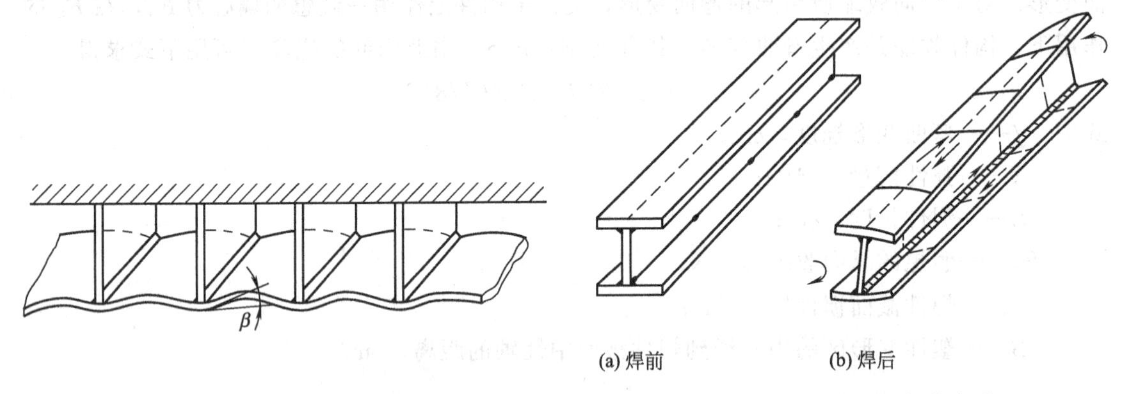

图 2-44 焊接角变形引起的变形

图 2-45 工字梁的扭曲变形

以上几种类型的焊接变形，在焊接结构生产中往往并不是单独出现的，而是同时出现相互影响。焊接残余变形不但影响结构尺寸的准确和外形美观，还会影响后续机加工，而且有可能降低结构的承载能力，过大的焊接残余变形还要进行矫正，增加了结构的制造成本。因此，在实际生产中必须设法控制焊接变形，使焊接变形控制在允许的范围之内。

2.3.2 控制焊接变形的措施

从焊接结构的设计开始，就应考虑控制焊接变形可能采取的措施。进入生产阶段，可采用预防焊接变形的措施，以及在焊接过程中适当的控制措施。

1. 设计措施

选择合理的焊缝尺寸和形式，主要做到以下几点。

（1）选择最小的焊缝尺寸　在保证结构足够承载能力的前提下，设计时应尽量采用较小的焊缝尺寸，尤其是角焊缝尺寸，最容易盲目加大。焊接结构中仅起联系作用或受力不大，并经强度计算尺寸甚小的角焊缝，应按板厚选取工艺上可能的最小尺寸。

（2）选择合理的坡口形式　相同厚度的平板对接，开 V 形坡口比开双 V 形坡口的角变形大。对于受力较大的丁字接头和十字接头，在保证相同的强度条件下，采用开坡口的焊缝可以比一般角焊缝减少焊缝金属量，对减少变形有利，见图 2-46。在薄板结构中，采用接触点焊可以减少焊接变形，见图 2-47 的两个薄板结构，采用接触点焊代替熔化焊可以省去焊后矫正变形的工序。

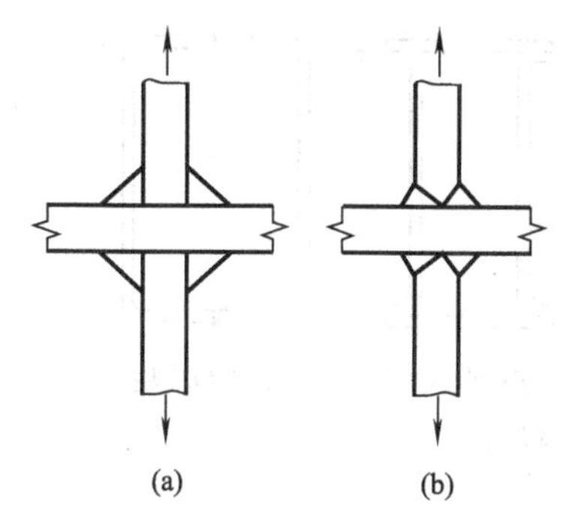

图 2-46　相同承载能力的十字接头

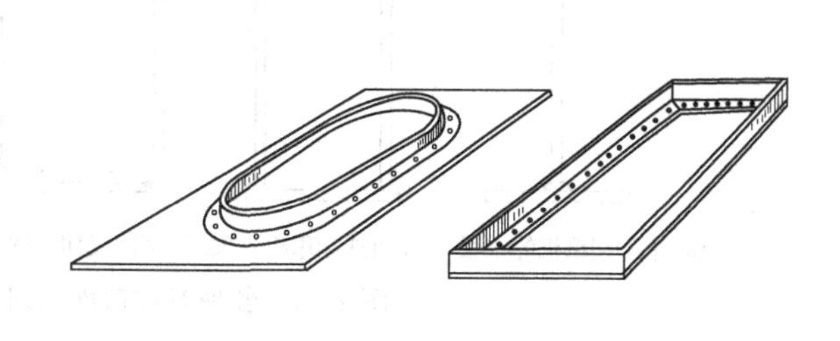

图 2-47　采用接触点焊的薄板结构

（3）减少焊缝的数量　只要条件允许，多采用型材、冲压件；在焊缝多且密集处，采用铸-焊联合结构，就可以减少焊缝数量。此外，适当增加壁板厚度，以减少肋板数量，或者采用压形结构代替肋板结构，都对防止薄板结构变形有利。合理地选择筋板的形状，适当地安排筋板的位置，也可以减少焊缝，提高筋板加固的效果，如图 2-48（b）采用槽钢加固轴承比图 2-48（a）的辐射形筋板具有更好的效果，同时需要的焊缝也比后者少。

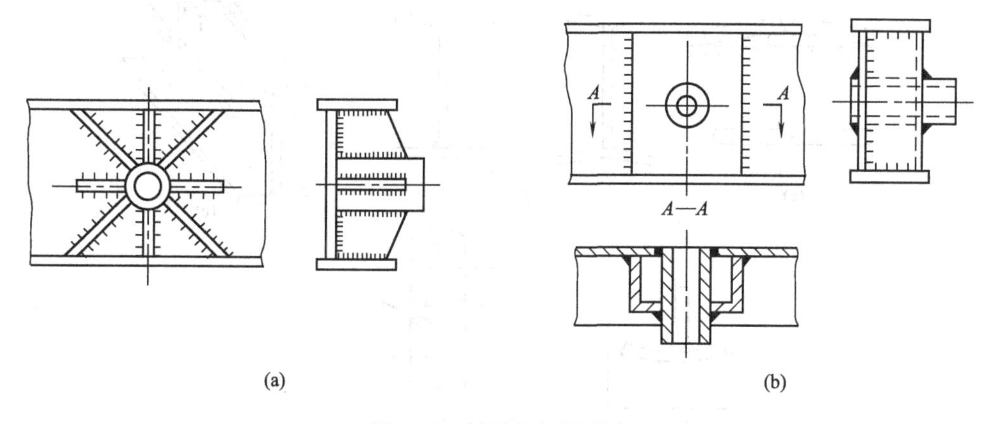

图 2-48　轴承的加固形式

（4）合理安排焊缝位置　梁、柱等焊接构件常因焊缝偏心布置而产生弯曲变形。合理的设计应尽量把焊缝安排在结构截面的中性轴上或靠近中性轴，力求在中性轴两侧的变形大小相等方向相反，起到相互抵消作用。如图 2-49 所示的箱形结构，图 2-49（a）的焊缝集中于中性轴一侧，弯曲变形大，图 2-49（b）、（c）的焊缝安排合理，图 2-49（d）的肋板设计使焊缝多数集中在截面的中性轴上方，肋板焊缝的横向收缩将引起上挠的弯曲变形，改成图 2-49（e）的设计，就能减小和防止这种变形。图 2-50 为常见焊接构件的截面形状和焊缝位置。

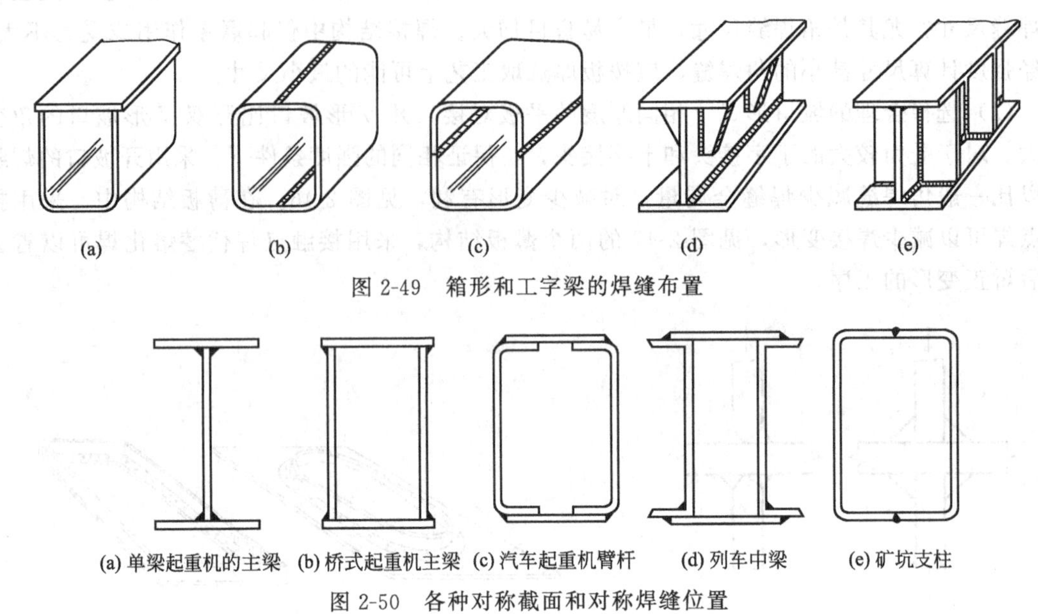

图 2-49　箱形和工字梁的焊缝布置

图 2-50　各种对称截面和对称焊缝位置

2. 工艺措施

（1）反变形法　根据焊件的变形规律，焊前预先将向着与焊接变形的相反方向进行人为的变形（反变形量与焊接变形量相等），使之达到抵消焊接变形的目的。此方法很有效，但必须准确地估计焊后变形可能产生的变形方向和大小，并根据焊件的结构特点和生产条件灵活地运用。

平板对接产生角变形时，可按图 2-51（a）的方法。

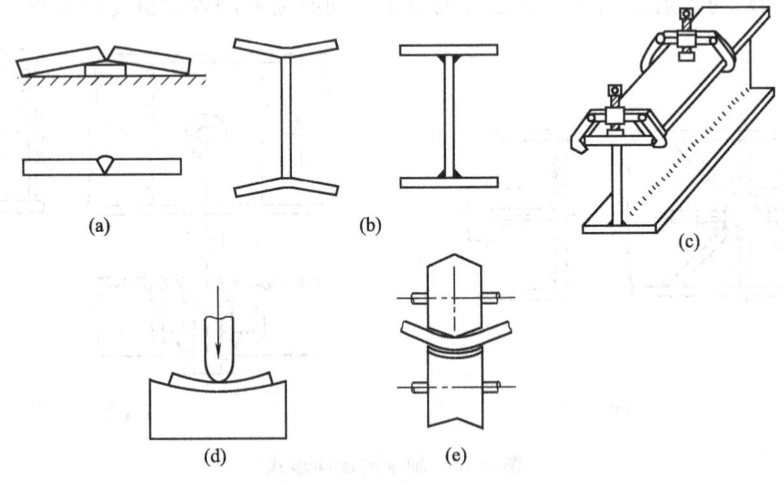

图 2-51　几种反变形措施

T 形接头焊后平板产生角变形，可以预先把平板压形，使之具有反方向的变形，见图 2-51（d），在批量较大时可以用轮压法来预弯，见图 2-51（e），然后进行焊接，如图 2-51

(b）所示；薄壁筒体对接从外侧单面焊时，产生接头向内凹的变形，可以预先在对接边缘做出向外弯边的反变形后进行焊接，如图 2-52 所示。

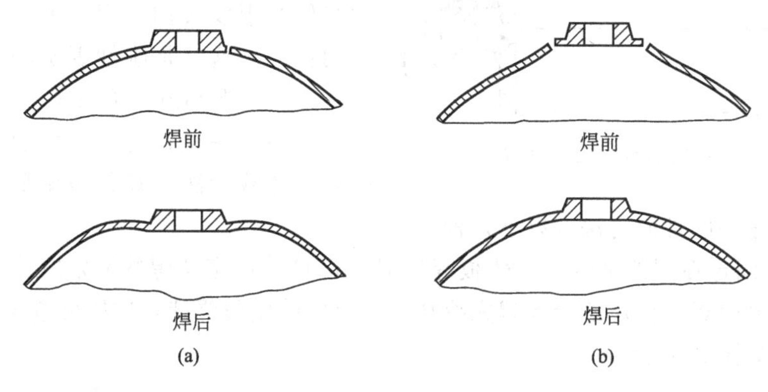

图 2-52　薄壳结构支承座焊接的反变形

利用焊接胎具或夹具使焊件处在反向变形的条件下施焊，焊后松开胎夹具，焊件回弹后其形状和尺寸恰好达到技术要求。图 2-51（c）所示为利用简单夹具做出平板的反变形以克服工字梁焊接引起的角变形。

焊接锅炉锅筒上的管接头时，由于接管都集中在锅筒的一侧，因此接管焊完后会发生弯曲变形，如图 2-53（a）所示。如果在焊前按图 2-53（b）所示的方式将两个锅筒同时装卡在焊接转胎上，使其在外力作用下产生图示的反变形，然后开始焊接，焊后由于接管焊缝的收缩使锅筒产生的弯曲变形与预制反变形相互抵消，使锅筒保持平直。

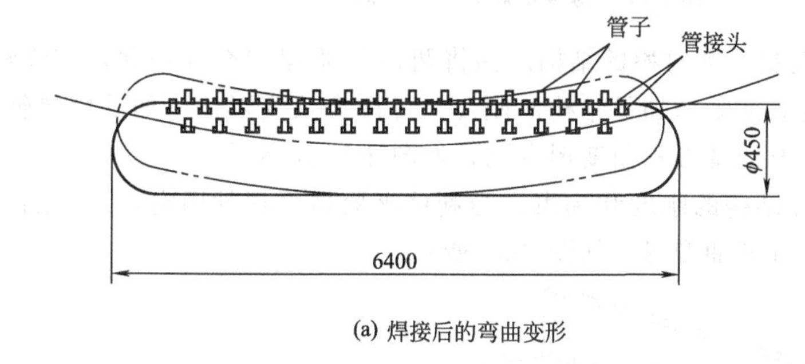

(a) 焊接后的弯曲变形

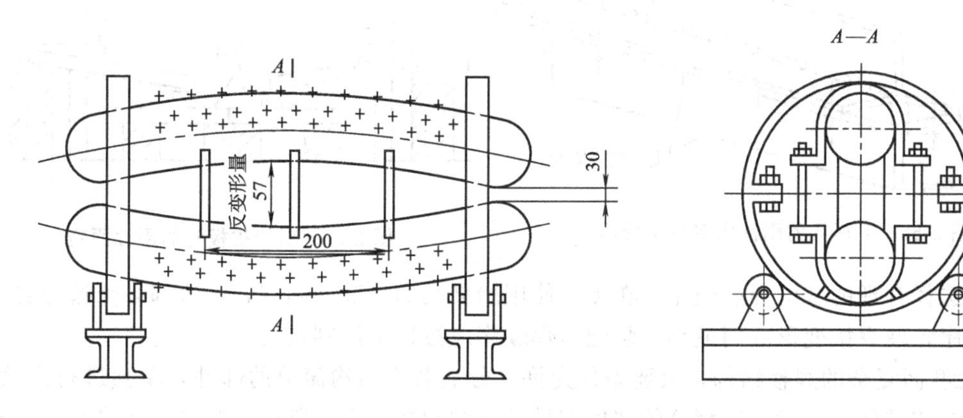

(b) 用焊接转胎预制锅炉反变形

图 2-53　锅炉锅筒或集箱焊接变形及反变形的焊接转胎

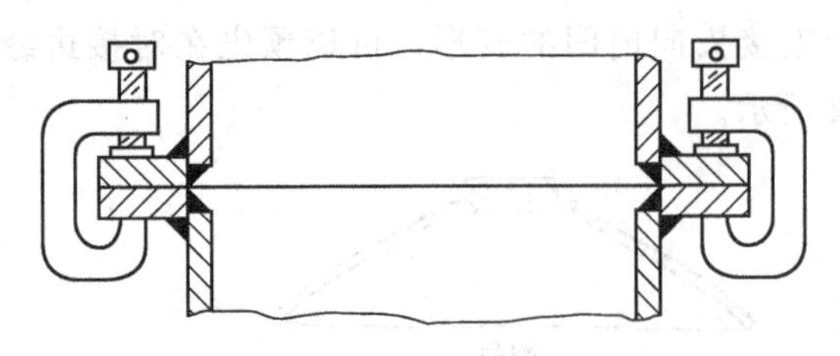

图 2-54 刚性固定法焊接法兰盘

反变形法主要用于控制角变形的弯曲变形。

（2）刚性固定法 采用适当的方法来增加焊件的刚度或拘束度，可以达到减小其变形的目的，这就是刚性固定法。用这种方法来防止角变形和波浪变形有利，如图 2-54 所示。在焊接法兰盘时，采用刚性固定法，可以有效地减少法兰盘的角变形，使法兰盘面保持平直。常用的刚性固定法有以下几种。

① 将焊件固定在刚性平台上。薄板焊接时，可将其用定位焊缝固定在刚性平台上，并用压铁压住焊缝附近，待焊缝全部焊完冷却后，再铲除定位焊缝，这样可避免薄板焊接时产生波浪变形，如图 2-55 所示。

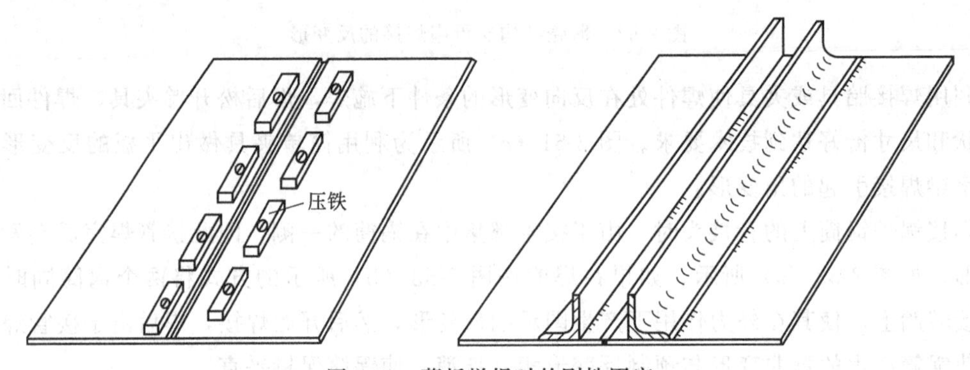

图 2-55 薄板拼焊时的刚性固定

② 将焊件组合成刚度更大或对称的结构。如将两根 T 形梁组合在一起，使焊缝对称于结构截面的中性轴，同时大大地增加了结构的刚度，并配合反变形法（如采用垫铁），采用合理的焊接顺序，对防止弯曲变形和角变形有利，如图 2-56 所示。

③ 利用焊接夹具增加结构的刚度和拘束。为利用夹紧器将焊件固定，以增加构件的拘束，防止构件产生角变形和弯曲变形，如图 2-57 所示。

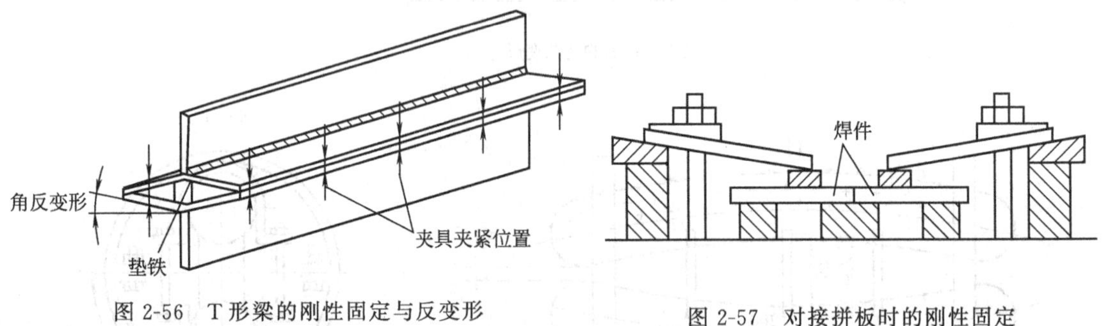

图 2-56 T 形梁的刚性固定与反变形

图 2-57 对接拼板时的刚性固定

（3）选择合理的装配焊接顺序 在无法使用胎夹具的情况下施焊，一般都必须选择合理的焊接顺序，使焊接变形减到最小。装配施焊顺序应按以下原则进行。

① 大型而复杂的焊接结构，只要条件允许，分成若干结构简单的部件，单独进行焊接，然后再总装成整体。注意，所划分的部件应易于控制焊接变形，部件总装时焊接量小，同时也便于控制变形。

② 正在施焊的焊缝应尽量靠近结构截面的中性轴。

③ 对于焊缝非对称布置的结构，装配焊接时应先焊焊缝少的一侧。

如图 2-58 所示的焊接梁，是由两根槽钢、若干隔板和盖板组成。槽钢与盖板间用角焊缝 1 来焊接，隔板与盖板即槽钢间用角焊缝 2 和 3 来焊接。这个构件可用三种不同的装配顺序进行生产。

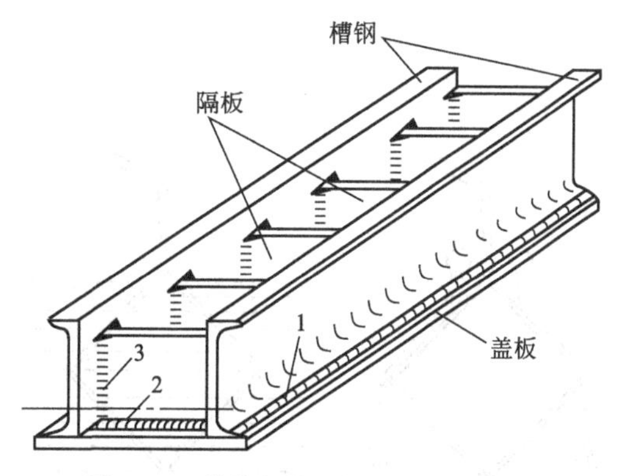

图 2-58 带盖板的双槽钢焊接梁实例

方案Ⅰ：先焊 3，由于焊缝 3 大都分在槽钢中性轴以下，焊缝横向收缩产生上挠度 f_3，再装焊盖板焊接 1，由于焊缝 1 位于截面中性轴以下，产生上挠度 f_1。最后焊 2，同样产生上挠度 f_2。总挠度为 $f=f_1+f_2+f_3$。

方案Ⅱ：先装槽钢与盖板并焊 1，产生上挠度 f_1。再装隔板焊 2，产生上挠度 f_2，最后焊 3，由于槽钢与盖板已形成整体，中性轴从槽钢中心下降，使焊缝 3 大部分处于中性轴以上，产生下挠度 f_3，总挠度 $f=f_1+f_2-f_3$。

方案Ⅲ：先装隔板与盖板，焊 2，盖板处于自由状态，只产生横向收缩和角变形。即 f_2 为零。装槽钢焊 1，产生上挠度 f_1，再装隔板焊 3，产生下挠度 f_3，总挠度为 $f=f_1-f_3$。

(4) 合理地选择焊接方法和焊接参数　能量集中和热输入较低的焊接方法，可有效降低焊接变形。用 CO_2 气体保护焊焊接中厚钢板的变形比用气焊和焊条电弧焊小得多，更薄的板可用钨极脉冲氩弧焊、激光焊等方法焊接。电子束焊的焊缝很窄，变形极小，适宜焊接一般经精加工的焊件，焊后仍具有较高的精度。图 2-59 为在焊接前经过切削、淬火和磨削的两个齿轮，用电子束焊焊成一体的实例。

焊缝不对称的细长构件有时可以通过选用适当的线能量，而不用任何反变形或夹具克服弯曲变形。例如图 2-60 中的构件。焊缝 1、2 到中性轴的距离 e_{12} 大于焊缝 3、4 到中性轴的距离 e_{34}，如果采用相同的规范进行焊接，则焊缝 1、2 造成的弯曲变形大于焊缝 3、4，焊后出现下挠。如果将焊缝 1、2 适当分层焊接，每层采用小线能量，则完全可能使上下弯曲变形抵消，焊后得到平直的构件。

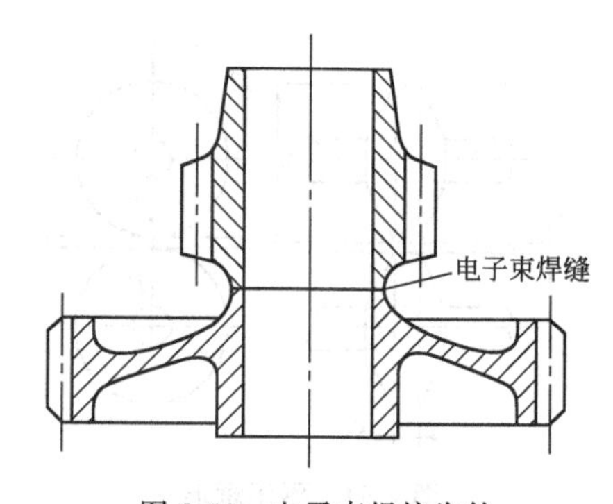

图 2-59 电子束焊接齿轮

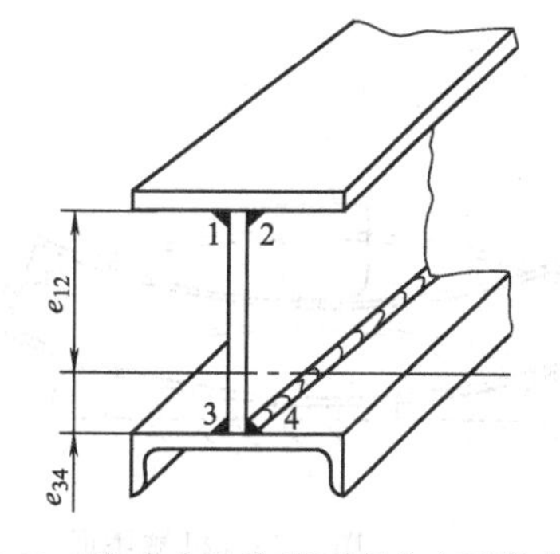

图 2-60 防止非对称截面弯曲变形的焊接

(5) 散热法　利用各种方法将施焊处的热量迅速散走，减小焊缝及其周围的受热区，同时还使受热区的受热程度大大降低，达到减小焊接变形的目的。图 2-61 是水浸法散热，图

2-62 采用铜块冷却。注意的是对焊接淬硬性较高的材料应慎用。

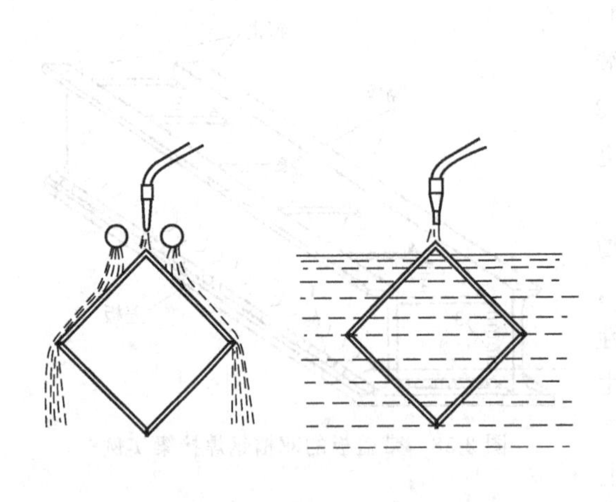

图 2-61 采用直接水冷防止薄板焊接变形

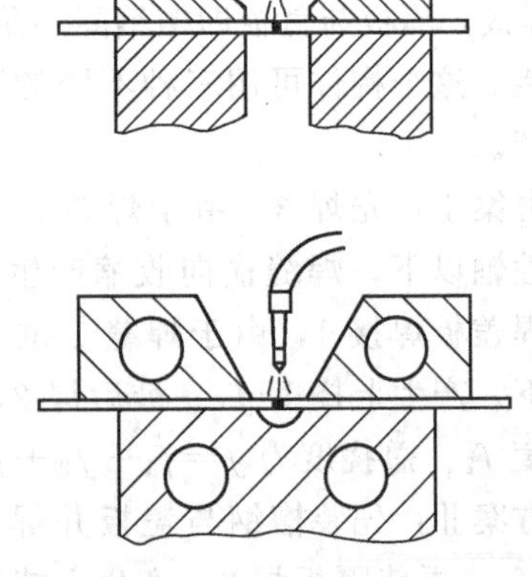

图 2-62 采用铜块冷却防止薄板焊接变形

以上所述为控制焊接变形的常用方法。在焊接结构的实际生产过程中，应充分估计各种变形，分析各种变形的变形规律，根据现场条件选用一种或几种方法，有效控制焊接变形。

2.3.3 矫正焊接变形的基本方法

在焊接结构生产中，首先应采取各种措施来防止和控制焊接变形。但是焊接变形是难以避免的，因为影响焊接变形的因素太多，生产中无法面面俱到。当焊接结构中的残余变形超出技术要求的变形范围时，就必须对焊件的变形进行矫正。常用的矫正焊接变形的方法有以下几种。

1. 手工矫正法

手工矫正法就是利用锤子、大锤等工具锤击焊件的变形处。主要用于矫正小型简单焊件的弯曲变形和薄板的波浪变形。

2. 机械矫正法

机械矫正法就是利用机器或工具来矫正焊接变形。具体地说，就是用千斤顶、拉紧器、压力机等将焊件顶直或压平，见图 2-63、图 2-64。当薄板结构的焊缝比较规则时，采用碾压法消除焊接变形效率高，质量好，具有很大的优越性。机械矫正法一般适用于塑性比较好的材料及形状简单的焊件。

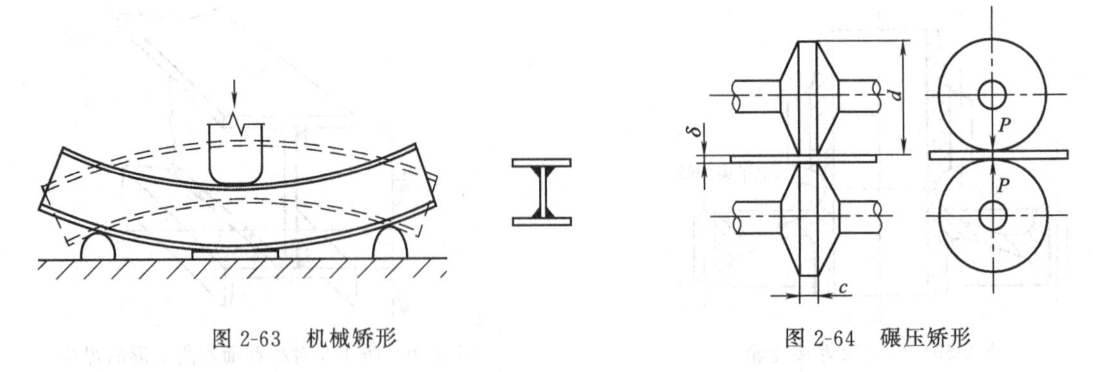

图 2-63 机械矫形

图 2-64 碾压矫形

3. 火焰加热矫正法

火焰加热矫正法就是利用火焰对焊件进行局部加热，使焊件产生新的变形去抵消焊接变形。火焰加热矫正法在生产中应用广泛，主要用于矫正弯曲变形、角变形、波浪变形等，也可用于矫正扭曲变形。

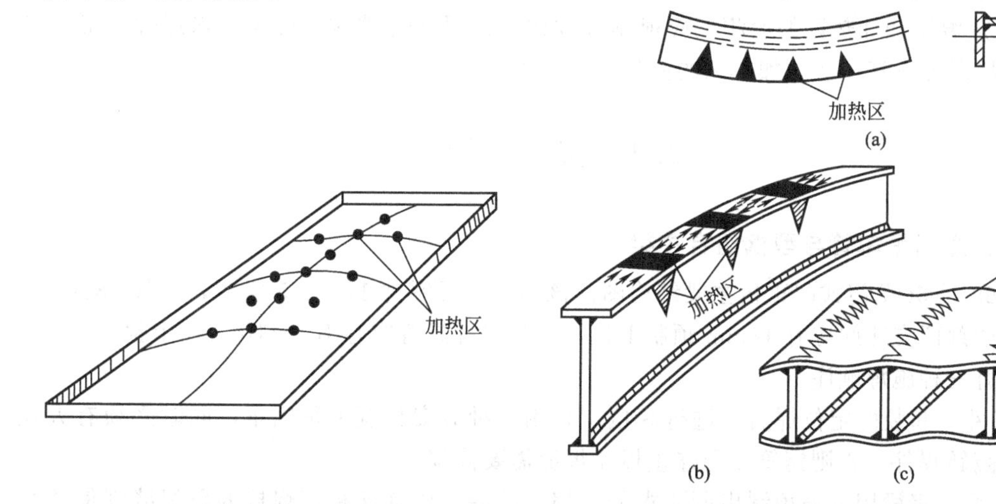

图 2-65　薄板结构点状火焰矫形

图 2-66　气体火焰矫形

火焰加热的方式有点状加热、线状加热和三角形加热。

(1) 点状加热　如图 2-67 所示，加热点的数目也能够根据焊件的结构形状和变形情况而定。对于厚板，加热点的直径 d 应大些；薄板的加热点直径 d 应小些。变形量大时，加热点之间距离 a 应小一些；变形量小时，加热点之间距离 a 应大一些。如图 2-65 所示薄板结构采用点状加热来矫正波浪变形。

(2) 线状加热　火焰沿直线缓慢移动或同时横向摆动，形成一个加热带的加热方式，称为线状加热。线状加热又分直线加热、链状加热和带状加热三种形式，如图 2-68 所示。线状加热可用于矫正波浪变形、角变形和弯曲变形等。如图 2-66 (c) 中 T 形接头的角变形可以采取在翼板背面加热来解决。

(3) 三角形加热　三角形加热即加热区呈三角形，一般用于矫正刚度大、厚度较大的弯曲变形。加热时，三角形的底边应在被矫正结构的拱边上，顶端朝焊件弯曲的方向，如图 2-66 (a) 中非对称的 Π 形钢的旁弯，可以采用在上下盖板的外弯侧加热三角形面积的办法来矫正。非对称工字梁的上挠变形可在上盖板上加热矩形面积和腹板上部加热三角形面积来矫正，如图 2-66 (b) 所示。三角形加热与线状加热联合使用，对矫正大而厚焊件的焊接变形效果更佳。

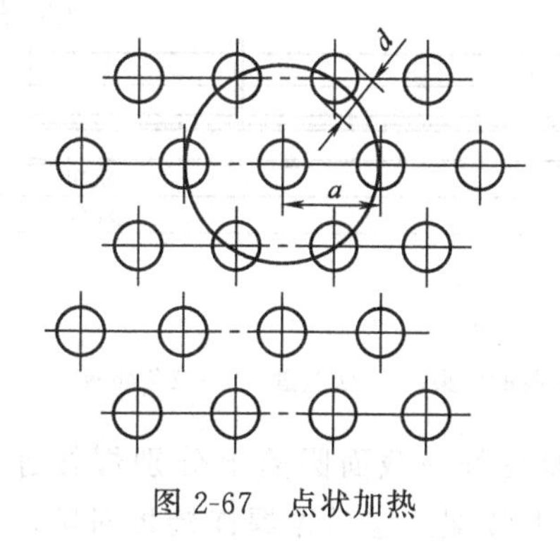

图 2-67　点状加热

(a)

(b)

加热宽度

(c)

图 2-68　线状加热

火焰加热矫正变形的效果取决于下列三个因素：

① 加热方式，加热方式的确定取决于焊件的结构形状和焊接变形形式。

② 加热位置，加热位置的选择应根据焊接变形的形式和变形方向而定。

③ 加热温度和加热区的面积，应根据焊件的变形量及焊件材质确定，当焊件变形量较大时，加热温度应高一些，加热区的面积应大一些。

2.4 实 例

实例：龙门吊车管与型钢组合主梁

图 2-69 是 5t 龙门式起重机主梁结构图。该梁由主要零件 1、4、5 组成，全长 28m。焊完后全梁中部两支腿间应有 18mm 预制上挠。支腿以外悬臂应有 10～11mm 的上挠。

该梁有三种施焊顺序。

① 三件一起装配定位焊后，进行焊接。采用这种方案预制上很困难，同时必须有大吨位起重机翻转焊件，否则钢管 1 与连接板 4 焊缝需要仰焊。

② 先将工字梁用火焰预制出所要求的上挠，然后装配连接板，焊接的角焊缝则使预制上挠发生减小的变化。然后装配圆筒，焊接两者间的角焊缝。

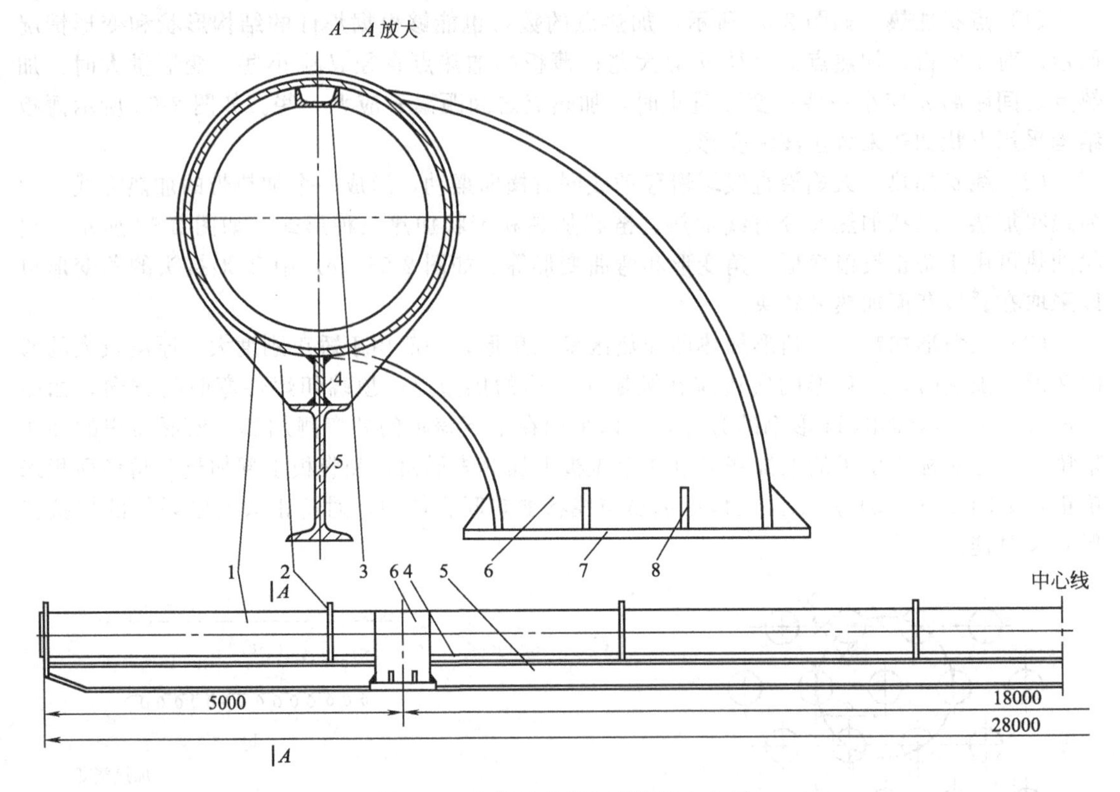

图 2-69 龙门吊车管与型钢组合主梁

1—钢管；2—肋板；3—槽钢；4—连接板；5—工字梁；6—连接支腿的弯头；7—法兰盘；8—三角肋板

③ 先将圆筒与连接板焊接，焊接可以分段进行（即在每一截面圆筒上分别焊接连接板）。然后将各个分段分别往用火焰预制好上挠的工字钢上装配。这样先焊连接板对圆筒的角焊缝，形成分段组成希望的上挠，再焊连接板与工字钢间的角焊缝，这也对保证预制上挠

有利。同时所有焊缝可处于船形角焊和平焊缝位置，对于工地建造时没有大型起重设备比较有利。

【综合训练】

一、填空题

1. 根据引起内力原因不同，可将应力分为____________和____________。
2. 为减少焊接残余应力，焊接时，应先焊收缩量____________的焊缝，使焊缝能较自由的伸缩。
3. 应力腐蚀开裂是对____________和____________共同作用下产生裂纹的一种现象。
4. 火焰加热方式有________________、________________和________________。
5. 作用面垂直于焊缝，方向平行于焊缝轴线的残余应力称为________________。

二、简答题

1. 焊接应力和变形产生的原因。
2. 焊接残余应力的分类。
3. 焊接残余应力对焊件性能有何影响？
4. 减少焊接残余应力的措施有哪些？
5. 焊接变形的分类有哪些？
6. 控制焊接变形的措施有哪些？
7. 矫正焊接变形的方法有哪些？
8. 利用刚性固定法减少焊接残余变形应注意的问题有哪些？
9. 预热法与冷焊法的实质是否一样？为什么？
10. 火焰加热矫正变形的效果取决于哪些因素？

第3章 焊接结构零件加工工艺

钢材在焊接加工过程一般要经过矫正、预处理、划线、放样、下料、弯曲、压制、矫正等工序，这些过程的合理安排和使用对保证产品质量、节约材料、缩短生产周期等方面均有重要的影响。本章将着重讨论焊接结构件的矫正方法、零件的加工原理、加工方法和工艺。

3.1 钢材的矫正及预处理

技能点：

钢材矫正方法、矫正要点；

火焰矫正方法。

知识点：

钢材变形的原因；

钢材矫正的原理；

机械矫正的分类及适用范围。

钢板和型钢在轧制过程中，可能产生由残余应力引起的变形；或者在下料过程中，钢板经过剪切、气割等工序加工后，因钢材受外力、加热等因素的影响，材料力学性能发生变化，表面产生不平、弯曲、扭曲、波浪等变形缺陷；另外，钢材因运输、存放不妥和其他因素的影响，也会使钢材表面产生铁锈、氧化皮等，这些都将严重影响零件和产品的质量，因此凡变形超过技术要求时，下料前必须对钢材进行矫正及预处理。

3.1.1 钢材的矫正

矫正是使材料在加工之前保持一种力学性能良好的，以利于零件加工的平直状态。钢材的矫正是为钢材进一步加工做准备。

1. 钢材变形的原因

钢材的生产、储存、运输到零件加工的各个环节，都可能因各种原因而引起钢材的变形。钢材变形的原因主要来源于以下几个方面。

（1）钢材在轧制过程中产生的变形　在轧制过程中钢材可能由于残余应力而引起变形。例如，在轧制钢板时，由于轧辊沿长度方向受热不均匀、轧辊弯曲，高速设备失衡等原因，造成轧辊间隙不一致，而使板料在宽度方向的压缩不均匀，延伸较多的部分受延伸较少部分的拘束而产生压缩应力，而延伸较少部分产生拉应力，因此，延伸较多部分在压缩应力作用下可能产生失稳而导致变形。

热轧厚板时，由于高温金属良好的热塑性和较大的横向刚度，延伸较多的部分克服了相邻延伸较少部分对其力的作用，而产生了板材的不均匀伸长。

（2）钢材在储存和运输过程中产生的变形　焊接结构使用的钢材因运输和不正确堆放产生的变形。焊接结构使用的钢材均是较长、较大的钢板和型材，如果吊装使其受力不均、运输颠簸或储存不当、垫底不平等原因钢材就会产生弯曲、扭曲和局部变形。

（3）钢材在下料过程中产生的变形　钢材在下料过程中引起的变形。钢材下料一般要经过气割、剪切、冲裁、等离子弧切割等工序。钢材在加工的过程中，有可能使其内应力得到释放引起变形，也可能由于受到外力不均匀产生变形。例如，将整张钢板割去某一部分后，会使钢材在轧制时造成的应力得到释放引起变形。又如气割、等离子弧切割过程是对钢材局部进行加热而使其分离，这种不均匀加热必然会产生残余应力，导致钢材不同程度变形，尤其是气割窄而长的钢板时边缘部位的钢板弯曲现象最明显。在剪切、冲裁等工序时，由于工件受到剪切，在剪切边缘必然产生很大的塑性变形。

总之，引起钢材的变形因素很多。如果钢材的变形大于技术规定或大于表 3-1 中的允许偏差时，必须进行矫正。

表 3-1　钢材在划线前允许偏差

偏差名称	简　图	允许值/mm
钢板、扁钢的局部挠度		$\delta \geqslant 14$　$f \leqslant 1$ $\delta < 14$　$f \leqslant 1.5$
角钢、槽钢、工字钢、管子的垂直度		$f=\frac{L}{1000} \leqslant 5$
角钢两边的垂直度		$\Delta \leqslant \frac{b}{100}$
工字钢、槽钢翼缘的倾斜度		$\Delta \leqslant \frac{b}{80}$

2. 钢材的矫正原理

钢材在厚度方向上可以假设是由多层纤维组成的。钢材处于平直状态时，各层纤维长度都相等，即 $ab=cd$，见图 3-1（a）。钢材弯曲后，各层纤维长度不一致，即 $a'b' \neq c'd'$，见图 3-1（b）。可见，钢材的变形就是其中一部分纤维与另一部分纤维长度不一致造成的。矫正是通过采用加压或加热的方式进行的，其过程是把已伸长的纤维变短，把已缩短的纤维拉长。最终使钢板厚度方向的纤维长度一致。

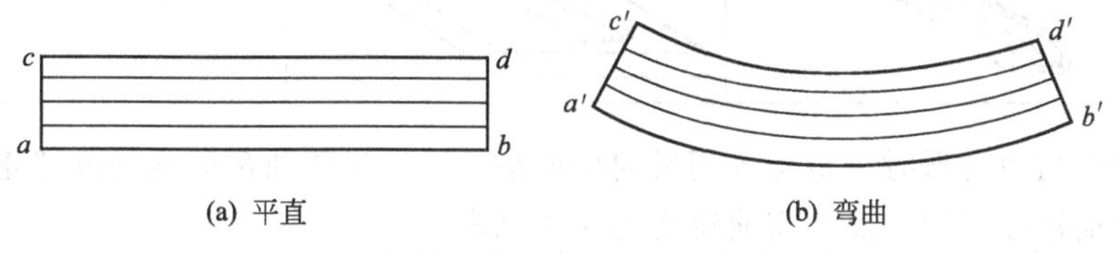

(a) 平直　　(b) 弯曲

图 3-1　钢材平直和弯曲时纤维长度的变化

3. 钢材的矫正方法

矫正就是将变形的钢材在外力作用下产生塑性变形（永久性变形），使钢材中局部收缩的纤维拉长，伸长的纤维缩短，使金属在厚度方向上各部分的纤维长度均匀，以消除表面不平、弯曲、扭曲和波浪形等变形的缺陷，从而获得正确的形状。钢材的矫正可以在冷态或热态下进行。冷态矫正简称冷矫，热态矫正简称热矫。通常采用的方法有手工矫正、机械矫正和火焰矫正及高频热点矫正四种。矫正方法的选用，与工件的形状、材料的性能和工件的变形程度有关，同时还要考虑工厂的实际情况。

(1) 手工矫正　手工矫正法就是工人采用手工工具，施加外力使已变形的钢材恢复平整的方法。手工矫正矫正力小，劳动强度大，效率低，常用于矫正尺寸较小的薄板钢材。手工矫正时，根据刚性大小和变形情况不同，有反向变形法和锤展伸长法。

① 反向变形法　对于刚性较好的钢材弯曲变形时，可采用反向变形法进行矫正。由于钢板在塑性变形的同时，还存在弹性变形，当外力消除后会产生回弹，因此为获得较好的矫正效果，反向弯曲矫正时应适当过量。反向弯曲矫正的应用见表 3-2。

表 3-2　反向弯曲矫正

名称	变形示意图	矫正示意图	矫正要点
钢板		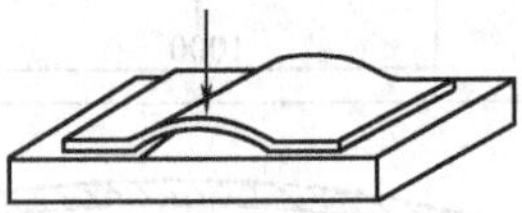	对于刚性较好的钢材弯曲变形时，可采用反向变形法进行矫正。由于钢板在塑性变形的同时，还存在弹性变形，当外力消除后会产生回弹，因此为获得较好的矫正效果，反向弯曲矫正时应适当过量
	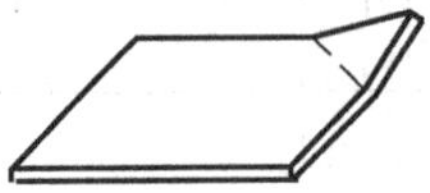	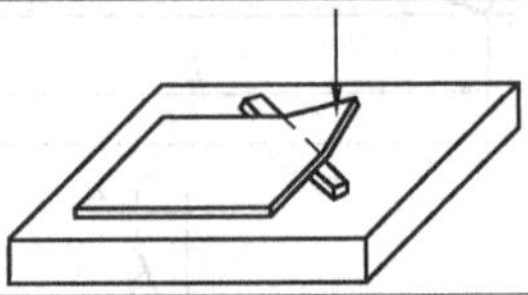	
角钢	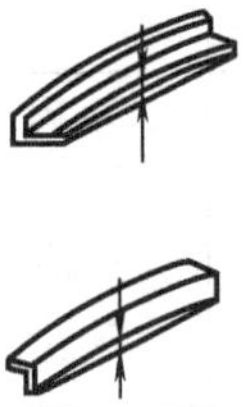	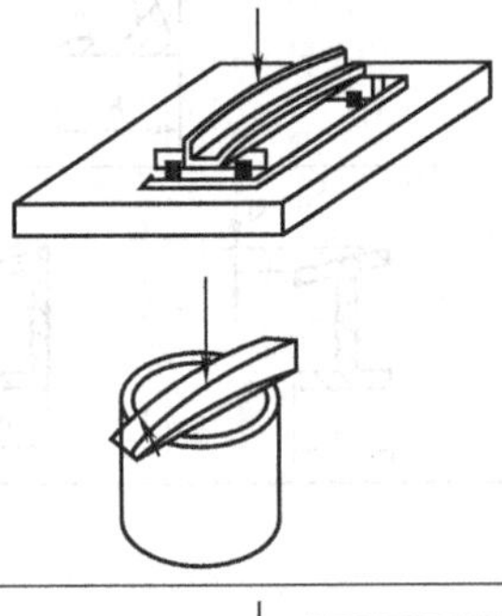	
圆钢	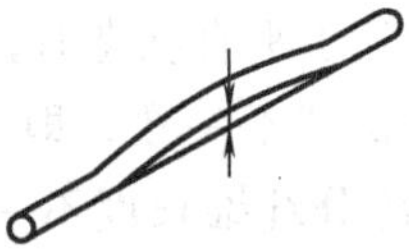	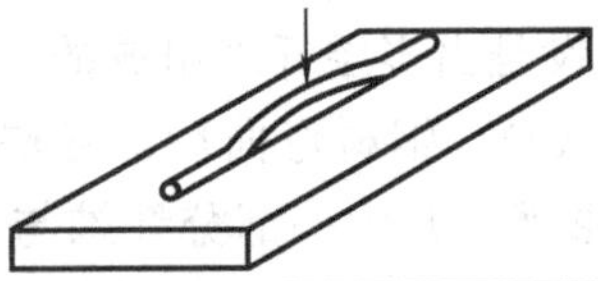	
槽钢	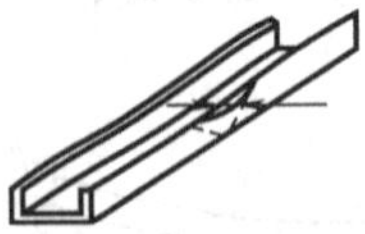	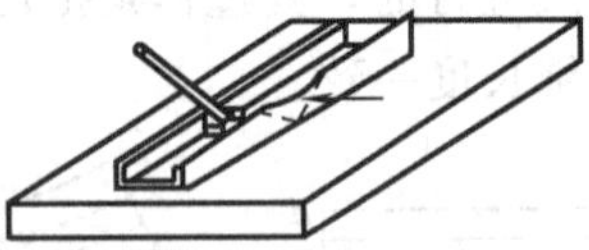	

当钢材产生扭曲变形时，也可采用反向变形法。通过对扭曲部分施加反扭矩，使其产生反向扭曲，从而消除变形。反向扭曲矫正的应用见表 3-3。

② 锤展伸长法　对于变形较小或刚性较差的钢材变形，可锤击纤维较短处，使其伸长与较长纤维趋于一致，进行矫正，见表 3-4。工件出现较复杂变形时，矫正步骤为：先矫正扭曲，后矫正弯曲，再矫正不平。如果被矫正钢材表面不允许有损伤，矫正时应用衬板或用型锤衬垫等保护措施。

表 3-3 反向扭曲矫正的应用

名称	变形示意图	矫正示意图	矫正要点
角钢	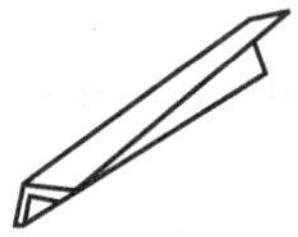	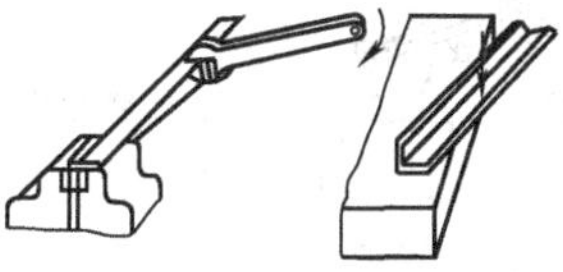	当钢材产生扭曲变形时，可对扭曲部分施加反扭矩，使其产生反向扭曲，从而消除变形
扁钢		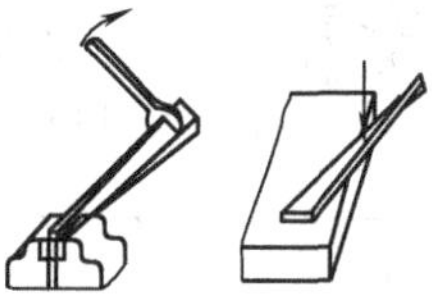	
槽钢	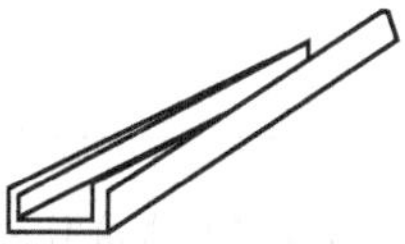	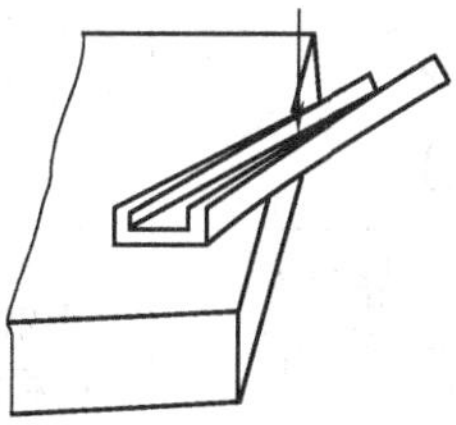	

表 3-4 锤展伸长法矫正的应用

变形名称		矫正图示	矫正要点
薄板	中间凸起	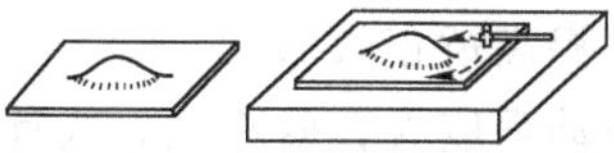	锤击由中间逐渐向四周，锤击力由中间轻至四周重
	边缘波浪形		锤击由四周逐渐移向中间，锤击力由四周轻向中间重
	纵向波浪形	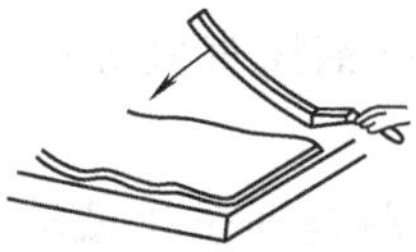	用拍板抽打，仅适用初矫的钢板
	对角翘起	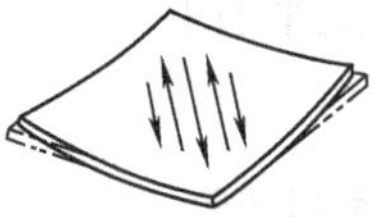	沿无翘起的对角线进行线状锤击，先中间后两侧依次进行
扁钢	旁弯	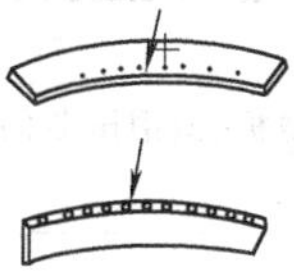	平放时，锤击弯曲凹部或竖起锤击弯曲的凸部
	扭曲	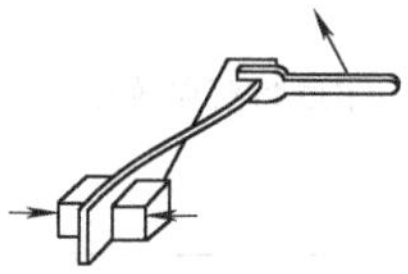	将扭曲扁钢的一端固定，另一端用叉形扳手反向扭曲
槽钢	弯曲变形	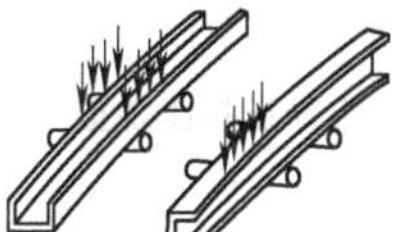	槽钢旁弯，锤击两翼边凸起处；槽钢上拱，锤击靠立筋上拱的凸起处

续表

变形名称		矫正图示	矫正要点
角钢	外弯	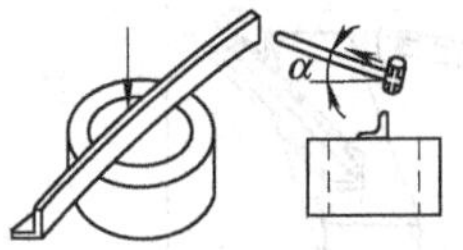	将角钢一翼边固定在平台上，锤击外弯角钢的凸部
	内弯	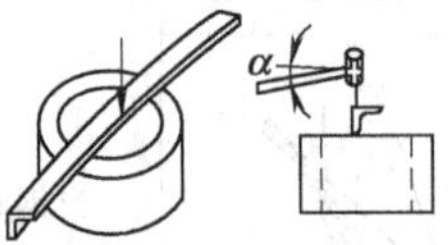	将内弯角钢放置于钢圈的上面，锤击角钢靠立筋处的凸部
	扭曲	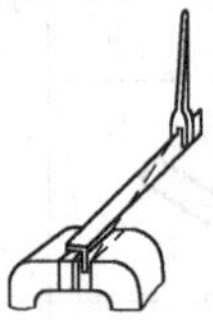	将角钢一端的翼边夹紧，另一端用叉形扳手反向扭曲，最后再用锤矫直
	角变形	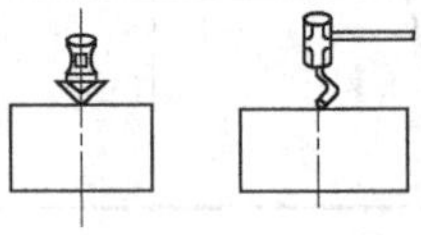	角钢翼边小于90°用型锤扩张角钢内角；角钢翼边大于90°，将角钢一翼边固定，锤击另一翼边

手工矫正通常是在常温下进行的，在矫正中尽可能减少不必要的锤击和新变形的产生，防止钢材产生加工硬化。对于厚度较大、强度较高的钢材，可将钢材加热至750～1000℃，使其处于接近热塑性状态，进而减小变形抗力，提高矫正效率。

（2）机械矫正　手工矫正的作用力有限，劳动强度大，效率低，表面损伤大，故不能满足生产需要，另一方面，焊接加工钢材和工件的变形情况都比较有规律，所以许多焊接加工钢材和工件通常采用机械方式进行矫正，机械矫正是利用三点弯曲使构件产生一个与变形方向相反的变形，使结构件恢复平直。机械矫正使用的设备有专用设备和通用设备。专用设备有钢板矫正机、圆钢与钢管矫正机、型钢矫正机、型钢撑直机等；通用设备指一般的压力机、卷板机等。

① 机械矫正原理和分类及适用范围　机械矫正就是通过机械动力或液压力对材料的弯曲、不平整处给予拉伸、压缩或弯曲作用，使材料恢复平直状态，机械矫正的分类及适用范围见表3-5。

表3-5　机械矫正分类及适用范围

矫正方法	简　图	适用范围
拉伸机矫正	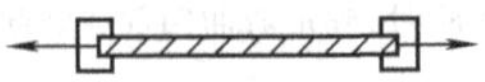	薄板、型钢扭曲的矫正，管子、扁钢和线材弯曲的矫正
压力机矫正	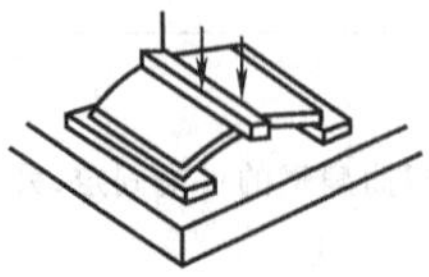	中厚板弯曲矫正
	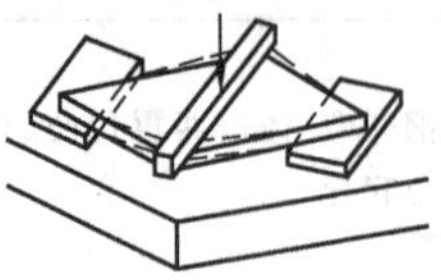	中厚板扭曲矫正

续表

矫正方法	简　图	适用范围
压力机矫正	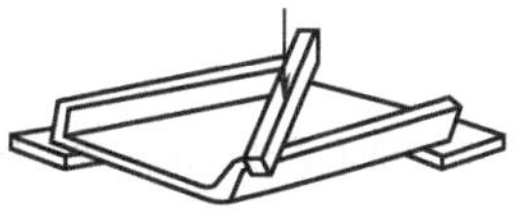	型钢的扭曲矫正
	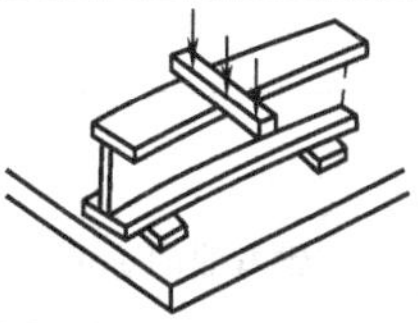	工字钢、箱形梁等的上拱矫正
	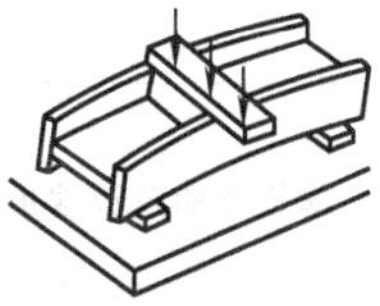	工字钢、箱形梁等的上旁弯矫正
	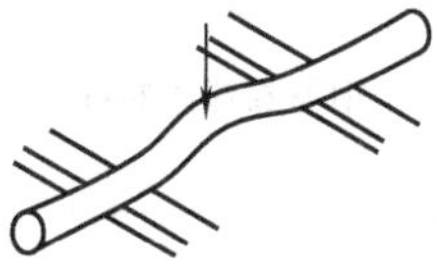	较大直径圆钢、钢管的弯曲矫正
撑直机矫正	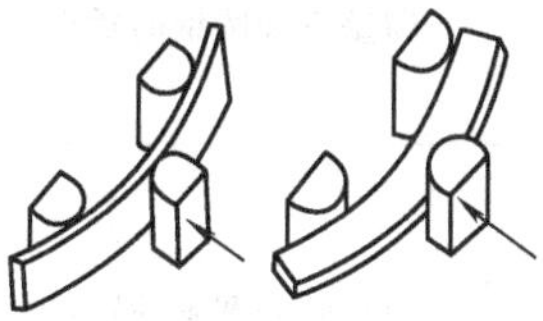	较长面窄的钢板弯曲及旁弯的矫正
		槽钢、工字钢等上拱及旁弯的矫正
	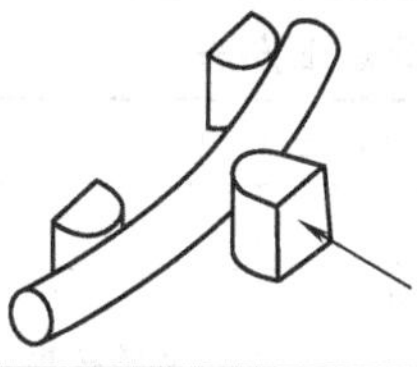	圆钢等较大尺寸圆弧的弯曲矫正
卷板机矫正	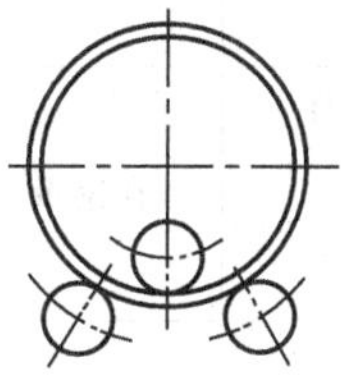	钢板拼接而成的筒体，在焊缝处产生凹凸、椭圆等缺陷的矫正
型钢矫正机矫正	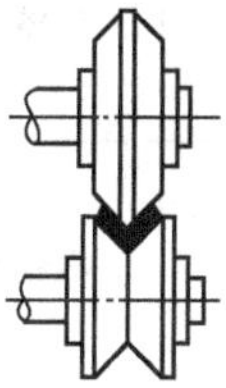	角钢翼边变形及弯曲的矫正

续表

矫正方法	简　图	适 用 范 围
型钢矫正机矫正	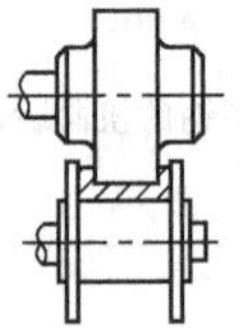	槽钢翼边变形及弯曲的矫正
	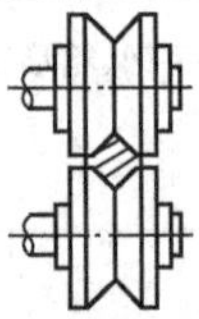	方钢弯曲的矫正
平板机矫正	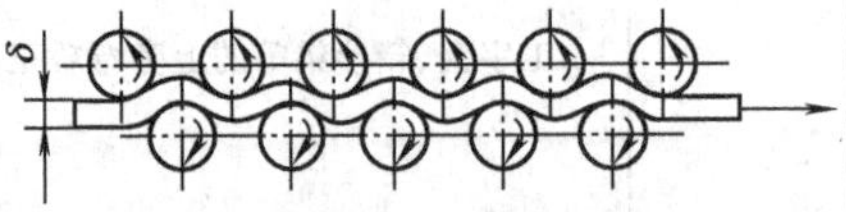	薄板弯曲及波浪形变形的矫正
	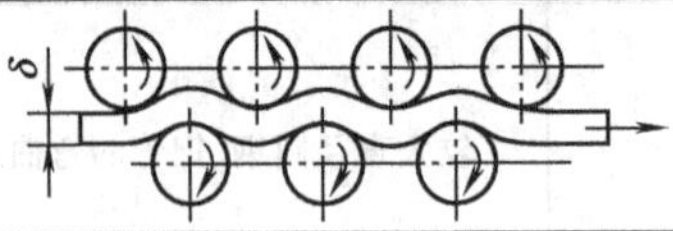	中厚板弯曲的矫正
多辊机矫正	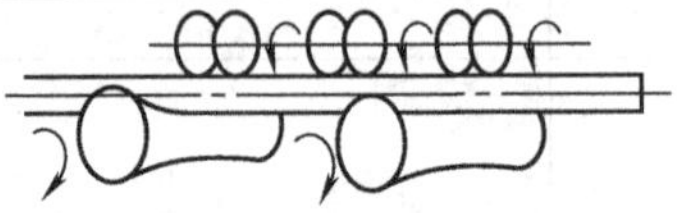	薄壁管和圆钢的矫正
	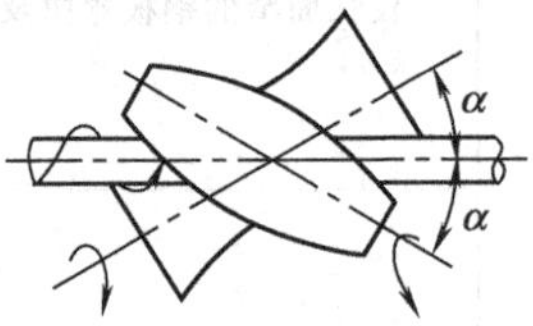	厚壁管和圆钢的矫正

② 特殊变形的矫正　钢板有特殊变形时，需采取一定的措施才能矫正，钢板特殊变形的矫正方法见表 3-6。

表 3-6　钢板特殊变形的矫正方法

钢板特征	矫正方法	
	简　图	说　明
松边钢板（中部较平，而两侧纵向呈波浪形）	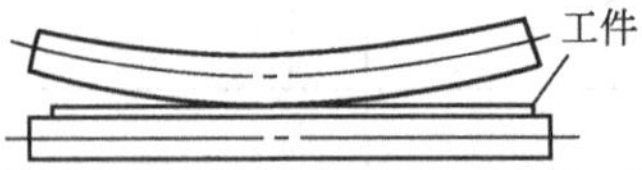 工件	调整托辊，使上辊向下挠曲
	 垫板 工件	在钢板的中部加垫板
紧边钢板（中部纵向呈波浪形，而两侧较平）	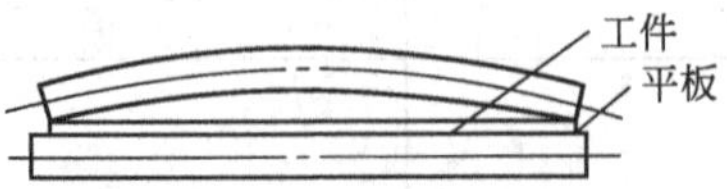 工件 平板	调整托辊，使上辊向上挠曲
	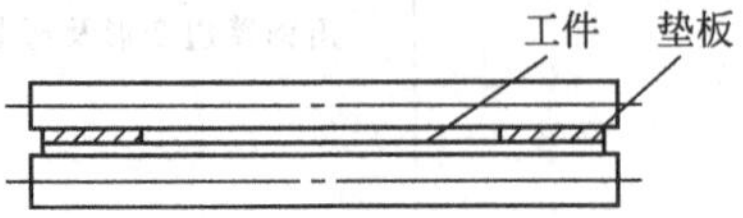 工件 垫板	在钢板两侧加垫板

续表

钢板特征	矫正方法	
	简图	说明
单边钢板(一侧纵向呈波浪形,而另一侧较平)	工件	调整托辊,使上辊倾斜
	工件 垫板	在紧边一侧加垫板
小块钢板	工件 平板	将许多厚度相同的小块钢板均布于大平板上矫正,然后翻身再矫

(3) 火焰矫正　火焰矫正法是利用火焰对钢材的伸长部位进行局部加热,使其在较高温度下发生塑性变形,使构件变形得到矫正。火焰矫正操作方便灵活,所以应用比较广泛。

① 火焰矫正原理　火焰矫正是采用火焰对钢材纤维伸长部位进行局部加热,利用钢材热胀冷缩的特性,使加热部分的纤维在四周较低温度部分的阻碍下膨胀,产生压缩塑性变形,冷却后纤维缩短,使纤维长度趋于一致,从而使变形得以矫正。

② 决定火焰矫正效果的因素　决定火焰矫正效果主要有以下三点因素。

• 火焰加热的方式　火焰加热的方式主要有点状加热、线状加热和三角形加热,如图3-2所示。加热方式、适用范围及加热要领见表3-7。

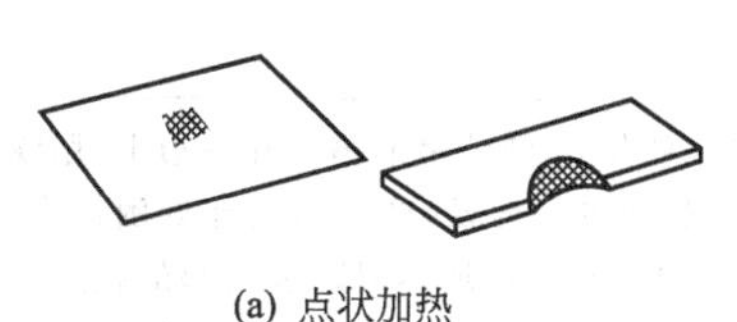

(a) 点状加热

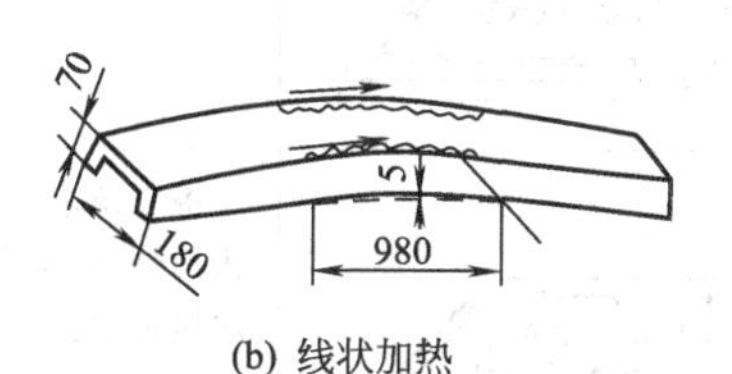

(b) 线状加热

(c) 三角形加热

图3-2　火焰加热的方式

表3-7　加热方式、适用范围及要领

加热方式	适用范围	加热要领
点状加热	薄板凹凸不平,钢管弯曲等矫正	变形量大,加热点距小,加热点直径适当大些,反之,则点距大,点径小些。薄板加热温度低些,厚板加热温度高些
线状加热	中厚板的弯曲,T字型、工字梁焊后角变形等的矫正	一般加热线宽度为板厚的0.5～2倍,加热深度为板厚的1/3～1/2。变形越大,加热深度应大一些
三角形加热	变形较严重,刚性较大的构件变形的矫正	一般加热三角形高度约为材料宽度的0.2倍,加热三角形底部宽应以变形程度定,加热区域大,收缩量也较大

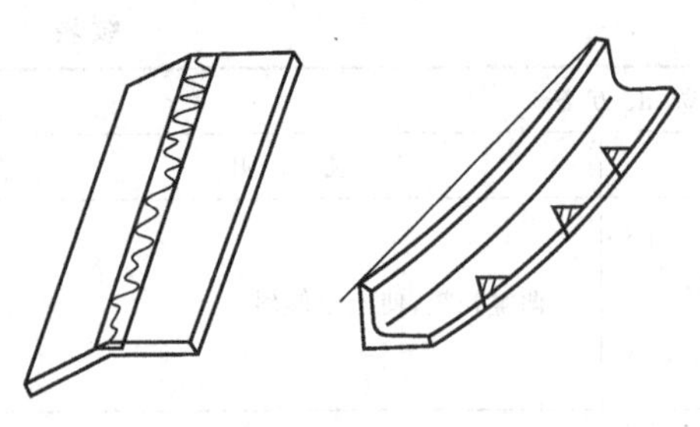

图 3-3　火焰加热的位置

• 火焰加热的位置　火焰加热的位置应选择在金属纤维较长的部位或者凸出部位，如图 3-3 所示。

• 火焰加热的温度　生产中常采用氧-乙炔火焰加热，应采用中性焰。一般钢材的加热温度应在 600～800℃，低碳钢不大于 850℃；厚钢板和变形较大的工件，加热温度在 700～850℃，加热速度要缓慢；薄钢板和变形较小的工件，加热温度在 600～700℃，加热速度要快；严禁在 300～500℃温度时进行矫正，以防钢材脆裂。

为了提高矫正质量和矫正效果，还可施加外力作用或在加热区域用水急冷，提高矫正效率。但对厚板和具有淬硬倾向的钢材（如高强度低合金钢、合金钢等），不能用水急冷，以防止产生裂纹和淬硬。常用钢材及结构件火焰矫正要点见表 3-8。

火焰矫正的步骤：

a. 分析变形的原因和钢结构的联系；

b. 找出变形的位置；

c. 确定加热方式、加热部位和冷却方式；

d. 矫正后检验。

表 3-8　常用钢材及结构件火焰矫正要点

变形情况		简图	矫正要点
薄钢板	中部凸起		中间凸部较小，将钢板四周固定在平台上，点状加热在凸起四周，加热顺序如图中数字，凸部较大，可用线状加热，先从中间凸起的两侧开始，然后向凸起中间围拢
	边缘呈波浪形		将三条边固定在平台上，使波浪形集中在一边上，用线状加热，先从凸起的两侧处开始，然后向凸起处围拢中。加热长度为板宽的 1/3～1/2，加热间距视凸起的程度而定，如一次加热不能矫平，则进行第二次矫正，但加热位置应与第一次错开，必要时，可用浇水冷却，以提高矫正的效率
型钢	局部弯曲变形		矫正时，在槽钢的两翼边处同时向一方向作线状加热，加热宽度按变形程度的大小确定，变形大，加热宽度大些
	旁弯		在旁翼边凸起处，进行若干三角形状加热矫正

续表

变形情况		简图	矫正要点
型钢	上拱		在垂直立筋凸起处，进行三角形加热矫正
钢管局部弯曲			采用点状加热在管子凸起处，加热速度要快，每加热一点后迅速移至另一点，一排加热后再取另一排
焊接梁	角变形		在焊接位置的凸起处，进行线状加热，如板较厚，可两条焊缝背面同时加热矫正
	上拱	上拱	在上拱面板上用线状加热，在立板上部用三角形加热矫正
	旁弯	外力 外力 旁弯	在上下两侧板的凸起处，同时采用线状加热，并附加外力矫正

(4) 高频热点矫正　高频热点矫正是在火焰矫正的基础上发展起来的一种新工艺，它可以矫正任何钢材的变形，尤其对尺寸较大、形状复杂的工件，效果更显著。

① 原理　通入高频交流电的感应圈产生交变磁场，当感应圈靠近钢材时，钢材内部产生感应电流（即涡流），使钢材局部的温度立即升高，从而进行加热矫正。

② 方法　加热的位置与火焰矫正时相同，加热区域的大小取决于感应圈的形状和尺寸。感应圈一般不宜过大，否则加热慢；加热区域大，也会影响加热矫正的效果。一般加热时间为4～5s，温度约800℃。

感应圈采用纯铜管制成宽5～20mm，长20～40mm的矩形，铜管内通水冷却。高频热点矫正与火焰矫正相比，不但效果显著，生产率高，而且操作简便。

3.1.2 钢材的预处理

钢材预处理是对钢板、型钢、管子等材料在下料装焊之前进行矫正、抛丸清理、喷涂防锈底漆、烘干等表面处理工作的统称。预处理的目的是把钢材表面清理干净，为后序加工做准备。为防止零件在加工过程中再一次被污染，一些预处理工艺还要在表面清理后喷保护底漆。常用的预处理方法有机械除锈法、化学除锈法和火焰除锈法。

1. 机械除锈法

机械除锈法常用的主要有喷砂（或抛丸），手动砂轮或钢丝刷，砂布打磨等。采用手动砂轮、钢丝刷和砂布打磨方便灵活但劳动强度大、生产效率低。现在工业批量生产时多用以喷砂（或抛丸）工艺为主的钢材预处理生产线。

常见的钢材预处理生产线由输入辊道、表面清洁、预热室、抛丸清理机、中间辊道、中间过桥、喷漆室、烘干室、输出辊道、除尘系统、漆雾处理系统、电气等组成，并设有模拟屏，可显示全线工作状态。钢材上料后由辊道进行输送，然后进行表面清洁和预热处理，然后干砂（或铁丸）从专门压缩空气装置中急速喷出，轰击到钢材表面，将其表面的氧化物、污物打去，再经过除尘、喷漆、烘干等处理。这种方法清理较彻底，效率也较高。但喷砂（或喷丸）时粉尘大，需要在专用车间或封闭条件下进行，同时经喷砂（或抛丸）处理的材料会产生一定的表面硬化，对零件后续的弯曲加工有不良影响。喷砂（或抛丸）也常用在结构焊后涂装前的清理上。图 3-4 为钢材预处理生产线。

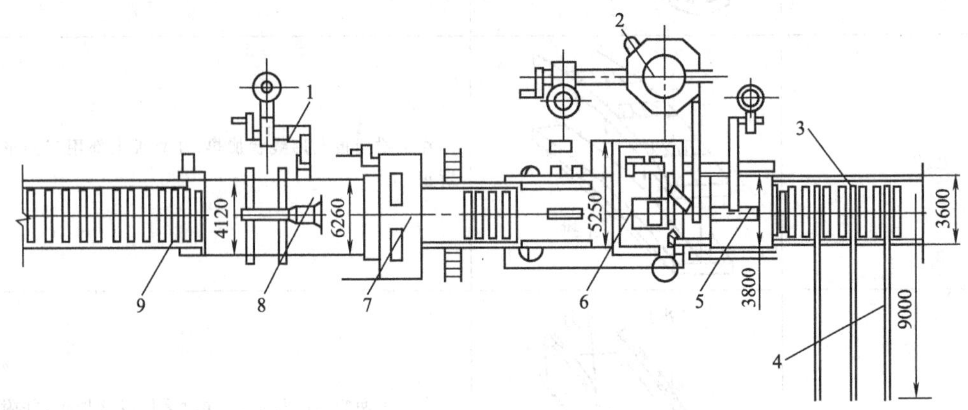

图 3-4　钢材预处理生产线

1—滤气器；2—除尘器；3—进料辊道；4—横向上料机构；5—预热室；
6—抛丸机；7—喷漆机；8—烘干室；9—出料辊道

2. 化学除锈法

化学除锈法即用腐蚀性的化学溶液对钢材表面进行腐蚀清洗。此法效率高，质量均匀而稳定，但成本高，并会对环境造成一定的污染。

化学除锈法一般分为酸洗法和碱洗法。酸洗法主要用于除去钢材表面的氧化皮、锈蚀物等污物；碱洗法主要用于去除钢材表面的油污。化学除锈法工艺过程较为简单，一般是将配制好的酸、碱溶液装入槽内，将工件放入浸泡一定时间，然后取出用水冲洗干净，以防止余剂的腐蚀。

3. 火焰除锈法

火焰除锈法就是在锈层表面喷上一层化学可燃试剂，点燃，利用氧化皮和钢铁机体的膨胀系数不同在高温下开裂脱落。火焰除锈前，厚的锈层应铲除，火焰除锈应包括在火焰加热作业后以动力钢丝刷清除加热后附着在钢材表面的产物。火焰除锈法目前在国内外大多数厂矿都很少使用，它主要用在铁路和船舶以及一些重装备制造业。此法虽然简单，但对部件会产生不利因素，特别是对一些薄钢板，如热变形、局部过热、产生热应力等，会严重影响产品的质量。所以，火焰除锈只能用于厚钢板及大型铸件，这一点必须注意。

3.2　划线、放样与下料

技能点：

焊接结构图的识图方法；

焊接结构图的识图顺序；

按照图纸放样；

机械下料的排样与操作；

划线的基本规则、分类和方法。

知识点：

基本部件的展开计算。

3.2.1　识图与划线

焊接结构多以钢板和各种型钢为主体组成的，表达焊接钢结构的图纸就有其特点，要正确地进行焊接结构件的加工，就必须掌握这些特点，读懂焊接结构的施工图。

1. 焊接结构图的特点

主要包括以下五个方面：

（1）一般钢板与钢结构的总体尺寸相差悬殊，按正常的比例关系是难以表达，往往需要通过板厚来表达板材的相互位置关系或焊缝结构，因此在绘制板厚、型钢断面等小尺寸图形时，需按不同的比例画出来的。

（2）为了清楚表达焊缝位置和焊接结构，大量采用了局部剖视和局部放大视图，要注意剖视和放大视图的位置和剖视的方向。

（3）为了表达板与板之间的相互关系，除采用剖视外，还大量采用虚线的表达方式，因此，图面纵横交错的线条非常多。

（4）连接板与板之间的焊缝一般不用画出，只标注焊缝代号。但特殊的接头形式和焊缝尺寸应该用局部放大视图来表达清楚，焊缝的断面要涂黑，以区别焊缝和母材。

（5）为了便于读图，同一零件的序号可以同时标注在不同的视图上。

2. 焊接结构图的识读方法

焊接结构施工图的识读一般按以下顺序进行：首先，阅读标题栏，了解产品名称、材料、重量、设计单位等，核对一下各个零部件的图号、名称、数量、材料等，确定哪些是外购件（或库领件），哪些为锻件、铸件或机加工件；再阅读技术要求和工艺文件，正式识图时，要先看总图，后看部件图，最后再看零件图；有剖视图的要结合剖视图，弄清大致结构，然后按投影规律逐个零件阅读，先看零件明细表，确定是钢板还是型钢；然后再看图，弄清每个零件的材料、尺寸及形状，还要看清各零件之间的连接方法、焊缝尺寸、坡口形状，是否有焊后加工的孔洞、平面等。

3. 划线

划线是根据设计图纸上的图形和尺寸，准确地按 1∶1 在待下料的零件表面上划出加工界线的过程。划线的精度要求在 0.25～0.5mm 范围内。划线的作用是确定零件各加工表面的加工位置和余量，使零件加工时有明确的标志；还可以检查零件毛坯是否正确；对于有些误差不大，但已属不合格的毛坯，可以通过下料得到挽救。

（1）划线的基本规则

① 垂线必须用作图法。

② 用划针或石笔划线时，针尖应紧贴钢尺移动。

③ 圆规在钢板上划圆、圆弧或分量尺寸时，应先打上样冲眼，以防圆规尖滑动。

④ 平面划线应先画基准线，后按由外向内，从上到下，从左到右的顺序原则划线。先画基准线，是为了保证加工余量的合理分布，划线之前应该在工件上选择一个或几个面或线作为划线的基准，以此来确定工件其他加工表面的相对位置。一般情况下，以底平面、侧面、轴线或主要加工面为基准。

划线的准确度，取决于作图方法的正确性、工具质量、工作条件、作图技巧、经验、视觉的敏锐程度等因素。除以上之外还应考虑工件因素，即工件加工成形时如气割、卷圆、热加工等的影响；装配时板料边缘修正和间隙大小的装配公差影响；焊接和火焰矫正的收缩影响等。

（2）划线的分类　划线可分为平面划线和立体划线两种。

① 平面划线与几何作图相似，在工件的一个平面上划出图样的形状和尺寸，有时也可以采用样板一次划成。

② 立体划线是在工件的几个表面上划线，即在长、宽、高三个方向上划线。

（3）基本线型的划法

① 直线的划法

• 直线长不超过 1m 可用直尺划线。划针尖或石笔尖紧抵钢直尺，向钢直尺的外侧倾斜 15°～20°划线，同时向划线方向倾斜。

• 直线长不超过 5m 用弹粉法划线。弹粉划线时把线两端对准所划直线两端点，拉紧使粉线处于平直状态，然后垂直拿起粉线，再轻放。若是较长线时，应弹两次，以两线重合为准；或是在粉线中间位置垂直按下，左右弹两次完成。

• 直线超过 5m 用拉钢丝的方法划线，钢丝取 ϕ0.5～1.5mm。操作时，两端拉紧并用两垫块垫托，其高度尽可能低些，然后可用 90°角尺靠紧钢丝的一侧，在 90°下端定出数点，再用粉线以三点弹成直线。

② 大圆弧的划法　放样或装配有时会碰上划一段直径为十几米甚至几十米的大圆弧，因此，用一般的盘尺和地规不能适用，只能采用近似几何作图或计算法作图。

• 大圆弧的准确划法。已知弦长 ab 和弦弧距 cd，先作一矩形 $abef$，如图 3-5（a）所示，连接 ac，并作 ag 垂直于 ac，如图 3-5（b）所示，以相同份数（图上为 4 等分）等分线段 ad、af、cg，对应各点连线的交点用光滑曲线连接，即为所画的圆弧，如图 3-5（c）所示。

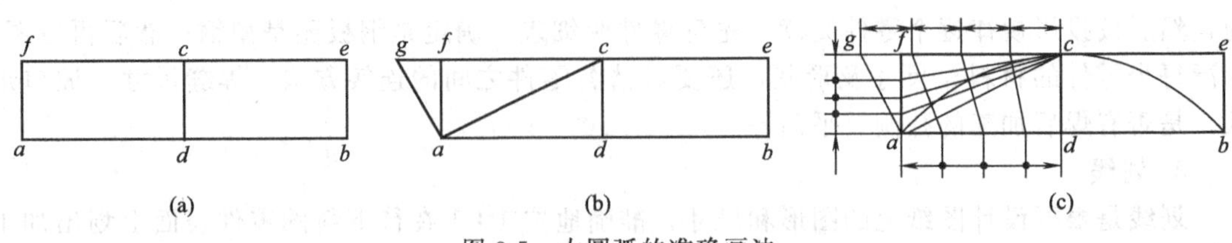

图 3-5　大圆弧的准确画法

• 大圆弧的计算法。计算法比作图法要准确得多，一般采用计算法求出准确尺寸后再划大圆弧。图 3-6 为已知大圆弧半径为 R，弦弧距为 ab，弦长为 cg，求弧高（d 为 ac 线上任意一点）。

解　作 ed 的延长线至交点 f。

在△oef 中，$oe=R$，$of=ad$，

$$ef=\sqrt{R^2-ad^2}$$

又　$df=ao=R-ab$

所以

$$de=\sqrt{R^2-ad^2}-R+ab$$

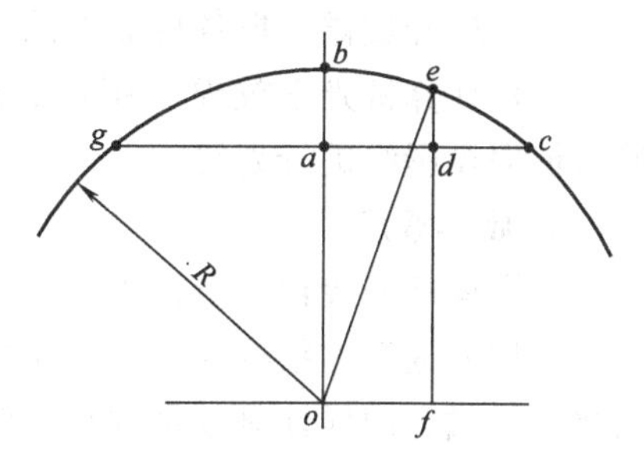

图 3-6　计算法作大圆弧

上式中 R、ab 为已知，d 为 ac 线上的任意一点，所以只要设一个 ad 长，即可代入式中求出 de 的高，e 点求出后，则大圆弧 $\overset{\frown}{gec}$ 可画出。

3.2.2　放样

放样又叫落样或放大样。它是依据工作图的要求，用 1∶1 的比例，按正投影原理，把构件画在样台或平板上，画出图样，此图叫做实样图，又叫放样图。画放样图的过程叫做放样。对于不同行业，如机械、锅炉、船舶、车辆、化工、冶金、飞机制造等，其放样工艺各具特色，但就其基本程序而言，却大体相同。

根据放样图制出的样板，作为下料、加工、装配等工序的依据。因此，放样图与工作图有着密切的联系，但二者又有以下主要区别。

工作图的比例不是固定的，可以按 1∶2、2∶1 或其他比例缩小或放大，而实样图则限于 1∶1；工作图是按照国家制图标准绘制的，而放样图可以不必标注尺寸并只用细线条来表示；工作图上必须具有构件尺寸、形状、表面粗糙度、标题栏和相关技术说明等内容，放样图只考虑有关技术要求；工作图上不能随意强加或去掉线条，而放样图上可以添加各种必要的辅助线，可以去掉与放样无关的线条；工作图要反映出工件几何尺寸和加工要求，放样图则是确切地反映工件实际尺寸。

1. 放样的工具

（1）放样平台　放样台是进行实尺放样的工作场地，放样台要求光线充足，便于看图和划线。常用放样台有钢质和木质两种。

钢质放样台是用铸铁或由厚 12mm 以上的低碳钢板制成，在钢板连接处的焊缝应铲平磨光，板面要平，必要时，在板面涂上带胶白粉，板下需用枕木或型钢垫高。

木质放样台为木地板，要求地板光滑，表面无裂缝，木材纹理要细、疤节少，还要有较好的弹性。为保证地板具有足够的刚度，防止产生较大的挠度而影响放样精度，所以地板厚度要求为 70～100mm，各板料之间必须紧密地连接，接缝应该交错地排列。表面要涂上二、三道底漆，待干后再涂抹一层灰色的无光漆，以免地板反光刺眼，同时该面漆可对各种色漆都能鲜明地衬出。

（2）量具　放样使用的量具有钢卷尺、90°角尺、钢直尺、平尺等。

（3）其他工具　常用的工具有划针、圆规、地规、粉线等工具。

2. 放样方法

放样的方法有多种，但在长期的生产实践中，形成了以实尺放样、展开放样和计算机光学放样为主的放样方法。

（1）实尺放样　根据图样的形状和尺寸，用基本的作图方法，以产品的实际大小划到放样台的工作称为实尺放样。

（2）展开放样　把各种立体的零件表面摊平的几何作图过程称为展开放样。

（3）计算机光学放样　用计算机光学手段（比如扫描），将缩小的图样投影在钢板上，然后依据投影线进行划线。

3. 放样程序

放样程序一般包括结构处理、划基本线型和展开三个部分。

结构处理又称结构放样，它是根据图样进行工艺处理的过程。一般包括确定各连接部位的接头形式、图样计算或量取坯料实际尺寸、制作样板与样杆等。

划基本线型是在结构处理的基础上，确定放样基准和划出工件的结构轮廓。

展开是对不能直接划线的立体零件进行展开处理，将零件摊开在平面上。

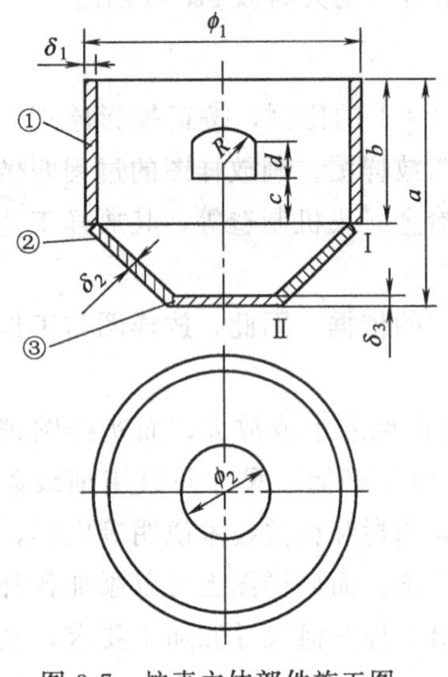

图 3-7　炉壳主体部件施工图
①～③—工件

4. 实尺放样过程举例

如图 3-7 所示为一冶炼炉炉壳主体部件的施工图，某厂在制作该部件时的放样过程如下。

（1）识读施工图　在识读施工图样过程中，主要解决以下问题。

① 弄清产品的用途及一般技术要求。该产品为冶炼炉炉壳主体，主要是保证足够的强度，尺寸精度要求并不高。因为炉壳内还要砌筑耐火层，所以连接部位允许按工艺要求作必要的变动。

② 了解产品的外部尺寸、质量、材质和加工数量等概况，并与本厂加工能力比较，确定或熟悉产品制造工艺。现知道该产品外部尺寸和质量都较大，需要较大的工作场地和大能力的起重设备。在加工过程中，尤其装配焊接时翻转次数尽量少。产品加工数量少，故装配和焊接都不宜制作专用胎具。

③ 弄清各部分投影关系和尺寸要求，并确定可变动和不可变动的部位及尺寸。

（2）结构放样　主要内容有以下两点。

① 连接部位Ⅰ、Ⅱ的处理。首先看Ⅰ部位，它可以有三种连接形式，如图 3-8 所示，究竟选取哪种形式，工艺上主要从装配和焊接两个方面考虑。

从装配构件看，因圆筒体大而重，形状也易于放稳，故装配时可将圆筒体置于装配台上，再将圆锥台（包括件②、件③）落于其上。这样，三种连接形式除定位外，一般装配环节基本相同。从定位考虑，显然图 3-8（b）形式最为不利，而图 3-8（c）则较优越。从焊接工艺性看，图 3-8（b）结构不佳，因为内环缝的焊接均处于不利位置，装配后须依装配时位置焊接外环缝，此时处于横焊和仰面焊之间，而翻过来再焊内环缝，不但须作仰焊，且受构件尺寸限制，操作极为不方便。再比较图 3-8（a）和（c）两种形式，以图 3-8（c）形式较好。它的外环缝焊接时为平角焊，翻转后内环缝是处于平角焊位置，均有利于操作。综合以上多方面因素，Ⅰ部位宜取图 3-8（c）形式连接。至于Ⅱ部位，因件③体积小，重量轻，易于装配、焊接，可采用施工图所给形式即可。连接部分的处理结果如图 3-9 所示。

② 大尺寸构件的处理。件①结构尺寸较大，件②锥度较大，均不能直接整弯成形，需分为几块压制，然后组对成形。根据尺寸 a、b、$\phi1$、$\phi2$ 拼接方案如图 3-10 所示。件①、件②各由四块钢板拼接而成，要注意组对接缝的部位应按不削弱构件强度和尽量减少变形的原

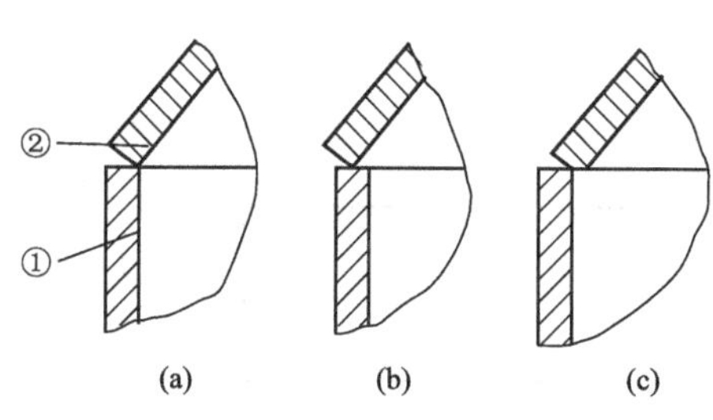

图 3-8 Ⅰ部位连接形式分析

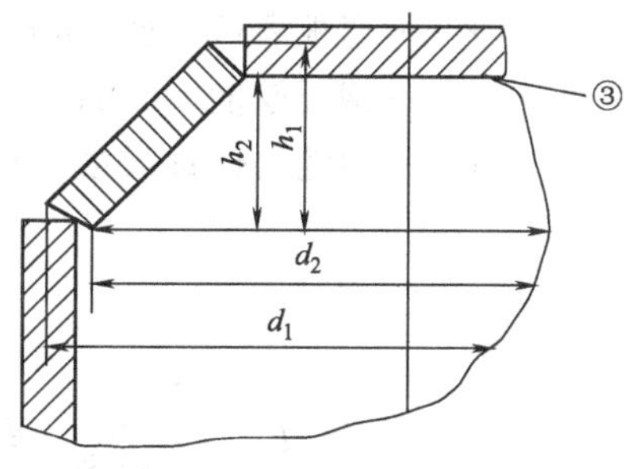

图 3-9 锥台结构草图

则确定，焊缝应交错排列，且不能选在孔眼位置。至此，结构放样完成。

③ 划基本线型。具体步骤如下。

a. 确定放样画线基准。从该构件施工图看出，主视图应以中心线和炉上口轮廓为放样画线基准。准确地画出各个视图的基准线。

b. 画出构件基本线型。件③在视图上反映的是实形，可直接在钢板上划出。这是一个直径为 $\phi 2$ 的整圆。为了提高划线的效率可以做一个件③的号料样板，样板上应注明零件编号、直径、材质、板厚、件数等参数，如图 3-11 所示。件①和件②因是立体形状，不能直接划出，需要进行展开放样。

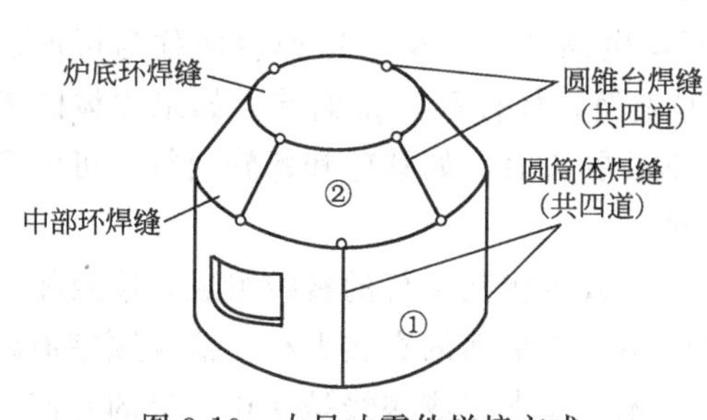

图 3-10 大尺寸零件拼接方式

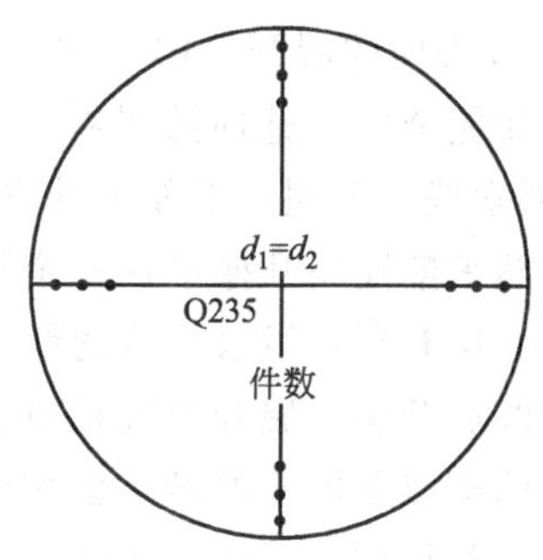

图 3-11 件③号料样板

④ 展开放样。具体步骤如下。

a. 计算弯曲展开长。件①是圆柱体，展开后是一矩形，最简单的办法是计算出矩形的长和宽即可划出。当弯曲件的板厚较小时，可直接按标注的直径或半径计算展开长，但当板厚大于 1.5mm 时，弯曲内外径相差较大，就必须考虑板厚对展开长度、高度以及相关构件的接口尺寸的影响。板厚越大，对这些尺寸的影响也越大。考虑钢板厚度而改变展开作图的图形处理称为板厚处理。

现将一厚板卷弯成圆筒，如图 3-12（a）所示。通过图可以看出纤维沿厚度方向的变形是不同的，弯曲后内缘的纤维受压而缩短，而外缘的纤维受拉而伸长。在内缘与外缘之间必然存在弯曲时既不伸长也不缩短的一层纤维，该层称为中性层，中性层的长度在弯曲过程中保持不变，因此可作为展开尺寸的依据，如图 3-12（b）所示。

一般情况下，可以将板厚中间的中心层作为中性层来计算展开料，但如果弯曲的相对厚度较大，即板厚而弯曲半径小，中心层会被拉长，计算出来的尺寸就会偏大。原因是中性层已偏离了中心层，这时就必须按中性层半径来计算展开长了。中性层的计算公式如下

$$R=r+k\delta$$

式中 R——中性层半径，mm；

r——弯板内弯半径，mm；

δ——钢板厚度，mm；

k——中性层偏移系数，其值见表 3-9。

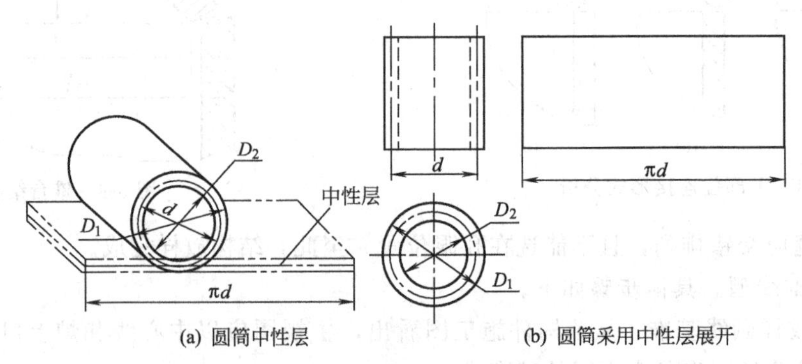

(a) 圆筒中性层　　(b) 圆筒采用中性层展开

图 3-12　圆筒卷弯的中性层

表 3-9　中性层偏移系数

r/δ	0.5	0.6	0.7	0.8	1.0	1.2	1.5	2.0	3.0	4.0	5.0	>5.0
k	0.37	0.38	0.39	0.40	0.42	0.44	0.45	0.46	0.46	0.47	0.48	0.50

b. 可展表面的展开放样。如图 3-10 所示，件②是圆锥台体，是一种可展开表面（即立体的表面如能全部平整地摊平在一个平面上，而不发生撕裂或皱褶，这种表面称为可展表面）。相邻素线位于同一平面上的立体表面都是可展表面，如柱面、锥面等。如果立体的表面不能自然平整地展开摊平在一个平面上，即称为不可展表面，如圆球和螺旋面等。可展表面的展开方法有平行线法、放射线法和三角形法三种。

平行线展开法：展开原理是将立体的表面看做由无数条相互平行的素线组成，取两相邻素线及其两端点所围成的微小面积作为平面，只要将每一小平面的真实大小，依次顺序地画在平面上，就得到了立体表面的展开图，所以只要立体表面素线或棱线是互相平等的几何形体，如各种棱柱体、圆柱体等都可用平行线法展开。

图 3-13 为等径 90°弯头的一段，先作其展开图。

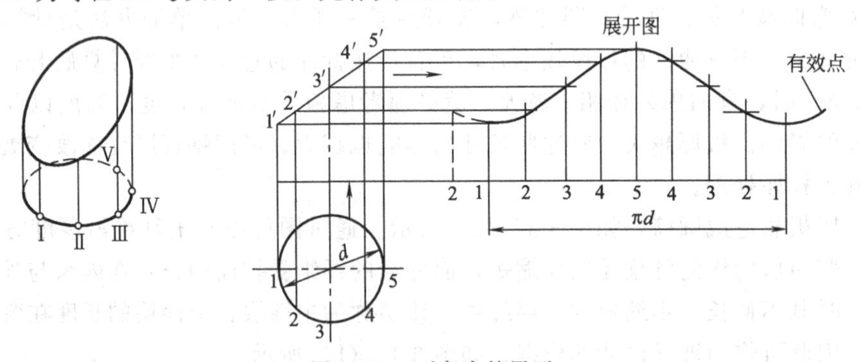

图 3-13　90°弯头的展开

按已知尺寸画出主视图和俯视图，8 等分俯视图圆周，等分点为 1、2、3、4、5，由各等分点向主视图引素线，得到与上口线交点 1′、2′、3′、4′、5′，则相邻两素线组成一个小梯形，每个小梯形称为一个平面。

延长主视图的下口线作为展开的基准线，将圆周展开在展长线上得 1、2、3、4、5、4、

3、2、1各点。通过各等分点向上作垂线，与由主视图 $1'$、$2'$、$3'$、$4'$、$5'$上各点向右所引水平线对应点交点连成光滑曲线，即得展开图。

放射线展开法：放射线法适用于立体表面的素线相交于上点的锥体。展开原理是将锥体表面用放射线分割成共顶的若干三角形小平面，求出其实际大小后，仍用放射线形式依次将它们画在同一平面上，就得所求锥体表面的展开图。

件②是一个圆锥台，可采用放射线展开法展开，图3-14是其展开过程。展开时，首先用已知尺寸画出主视图和锥底断面图（以中性层的尺寸画），并将底断面半圆周为若干等分，如6等分，如图3-14所示；然后，过等分点向圆锥底面引垂线，得交点1～7，由1～7交点向锥顶 S 连素线，即将圆锥面分成12个三角形小平面，以 S 为圆心，S-7为半径画圆弧1-1，得到底断面圆周长；最后连接1-S即得所求展开图。

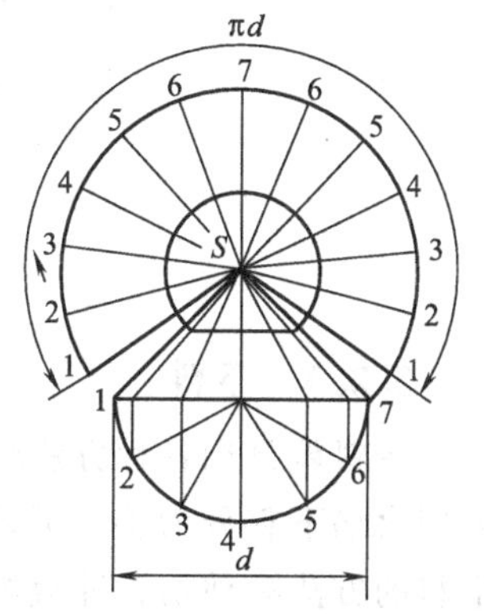

图3-14 圆锥的展开

三角形展开法：三角形展开是将立体表面分割成一定数量的三角形平面，然后求出各三角形每边的实长，并把它的实形依次画在平面上，从而得到整个立体表面的展开图。

图3-15为一正四棱台，现作其展开图。

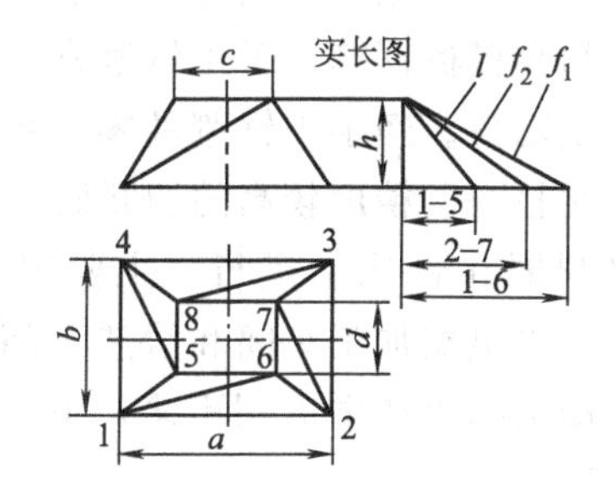

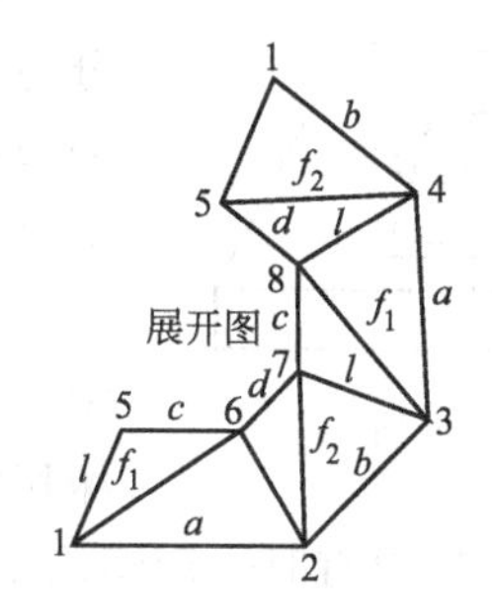

图3-15 正四棱台展开图

画出四棱台的主视图和俯视图，用三角形分割台体表面，即连接侧面对角线。求1-5、1-6、2-7的实长，其方法是以主视图 h 为对边，取俯视图1-5、1-6、2-7为底边，作直角三角形，则其斜边即为各边实长。求得实长后，用画三角形的画法即可画出展开图。

⑤ 样板制作。展开图完成后，就可以为下料制作样板，下料样板又称为号料样板，但不是必需的。如果焊接产品批量较大，每一个零件都去作图展开其效率会太低，而利用样板不仅可以提高划线效率，还可避免每次作图的误差，提高划线精度。就前述炉壳主体部件看，可以制作两个号料样板，一是件③的圆形样板，如图3-11所示；另一个是件②的扇形样板，由于件②在结构放样时决定由4件拼成，因此该样板是实际展开料的1/4，如图3-16所示。

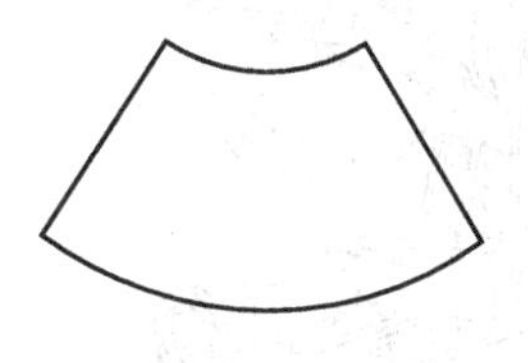

图3-16 图3-10件②号料样板展开图

样板一般用0.5～2mm的薄钢板制作，若下料数量少、精度要求不高，也可用硬纸板或油毡纸板制作。

制作样板时还应考虑工艺余量和放样误差，不同的划线方法和下料方法其工艺余量是不一样的。

除号料样板外，还可制作用于检验件①、件②的卡形样板，件①需要一个，件②需要两个，如图 3-17 所示。至此炉壳主体部件的放样工作全部完成。

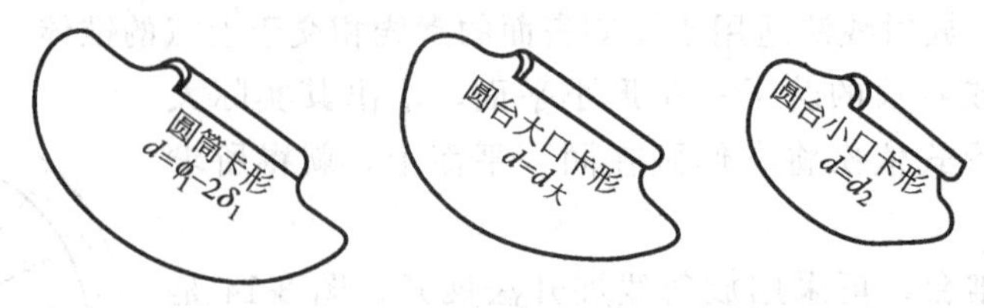

图 3-17　用于检验零件制造精度的卡形样板

3.2.3　下料

下料就是用各种方法将毛坯或工件从原材料上分离下来的工序。金属制作件的坯料一般可用火焰下料分为手工下料和机械下料。手工下料的方法主要有克切、锯割、气割等。机械下料的方法有剪切、冲裁等。

1. 手工下料

（1）克切　克切所需克子（有柄），手工施加剪切力进行剪切，如图 3-18 所示。它不受工作位置和零件形状的限制，操作简单、灵活，但产率低、劳动强度大，用于少量的金属下料。

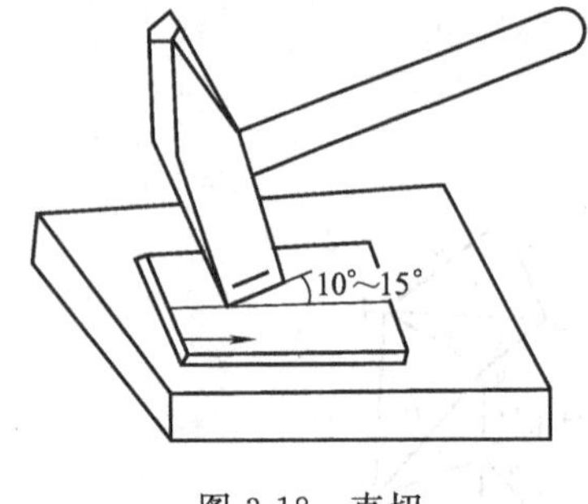

图 3-18　克切

（2）锯割　它所用的工具是锯弓和台虎钳。锯割可以分为手工锯割和机械锯割，手工锯割常用来切断规格较小的型钢或锯成切口。经手工锯割的零件用锉刀简单修整后可以获得表面整齐、精度较高的切断面。

机械锯割要在锯床上进行，主要用于锯切较粗的圆钢、钢管等，供机械加工车间和锻造车间应用。因此，机械切割在焊接结构生产中应用不多，由于其切口断面形状不变形而且整齐，所以有时也用切割小型型钢。

（3）砂轮切割　砂轮切割是利用高速旋转的薄片砂轮与钢材摩擦产生的热量，将切割处的钢材熔化变成“钢花”喷出形成割缝的工艺。砂轮切割可以切割尺寸较小的型钢、不锈钢、轴承钢型材。切割的速度比锯割快，但在切割过程中切口受加热，割后性能稍有变化。

型钢经剪切后的切口处断面可能发生变形，用锯割速度又较慢，所以常用砂轮切割断面尺寸较小的圆钢、钢管、角钢等。但砂轮切割一般是手工操作，灰尘很大，劳动条件很差，工作时应采取适当的防尘与排尘措施。

图 3-19 是砂轮切割机设备外形图。钢材由夹钳夹紧，切割时开动手把上的开关，砂轮转动，压下手柄进行切割。压下力不应过大，以免砂轮片破碎，人不要站在切割方向，以免砂轮片损坏时飞出伤人。

通常使用的砂轮片直径为 300～400mm，厚度为 3mm，砂轮转速为 2900r/min，切割线速度为60m/s。

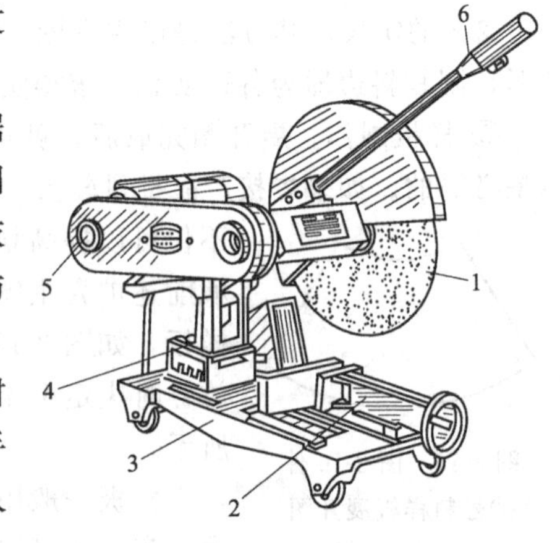

图 3-19　砂轮切割机

1—砂轮片；2—可转夹钳；3—底座；4—调修机构；5—动力头；6—手柄

为了防止砂轮片破碎，应采用有纤维的增强砂轮片。

（4）气割　气割就是利用气体火焰将金属材料加热使其在氧气中燃烧，通过切割氧气使金属剧烈氧化成氧化物，并从切口中吹掉，从而达到分离金属材料的方法。它所需要的主要设备及工具：乙炔钢瓶和氧气瓶、减压器、橡皮管、割炬等。

① 气割的操作过程如下。

a. 开始气割时，首先应点燃割炬，随即调整火焰。预热火焰通常采用中性焰或轻微氧化焰，如图 3-20 所示。

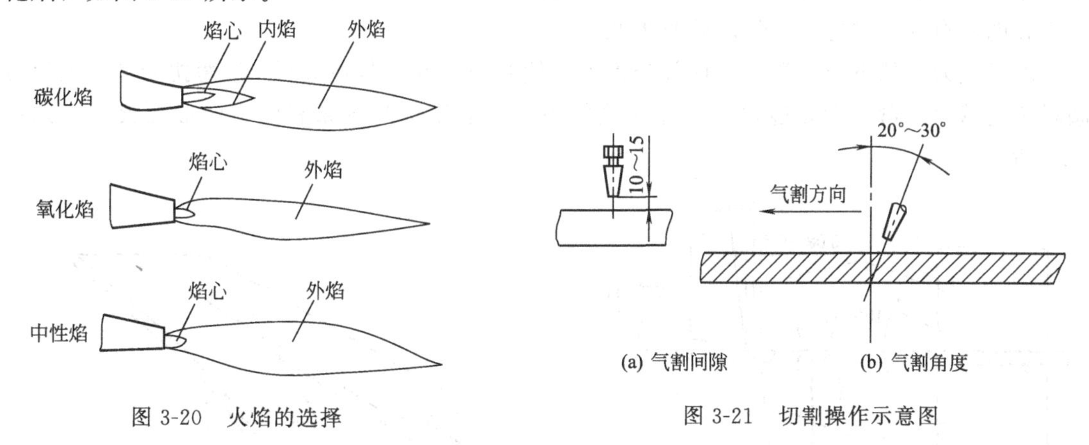

图 3-20　火焰的选择

图 3-21　切割操作示意图

b. 开始气割时，必须用预热火焰将切割处金属加热至燃烧温度（即燃点），一般碳钢在纯氧中的燃点为 1100～1150℃，并注意割嘴与工件表面的距离保持 10～15mm，如图 3-21（a）所示，并使切割角度控制在 20°～30°。

c. 把切割氧气喷射至已达到燃点的金属时，金属便开始剧烈的燃烧（即氧化），产生大量的氧化物（熔渣），由于燃烧时放出大量的热使氧化物呈液体状态。

d. 燃烧时所产生的大量液态熔渣被高压氧气流吹走。这样由上层金属燃烧时产生的热传至下层金属，使下层金属又预热到燃点，切割过程由表面深入到整个厚度，直到将金属割穿。同时，金属燃烧时产生的热量和预热火焰一起，又把邻近的金属预热到燃点，将割炬沿切割线以一定的速度移动，即可形成割缝，使金属分离。

② 金属气割应具备下列条件。

a. 金属的燃点必须低于其熔点，这是保证切割在燃烧过程中进行的基本条件。否则，切割时便成了金属先熔化后燃烧的熔割过程，使割缝过宽，而且极不整齐。

b. 金属氧化物的熔点低于金属本身的熔点，同时流动性应好。否则，将在割缝表面形成固态熔渣，阻碍氧气流与下层金属接触，使气割不能进行。

c. 金属燃烧时应放出较多的热。满足这一条件，才能使上层金属燃烧产生的热量对下层金属起预热作用，使切割过程能连续进行。

d. 金属的导热性不应过高。否则，散热太快会使割缝金属温度急剧下降，达不到燃点，使气割中断。如果加大火焰能率，又会使割缝过宽。

综合上述可知：纯铁、低碳钢、中碳钢和普通低合金钢能满足上述条件，所以能顺利地进行氧气切割。

2. 机械下料

（1）剪切　剪切就是用上、下剪切刀刃相对运动切断材料的加工方法。它是冷作产品制作过程中下料的主要方法之一。剪切一般在斜口剪床、龙门剪床、圆盘剪床等专用机床上进行。

① 斜口剪床。斜口剪床的剪切部分是上下两剪刀刃，刀刃长度一般为 300～600mm，下刀片固定在剪床的工作台部分，靠上刀片的上、下运动完成材料的剪切过程。

为了使剪刀片在剪切中具有足够的剪切能力，其上剪刀片沿长度方向还具有一定的斜度，斜度一般在 10°～15°的范围。沿刀片截面也有一定的角度，其角度为 75°～80°，此角度主要是为了避免在剪切时剪刀片和钢板材料之间产生摩擦。除此而外对于上、下剪刀刃的刃口部分也具有 5°～7°的刃口角，见图 3-22。

由于上刀刃的下降将拨开已剪部分板料，使其向下弯、向外扭而产生弯扭变形，上刀刃倾斜角度越大，弯扭现象越严重。在大块钢板上剪切窄而长的条料时，变形更突出，如图 3-23 所示。

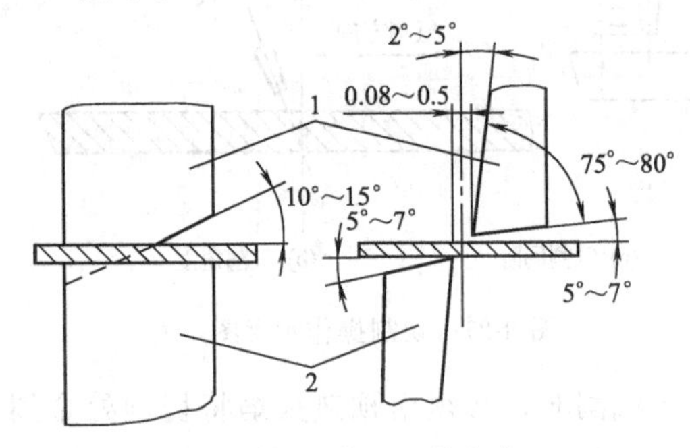

图 3-22　剪刀刃的角度

1—上刀刃；2—下刀刃

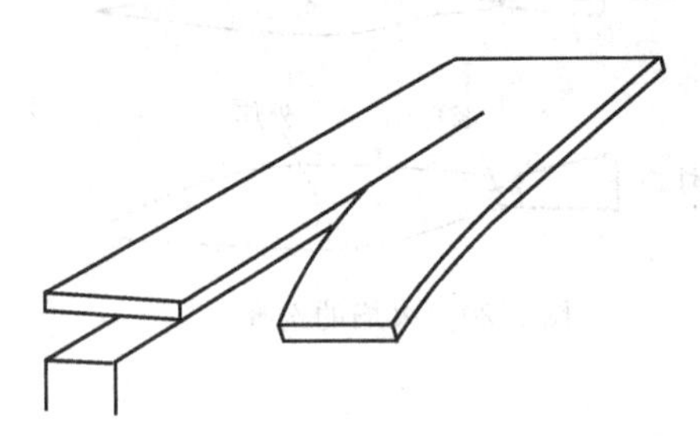

图 3-23　斜口剪床剪切弯扭现象示意图

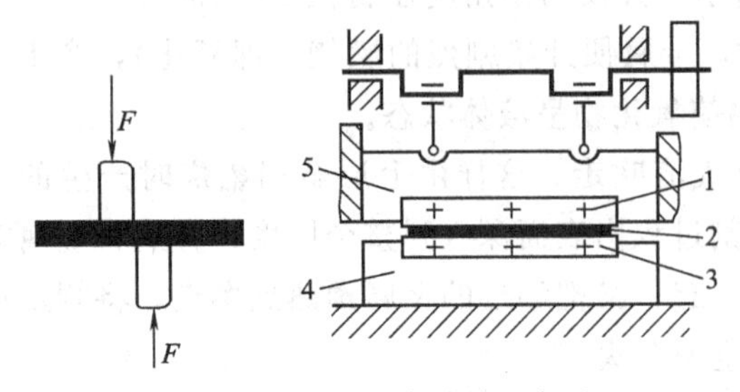

图 3-24　平口剪床剪切示意图

1—上刀刃；2—板料；3—下刀刃；4—工作台；5—滑块

② 平口剪床。平口剪床有上下两个刀刃，下刀刃固定在剪床的工作台的前沿，上刀刃固定在剪床的滑块上。由上刀刃的运动而将板料分离。因上下刀刃互相平行，故称为平口剪床。上、下刀刃与被剪切的板料整个宽度方向同时接触，板料的整个宽度同时被剪断，因此所需的剪切力较大，如图 3-24 所示。

③ 龙门剪床。龙门剪床主要用于剪切直线，它的刀刃比其他剪切机的刀刃长，能剪切较宽的板料，因此龙门剪床是加工中应用最广的一种剪切设备。如 Q11-13×2500。剪板机型号的含义如下：

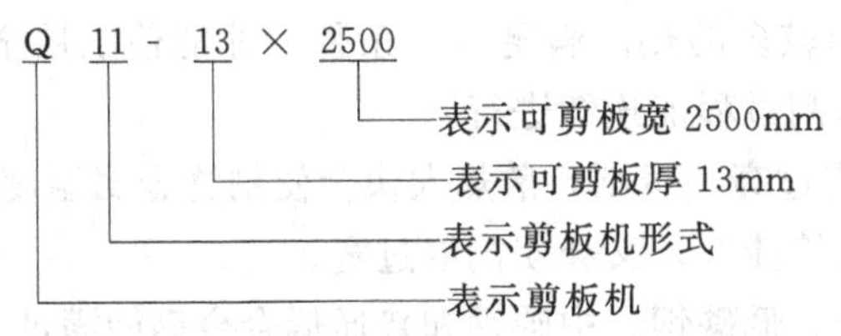

④ 圆盘剪床。圆盘剪床上的上下剪刀皆为圆盘状。剪切时上下圆盘刀以相同的速度旋转，被剪切的板料靠本身与刀刃之间的摩擦力而进入刀刃中完成剪切工作，如图 3-25 所示。

圆盘剪床剪切是连续的，生产率较高，能剪切各种曲线轮廓，但所剪板料的弯曲现象严重，边缘有毛刺，一般适合于剪切较薄钢板的直线或曲线轮廓。

（2）热切割　热切割包括数控气割、等离子弧切割、光电跟踪气割等。

① 数控气割。数控气割是利用电子计算机控制的自动切割，它能准确地切割出直线与曲线组成的平面图形，也能用足够精确的模拟方法切割其他形状的平面图形。数控气割的精度很高，其生产率也比较高，它不仅适用于成批生产，而且也更适合于自动化的单位生产。数控气割是由数控气割机来实现的，该机主要由两大部分组成：数字程序控制系统（包括稳压电源、光电输入机、运算控制小型电子计算机等）和执行系统（即切割机部分）。

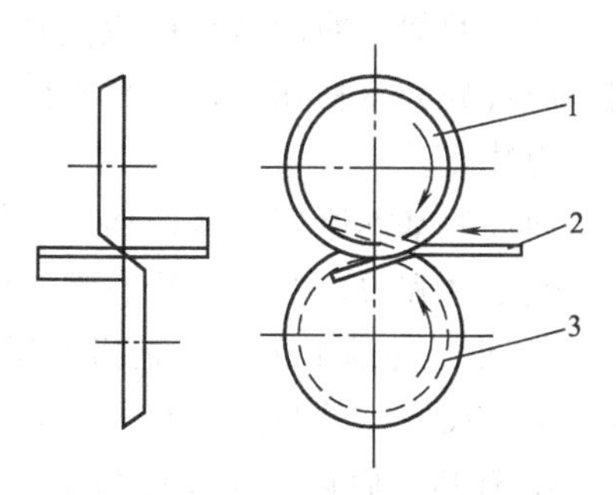

图 3-25　圆盘剪床工作简图

1—上圆盘刀刃；2—板料；3—下圆盘刀刃

数控气割机的工作原理和程序是：首先对切割零件的图样进行分析，看零件图线是由哪几种线型组成，并分段编出指令。再将这些指令连接起来并确定出它的切割顺序，将顺序排成一个程序，并在纸带上穿孔；再通过光电输入机输入给计算机。切割时，计算机将这些纸带孔的含义翻译并显示出编码，同时发出加工信息，由执行系统去完成，即按程序控制气割机进行切割，就可得到预定要求的切割零件。图 3-26 为数控气割机的原理方框图。第Ⅰ部分是输入部分，根据所切割零件的图样和按计算机的要求，将图形划分成若干个线段——程序，然后用计算机所能阅读的语言——数字来表达这些图线，将这些程序及数字打成穿孔纸带，通过光电输入机输送给计算机；第Ⅱ部分是一台小型专用计算机，根据输入的程序和数字进行插补运算。从而控制第Ⅲ部分（气割机），使割炬按所需要的轨迹移动。

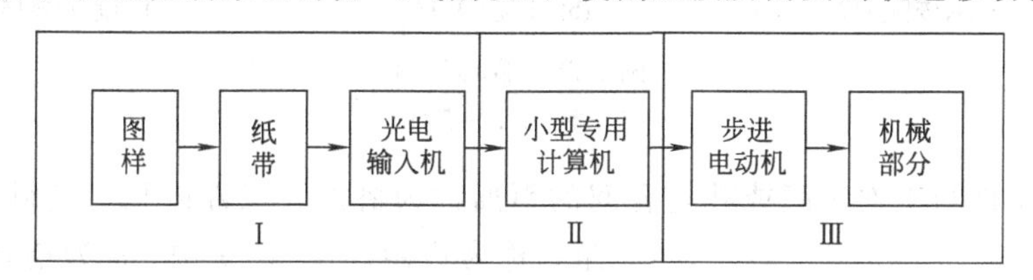

图 3-26　数控气割机工作原理方框图

② 等离子弧切割。等离子弧切割是利用高温高速等离子弧，将切口金属及氧化物熔化，并将其吹走而完成切割过程。等离子弧切割是属于熔化切割，这与气割在本质上是不同的，由于等离子弧的温度和速度极高，所以任何高熔点的氧化物都能被熔化并吹走，因此可切割各种金属。目前主要用于切割不锈钢、铝镍、铜及其合金等金属和非金属材料。

③ 光电跟踪气割。光电跟踪气割是一台利用光电原理对切割线进行自动跟踪移动的气割机，它适用于复杂形状零件的切割，是一种高效率、多比例的自动化气割设备。

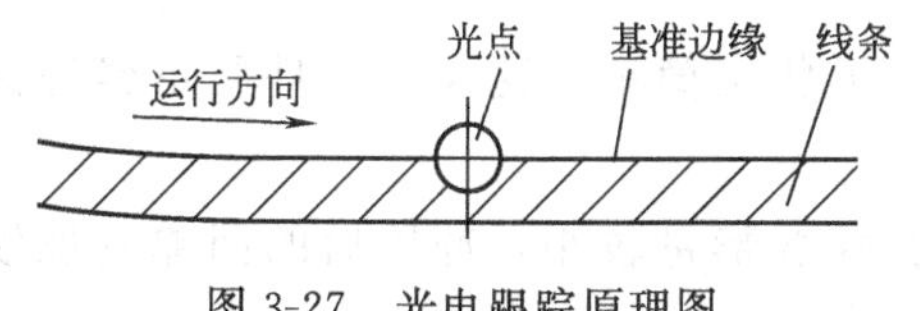

图 3-27　光电跟踪原理图

光电跟踪原理有光量感应法和脉冲相位法两种基本形式。光量感应法是将灯光聚焦形成的光点投射到钢板所划线上（要求线粗一些，以便跟踪），并使光点的中心位于所划线的边缘，如图 3-27 所示，若光点的中心位于线条的中心时，白色线条会使反射光减少，光电感应也相应减少，通过放大器后控制和调节伺服电机，使光点中心恢复到线条边缘的正常位置。

（3）冲裁　冲裁是利用模具使板料分离的冲压工艺方法。根据零件在模具中的位置不同，冲裁分为落料和冲孔，当零件从模具的凹模中得到时称为落料，而在凹模外面得到零件时称为冲孔。

冲裁的基本原理和剪切相同，但由于凹模通常是封闭曲线，因此零件对刃口有一个张紧力，使零件和刃口的受力状态都与剪切不同。

① 冲压件的工艺性，是指冲压件对冲压工艺的适应性，它包括冲压件在结构形状、尺寸大小、尺寸公差与尺寸基准等方面。在考虑、设计冲压工艺时，应遵循下列原则。

a. 有利于简化工序和提高生产率。即用最少和尽量简单的冲压工序来完成全部零件的加工，尽量减少用其他方法加工。

b. 有利于提高减少废品，保证产品质量的稳定性。

c. 有利于提高金属材料的利用率。减少材料的品种和规格，尽可能降低材料的消耗。

d. 有利于简化模具结构和延长冲模的使用寿命。

e. 有利于冲压操作，便于组织实现自动化生产。

f. 有利于产品的通用性和互换性。

② 合理排样。在实际生产中，排样方法可分为有废料排样、少废料排样和无废料排样三种，如图 3-28 所示。

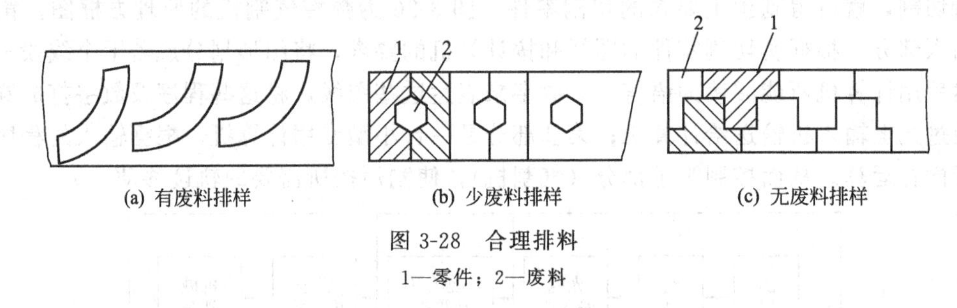

图 3-28　合理排料

1—零件；2—废料

排样时，工件与工件之间或孔与孔间的距离称为搭边。工件或孔与坯料侧边之间的余量，称为边距。图 3-29 中，b 为搭边，a 为边距。搭边和边距的作用，是用来补偿工件在冲压过程中的定位误差的。同时，搭边还可以保持坯料的刚度，便于向前送料。生产中，搭边及边距的大小，对冲压件质量和模具寿命均有影响。搭边及边距若过大，材料的利用率会降低；若搭边和边距太小，在冲压时条料很容易被拉断，并使工件产生毛刺，有时还会使搭边拉入模具间隙中。

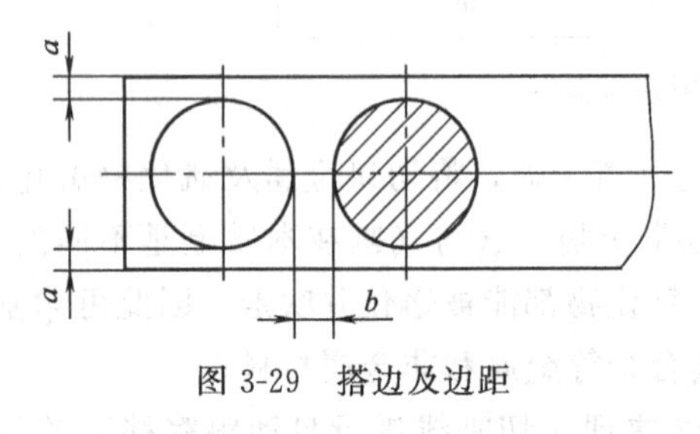

图 3-29　搭边及边距

③ 影响冲压件质量的因素主要有以下几个方面。

a. 冲压件的形状尺寸。如果冲压件的尺寸较小，形状也简单，这样的零件质量容易保证。反之，就易出现质量问题。

b. 材料的力学性能。如果材料的塑性较好，其弹性变形量较小，冲压后的回弹量也较小，因而容易保证零件的尺寸精度。

c. 冲压模的刃口尺寸。冲压件的尺寸精度取决于上、下模具的刃口部分的尺寸公差，因此冲压模制造的精度越高，冲压件的质量也就越好。

d. 冲模的间隙。上、下模具间合理的间隙，能保证良好的断面质量和较高的尺寸精度。间隙过大或过小，使冲压件断面出现毛刺或撕裂现象。

④ 冲压中材料的分离过程大致可分为弹性变形、塑性变形和剪裂分离三个阶段，如图 3-30 所示。

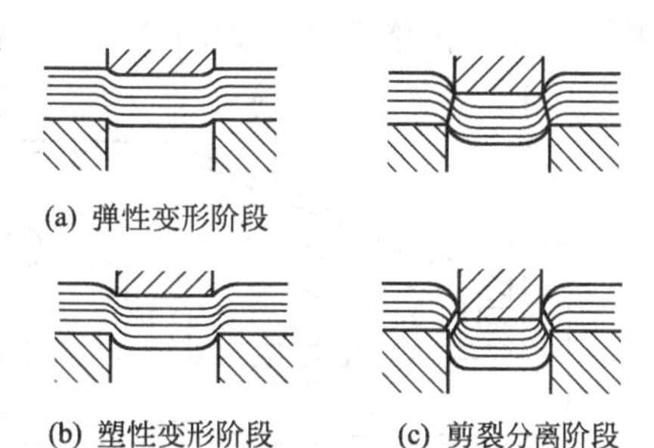

图 3-30 冲裁时板料的分离过程

弹性变形阶段是当凸模在压力机滑块的带动下接触板料后，板料开始受压。随着凸模的下降，板料产生弹性压缩并弯曲。凸模继续下降，压入板料，材料的另一面也略挤入凹模刃口内。这时，材料的应力达到了弹性极限，如图 3-30（a）所示。

塑性变形阶段是凸模继续下降，对板料的压力增加，使板料内应力加大。当内应力加大到屈服点时，材料的压缩弯曲变形加剧，凸模、凹模刃口分别继续挤进板料，板料内部开始产生塑性变形。此时，上下模具刃边的应力急剧集中，板料贴近刃边部分产生微小裂纹，板料开始被破坏，塑性变形结束，如图 3-30（b）所示。

随着凸模继续下降、板料上已形成的微小裂纹逐渐扩大，并向材料内部发展，当上下裂纹重合时，材料便被剪裂分离，板料的分离结束，如图 3-30（c）所示。

⑤ 冲压模具按其进行冲压工艺中工序的不同，可分为冲裁模具、压弯模具、拉深模具等。这里只对常用的冲裁模具予以介绍。

简单冲裁模是在压力机的一次行程下，只能完成一个冲裁工序的冲模，其结构如图3-31所示。简单冲裁模的特点是：结构简单、制造成本低，但加工精度较差，生产效率低。一般用于生产批量小、精度要求不高，外形较简单的工件。

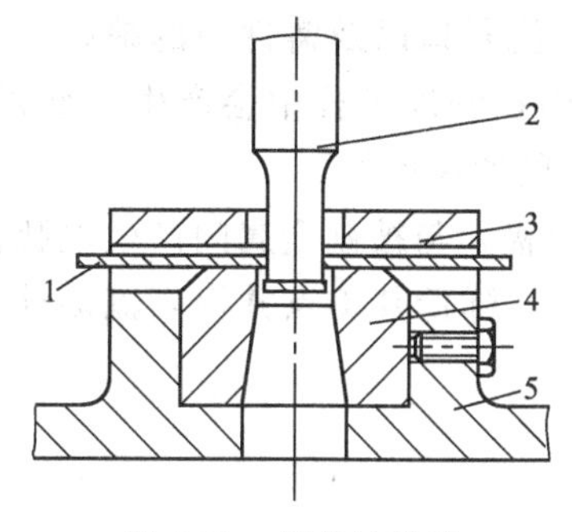

图 3-31 简单冲裁模
1—板料；2—凸模；3—卸料板；4—凹模；5—下模座

带导柱冲裁模与简单冲模不同的是，上、下模的对应位置依靠模具上的导柱、导套来保证，冲裁时，由于导套在导柱上作上下滑动，从而保证了凸凹模间隙均匀，提高了冲裁质量。带导柱冲模的特点是：模具安装方便，使用寿命长，但模具制作较复杂。因而一般用于大批量的冲裁。

复合冲裁模是板料在一个位置上，压力机的一次行程便可同时实现多道工序的冲裁，如内孔和外形同时冲裁。复合冲裁模的特点为：结构紧凑，一模多用，生产效率高，冲裁件质量好。但该模具结构比较复杂，模具制作成本高周期长，一般适用于大批量的冲裁件的生产。

3.2.4 坯料的边缘加工

钢板的边缘加工，主要是指焊接结构件的坡口加工，常用的方法有机械切割和气割两类。采用机械加工方法可加工各种形式的坡口，如 I、V、U、X 及双 U 形等。但也可用热切割方法切割坡口。如用自动或半自动切割设备，同时使 1～3 把割炬，一次可切割出 I、V 和 X 形坡口。关于气割前面已有论述，这时只介绍机械切割。

机械加工坡口常用的设备有：刨边机、坡口加工机和铣床、车床等各种通用机床。刨边机可加工各种形式的直线坡口，尺寸准确，不会出现加工硬化和热切割中出现的那种淬硬组织与熔渣等，适合低合金高强度钢、高合金钢以及复合钢板、不锈钢的加工，缺点是机器外廓尺寸大、价格较贵。如图 3-32 所示为刨边机。

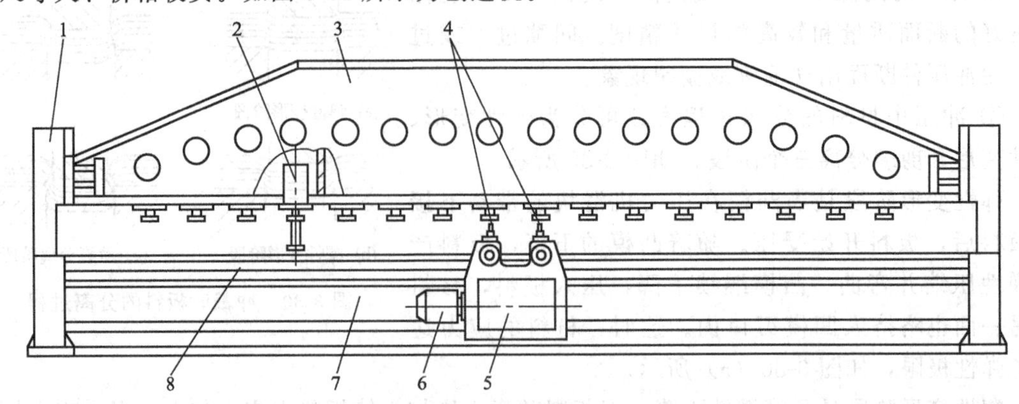

图 3-32　刨边机的结构示意图

1—立柱；2—压紧装置；3—横梁；4—刀架；5—进给箱；6—电动机；7—床身；8—导轨

坡口加工机体积小，结构简单、操作方便，工效是铣床或刨床的 20 倍。所加工的板材，除厚度外，在理论上不受直径、长度、宽度的限制。缺点是受铣刀结构的限制，不能加工 U 形坡口及坡口的钝边。如图 3-33 所示为坡口加工机。

3.2.5　碳弧气刨

用碳弧气刨挑焊根，比采用风凿生产率高，特别适用于仰位和立位的刨切，噪声又比风凿小，并能减轻劳动强度。采用碳弧气刨返修有焊接缺陷的焊缝时，容易发现焊缝中各种细小的缺陷。碳弧气刨还可以用来开坡口、清除铸件上的毛边、浇冒口以及铸件中的缺陷等，同时还可以切割金属，如铸铁、不锈钢、铝、钢等。碳弧气刨在刨削过程中会产生一些烟雾，对操作者的健康有影响，所以碳弧气刨的现场应具备良好的通风条件。

图 3-34 为碳弧气刨的示意图。碳弧气刨就是把碳棒作为电极，与被刨金属间产生电弧，电弧的高温把金属加热到熔化状态，碳棒烧损会使低碳钢增碳，降低其熔点并提高流动性，用压缩空气气流把熔化金属吹掉，达到刨削金属的目的。

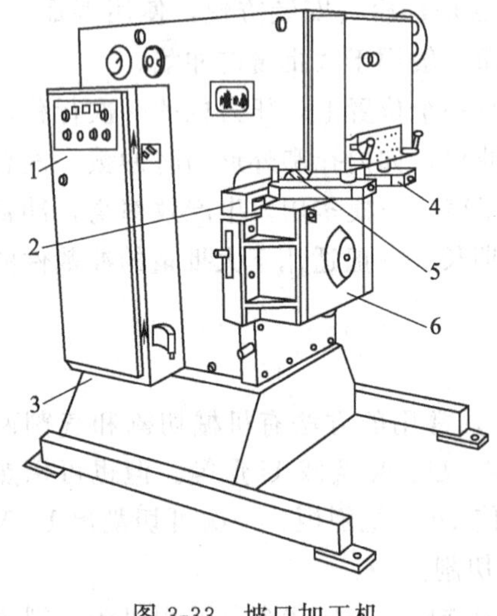

图 3-33　坡口加工机

1—控制柜；2—导向装置；3—床身；4—压紧和防翘装置；5—铣刀；6—工作台

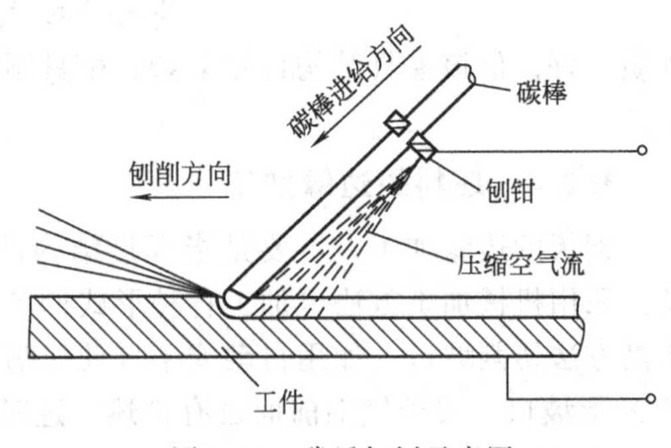

图 3-34　碳弧气刨示意图

3.3　弯曲与成形

技能点：

板材弯曲设备选择；

型材弯曲设备选择；

钢材回弹量的估算与测定。

知识点：

钢板展开长度计算；

圆钢展开长度计算；

角钢展开长度计算。

将坯料弯成所需形状的加工方法为弯曲成形，简称弯形。弯形时根据坯料温度可分为冷弯和热弯；根据弯形的方法分手工弯形和机械弯形。在焊接结构制造中，80%～90%的金属材料需进行弯曲与成形加工，如压力容器，各种石油塔、罐、球形封头及锅炉的锅筒和管子等。

3.3.1　板材的弯曲

通过旋转辊轴使钢板弯曲成形的方法称滚弯，又称卷板。滚弯时，钢板置于卷板机的上、下辊轴之间，当上辊轴下降时，钢板便受到弯矩的作用而发生弯曲变形，如图 3-35 所示。由于上、下辊轴的转动，通过辊轴与钢板间的摩擦力带动钢板移动，使钢板受压位置连续不断地发生变化，从而形成平滑的曲面，完成滚弯成形工作。

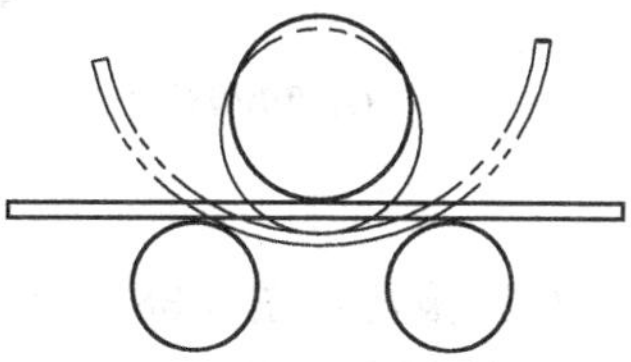

图 3-35　板材卷弯

1. 滚弯工艺

钢板滚弯由预弯（压头）、对中、滚弯三个步骤组成。

（1）预弯　卷弯时只有钢板与上辊轴接触的部分才能得到弯曲，所以钢板的两端各有一段长度不能发生弯曲，这段长度称为剩余直边。剩余直边的大小与设备的弯曲形式有关，钢板弯曲时的理论剩余直边值见表 3-10。

表 3-10　钢板弯曲时的理论剩余直边值

设备类型		卷板机			压力机
弯曲形式		对称弯曲	不对称弯曲		模具压弯
			三辊	四辊	
剩余	冷弯	$L/2$	(1.5～2)δ	(1～2)/δ	1.0δ
直边	热弯	$L/2$	(1.3～1.5)δ	(0.75～1)δ	0.5δ

注：L—卷板机侧辊中心距，δ—钢板厚度。

常用的卷弯方法如图 3-36 所示。

① 在压力机上用通用模具进行多次压弯成形，如图 3-36（a）所示。这种方法适用于各种厚度的板预弯。

② 在三辊卷板机上用模板预弯，如图 3-36（b）所示。这种方法适用于 $\delta \leqslant \delta_0/2$，$\delta \leqslant$ 24mm，并不超过设备能力的 60%。

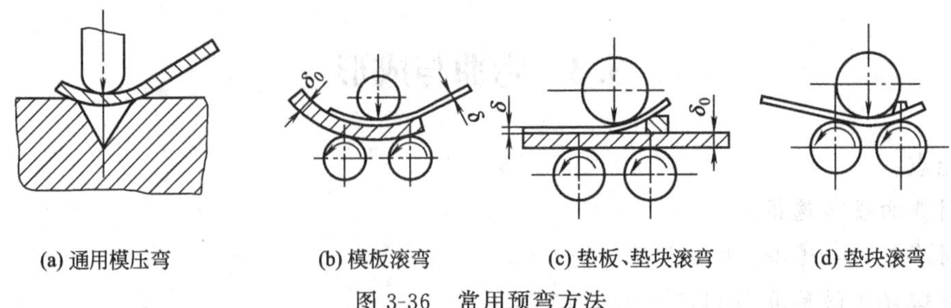

(a) 通用模压弯　(b) 模板滚弯　(c) 垫板、垫块滚弯　(d) 垫块滚弯

图 3-36　常用预弯方法

③ 在三辊卷板机上用垫板、垫块预弯，如图 3-36（c）所示。这种方法适用于 $\delta \leqslant \delta_0/2$，$\delta \leqslant 24$mm，并不超过设备能力的 60%。

④ 在三辊卷板机上用垫块预弯，如图 3-36（d）所示。这种方法适用于较薄的钢板，但操作比较复杂，一般较少采用。

（2）对中　对中的目的是使工件的素线与辊轴轴线平行，防止产生扭斜，保证滚弯后工件几何形状准确。对中的方法有侧辊对中、专用挡板对中、倾斜进料对中、侧辊开槽对中等，如图 3-37 所示。

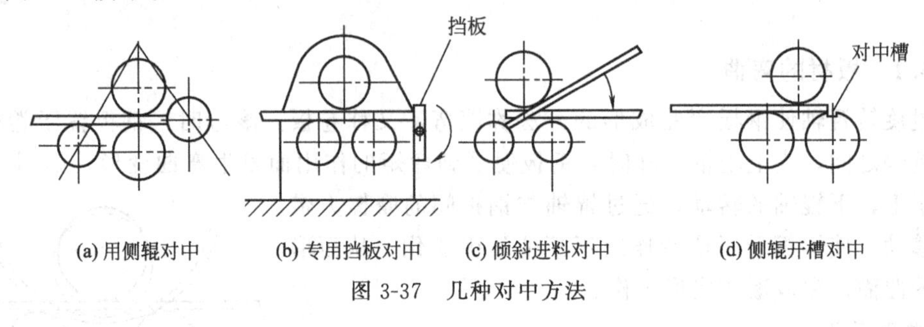

(a) 用侧辊对中　(b) 专用挡板对中　(c) 倾斜进料对中　(d) 侧辊开槽对中

图 3-37　几种对中方法

（3）滚弯　图 3-38 所示为各种卷板机的滚弯过程。

2. 钢板展开长度计算

钢板弯曲时，中性层的位置随弯曲变形的程度而定，当弯曲的内半径 r 与板厚 δ 之比大于 5 时，中性层的位置在板厚中间，中性层与中心层重合（多数弯板属于这种情况）；当弯曲的内半径 r 与板厚 δ 之比小于或等于 5 时，中性层的位置向弯板的内侧移动，中性层半径可由经验公式求得

$$R = r + K\delta$$

式中　R——中性层的曲率半径，mm；

r——弯板内弧的曲率半径，mm；

δ——钢板的厚度，mm；

K——中性层系数，其值查表 3-11。

表 3-11　中性层位置系数 K

$\frac{r}{\delta}$	≤0.1	0.2	0.25	0.3	0.4	0.5	0.8	1.0	1.5	2.0	3.0	4.0	5.0	≥5
K	0.3	0.33	0.35			0.36	0.38	0.40	0.42	0.44	0.47	0.475	0.48	0.5

实例　计算图 3-39 所示圆角 U 形板料长。已知 $r=60$mm，$\delta=20$mm，$l_1=200$mm，$l_2=300$mm，$\alpha=120°$，求 $L=?$

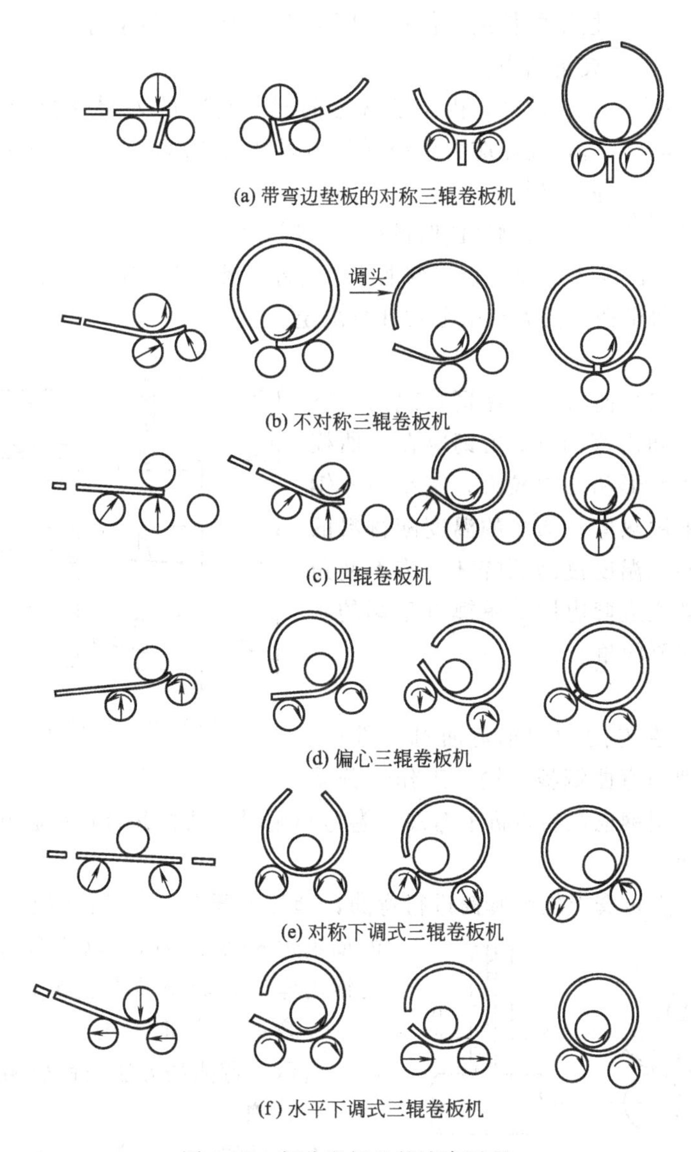

图 3-38　各种卷板机的滚弯过程

解

因为$\frac{r}{\delta}=\frac{60}{20}=3$，查表得 $K=0.47$

$$L=l_1+l_2+\frac{\pi\alpha(r+K\delta)}{180^\circ}$$

$$=200+300+\frac{120^\circ\pi(60+0.47\times20)}{180^\circ}$$

$$\approx642\text{mm}$$

实际上板料可以弯曲成各种复杂的形状，求展开料长都是先确定中性层，再通过作图和计算，将断面图中的直线和曲线逐段相加得到展开长度。

3.3.2　型材的弯曲

型材弯曲时，由于重心线与力的作用线不在同一平面上，所以型材除受弯曲力矩外还受

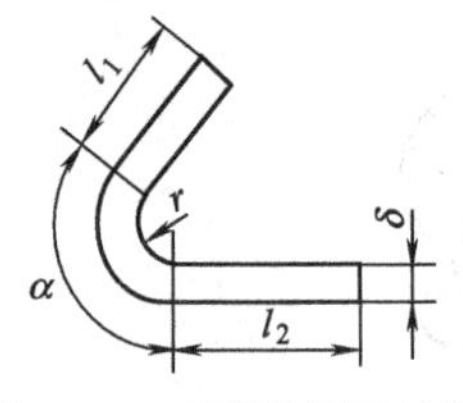

图 3-39　U 形板展开计算

扭矩的作用，使型材断面产生畸变。角钢外弯时夹角增大，内弯时夹角缩小。

此外，由于型材弯曲时，材料的外层受拉应力，内层受压应力，在压应力作用下易出现皱褶变形，在拉应力作用下，易出现翘曲变形。

型钢弯曲时的变形情况如图 3-40 所示。变形程度取决于应力的大小，应力的大小又决定于弯曲半径，弯曲半径越小，则畸变程度越大。为了控制应力与变形，规定了最小弯曲半径，其大小由公式计算决定。

1. 手工弯曲

各类型材的手工弯曲法基本相同，现以角钢为例。角钢分外弯和内弯两种。角钢应在弯曲模上弯曲。由于弯曲变形和弯力较大，除小型角钢用冷弯外，多数采用热弯，加热的温度随材料的成分而定，必须避免温度过高而烧坏。为不使角钢边向上翘起，必须边弯边用手锤锤打角钢的水平边，直至到所需要的角度。

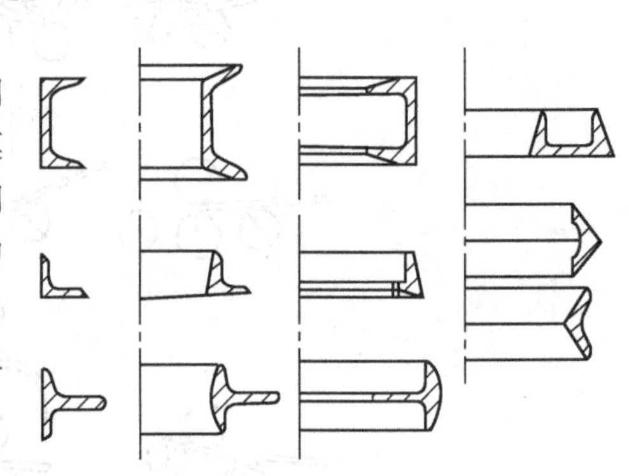
图 3-40　型钢弯曲时的断面变形

2. 卷弯

型钢的卷弯可在专用的型钢弯曲机上进行。弯曲机的工作原理与弯曲钢板相同，工作部分采用三或四个滚轮。型钢也在卷板机上弯曲，卷弯角钢时把两根并合在一起并用点焊固定，弯曲方法与钢板相同。

在卷板机辊筒上可套上辅助套筒进行弯曲，套筒上开有一定形状的槽，便于将需要弯曲的型钢边先嵌在槽内，以防弯曲时产生皱褶。当型钢内弯时，套筒装在上辊，如图 3-41（a）所示，外弯时，套筒装在两个下辊上，如图 3-41（b）所示，弯曲的方法与钢板相同。

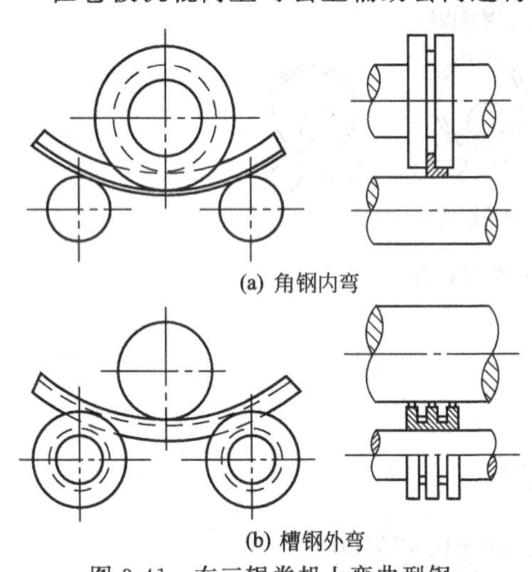
(a) 角钢内弯
(b) 槽钢外弯
图 3-41　在三辊卷机上弯曲型钢

3. 回弯

将钢材的一端固定在弯模上，弯模旋转时钢材沿模具发生弯曲，这种方法称回弯。

4. 压弯

在压力机或撑直机上，利用模具进行一次或多次压弯，使钢材成形。在撑直机上压弯时，以逐段进给的方式加以弯曲。由于两支座间有一定的跨距，使型钢的端头不能支承而弯曲，为此可加放一垫板，随同垫板一起压弯，如图 3-42（a）所示。如果型钢的尺寸高出顶头时，也可安放垫板进行压弯，如图 3-42（b）所示。

用模具压弯时，为防止钢材截面的变形，模具上应有与型钢截面相适应的型槽。

5. 拉弯

型钢用普通方法弯曲时，在型钢断面的外层纤维产生拉应力，内层纤维产生压应力。虽然此应力值可以超过屈服极限 σ_s，但卸载后型钢内层和外层纤维在相反的方向产生回弹

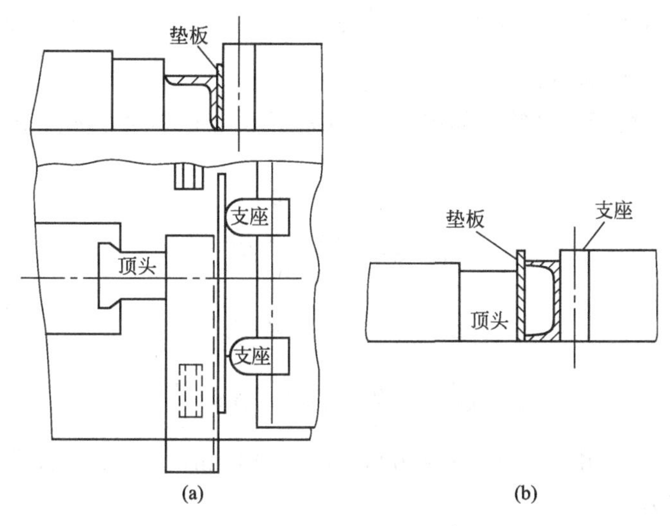

图 3-42　型钢端头的压弯

（内层纤维的弹性变形为正，外层纤维的弹性变形为负），因此回弹较大。

拉弯的特点是：制作精度较高，模具设计时可以不考虑回弹值。一般只要用一个凸模，简化了设备结构。此外，由于型材不存在压应力，所以不会发生因受压而形成的皱褶。

拉弯工作是在专用的拉弯设备上进行。图 3-43 为型钢拉弯机的结构示意图，它由工作台、靠模、夹头和拉力油缸等组成。

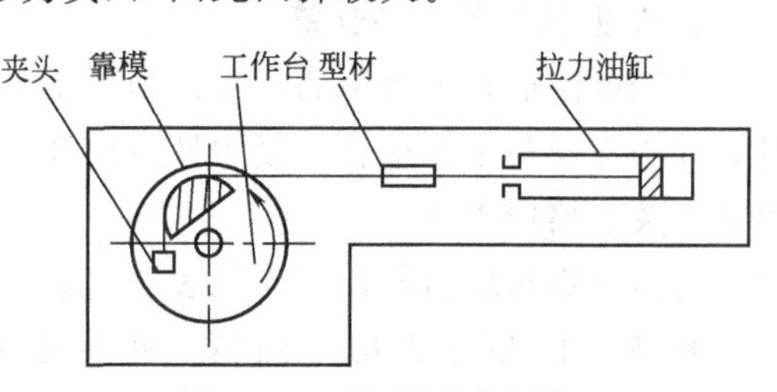

图 3-43　型钢端头的压弯

型钢两端由两夹头夹住，一个夹头固定在工作台上，另一个夹头由拉力油缸的作用，使钢材产生拉应力，旋转工作台型钢在拉力作用下沿靠模发生弯曲。

6. 圆钢料长计算

圆钢弯曲的中性层一般总是与中心线重合，所以圆钢的料长可按中心线计算。

(1) 直角形圆钢的展开计算　如图 3-44（a）所示，已知尺寸 A、B、d、R，则展开长度应是直段长度和圆弧段长度之和。展开长度为

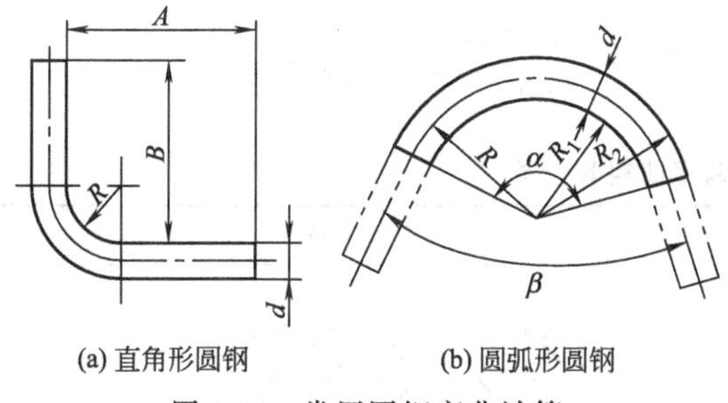

图 3-44　常用圆钢弯曲计算

$$L=A+B-2R+\frac{\pi(R+d/2)}{2}$$

式中　L——展开长度，mm；

A——直段长度，mm；

R——内圆角半径，mm；

d——圆钢直径，mm。

实例　图 3-44（a）中，已知 $A=400$mm，$B=300$mm，$d=20$mm，$R=100$mm，求它的展开长度。

解　展开长度

$$L=A+B-2R+\frac{\pi(R+d/2)}{2}$$

$$L=400+300-2\times100+\frac{\pi(100+10)}{2}\approx400+300-200+172.78$$

$$\approx672.78\text{mm}$$

（2）圆弧形圆钢的展开计算　如图 3-44（b）所示，已知尺寸 R_2、d、β，展开长度为

$$L=\pi R\times\frac{\alpha}{180^\circ}$$

或

$$L=\pi R\times\frac{(180^\circ-\beta)}{180^\circ}$$

$$L=\pi\left(R_1+\frac{d}{2}\right)\times\frac{\alpha}{180^\circ}$$

$$L=\pi\left(R_2-\frac{d}{2}\right)(180^\circ-\beta)\times\frac{1}{180^\circ}$$

实例　图 3-44（b）中，已知 $R_2=400\text{mm}$，$d=40\text{mm}$，$\beta=60^\circ$，求圆钢的展开长度。

解　展开长度为

$$L=\pi(400-20)(180^\circ-60^\circ)\times\frac{1}{180^\circ}\approx795.87\text{mm}$$

7. 角钢展开长度的计算

角钢的断面是不对称的，所以中性层的位置不在断面的中心，而是位于角钢根部的重心处，即中性层与重心重合。设中性层离开角钢根部的距离为 z_0，z_0 值与角钢断面尺寸有关，可从有关表格中查得。

等边角钢弯曲料长计算，见表 3-12。

实例　已知等边角钢内弯，两直边 $l_1=450\text{mm}$，$l_2=350\text{mm}$，角钢外弧半径 $R=120\text{mm}$，弯曲角度 $\alpha=120^\circ$，等边角钢为 70mm×70mm×7mm，求展开长度 L。

解　由有关表查得 $z_0=19.9\text{mm}$

$$L=l_1+l_2+\frac{\alpha\pi(R-z_0)}{180^\circ}=450+350+\frac{\pi120^\circ(120-19.9)}{180^\circ}=1009.5\text{mm}$$

实例　已知等边角钢外弯，两直边 $l_1=550\text{mm}$，$l_2=450\text{mm}$，角钢内弧半径 $R=80\text{mm}$，弯曲角 $\alpha=150^\circ$，等边角钢为 63mm×63mm×6mm，求展开长度 L。

解　由有关表查得 $z_0=17.8\text{mm}$

$$L=l_1+l_2+\frac{\alpha\pi(R-z_0)}{180^\circ}=550+450+\frac{\pi150^\circ(80+17.8)}{180^\circ}=1255.9\text{mm}$$

表 3-12　等边角钢弯曲料长计算

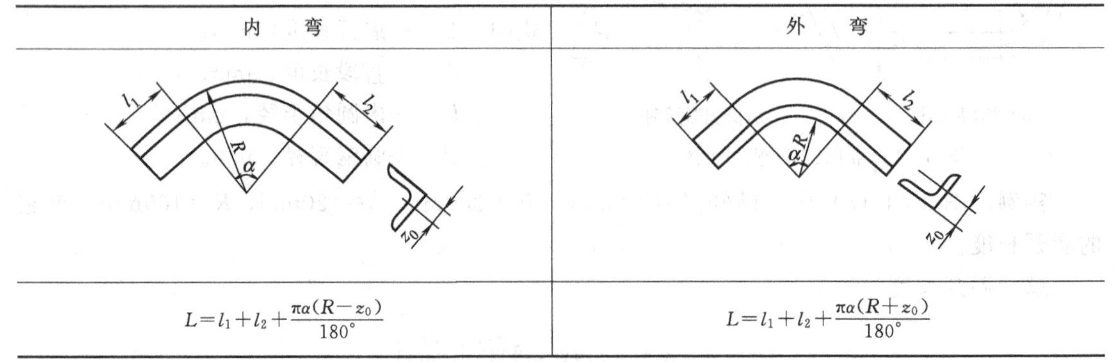

内　弯	外　弯
（图）	（图）
$L=l_1+l_2+\frac{\pi\alpha(R-z_0)}{180^\circ}$	$L=l_1+l_2+\frac{\pi\alpha(R+z_0)}{180^\circ}$

注：l_1、l_2—角钢直边长度，mm；R—角钢外（内）弧半径，mm；α—弯曲角度；z_0—角钢重心距，mm。

8. 折角弯曲

折角弯板时一个折角的展开长度为 0.5 倍厚度。

实例　如图 3-45（b）所示，已知 $A=200\text{mm}$，$B=200\text{mm}$，$t=10\text{mm}$，求该板的展开长度。

解　展开长度为

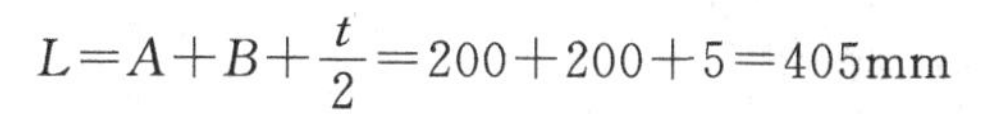

$$L=A+B+\frac{t}{2}=200+200+5=405\text{mm}$$

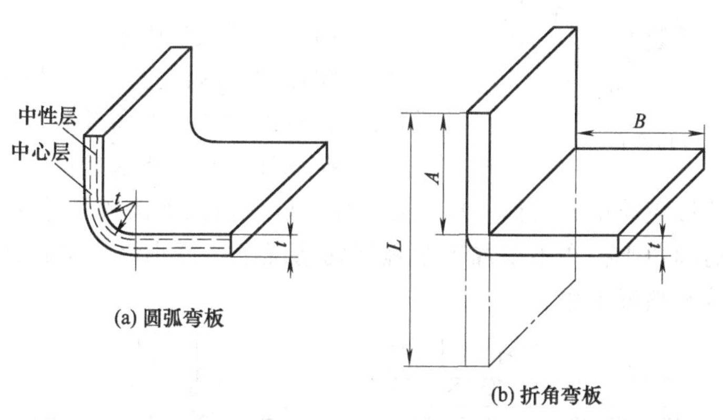

图 3-45　圆弧弯板和折角弯板

3.3.3　冲压成形

焊接结构制造过程中，还有许多零件因为形状复杂，要用弯曲成形以外的方法加工。如锅炉用压力容器封头、带有翻边孔的筒体、封头、锥体、翻边的管接头等，这些复杂曲面开头的成形加工通常在压力机上进行，常用的方法有拉深、旋压和爆炸压制成形等工艺。

1. 拉深

拉深是利用凸模把板料压入凹模，使板料变成中空形状零件的工序，如图 3-46 所示。

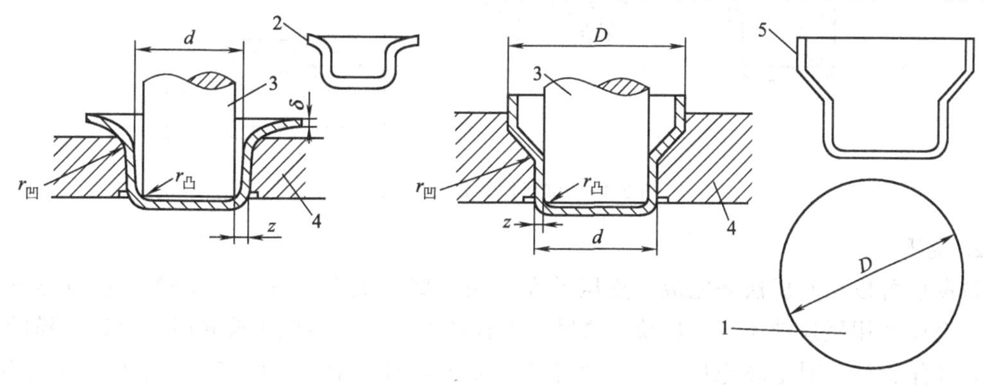

图 3-46　拉深工序图

1—坯料；2—第一次拉深的产品；3—凸模；4—凹模；5—成品

为了防止坯料被拉裂，凸模和凹模边缘均作成圆角，其半径 $r_{凸} \leqslant r_{凹}=(5\sim15)\delta$；凸模和凹模之间的间隙 $z=(1.1\sim1.2)\delta$；拉深件直径 d 与坯料直径 D 的比例 $d/D=m$（拉深系数），一般 $m=0.5\sim0.8$。拉深系数 m 越小，则坯料被拉入凹模越困难，从底部到边缘过渡部分的应力也越大。如果拉应力超过金属的抗拉强度极限，拉深件底部就会被拉穿，如图 3-47（a）所示。对于塑性好的金属材料，m 可取较小值。如果拉深系数过小，不能一次拉制成高度和直径合乎成品要求时，则可进行多次拉深。这种多次拉深操作往往需要进行中间退火处理，以消除前几次拉深变形中所产生的硬化现象，使以后的拉深能顺利进行。在进行多次拉深时，其拉深系数 m 应一次比一次略大。

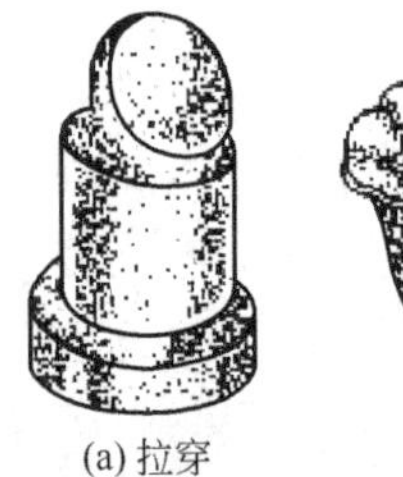

(a) 拉穿

(b) 折皱

图 3-47　拉深废品

在拉深过程中，由于坯料边缘在切线方向受到压缩，因而可能产生波浪形，最后形成折皱，如图 3-47（b）所示。拉深所用坯料的厚度越小，拉深的深度越大，越容易产生折皱。为了预防折皱的产生，可用压板把坯料压紧。如图 3-48 所示。为了减小由于摩擦使拉深件壁部的拉应力增大并减少模具的磨损，拉深时通常加润滑剂。

对拉深件的基本要求是：

（1）拉深件外形应简单、对称，且不要太高，以便使拉深次数尽量少；

（2）拉深件的圆角半径在不增加工艺程序的情况下，最小许可半径如图 3-49 所示，否则将增加拉深次数及整形工作。

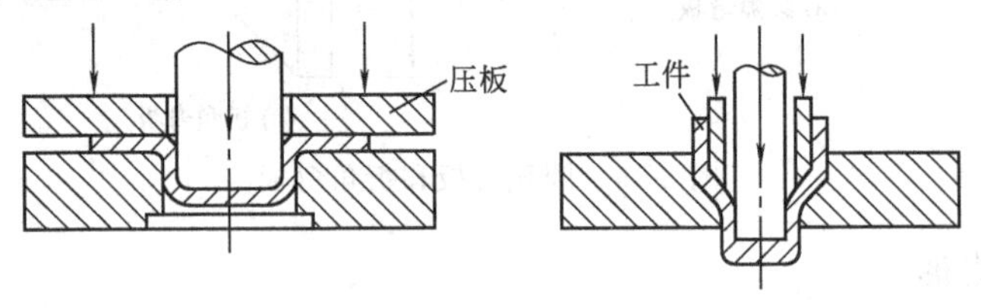

图 3-48　有压板拉深

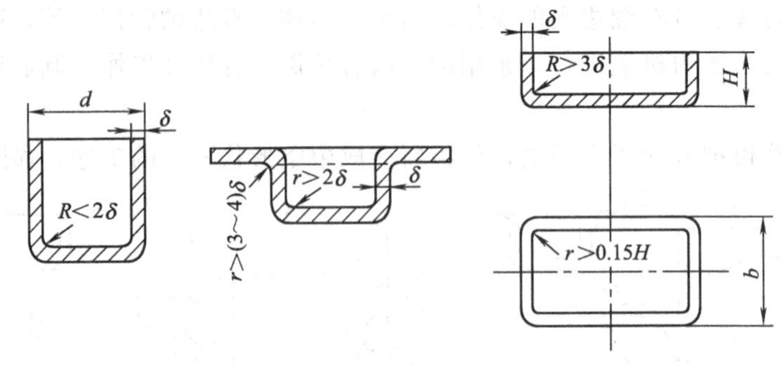

图 3-49　拉深件的最小许可半径

2. 旋压

拉深也可以用旋压法来完成。旋压是在专用的旋压机上进行。图 3-50 所示为旋压工作简图。毛坯 3 用尾顶针 4 上的压块 5 紧紧压在模胎 2 上，当主轴 1 旋转时，毛坯和模胎一起旋转，操作旋棒 6 对毛坯施加压力，同时旋棒又作纵向运动，开始旋棒与毛坯是一点接触，由于主轴旋转和旋棒向前运动，毛坯在旋棒的压力作用下产生由点到线及由线到面的变形，逐渐地被赶向模胎，直到最后与模胎贴合为止，完成旋压成形。这种方法的优点是不需要复杂的冲模，变形力较小。但生产率较低，故一般用于中小批生产。

3. 爆炸压制成形

爆炸压制是将坯料或金属粉末材料置于一定结构的模具中，施加爆炸压力，使坯料在很高的速度下变形和贴模成形或使金属粉末材料成为高密度的零件的加工方法。如图 3-51 为爆炸压制成形装置。爆炸压制成形可以对板料进行多种工序的冲压加工，例如拉深、冲孔、剪切、翻边、胀形、校形、弯曲、压花纹等。也可对非金属粉末材料进行同样的加工。爆炸压制是一种具有独特优点的加工方法。它开辟了新的加工领域。这种方法可使松散材料达到理论密度，可利用不适合传统压力加工的材料来制造零件。爆炸压制可将传统上不可压缩的金属、陶瓷材料，以及低延性金属等，压制成复合材料。

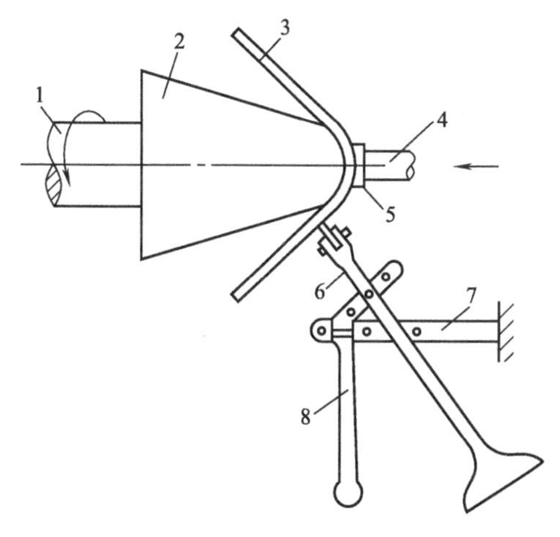

图 3-50　旋压工作简图

1—主轴；2—模胎；3—毛坯；4—尾顶针；5—压块；6—旋棒；7—支架；8—助力臂

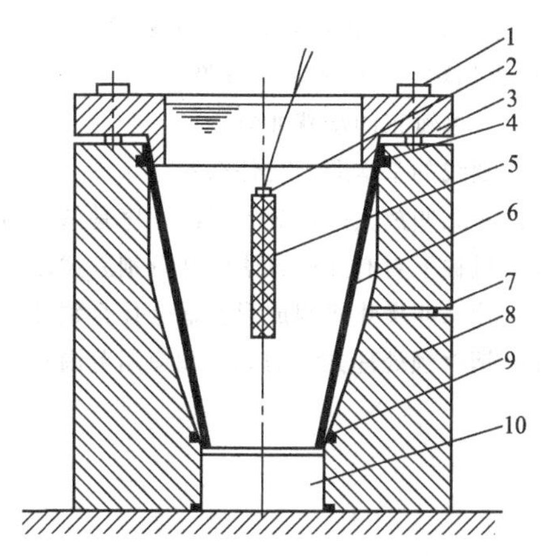

图 3-51　爆炸压制成形装置

1—螺栓；2—起爆雷管；3—压边圈；4,9—密封圈；5—炸药；6—毛坯；7—抽真空孔；8—凹模；10—堵塞

【综合训练】

一、填空题

1. 矫正钢材变形的方法有________、________、________、________。
2. 矫正钢材变形的方法和________、________、________有关，同时还要考虑工厂的实际因素。
3. 工件出现复杂变形时，矫正的步骤是：先矫正________变形，后矫正________变形，再矫正变形。
4. 火焰矫正变形效果的影响因素有________、________、________。
5. 钢材预处理的目的是________，预处理的基本方法有________、________、________。
6. 化学除锈法一般有________、________两种方法。
7. 划线可分为________、________。
8. 放样有________、________、________方法。
9. 放样程序一般包括________、________、________三个。
10. 金属下料一般有________、________两种方法。
11. 冲裁分为________、________两种，当零件从模具的凹模中得到时称为________，而在凹模外面得到零件时称为________。
12. 钢板滚弯由________、____________、____________三个步骤组成。
13. 火焰矫正的温度为____________。
14. 火焰加热的方式有________________、________________和____________。
15. 生产中常采用氧-乙炔火焰加热，应采用____________火焰。

二、简答题

1. 钢材（钢板、型钢）变形的原因是什么？
2. 考虑和设计冲压工艺时，应遵循哪些原则？

3. 如何对圆锥体、四棱台展开放样图？
4. 钢材矫正变形的原理是什么？
5. 钢材矫正变形的方法有哪些？其基本原理和应用范围？
6. 钢材矫正的方法与哪些因素有关？
7. 火焰矫正的原理是什么？
8. 影响火焰矫正效果的因素有哪些？
9. 火焰矫正的位置如何选择？
10. 火焰矫正的步骤如何？
11. 划线的基本原则是什么？
12. 什么叫放大样？放大样的程序是怎样的？
13. 机械下料有几种方法？并分别叙述之。
14. 什么叫爆炸压制成形？适合什么领域？
15. 钢材预处理方法的原理和应用范围？

第4章　焊接结构的装配与焊接工艺

焊接结构的装配质量与焊接工艺的合理与否对焊接结构生产的质量影响巨大。本章就焊接结构的装配方法、常用工具与设备，焊接结构的焊接工艺及常用的焊接变位机械等内容进行了介绍。

4.1　焊接结构的装配

技能点：

1. 装配件定位基准的选择；
2. 装配中的正确测量。

知识点：

线性尺寸，平行度，垂直度，同轴度，角度等。

4.1.1　装配方式的分类

1. 按结构类型及生产批量的大小分

(1) 单件小批量生产　经常采用划线定位的装配方法。该方法所用的工具、设备简单，一般在装配平台上进行。装配精度受装配工人的技术水平影响较大。

(2) 成批生产　通常在专用胎架上进行装配。

2. 按工艺过程分

(1) 由单独的零件逐步组装结构　结构简单的产品装完再焊，复杂的随装随焊。

(2) 由部件组装成结构　将零件组装部件后，再由部件装配成整个结构并焊接。

3. 按装配工作地点分

(1) 固定式装配　在固定的工作位置上进行，一般用在重型焊接结构或产量不大的情况。

(2) 移动式装配　按工序流程进行装配，在产量较大的流水线生产中应用广泛。

4.1.2　装配的基本条件

1. 定位

定位就是确定零件在空间的位置或零件间的相对位置。

实例一　如图 4-1 所示工字梁的装配。两翼板的相对位置是由腹板 3 和挡铁 5 来定位的，端部由挡铁 7 定位。平台 6 既是定位基准面，也是结构的支撑面。

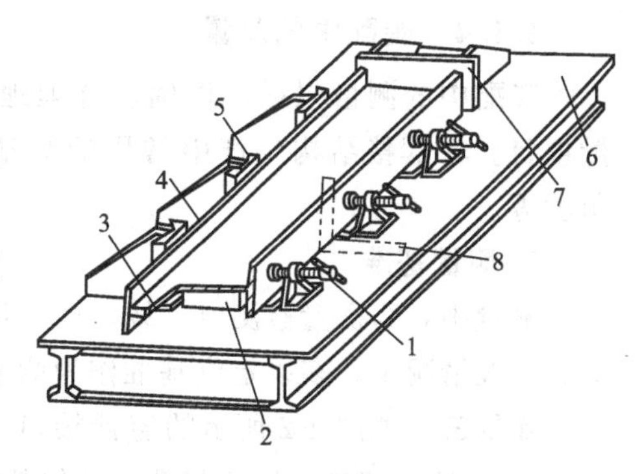

图 4-1　工字梁的装配

1—调节螺杆；2—垫铁；3—腹板；4—翼板；5,7—挡铁；6—平台；8—90°角尺

2. 夹紧

夹紧就是借助通用或专用夹具的外力将已定位的零件加以固定的过程。在图 4-1 中翼板与腹板定

位后是通过调节螺杆来夹紧。

3. 测量

测量是指在装配过程中，对零件间的相对位置和各部件尺寸进行一系列的技术测量，从而鉴定定位的正确性和夹紧力的效果，以便调整（详细内容见 4.1.4）。

以上三个就是装配的三个基本条件。它们是相辅相成的，定位是整个装配工序的关键，夹紧以它为基础来保证定位的可靠性与准确性。测量是为了保证装配的质量。

4.1.3 定位原理及零件的定位

1. 定位原理

零件在空间的定位是利用六点法则进行的，即限制每个零件在空间的六个自由度，使零件在空间有确定的位置，这些限制自由度的点就是定位点。

2. 定位基准及其选择

（1）定位基准　在结构装配过程中，用来确定零件或部件在结构中的位置的点、线、面称为定位基准。

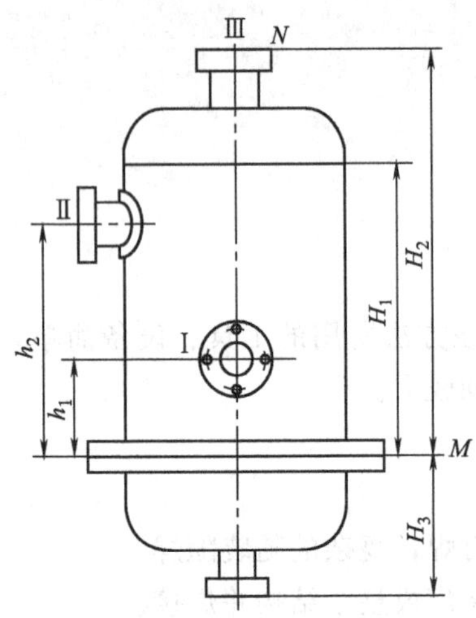

图 4-2　容器上各接口的相对位置

实例二　如图 4-2 所示的容器是以轴线和组装面 M 为定位基准。装配接口Ⅰ、Ⅱ、Ⅲ在筒体上的相对高度是以 M 面为定位基准而确定的；各接口的横向定位则以筒体为定位基准。

（2）定位基准的选择　合理选择定位基准对于保证装配质量、安排零部件装配顺序和提高装配效率均有重要影响。选择时应考虑以下几点。

① 装配定位基准尽量与设计基准重合，这样可以减少因基准不重合所带来的误差。

② 同一构件上与其他构件有连接或配合关系的各个零件，应尽量采用同一定位基准，这样才能保证构件安装时与其他构件的正确连接或配合。

③ 应选择精度较高、又不易变形的零件表面或边棱做定位基准，这样能避免由于基准面、线的变形造成的定位误差。

④ 所选择的定位基准应便于装配中的零件定位与测量。

4.1.4 装配中的测量

装配中的测量包括：正确、合理地选择测量基准；准确地完成零件定位所需要的测量项目。在焊接结构生产中常用的测量项目有：线性尺寸、平行度、垂直度、同轴度及角度等。

1. 测量基准

测量中，为衡量被测点、线、面的尺寸和位置精度而选作依据的点、线、面称为测量基准。一般情况下，多以定位基准作为测量基准。

实例三　如图 4-2 所示的容器接口Ⅰ、Ⅱ、Ⅲ都是以 M 面为测量基准，测量尺寸 h_1、h_2、H_1，这样接口的设计基准、定位基准、测量基准三者合一，可以有效地减小误差。

当以定位基准作测量基准不利于保证测量的精度或不便于测量操作时，就应本着能使测量准确、操作方便的原则，重新选择合适的点、线、面作为测量基准。

2. 各种项目的测量

(1) 线性尺寸的测量　线性尺寸是指焊件上被测点、线、面与测量基准间的距离。线性尺寸的测量主要是利用各种刻度尺（卷尺、盘尺、直尺）来完成。

(2) 平行度的测量

① 相对平行度的测量　相对平行度是指焊件上被测的线（或面）相对于测量基准线（或面）的平行度。相对平行度的测量是测量焊件上线的两点（或面上的三点）到基准的距离，若相等就平行，否则就不平行。

实例四　如图 4-3 所示为测量角钢和面的相对平行度的过程。

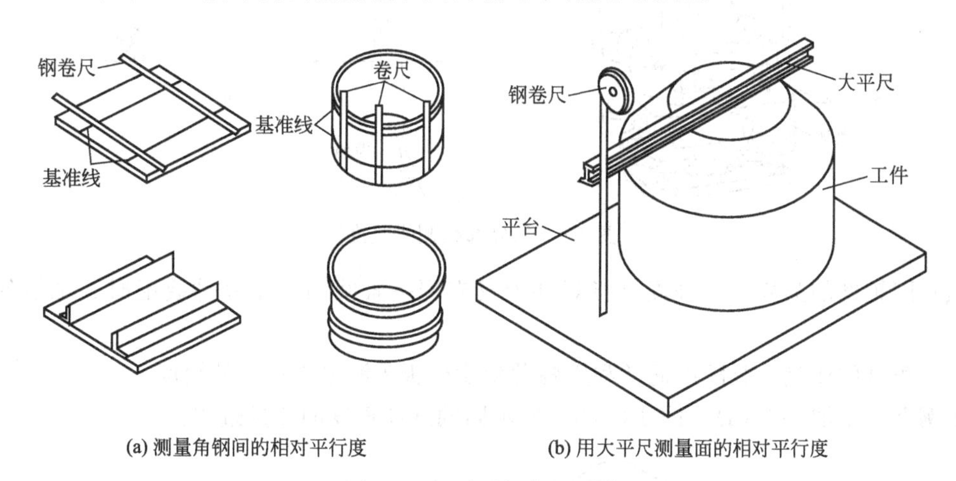

图 4-3　相对平行度的测量

② 水平度的测量　水平度就是衡量零件上被测的线（或面）是否处于水平位置。许多金属结构制品，在使用中要求有良好的水平度。施工装配中常用水平尺、软管水平仪、水准仪、经纬仪等量具或仪器来测量零件的水平度。

实例五　如图 4-4 所示用水准仪测量球罐柱脚水平。水准仪是由望远镜、水准仪和基座组成。

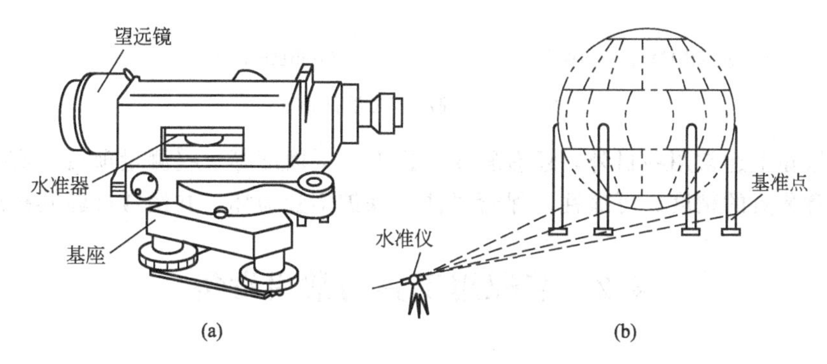

图 4-4　用水准仪测量水平度

(3) 垂直度的测量

① 相对垂直度的测量　相对垂直度是指焊件上被测的直线（或面）相对于测量基准线（或面）的垂直程度。尺寸较小的工件可以利用 90°角尺直接测量；工件尺寸较大时，可以采用辅助线测量法，即用刻度尺作为辅助线测量直角三角形的斜边长。

② 铅垂度的测量　铅垂度的测量是测定焊件上线或面是否与水平面垂直。常用吊线锤

或经纬仪测量。

实例六 如图 4-5 所示用经纬仪测球罐柱脚的铅垂度。

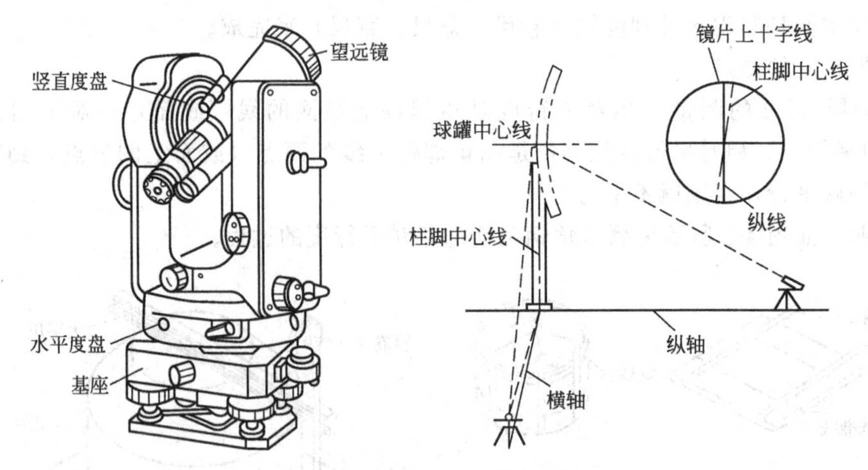

图 4-5 用经纬仪测铅垂度

(4) 同轴度的测量 同轴度是指焊件上具有同一轴线的几个零件装配时其轴线的重合程度。

(5) 角度的测量 装配中通常利用各种角度样板来测量零件间的角度。

实例七 如图 4-6（a）、图 4-6（b）所示同轴度和角度的测量过程。

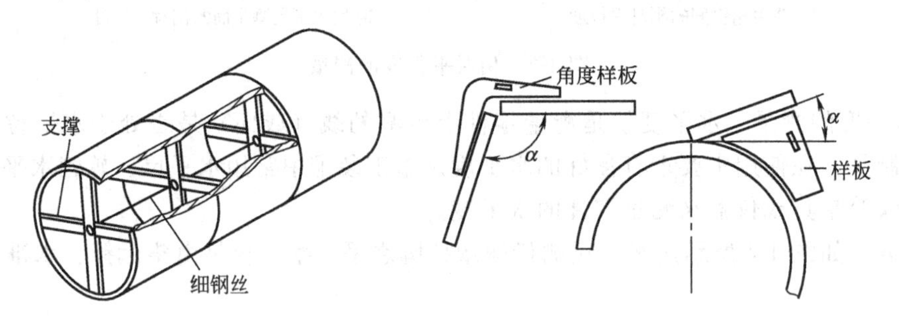

(a) 在圆筒内拉钢丝测同轴度 (b) 角度的测量

图 4-6 同轴度和角度的测量

装配测量除上述常用项目外，还有斜度、挠度、平面度等一些测量项目。需要强调的是在使用中注意量具的精度、可靠性，保管时注意保护不受损坏，并经常检验其精度。

4.2 装配用工具与常用设备

技能点：

1. 装配中所用工具及设备的选用；
2. 工装夹具的设计。

知识点：

1. 装配设备的要求；
2. 夹具制造公差的确定。

4.2.1 装配用工具及量具

1. 装配用工具

常用的装配工具有大锤、小锤、錾子、手动砂轮、撬杠、扳手及各种划线用的工具等。

2. 装配用量具

装配常用的量具有钢卷尺、钢直尺、水平尺、90°角尺、线锤及各种检验零件定位情况的样板等。如图 4-7 所示为常用装配工具及量具。

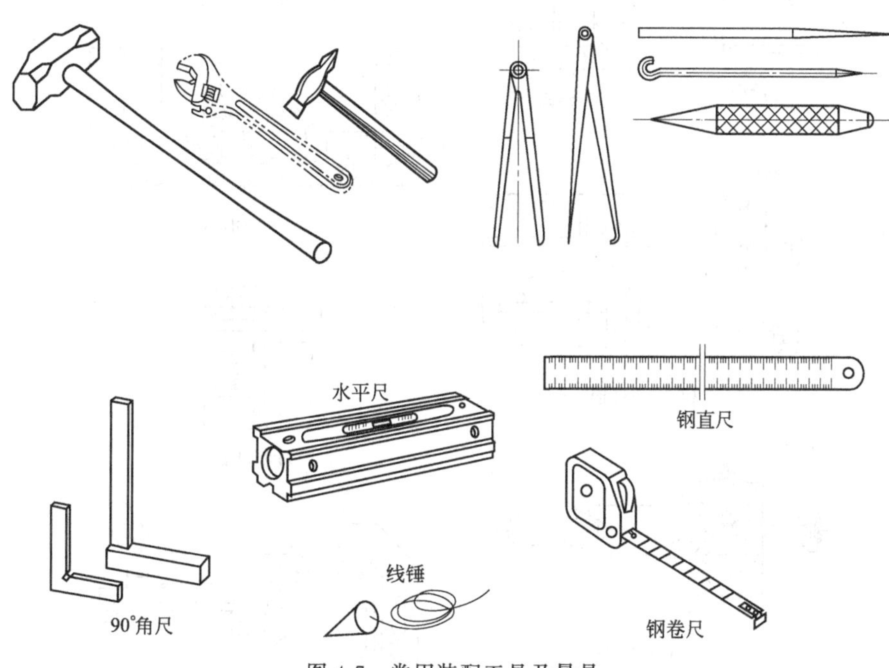

图 4-7 常用装配工具及量具

4.2.2 定位器

定位器是保证焊件在夹具中获得正确装配位置的零件或部件。这些零件和部件又称为定位元件和定位机构。

定位器的结构主要有挡铁、支撑钉、定位销、V 形铁、定位样板五类。挡铁和支撑钉用于平面的定位；定位销用于焊件依孔的定位；V 形铁用于圆柱体、圆锥体焊件的定位；定位样板用于焊件与已定位的焊件之间的给定定位。定位器可做成拆卸式的、进退式的和翻转式的，它们的结构如图 4-8 所示。

对定位器的技术要求是耐磨度、刚度、制造精度和安装精度。在安装基准面上的定位器主要承受焊件的重力，与焊件接触的部位易磨损，要有足够的硬度。

4.2.3 压夹器

常用的压夹器有以下几种。

1. 楔形压夹器

楔形压夹器主要通过斜面的移动所产生的压力夹紧焊件。如图 4-9 所示为斜楔的工作原理图，当斜楔受到外力 F 作用时，斜楔可在各力作用下达到平衡（根据静力学知识可以分析受力平衡，在此不再分析）。

2. 螺旋压夹器

螺旋压夹器一般由螺杆、螺母和主体三部分组成。使用时，通过螺杆与螺母的相对运动

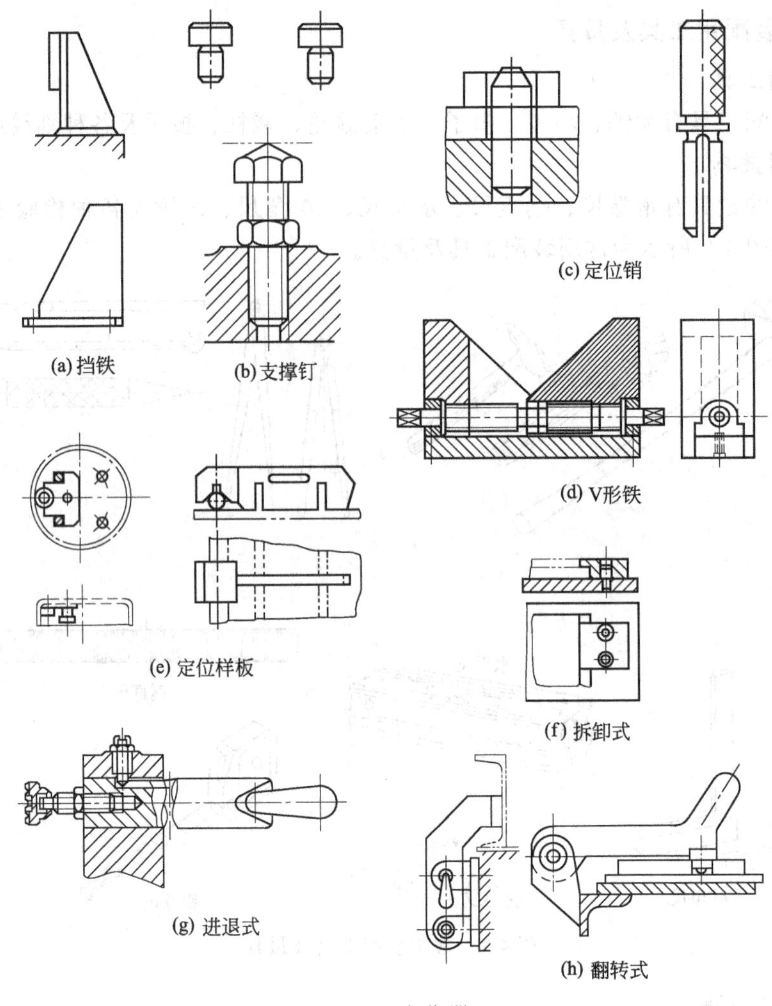

图 4-8 定位器

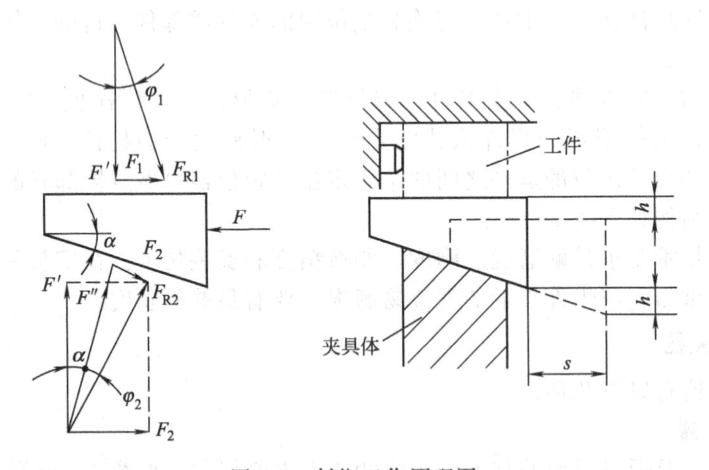

图 4-9 斜楔工作原理图

来传递外力达到紧固零件的目的。螺旋压夹器根据零件形状和工作情况的差异有多种形式，生产中常见有弓形压夹器（如图 4-10 所示）和螺旋推撑器（如图 4-11 所示）。制造螺杆的材料常用 45 钢，热处理表面硬度为 33～38HRC。螺纹形状与螺杆直径有关，一般直径在

12mm 以下采用三角螺纹；超过 12mm 则采用梯形螺纹。螺纹容易磨损，一般做得较厚，还可以设计成套筒固定在主体上。

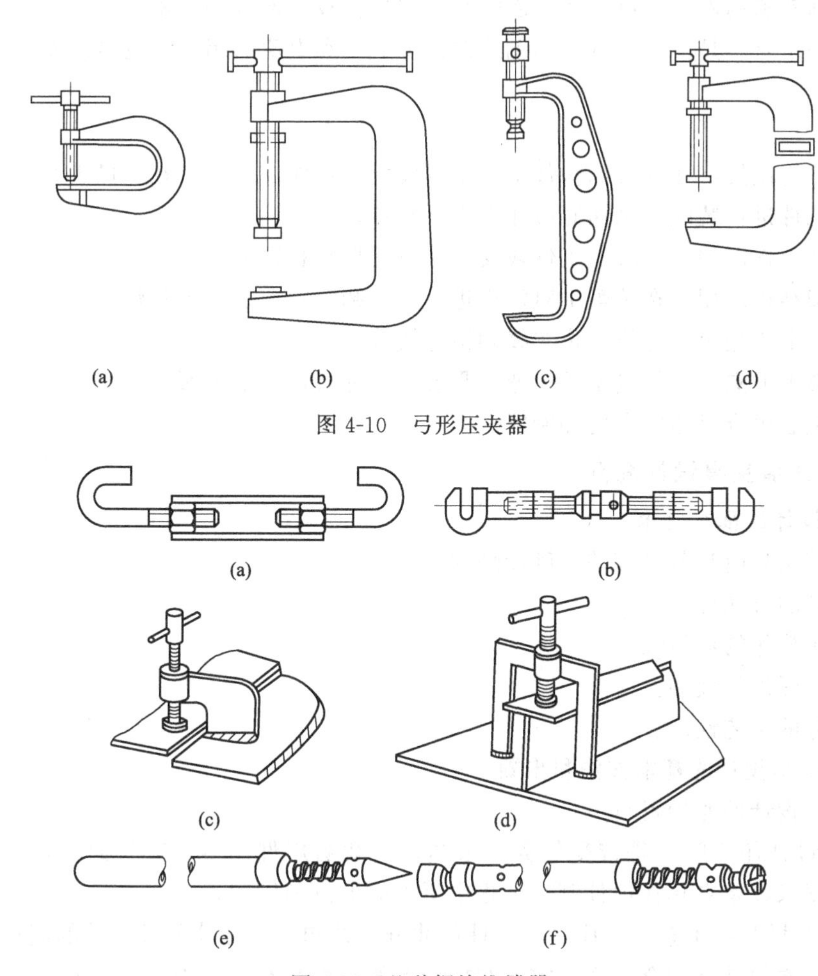

图 4-10　弓形压夹器

图 4-11　几种螺旋推撑器

4.2.4　装配用设备

1. 对装配设备的要求

装配用设备有平台、转台、专用胎架等，对装配用设备的要求如下。

(1) 平台或胎架应具备足够的强度和刚度。

(2) 平台或胎架表面应光滑平整，要求水平放置。

(3) 尺寸较大的装配胎架应安置在相当坚固的基础上。

(4) 胎架应便于对工件进行装、卸、定位焊等装配操作。

(5) 设备构造简单，使用方便，成本较低。

2. 装配用平台

(1) 铸铁平台　是由许多块铸铁组成，结构坚固，工件表面进行了机械加工，平面度较高，面上具有许多孔洞，便于安装夹具。常用于进行装配。

(2) 钢结构平台　是由型钢和厚钢板焊制而成。上表面一般不经过切削加工，常用于制作大型焊接结构或制作桁架结构。

（3）导轨平台　是由安装在水泥基础上的许多导轨组成，用于制作大型结构件。

（4）水泥平台　是由水泥浇注而成的一种简易而又适用于大面积工作的平台。可以用于拼接钢板、框架和构件，又可以在上面安装胎架进行较大部件的装配。

（5）电磁平台　是由平台（用型钢或钢板焊成）和电磁铁组成。电磁铁能将型钢吸紧固定在平台上。

3. 胎架

胎架又称为模架，在焊接结构件不适于以装配平台作支撑或者在批量生产时，需要制造胎架来支撑工件进行装配。制作时应注意以下几点。

（1）胎架工作面的形状应与工件被支撑部位的形状相适应。

（2）胎架结构应便于在装配中对焊件进行装、卸、定位、夹紧和焊接等操作。

（3）胎架上应划出中心线、位置线和检查线等。

（4）胎架上的夹具应尽量采用快速夹紧装置，并有适当的夹紧力。

（5）胎架必须有足够的强度和刚度。

4.2.5　工装夹具设计简介

1. 夹具设计的基本要求

（1）工装夹具应具备足够的强度和刚度。

（2）夹紧的可靠性。

（3）焊接操作的灵活性。

（4）便于焊件的装卸。

（5）良好的工艺性。

2. 工装夹具设计的基本方法和步骤

（1）夹具设计的原始资料

① 夹具设计任务单　是接受任务的依据，它载明焊件图号、夹具的功用、生产批量、对该夹具的要求以及夹具在焊件制造过程中所占的地位和作用。

② 工件图样及技术条件　应注意焊件尺寸链的结构、尺寸公差及焊件的制造精度等级；还需要了解与本焊件有配合关系的零件在构造上的联系和对互换协调的要求。

③ 焊件的装配工艺规程　设计者对此项必须十分清楚，以保证所设计的夹具满足工艺规程的一切要求。

④ 夹具设计的技术条件　其内容有夹具的用途、所装配焊件在夹具中的位置、焊件的定位基准、主要接头及定位尺寸、保证夹具的调整和检验时所需的样件及样板等。

⑤ 焊接装配夹具的标准化和规范化资料　包括国家标准、企业标准和规格化夹具结构图册等。

（2）设计的内容和步骤

① 确定夹具结构方案，绘制草图。

② 绘制夹具工作总图。

③ 绘制装配焊接夹具零件图。

④ 编写装配焊接夹具设计说明书。

3. 夹具制造公差的确定

需注意的问题：

（1）以焊件的平均尺寸作为夹具相应的基本尺寸；

（2）定位元件有焊件定位基准间的配合；

（3）采用焊件上相应工序的中间尺寸作为夹具的基本尺寸；

（4）夹具上起导向作用并相对运动的元件间的配合及没有相对运动的元件间的配合，一般的选用范围见表 4-1。

表 4-1　夹具常用配合的选择

工作形式	精度选择	示　例
定位元件与工件定位基准间	$\frac{H7}{h6}$,$\frac{H7}{g6}$,$\frac{H8}{h7}$,$\frac{H8}{f7}$,$\frac{H9}{h9}$	定位销与工件基准孔
有导向作用并有相对运动元件间	$\frac{H7}{h6}$,$\frac{H7}{g6}$,$\frac{H8}{h7}$,$\frac{H9}{f9}$,$\frac{H9}{d9}$	滑动定位件与导套间
没有相对运动的元件间	$\frac{H7}{n6}$(无紧固件) $\frac{H7}{k6}$,$\frac{H7}{js6}$(有紧固件)	支承钉,定位销,定位销衬套的固定

4. 夹具结构的工艺性

（1）基本要求

① 结构的组成应尽量采用各种标准件和通用件，专用件的比例应尽量少。

② 专用件的结构形式应容易制造，装配和调试方便。

③ 便于夹具的维护和修理。

（2）合理选择装配基准

① 装配基准应该是夹具上一个独立的基准表面或线，其他元件的位置只对此表面或线进行调整和装配。

② 装配基准一经加工完毕，其位置和尺寸就不应变动。

（3）结构的调整性　经常采用螺栓紧固、销钉定位方式，调整和装配夹具时可对某一元件尺寸较方便地修磨。

（4）维修工艺性　应考虑维修方便问题。

（5）制造工装夹具的材料　首先取决于夹具元件的工作条件。

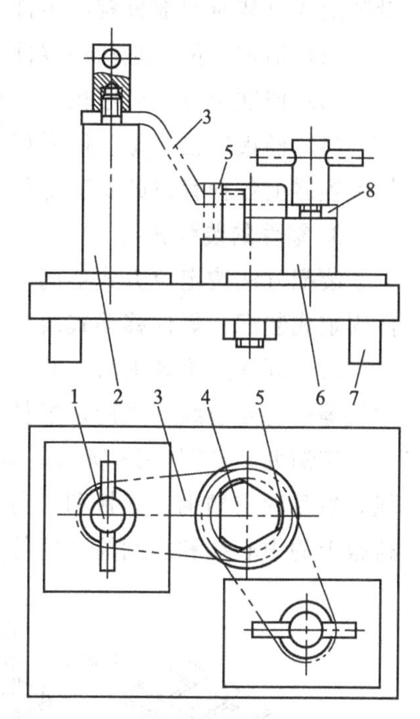

图 4-12　肋板与衬套的装配夹具

实例八　轻便夹具的设计

用来装配由 2～3 个零件组成的焊件，自身结构较简单的夹具。如图 4-12 所示是将两个肋板与一个衬套进行装配的夹具，衬套 5 用三棱销钉 4 定位，两个带孔的肋板 3、8 用特殊销钉 2 和 6 定位，销钉头部有一段螺纹，转动高帽螺母 1 可将肋板 3、8 夹紧在支撑面上，支撑钉 7 用于夹具的搬放。

4.3　焊接结构的装配方法

技能点：

1. 装配前的准备、定位；

2. 装配工艺过程制定；

3. 装配顺序制定。

知识点：

典型构件的结构（T形梁的结构、箱形梁的结构、筒节的对接结构）。

4.3.1 装配基本方法

1. 装配前的准备

（1）熟悉产品图样和工艺规程。

（2）装配现场和装配设备的选择。

（3）工量具的准备。

（4）零、部件的预检和除锈。

（5）适当划分部件。

2. 零件的定位方法

（1）划线定位 就是在平台上或零件上划线，按线装配零件。通常用于简单的单件小批量装配或总装时的部分较小零件的装配。

（2）销轴定位 是利用零件上的孔进行定位。

（3）挡铁定位 应用较广泛，可以利用小块钢板或小块型钢作为挡铁，取材方便。

（4）样板定位 是利用样板来确定零件的位置、角度等，常用于钢板之间的角度测量定位和容器上各种管口的安装定位。

3. 零件的装配方法

装配方法按定位方式不同分为划线定位装配、工装定位装配；按装配地点不同可分为焊件固定式装配、焊件移动式装配。

（1）划线定位装配法 利用在零件表面或装配平台表面划出焊件的中心线、接合线、轮廓线等作为定位线，来确定零件间的相互位置，以定位焊固定进行装配。

实例九 如图4-13所示，图4-13（a）中先以划在底板上的中心线和接合线作定位基准线，然后确定槽钢、立板和三角形加强肋的位置来进行装配；图4-13（b）中是利用大圆筒盖板上的中心线和小圆筒上的等分线来确定二者的相对位置。

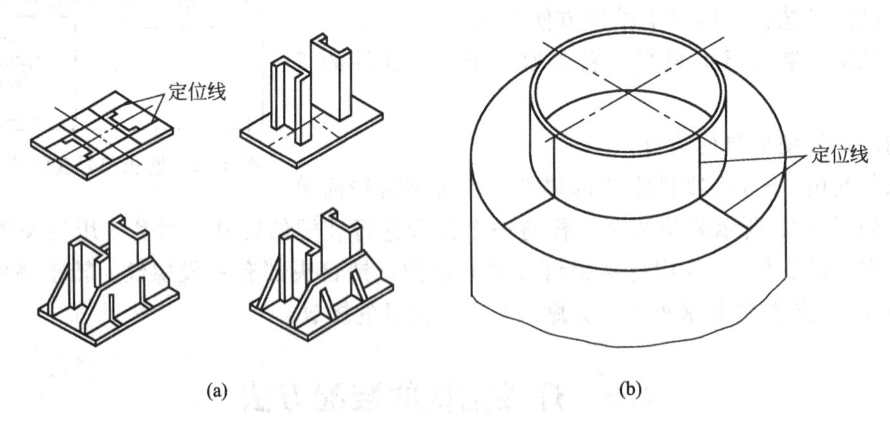

图4-13 划线定位装配图

（2）工装定位装配法 分为样板定位装配法和定位元件定位装配法。

① 样板定位装配法 利用样板来确定零件的位置、角度等，然后夹紧经定位焊完成装配的方法。如图4-14所示。

② 定位元件定位装配法　是用一些特定的定位元件（如板块、角钢、销轴等）构成空间定位点来确定零件位置，并用装配夹具夹紧进行装配。如图 4-15 所示。

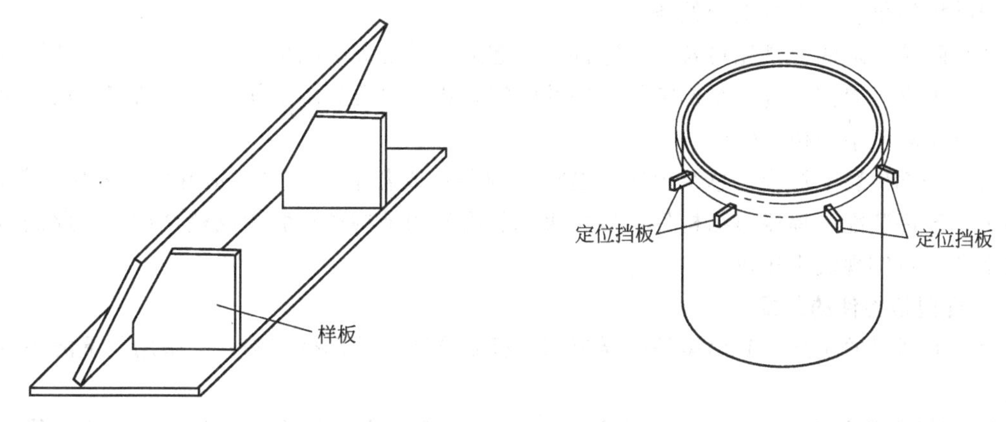

图 4-14　样板定位装配图　　　　图 4-15　挡铁定位装配图

(3) 固定式装配法　就是在一处固定的工作位置上装配完全部零、部件。一般用于重型焊接结构产品和产量不大的情况下的装配中。

(4) 移动式装配法　是焊件顺着一定的工作地点（设有装配胎位和相应的工人）按工序流程进行装配。此法应用的面比较广。

4. 装配中的定位焊

定位焊是用来固定各焊接零件之间的相互位置，以保证整体结构得到正确的几何形状和尺寸。定位焊缝一般比较短，而且该焊缝作为正式焊缝留在焊接结构之中，因此所使用的焊条或焊丝应与正式焊缝所使用的焊条或焊丝牌号和质量相同。进行定位焊应注意的问题：

(1) 应选用直径小于 4mm 的焊条或 CO_2 气体保护焊直径小于 1.2mm 的焊丝；

(2) 定位焊有缺陷时应该铲掉并重新焊接，不允许留在焊缝内；

(3) 定位焊缝的引弧和熄弧处应圆滑过渡；

(4) 定位焊缝长度一般根据板厚选取 15～20mm，间距为 30～50mm。

4.3.2　装配工艺过程的制定及典型结构件的装配

1. 装配工艺过程的制定

(1) 内容　包括零件、组件、部件的装配次序；在各装配工序上采用的装配方法；选用何种提高装配质量和生产率的装备、胎夹具和工具等。

(2) 装配工艺方法的选择

① 互换法　该方法是用控制零件的加工误差来保证装配精度。零件是完全可以互换的，要求零件的加工精度较高，适用于批量及大批量生产。

② 选配法　它是在零件加工时为降低成本而放宽零件加工的公差带。装配时需挑选合适的零件进行装配，增加了装配工时和难度。

③ 修配法　它是指零件预留修配余量，在装配过程中修去部分多余的材料，使装配精度满足技术要求。

2. 装配顺序的制定

实际上是装配焊接顺序的确定。在确定时，不能单纯孤立地只从装配工艺的角度去考虑，必须与焊接工艺一起全面分析。主要有以下三种类型。

（1）整装—整焊　就是将全部零件按图样要求装配起来，然后转入焊接工序，将全部焊缝焊完。装配工人和焊接工人各自在自己的工位上完成，可实现流水作业，停工损失很小。适用于结构简单、大批量生产的条件。

（2）随装—随焊　是先将若干个零件组装起来，随之焊接相应的焊缝，然后再装配若干个零件，再进行焊接，直至全部零件装完并焊完，成为符合要求的构件。此法仅适用于单件小批量产品和复杂结构的生产。

（3）分部件装配焊接—总装焊接　是将结构分解成若干个部件，先由零件装配成部件，然后再由部件装配—焊接成结构件，最后再把装配好的结构件总装焊成整个产品。此法适合批量生产，可实现流水作业。

3. 典型结构件的装配

（1）T形梁的装配　T形梁是由翼板和腹板组合而成的焊接结构。可采用如下两种装配方法。

① 划线定位装配法　先将腹板和翼板矫直、矫平，然后在翼板上划出腹板位置线，并打上样冲眼。将腹板按位置线立在翼板上，并用90°角尺校对两板的相对垂直度，然后进行定位焊。定位焊后在经检验校正，才能焊接。

② 胎夹具装配法

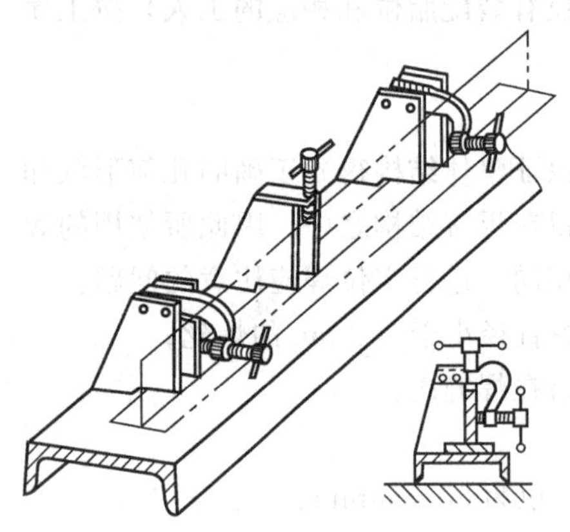

图4-16　T形梁的胎具装配

实例十　大批生产T形梁时，采用图4-16所示进行装配。装配时，不用划线，将腹板立在翼板上，两端对齐，以压紧螺栓的支座为定位元件来确定腹板在翼板上的位置，并由水平压紧螺栓和垂直压紧螺栓分别从两个方向将腹板与翼板夹紧，然后在接缝处定位焊。

（2）箱形梁的装配　箱形梁一般由翼板、腹板、肋板组合焊接而成。可采用下列装配法。

① 划线装配法

实例十一　图4-17所示为箱形梁的装配过程，装配前先把翼板、腹板分别矫直、矫平，板料不够先进行拼接。在装配平台上进行装配。

② 胎夹具装配法　批量生产箱形梁可以利用装配胎夹具进行装配，以提高装配质量和装配效率。

（3）筒节的对接装配　装配要求是保证对接环缝和两节圆筒的同轴度误差符合技术要求。装配前对两圆筒节进行矫圆，对于大直径薄壁圆筒体的装配，为防止圆筒体变形可以在筒体内使用径向推撑器。如图4-18所示。

① 筒体的卧装　主要用于直径较小长度较长的筒体装配，装配时需借助装配胎架。如图4-19所示为筒体在滚轮架和辊筒架上的装配。直径很小时也可以在槽钢或型钢架上进行。

② 筒体的立装　适用于直径较大和长度较短的筒节拼装。

实例十二　如图4-20所示。顺序是先将筒节放在平台（或水平基础）上，并找好水平，在靠近上口处焊上若干个螺旋压马；然后将另一节圆筒吊上，用螺旋压马和焊在两节圆筒上的若干个螺旋拉紧器拉紧并矫正其同轴度，调整合格后进行定位焊。

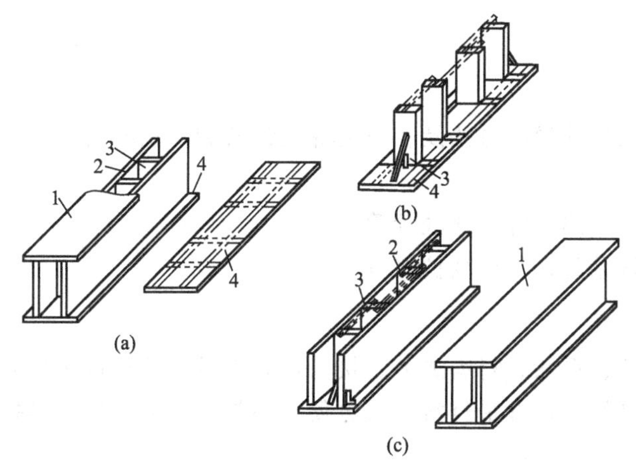

图 4-17　箱形梁的装配

1,4—翼板；2—腹板；3—肋板

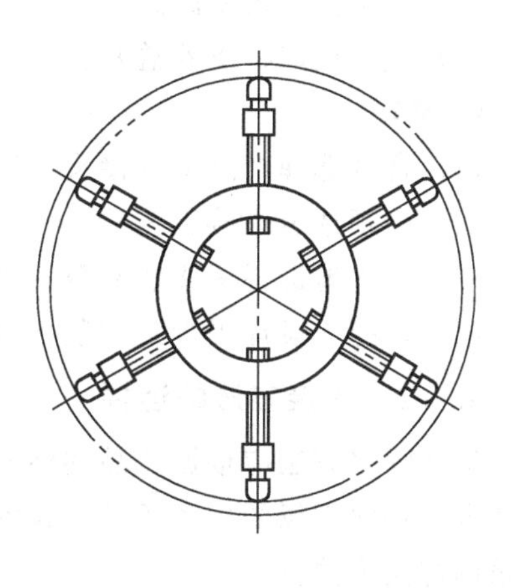

图 4-18　径向推撑器撑圆筒体

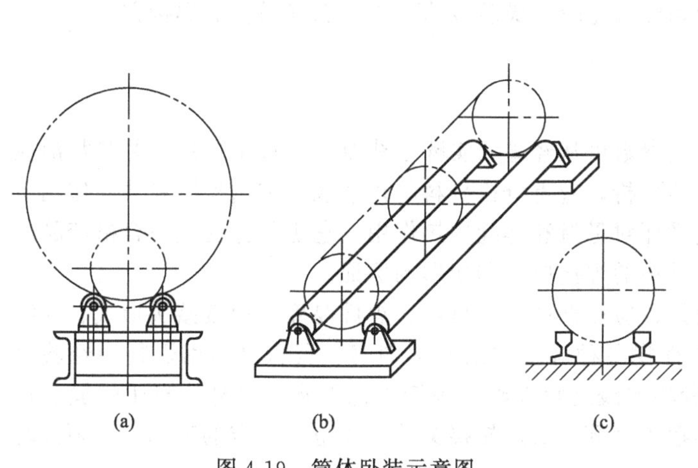

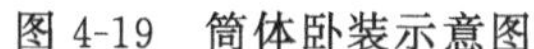

图 4-19　筒体卧装示意图

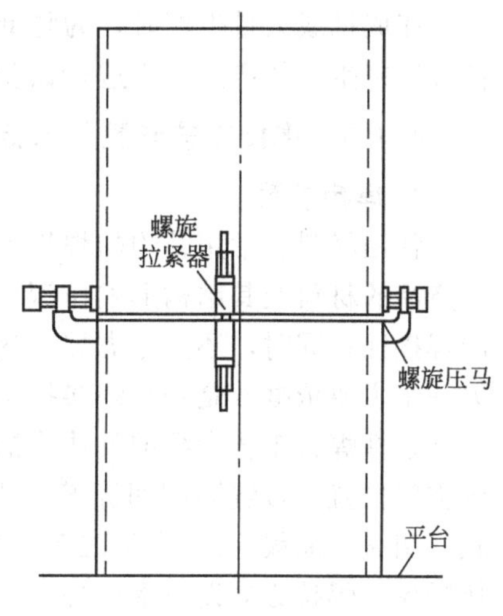

图 4-20　筒体立装

4.4　焊接结构的焊接工艺

技能点：

1. 焊接方法的选择；
2. 焊接工艺参数的确定。

知识点：

1. 焊接工艺制定的目的、内容；
2. 焊接参数对焊缝的影响。

4.4.1　焊接工艺制定的目的和内容

1. 目的

(1) 获得满意的焊接接头，保证焊缝的外形尺寸和内部质量都能达到技术条件要求。

(2) 焊后焊接应力与变形尽可能小，焊后变形量应在技术条件许可的范围内。

（3）焊接生产效率高。

（4）成本低，经济效益好。

2. 内容

（1）合理选择产品中各接头焊缝所采用的焊接方法及相应的焊接设备和焊接材料。

（2）合理选定焊接工艺参数。

（3）合理地选择焊接热参数（预热、后热、焊后热处理等）。

（4）选择或设计焊接工艺装备（焊接胎具、焊件变位机等）。

4.4.2 焊接方法的选择

选择焊接方法应根据产品的结构尺寸、形状、材料成分、接头形式以及对焊接接头的质量要求，加之现场的生产条件、技术水平等，选择最经济、最方便、高效率并且能保证焊接质量的焊接方法。

为了正确选择焊接方法，必须了解各种焊接方法的生产特点及适用范围（焊件厚度、焊缝空间位置等）、焊接质量及其稳定程度、经济性以及工人的劳动条件等。

在成批或大量生产时，为降低生产成本，提高产品质量及经济效益，对于能够用多种焊接方法来生产的产品，应进行试验和经济比较，最后核算成本，选择最佳的焊接方法。

4.4.3 焊接工艺参数的选定

1. 焊接参数

常用材料、常用结构的焊接工艺参数可从经验和实践中获取。在选定焊接工艺参数前应对产品的材料及其结构形式作深入的分析，着重分析材料的化学成分和结构因素共同作用下的焊接性；同时，还要考虑焊接热循环对母材和焊缝的热作用，它也是保证获得合格产品的另一个主要依据，是获得焊接接头最小的焊接应力和变形的保证。

选择焊接工艺参数的具体作法是，应根据产品的材料、焊件厚度、焊接接头形式、焊缝的空间位置、接缝装配间隙等，去查找各种焊接方法有关图书、资料（利用资料中经验公式、图表、曲线等），在加之工作者的实践经验来确定焊接工艺参数。另外，对于焊缝的焊接顺序、焊接方向以及多层焊的熔敷顺序等，对焊接接头的形成也有一定的影响，必须同时认真考虑和认真试验。

新材料的焊接工艺参数需通过焊接工艺评定之后确定（详见第 6 章）。

2. 焊接热参数

（1）预热　是焊前对焊件的全部或局部进行加热的工艺过程。其目的是减缓焊接接头加热时的温度梯度及冷却速度，适当延长 800～500℃ 区间的冷却时间，减少脆硬组织，防止冷裂纹的产生；另外，有助于减小因温差而造成的焊接应力。预热温度的高低，应根据钢材脆硬倾向的大小、冷却条件和结构刚度等因素通过焊接性试验而定。钢材的脆硬倾向大、冷却速度快、结构刚度大，其预热温度要相应提高。

（2）后热　是焊后立即对焊件全部（或局部）进行加热并保温后空冷的工艺措施。其目的是减缓焊缝和热影响区的冷却速度，对冷裂纹倾向大的材料的后热处理是消氢处理，即焊后立即加热到 250～350℃ 范围，保温 2～6h 后空冷。选用合适的后热温度可以降低一定的预热温度，在一定程度上改善了焊工的劳动条件。对于焊后要立即进行焊后热处理的焊件不需要另作后热。

（3）焊后热处理　其目的是降低焊接残余应力；软化脆硬部位；改善焊缝和热影响区的组织和性能，提高接头的塑性和韧性；稳定结构的尺寸。

实例十三 Q235（16Mn）钢的焊接工艺。

Q235（16Mn）钢是热轧正火钢，板厚$\delta<30$mm的焊件，焊前一般可不必预热，在低温或大刚度、大厚度结构上焊接时，为防止出现冷裂纹，仍需采取预热措施。

焊前准备：

钢板可采用氧-乙炔火焰、等离子弧切割下料。板厚$\delta<90$mm时，切割边缘不必预热；$\delta>90$mm时，钢板切割起点处应预热至100～120℃。

焊条电弧焊工艺：

可采用V形或U形坡口。

使用焊条：E5003（J502）、E5001（J502）、E5016（J506）、E5015（J507）。

焊接工艺参数：

使用ϕ4mm焊条时，焊接电流$I=160\sim180$A，电弧电压$U=21\sim22$V；使用ϕ5mm焊条时，焊接电流$I=210\sim240$A，电弧电压$U=23\sim24$V。

预热温度：

使用E5001、E5003酸性焊条时，板厚$\delta>20$mm，预热至100℃以上；使用E5015、E5016碱性焊条时，板厚$\delta>32$mm，预热至100℃以上。

埋弧焊工艺：

可采用I形、V形和U形坡口。

使用焊丝：H08MnA，H10Mn2。

焊剂烘干规范：HJ431，250～300℃/2h；SJ301，300～350℃/2h。

焊接工艺参数：使用ϕ4mm焊丝时，焊接$I=600\sim680$A，电弧电压$U=34\sim38$V，焊接速度$v=20\sim30$m/h；使用ϕ5mm焊丝时，焊接电流$I=650\sim720$A，电弧电压$U=36\sim40$V，焊接速度$v=25\sim32$m/h。

预热温度：

板厚$\delta>50$mm，预热温度为100～120℃以上。

焊后热处理：

对于低合金高强钢结构，接头最大厚度超过50mm的重要承载部件，焊后需作消除应力处理，温度600～650℃，保温时间2.5min/mm。对于压力容器的预热焊部件（壁厚$\delta>34$mm）时，要求作焊后消除应力处理，最佳消氢处理温度为600～620℃，保温时间3min/mm，加热速度为每小时150～200℃。

4.5 焊接变位机械

技能点：

选择焊接变位机械。

知识点：

焊接变位机械的基本构成。

焊接变位机械的作用是改变焊件、焊机（或焊钳、焊枪等）、焊工的操作位置，以达到和保持最佳的施焊条件，同时利于实现焊接的机械化和自动化。

4.5.1 焊件变位机械

1. 焊件变位机

它是集翻转（或倾斜）和回转功能于一体的变位机械。如图4-21所示的焊件变位机。

图 4-21（a）、（b）分别为伸臂式和座式焊件变位机械。

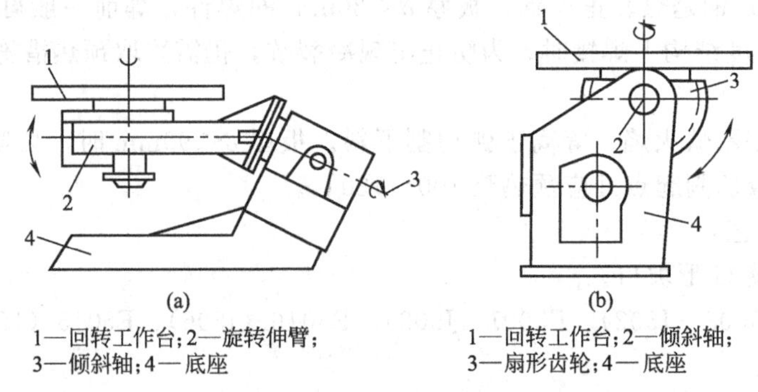

图 4-21 焊件变位机

2. 焊接滚轮架

它是借助主动滚轮与焊件之间的摩擦力带动筒形焊件旋转的变位机。主要用于锅炉、压力容器筒体的装配和焊接。常用的是自调式滚轮架，主要适用于容器；另外还有履带式滚轮架，主要用于薄壁容器，如图 4-22 所示。

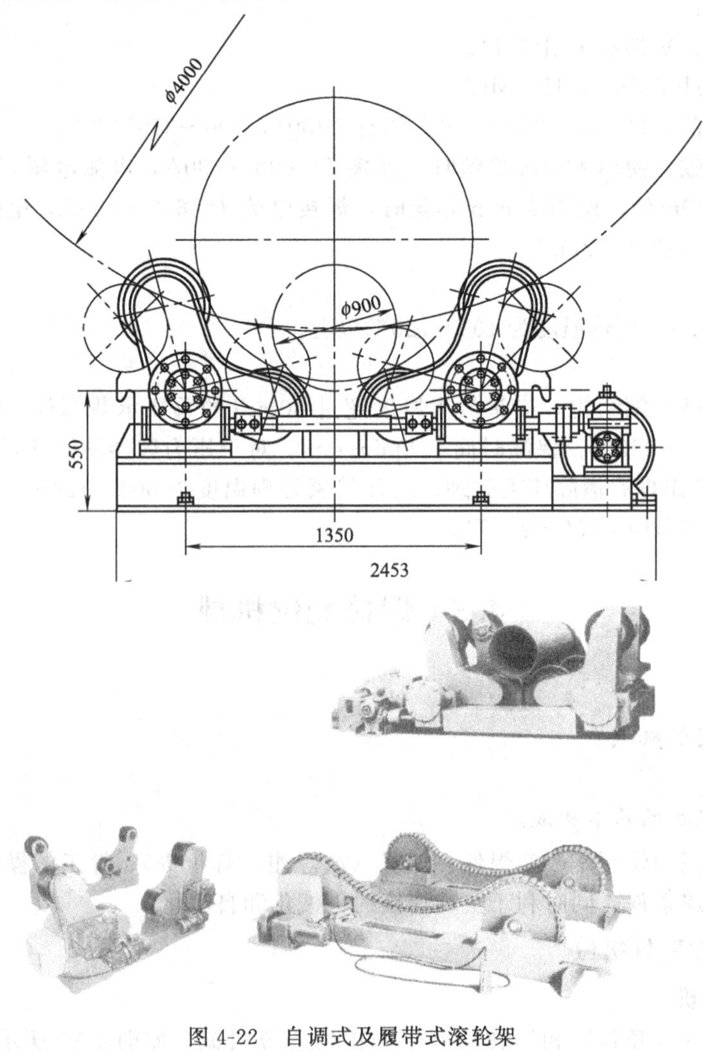

图 4-22 自调式及履带式滚轮架

3. 焊接回转台

它是将焊件绕垂直轴或倾斜轴回转的焊件变位机械，主要用于高度不大的回转体焊件的焊接、堆焊、切割工作。如图 4-23 所示为几种常用的焊接回转台。

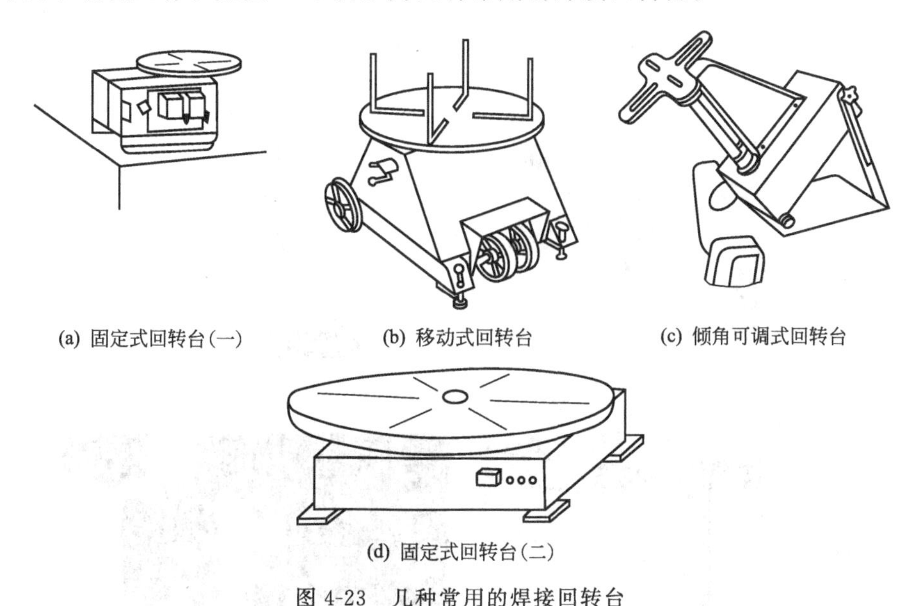

(a) 固定式回转台(一)　(b) 移动式回转台　(c) 倾角可调式回转台

(d) 固定式回转台(二)

图 4-23 几种常用的焊接回转台

4. 焊接翻转机

它是将焊件绕水平轴翻转或倾斜，使之处于有利于装焊位置的焊接变位机。如图 4-24 所示是一种翻转机。

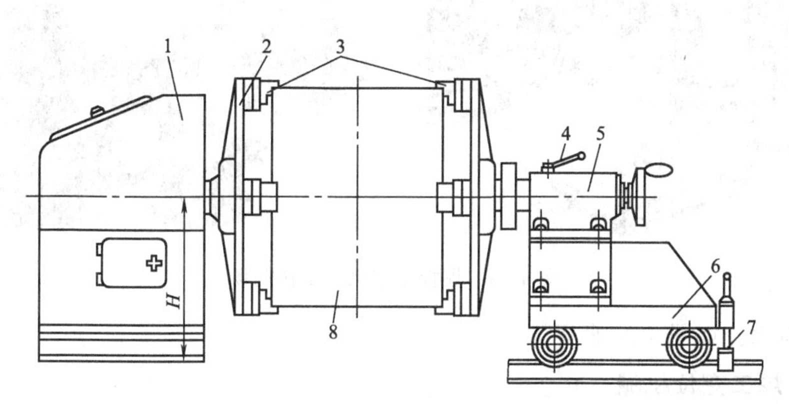

图 4-24 焊接翻转机

1—头架；2—工作台；3—卡盘；4—锁紧装置；5—调节装置；
6—尾架台车；7—制动装置；8—焊件

4.5.2 焊机变位机械

1. 焊接操作机

它是将焊接机头准确送达并保持在待焊位置，或是以选定的焊接速度沿规定的轨迹移动焊接机头，配合完成焊接操作的变位机械。如图 4-25 所示为几种焊接操作机。

2. 电渣焊立架

许多厚板的焊接常采用电渣焊方法。焊接时，焊缝多处于立焊位置，焊接机头沿专用轨

图 4-25　焊接操作机及工作现场

道由下而上运动。如图 4-26 所示。

4.5.3　焊工变位机械

这是改变操作工人工作位置的机械装置。设计和使用时安全至关重要，移动要平稳，工作时应逐渐或突然改变原定位置；另外还应灵活、调节方便、准确，并有足够的承载能力。图 4-27 是移动式液压焊工升降台。使用时，手摇液压泵 2 可驱动工作台升降，还可以移动小车的停放位置，并通过支撑装置 1 固定；图 4-28 所示是焊工升降台的结构形式，当工作台升至所需要高度后活动平台可水平移出，便于焊工接近工件。另外，有的工厂有自制的焊工操作架等装置。设计和使用时安全问题至关重要。

4.5.4　变位机械的组合应用

在实际焊接中尤其是大批量生产，各类机械装备采用多种多样的组合运用形式。通过组合更加充分发挥焊接机械设备的作用，提高装配机械化水平和高质量、高效率。图 4-29 是操作机和焊接滚轮架相组合进行筒体外环缝的焊接。

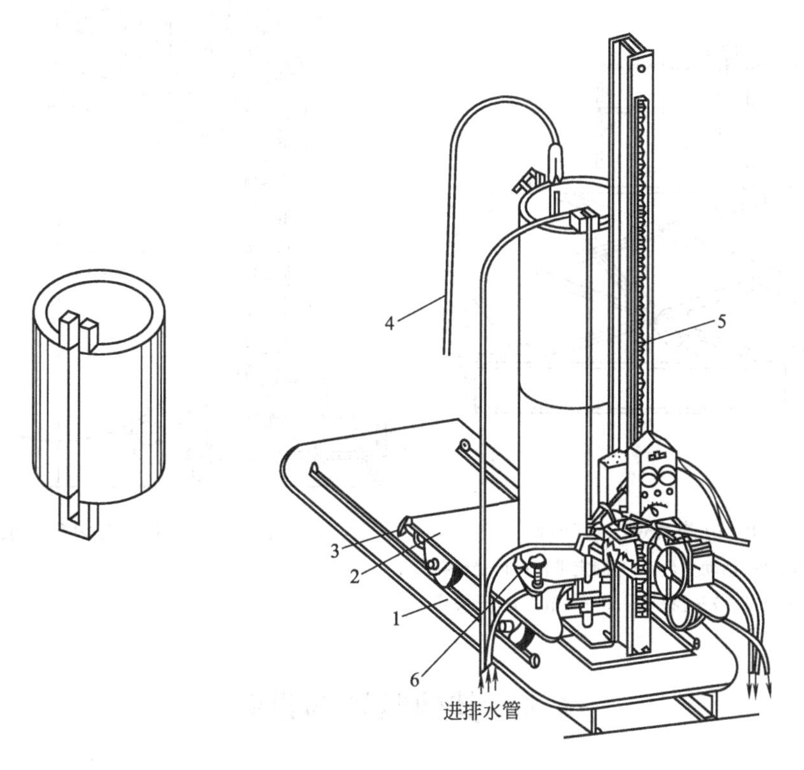

图 4-26 电渣焊立架

1—底座；2—台车；3—制动器；4—馈电线；5—齿条；6—回转台

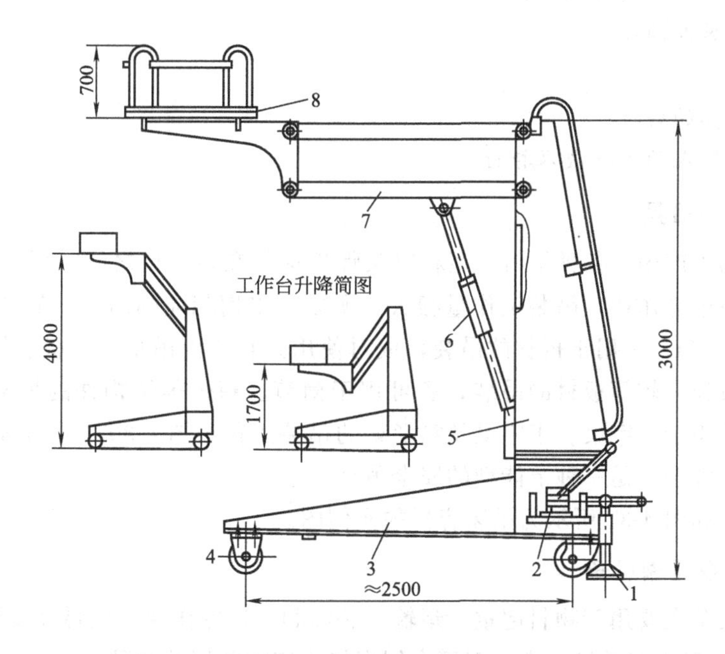

图 4-27 移动式液压焊工升降台

1—支撑装置；2—手摇液压泵；3—底架组成；4—走轮；5—立架；

6—柱塞液压缸；7—转臂；8—工作台

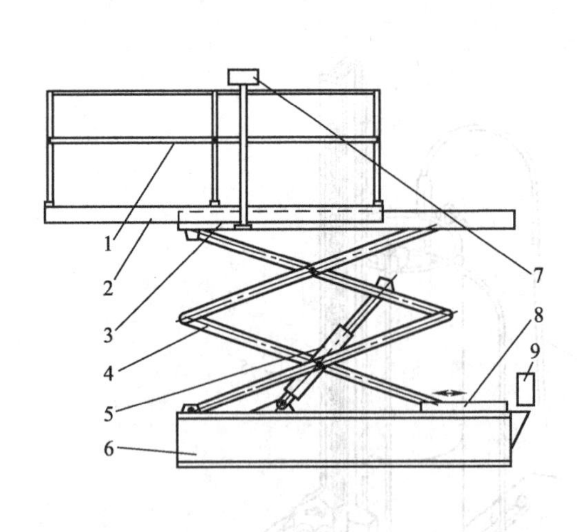

图 4-28　升降式焊工升降台

1—活动平台栏杆；2—活动平台；3—固定平台；4—铰接杆；5—液压缸；6—底架；7—控制杆；8—导轨；9—开关箱

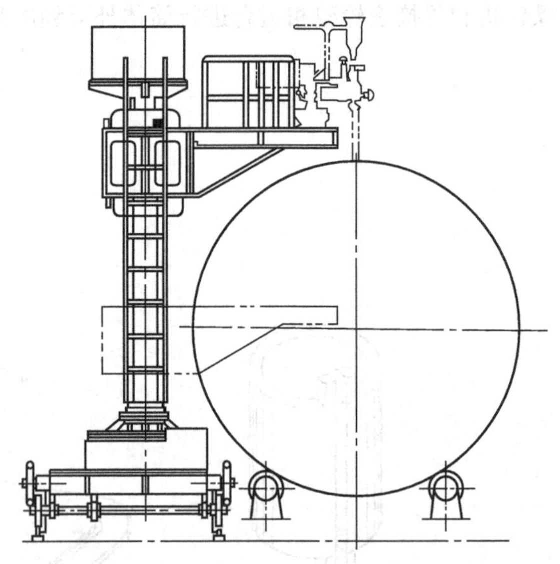

图 4-29　操作机与滚轮架组合

4.6　其他装置与设备

技能点：

1. 装焊吊具的选用与操作；
2. 弧焊机器人的操作。

知识点：

1. 装焊吊具的种类；
2. 弧焊机器人的主要技术指标。

4.6.1　装焊吊具

在焊接结构生产中，各种板材、型材以及焊接构件在各工位之间需要往返吊运、翻转、就位、分散或集中等作业，吊装工作量很大，所以要采用相应的吊具。如图 4-30 所示为几种吊具。图 4-30（a）是用于板材的吊装，成对使用。它是由吊爪、压板、销轴、吊耳等组成。既可用于较长、较薄板材的吊装，还可用于筒节、箱体等结构件的吊装。图 4-30（b）是梁用吊具，多用于工字梁、丁字梁及箱形梁的吊装工作。图 4-30（c）为磁性吊具，其优点是安全可靠、省电，是一种节能型的安全吊具。

实例十四　如图 4-31 所示为吊装容器的实例图。

4.6.2　起重运输设备

起重运输设备主要用于物料起重、运输、装卸和安装等作业。主要分成桥式和壁架式两种，如图 4-32 所示为起重机分类。下面介绍焊接生产中常用的两种。

1. 桥式起重机

5t 以下的起重机一般由电葫芦或链轮小车和一段工字梁或桁架组成。如图 4-33 所示，在工厂应用较普遍，形式也多样：有人工开动的；也有遥控的，用来实现工件在车间内的搬运、装卸和安装等任务。

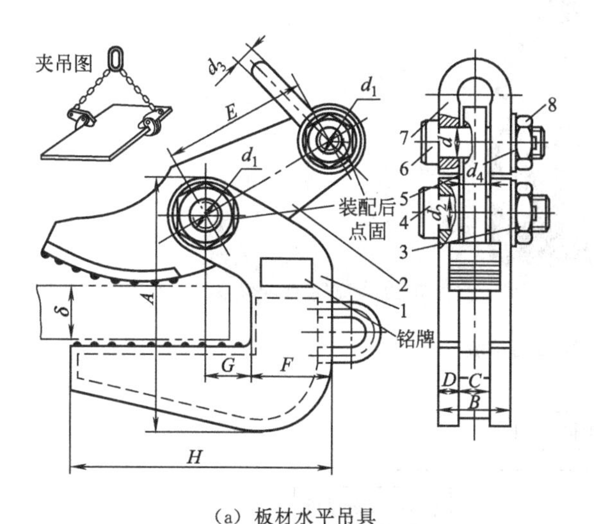

（a）板材水平吊具

1—吊爪；2—压板；3—螺栓；4,6—轴；5—左爪；7—连接板；8—螺母

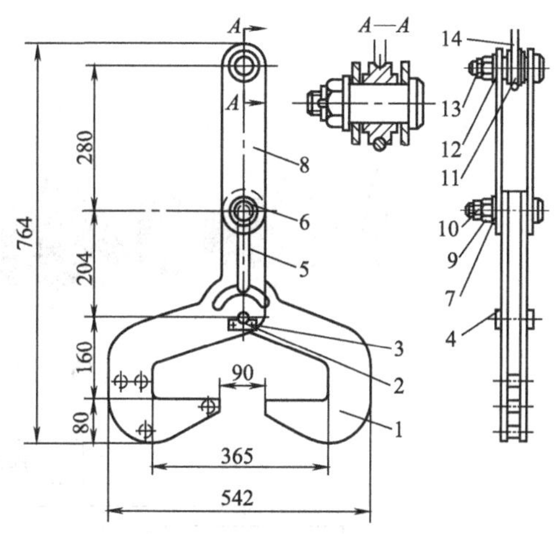

（b）梁用吊具

1—右爪；2—挡轴板；3—螺栓；4,6,13—轴；5—左爪；7,12—垫圈；8—连接板；9—螺母；10—销；11—滑轮；14—钢绳

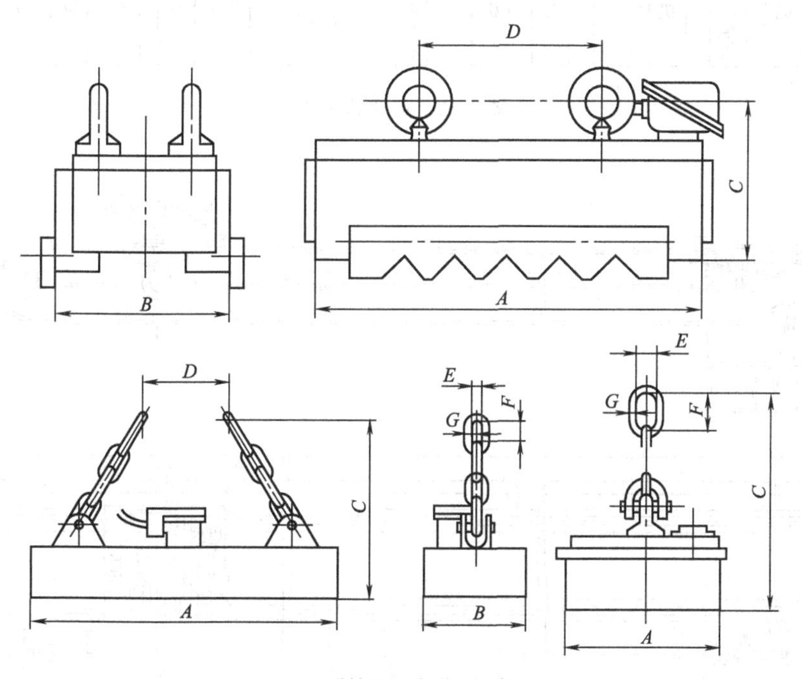

(c) 磁性吊具(永磁-电磁吊具)

图 4-30　几种吊具

2. 门式起重机

门式起重机是带腿的桥式起重机，如图 4-34 所示。在车间外应用较广泛。

另外，在自动化程度较高的生产线上（如汽车制造业）通常采用机器人搬运、装卸和运输等工作。

图 4-31 容器的吊装

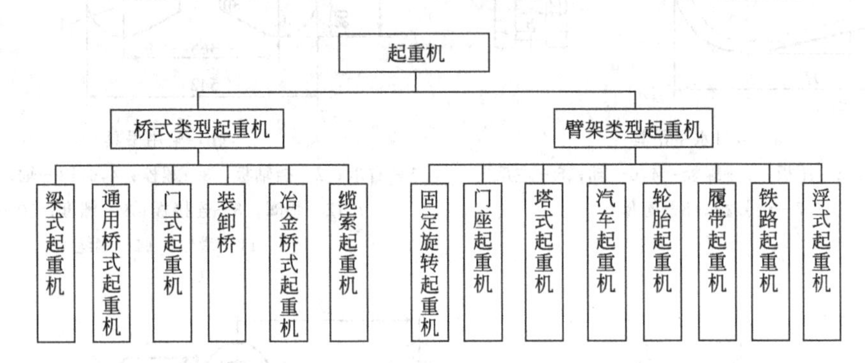

图 4-32 起重机分类

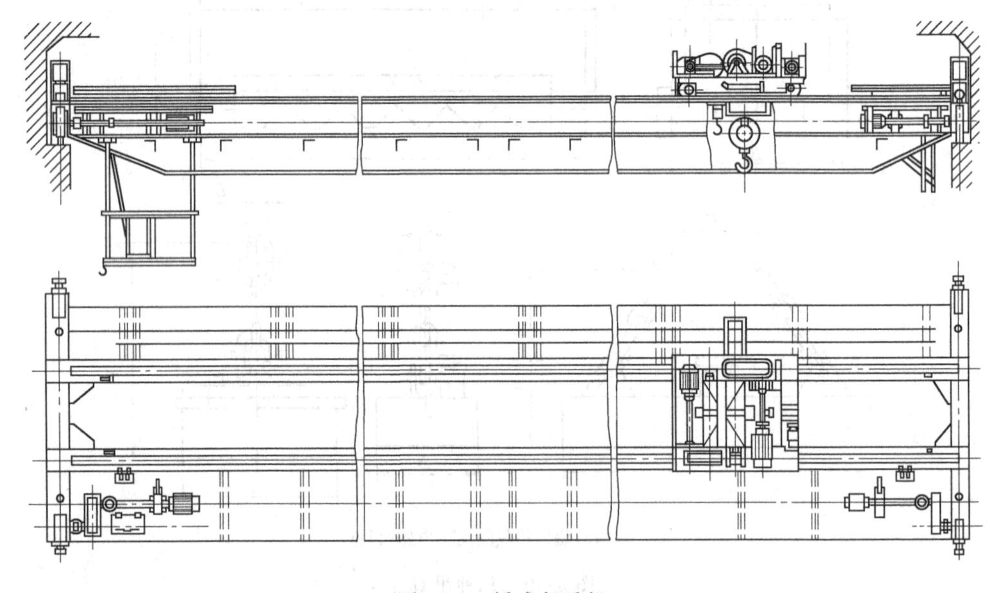

图 4-33 桥式起重机

4.6.3 焊接机器人

焊接机器人是工业机器人的一种，是能自动控制、可重复编程、多功能、多自由度的焊接操作机。目前，在焊接生产中使用的主要是点焊机器人、弧焊机器人、切割机器人和喷涂

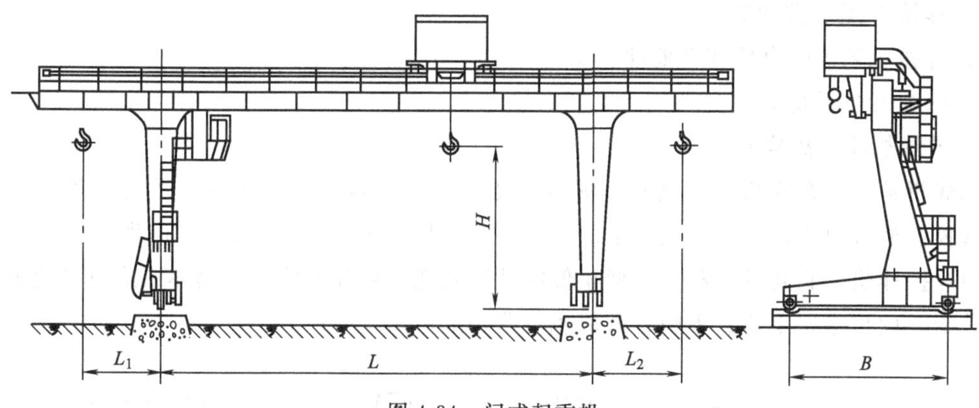

图 4-34　门式起重机

机器人，另外还有正在研制中的各种专用焊接机器人。

1. 焊接机器人的优点及其应用意义

采用焊接机器人代替手工操作或一般机械操作已成为现代焊接生产的一个发展方向，它具有如下优点：

(1) 稳定和提高焊接质量，保证其均一性；

(2) 提高生产率，一天可 24h 连续生产；

(3) 改善工人的劳动条件，可在有害环境下长期工作；

(4) 降低对工人操作技术的要求；

(5) 缩短产品改型换代的准备周期，减少相应的设备投资；

(6) 可实现小批量产品焊接自动化；

(7) 为焊接柔性生产线提供技术基础。

应用焊接机器人是焊接自动化的革命性进步，它突破了焊接刚性自动化传统方式，开拓了一种柔性自动化新方式。

2. 焊接机器人的主要技术指标

(1) 通用指标

① 自由度数，一般以沿轴线移动和绕轴线转动的独立运动数来表示。焊接机器人需要 6 个自由度，可以保证焊枪的任意空间轨迹和姿态。

② 负载，是其所承受重量、惯性力矩和静、动态力的一种功能。焊枪及其电缆、焊钳等都属负载。

③ 工作空间，指机器人正常运行时，手腕参考点能在空间活动的最大范围，常用图形表示。

④ 最大速度。

⑤ 点到点重复精度。

⑥ 轨迹重复精度。

(2) 专用指标

① 适用的焊接方法和切割方法。

② 摆动功能。

③ 焊接 P 点示教功能。

④ 焊接工艺故障自检和自处理功能。

⑤ 引弧和收弧功能。

3. 弧焊机器人的构成

弧焊机器人由操作机、控制盒、焊接设备（包括焊枪、弧焊电源、送丝机和供气系统等）和控制柜等组成，实际就是一个焊接中心（或焊接工作站），如图 4-35 所示。

（1）操作机　它是具有和人手臂相似的动作功能，可在空间抓放物体或进行其他操作的机械装置，由机座、手臂、手腕、末端执行器构成。

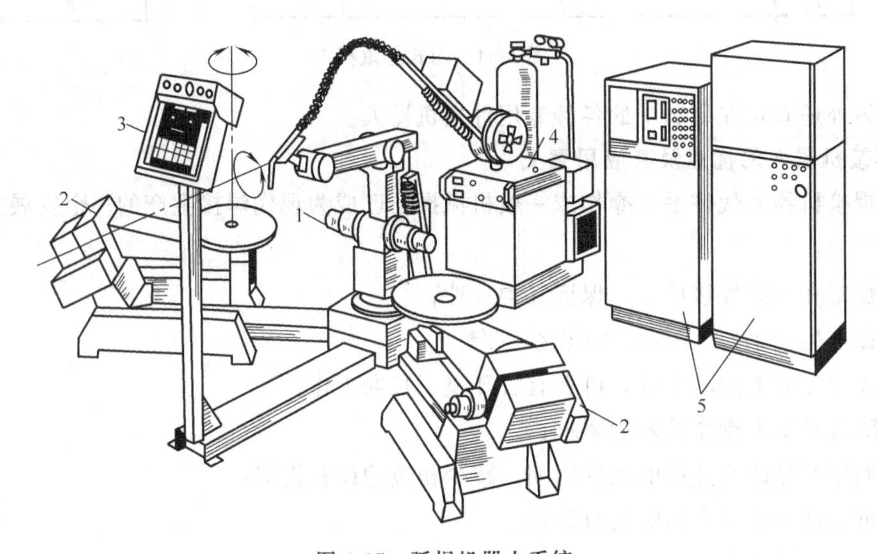

图 4-35　弧焊机器人系统

1—操作机；2—焊件变位机；3—控制盒；4—焊接设备；5—控制柜

（2）控制装置　它是由人操作启动、停机及示教机器人的一种装置。机器人控制装置一般由计算机控制系统、伺服驱动系统、电源装置及操作装置（如操作面板、显示器、示教盒和操纵杆等）组成。

其具备如下基本功能：记忆功能、示教功能故障诊断安全保护以及人机接口、传感器接口等功能。

常用的焊接机器人系统如图 4-36 所示。有用于厚板焊接的；有用于点焊的；也有用于喷涂的，等等。

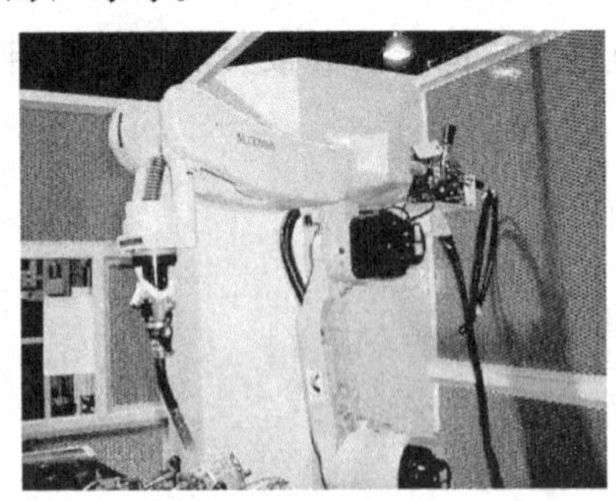
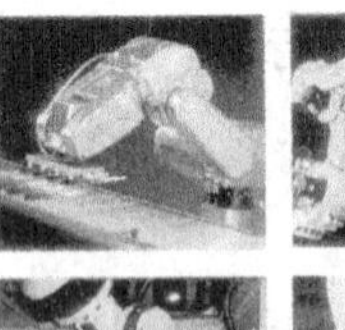

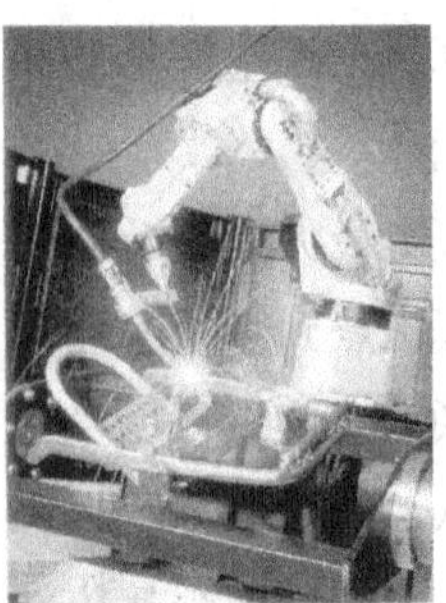

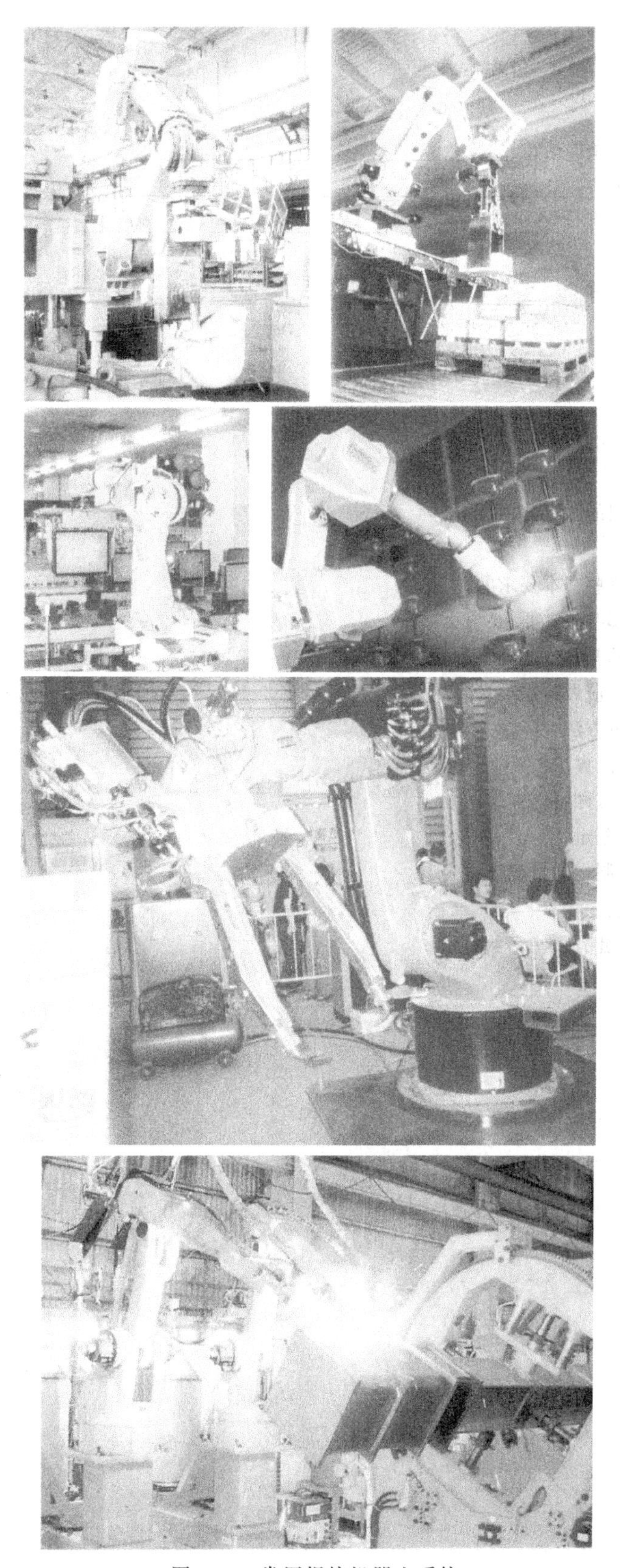

图 4-36 常用焊接机器人系统

【综合训练】

一、填空题

1. 装配的三个基本条件是:____________、____________、________。

2. 装配方式一般可按__________分类,__________分类,__________分类。

3. 装配常用的工具有__________、__________、__________、__________、撬杠、扳手及各种划线用工具。

4. 装配常用的量具有__________、__________、__________、__________、线锤及各种检验零件定位情况的线板。

5. 压夹器有____________、____________两种。

二、简答题

1. 如何选择定位基准?
2. 何谓测量基准?
3. 何谓零件在空间的六个自由度?
4. 何谓定位器?
5. 对装配设备有哪些基本要求?
6. 对夹具设计有哪些基本要求?
7. 工装夹具设计的基本方法和步骤是什么?
8. 焊接结构装配前应做哪些准备?
9. 简述零件的定位方法?
10. 简述零件的装配方法?
11. 装配工艺过程怎样制定?
12. 装配顺序怎样制定?
13. 简述焊接工艺制定的目的与内容。
14. 何谓焊接参数?
15. 焊接参数对焊缝有哪些影响?

第5章　焊接结构工艺性审查及典型生产工艺

审查与熟悉结构图样是焊接生产准备工作中最重要的任务之一。由生产单位提供的图样，既有企业新设计和改进设计的产品，也有随订单来的外来图样，企业首次生产前，对这些外来图样也要进行工艺审查。在工艺性审查基础上，要制定焊接工艺规程。焊接工艺规程是指导焊接结构生产和准备技术装备，进行生产管理及实施生产进度的依据。本章主要介绍焊接结构工艺性审查和工艺规程编制的有关知识及典型焊接结构的生产工艺。

5.1　焊接结构工艺性审查

技能点：

熟悉焊接产品结构图样。

知识点：

焊接结构工艺性的概念；

焊接结构工艺性审查的目的；

焊接结构工艺性审查的内容；

焊接结构工艺性审查的步骤。

5.1.1　焊接结构工艺性概念及审查的目的

焊接结构的工艺性，是指设计的焊接结构在具体的生产条件下能否经济地制造出来，并采用最有效的工艺方法的可行性。为了提高设计产品结构的工艺性，工厂应对所有新设计的产品和改进设计的产品以及外来产品图样，在首次生产前进行结构工艺性审查。

焊接结构的工艺性审查时要多分析比较，以便确定最佳方案。如图 5-1 (a) 所示的带双孔叉的连杆结构形式，装配和焊接不方便。图 5-1 (b) 所示结构是采用正面和侧面角焊缝连接的，虽然装配和焊接方便，但因为是搭接接头，疲劳强度低，也不能满足使用性能的要求。图 5-1 (c) 所示结构是采用锻焊组合结构，使焊缝成为对接形式，既保证了焊缝强度，又便于装配焊接，是合理的接头形式。

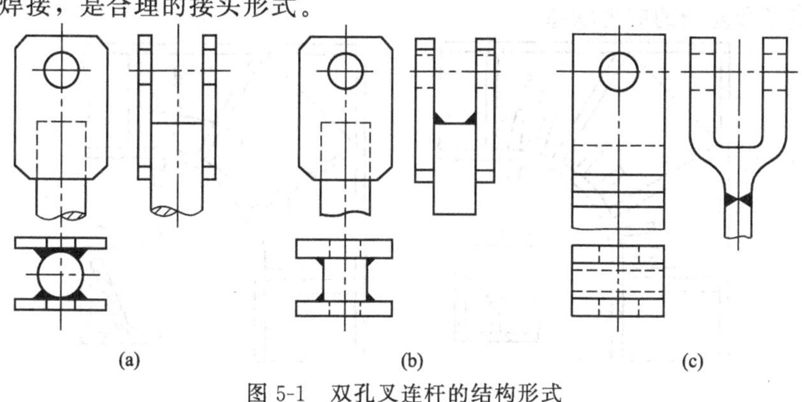

图 5-1　双孔叉连杆的结构形式

焊接结构是否经济合理，还不能脱离产品的数量和生产条件。如图 5-2 所示的弯头，有三种形式，每种形式的工艺性都适应一定的生产条件。图 5-2（a）是由两个半压制件和法兰组成，如果是大量生产又有大型压床的条件下，工艺性是好的。图 5-2（b）是由两段钢管和法兰组成，在流速低、单件生产或缺设备的条件下，工艺性是好的。图 5-2（c）是由许多环形件和法兰组成，在流速高又是单件生产的条件下，工艺性是好的。以上例子说明，结构工艺性的好坏，是相对某一具体条件而言的，只有用辩证的观点才能更有效地评价。

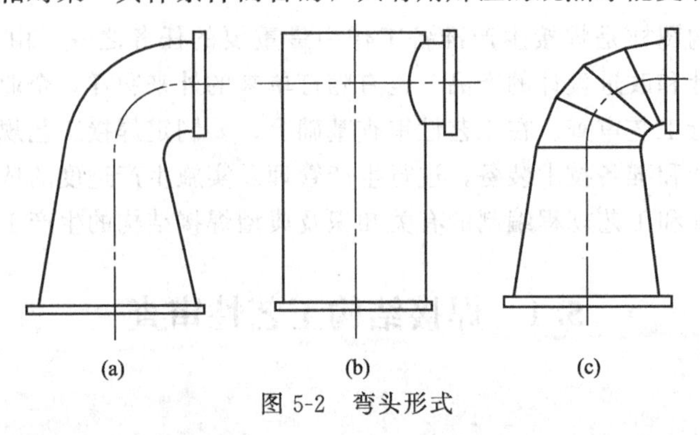

图 5-2　弯头形式

进行焊接结构工艺性审查的目的是使设计的产品满足技术要求和使用功能的前提下，符合一定的工艺性指标，对焊接结构来说，主要有制造产品的劳动量、材料用量、材料利用系数、产品工艺成本、产品的维修劳动量、结构标准化系数等，以便在现有的生产条件下能用比较经济、合理的方法将其制造出来，而且便于使用和维修。

5.1.2　焊接结构工艺性审查的内容

在进行焊接结构工艺性审查前，除了要熟悉该结构的工艺特点和技术要求以外，还必须了解被审查产品的用途、工作条件、受力情况及产量等有关方面的问题。在进行焊接结构的工艺性审查时，主要审查以下几方面内容。

1. 是否有利于减少焊接应力与变形

从减少和影响焊接应力与变形的因素来说，应注意以下几个方面：

（1）尽量减少焊缝数量　尽可能地减少结构上的焊缝数量和焊缝的填充金属量，这是设计焊接结构时一条最重要的原则。图 5-3 所示的框架转角，就有两个设计方案，图 5-3（a）设计是用许多小肋板，构成放射形状来加固转角。图 5-3（b）设计是用少数肋板构成屋顶的形状来加固转角，这种方案不仅提高了框架转角处的刚度与强度，而且焊缝数量又少，减少了焊后的变形和复杂的应力状态。

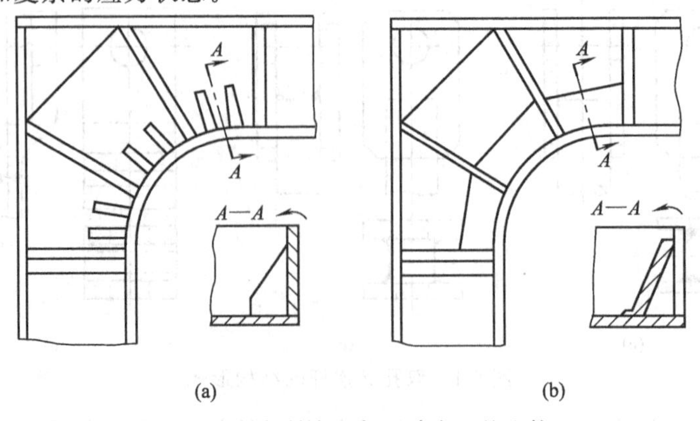

图 5-3　框架转角处加强肋布置的比较

（2）选用对称的构件截面　尽可能地选用对称的构件截面和焊缝位置。这种焊缝位置对称于截面重心，焊后能使弯曲变形控制在较小的范围。图 5-4 为各种截面的构件，图 5-4（a）构件的焊缝都在 $x—x$ 轴一侧，焊后由于焊缝纵向收缩，最容易产生弯曲变形，图 5-4（b）构件的焊缝位置对称于 $x—x$ 轴和 $y—y$ 轴，焊后弯曲变形较小，且容易防止，图 5-4（c）构件由两根角钢组成，焊缝位置与截面重心并不对称，若把距重心近的焊缝设计成连续的，把距重心远的焊缝设计成断续的，就能减少构件的弯曲变形。

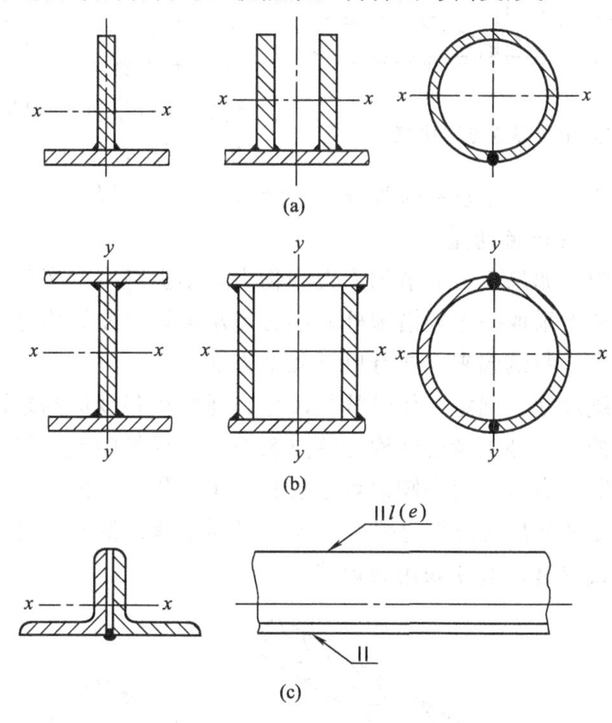

图 5-4　构件截面和焊缝位置与焊接变形的关系

（3）尽量减小焊缝尺寸　在不影响结构强度与刚度的前提下，尽可能地减小焊缝截面尺寸或把连续角焊缝设计成断续角焊缝，减小了焊缝截面尺寸和长度，能减少塑性变形区的范围，使焊接应力与变形减少。

（4）尽量减少焊缝数量　对复杂的结构应采用分部件装配法，尽量减少总装焊缝数量并使之分布合理，这样能大大减少结构的变形。为此，在设计结构时就要合理划分部件，使部件的装配焊接易于进行和焊后经矫正能达到要求，这样就便于总装。由于总装时焊缝少，结构刚性大，焊后的变形就很小。图 5-5 所示为 800t 压床底座的焊接结构示意图，左侧方案比右侧方案的总装焊缝少，而且施焊方便，容易控制变形。因此，按左侧方案设计划分部件是合理的。

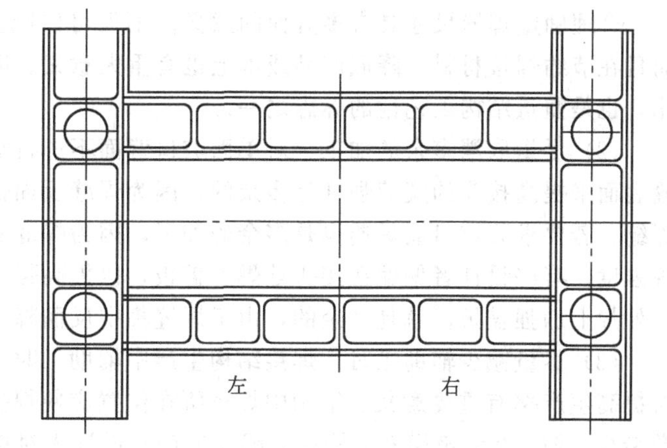

图 5-5　800t 压床底座结构方案比较

（5）避免焊缝相交　尽量避免

各条焊缝相交，因为在交点处会产生三轴应力，使材料塑性降低，并造成严重的应力集中。如图 5-6 所示三条角焊缝在空间相交，图 5-6（a）在交点处会产生三轴应力，使材料塑性降低，同时可焊到性也差，并造成严重的应力集中。若把它设计成图 5-6（b）所示的形式，能克服以上缺点。

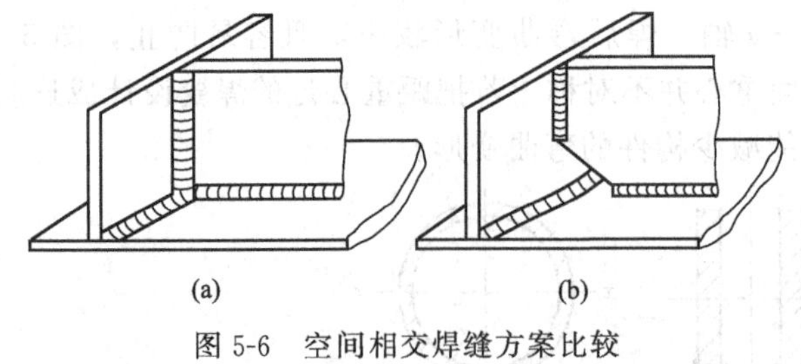

图 5-6 空间相交焊缝方案比较

（6）采用合理的装配焊接顺序 对复杂的结构应采用分部件装配法，尽量减少总装焊缝数量并使之分布合理，这样能大大减少结构的变形。为此，在设计结构时就要合理地划分部件，使部件的装配焊接易于进行和焊后经矫正能达到要求，这样就便于总装。由于总装时焊缝少，结构刚性大，焊后的变形就很小。

2. 是否有利于减少生产劳动量

在焊接结构生产中，如果不努力节约人力和物力，不提高生产率和降低成本，就会失去竞争能力。除了在工艺上采取一定的措施外，还必须从设计上使结构有良好的工艺性。减少生产劳动量的办法很多，归纳起来主要有以下几个方面。

（1）合理确定焊缝尺寸 确定工作焊缝的尺寸，通常用强度原则来计算求得。但只靠强度计算有时还是不够的，还必须考虑结构的特点及焊缝布局等问题。如焊脚小而长度大的角焊缝，在强度相同情况下具有比大焊脚短焊缝省料省工的优点，图 5-7 中焊脚为 K、长度为 $2L$，和焊脚为 $2K$、长度为 L 的角焊缝强度相等，但焊条消耗量前者仅为后者的一半。在板料对接时，应采用对接焊缝，避免采用斜焊缝。

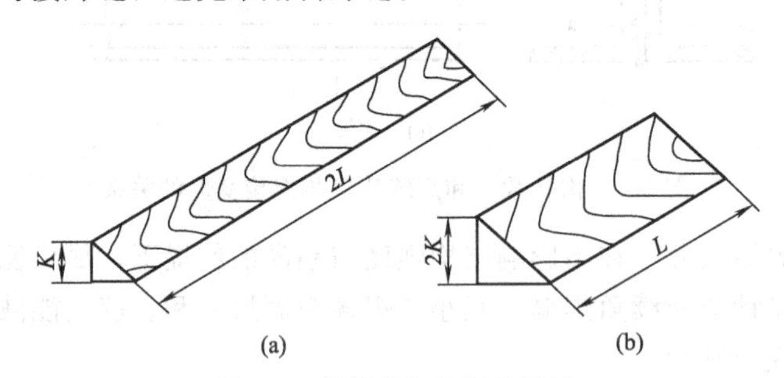

图 5-7 等强度的长短角焊缝

合理确定焊缝尺寸具有多方面的意义，不仅可以减少焊接应力与变形、减少焊接工时，而且在节约焊接材料、降低产品成本上也有重大意义。因此，焊缝金属占结构总重量的百分比，也是衡量结构工艺性的标志之一。

（2）尽量取消多余的加工 对单面坡口背面不进行清根焊接的对接焊缝，若通过修整焊缝表面来提高接头的疲劳强度是多余的，因为焊缝反面依然存在应力集中。对结构中的联系焊缝，若要求开坡口或焊透也是多余的加工，因为焊缝受力不大。钢板拼接后能达到与母材等强度，有些设计者偏偏在接头处焊上盖板，以提高强度，如图 5-8 中工字梁的上下翼板拼接处焊上加强盖板，就是多余的，由于焊缝集中反而降低了工字梁承受动载荷的能力。

（3）尽量减少辅助工时 焊接结构生产中辅助工时一般占有较大的比例，减少辅助工时对提高生产率有重要意义。结构中焊缝所在位置应使焊接设备调整次数最少，焊件翻转的次数最少。图 5-9 为箱形截面构件，图 5-9（a）设计为对接焊缝，焊接过程翻转一次，就能焊完四条焊缝，图 5-9（b）设计为角焊缝，如果采用“船形”位置焊接，需要翻转焊件三次，若用平焊位置焊接则需多次调整机头。

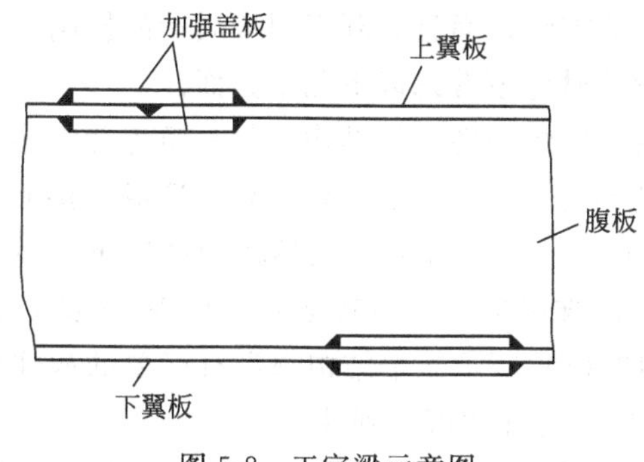

图 5-8 工字梁示意图

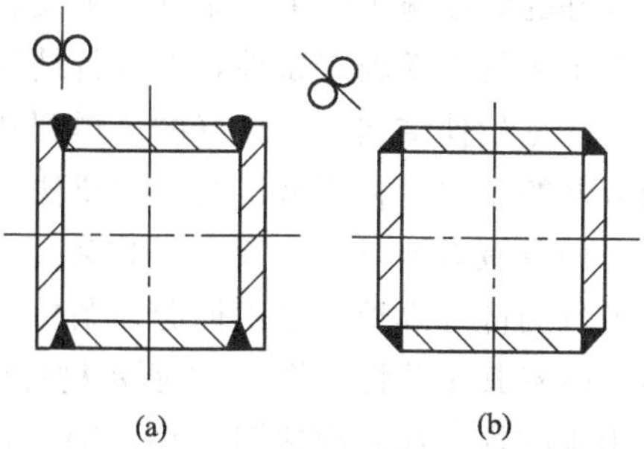

图 5-9 箱形截面构件

(4) 尽量利用型钢和标准件 型钢具有各种形状，经过相互结合可以构成刚性更大的各种焊接结构，对同一结构如果用型钢来制造，则其焊接工作量会比用钢板制造要少得多。图 5-10 所示为一根变截面工字梁结构，图 5-10（a）是用三块钢板组成，如果用工字钢组成，可将工字钢用气割分开，见图 5-10（c），再组装连接起来，见图 5-10（b），就能大大减少焊接工作量。

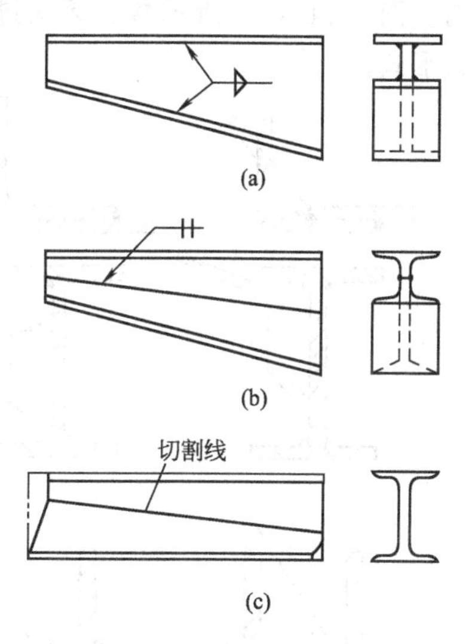

图 5-10 型钢组合工字梁

(5) 尽量利用复合结构和继承性强的结构 复合结构具有发挥各种工艺长处的特点，它可以采用铸造、锻造和压制工艺，将复杂的接头简化，把角焊缝改成对接焊缝。图 5-11 所示为采用复合结构把 T 形接头转化为对接接头的应用实例，不仅降低了应力集中，而且改善了工艺性。在设计新结构时，把原有结构成熟部分保留下来，称为继承性结构。继承性强的结构一般来说工艺性是比较成熟的，有时还可利用原有的工艺设备，所以合理利用继承性结构对结构的生产是有利的。

应用复合结构不仅能够减少焊接工作量，而且可将应力集中系数较大的接头形式，转化为应力集中系数较小的对接接头。

(6) 有利于采用先进的焊接方法 埋弧焊的熔深比焊条电弧焊大，有时不需要开坡口，从而节省工时；采用二氧化碳气体保护焊，不仅成本低、变形小而且不需清渣。在设计结构时应使接头易于使用上述较先进的焊接方法。图 5-12（a）箱形结构可用焊条电弧焊焊接，若作成图 5-12（b）形式，就可使用埋弧焊和二氧化碳气体保护自动焊焊接。

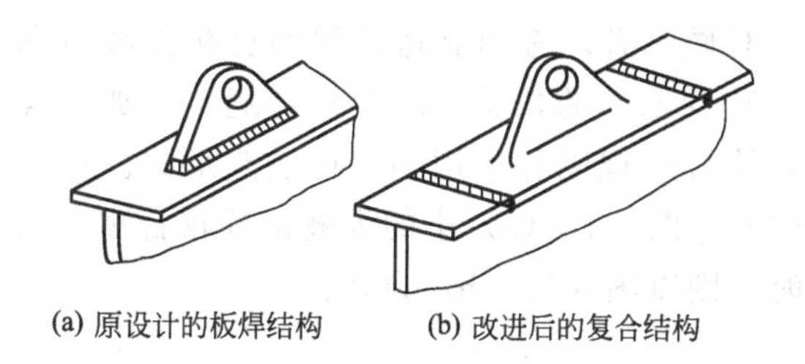

图 5-11 采用复合结构的应用实例

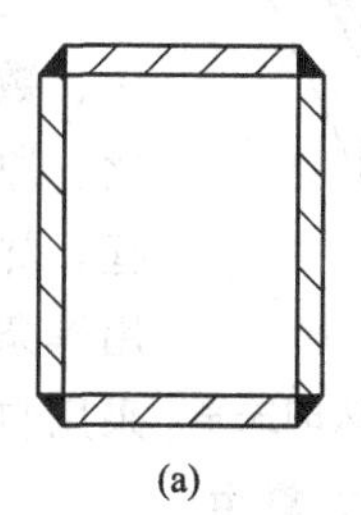

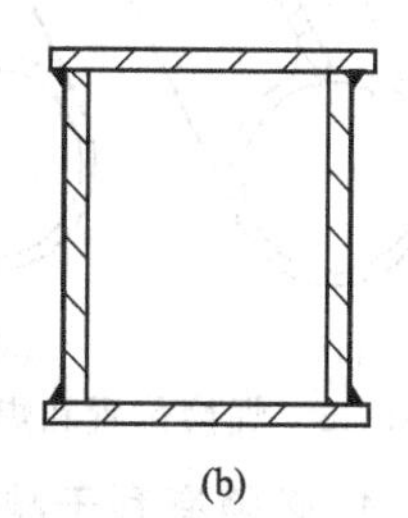

图 5-12 箱形结构

3. 是否有利于施工方便和改善工人的劳动条件

良好的焊接施工和劳动条件，不仅有利于工人的施焊，而且有利于焊接质量的提高。为了改善工人的劳动施工条件，在进行结构和工艺设计时应该考虑以下几个方面。

（1）尽量使结构具有良好的可焊到性和可探性　可焊到性是指结构上每一条焊缝都能得到很方便的施焊，在审查工艺性时要注意结构的可焊到性，避免因不好施焊而造成焊接质量不好。如厚板对接时，一般应开成X形或双U形坡口，若在构件不能翻转的情况下，就会造成大量的仰焊焊缝，这不但劳动条件差，质量还很难保证，这时就必须采用V形或U形坡口来改善其工艺性。图5-13所示构件中，图5-13（a）所示三个结构都没有必要的操作空间，很难施焊，如果改成图5-13（b）的形式，就具有良好的可焊到性。

可探伤性是指结构上每一条焊缝都能得到很方便的严格的检验。对于结构上需要检验的焊接接头，必须考虑到是否检验方便。对高压容器，其焊缝往往要求100%射线探伤。图5-14（a）所示接头无法进行射线探伤或探伤结果无效，应改为图5-14（b）的接头形式。

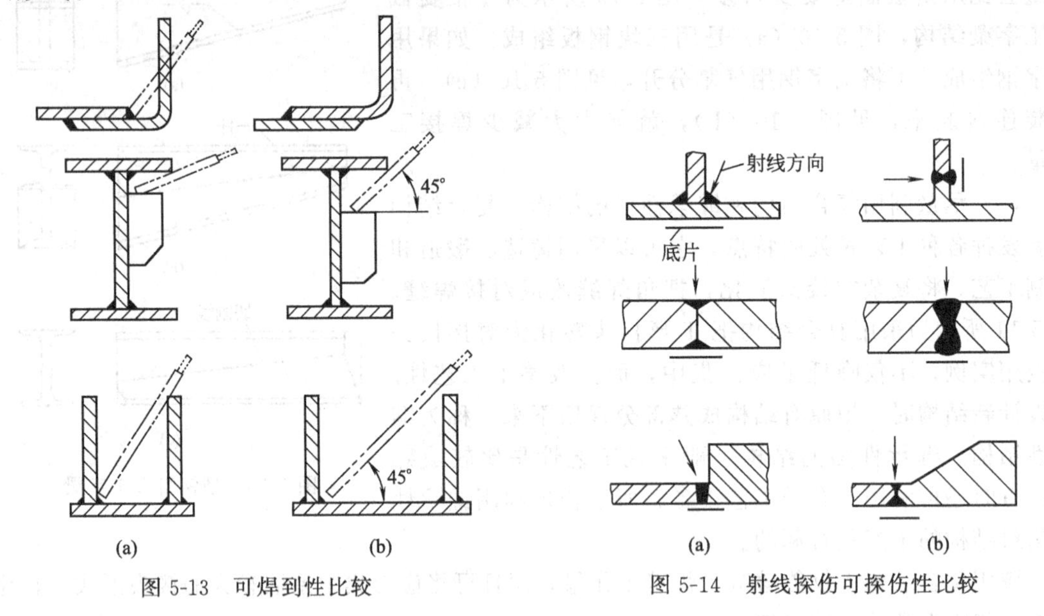

图5-13　可焊到性比较　　图5-14　射线探伤可探伤性比较

一般来说，可焊到性好的焊缝其检验也不会困难。此外，在焊接大型封闭容器时，应在容器上设置人孔，这是为操作人员出入方便和满足通风设备出入需要，能从容舒适地操作和不损害工人的身体健康。

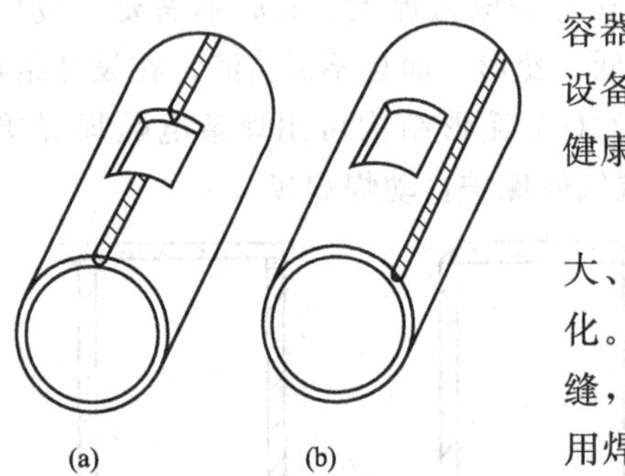

图5-15　焊接位置和焊接方法的关系

（2）尽量有利于焊接机械化和自动化　当产品批量大、数量多的时候，必须考虑制造过程的机械化和自动化。原则上应减少零件的数量，减少短焊缝，增加长焊缝，尽量使焊缝排列规则和采用同一种接头形式。如采用焊条电弧焊时，图5-15（a）中的焊缝位置较合理，当采用自动焊时，则以图5-15（b）为好。

4. 必须有利于减少应力集中

应力集中不仅是降低材料塑性引起结构脆断的主要原因，它对结构强度有很坏的影响。

为了减少应力集中，应尽量使结构表面平滑，截面改变的地方应平缓和有合理的接头形式。一般常考虑以下问题。

（1）尽量避免焊缝过于集中　图 5-16（a）用八块小肋板加强轴承套，许多焊缝密集在一起，存在着严重的应力集中，不适合承受动载荷。如果采用图 5-16（b）的形式，不仅改善了应力集中的情况，也使工艺性得到改善。

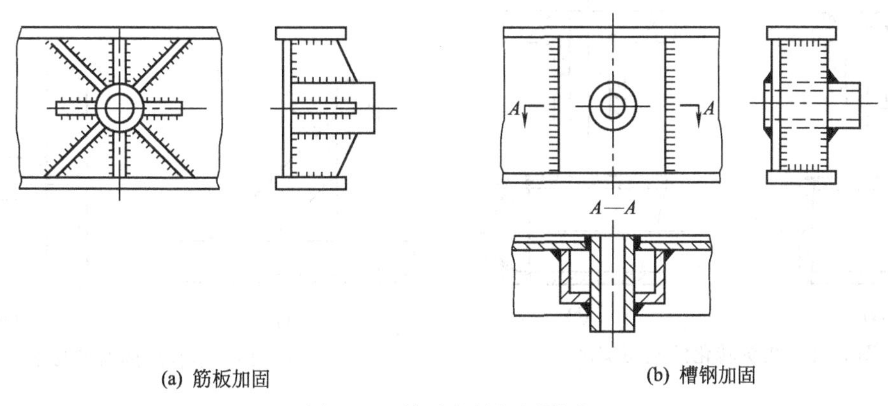

(a) 筋板加固　　(b) 槽钢加固

图 5-16　轴承座的加固形式

图 5-17（a）所示焊缝布置，都有不同程度的应力集中，而且可焊到性差，若改成图 5-17（b）所示结构，其应力集中和可焊到性都得到改善。

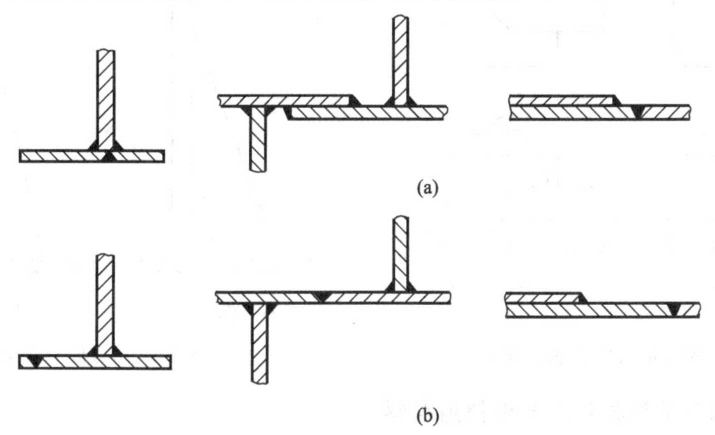
(a)

(b)

图 5-17　焊缝布置与应力集中的关系

（2）尽量使焊接接头形式合理，减小应力集中　对于重要的焊接接头应采用开坡口的焊缝，防止因未焊透而产生应力集中。是否开坡口除与板厚有关以外，还取决于生产技术条件。应设法将角接接头和 T 形接头，转化为应力集中系数较小的对接接头。图 5-18（a）中的接头转化为图 5-18（b）的形式，实质上是把焊缝从应力集中的位置转移到没有应力集中的地方，同时也改善了接头的工艺性。

应当指出，在对接接头中只有当力能够从一个零件平缓地过渡到另一个零件上去时，应力集中才是最小的，如果按图 5-19 所示结构，将搭接接头改为对接接头，并不能减少应力集中，在焊缝端部因截面突变，存在着严重的应力集中，极易产生裂纹。

（3）尽量避免构件截面的突变　在截面变化的地方必须采用圆滑过渡，不要形成尖角。例如，搭接板存在锐角时，如图 5-20（a），应把它改变成圆角或钝角，如图 5-20（b）所示。又如肋板存在尖角时，如图 5-21（a）所示，应将它改变成图 5-21（b）的形式。在厚板与薄板或宽板与窄板对接时，均应在接合处有一定的斜度，使之平滑过渡。

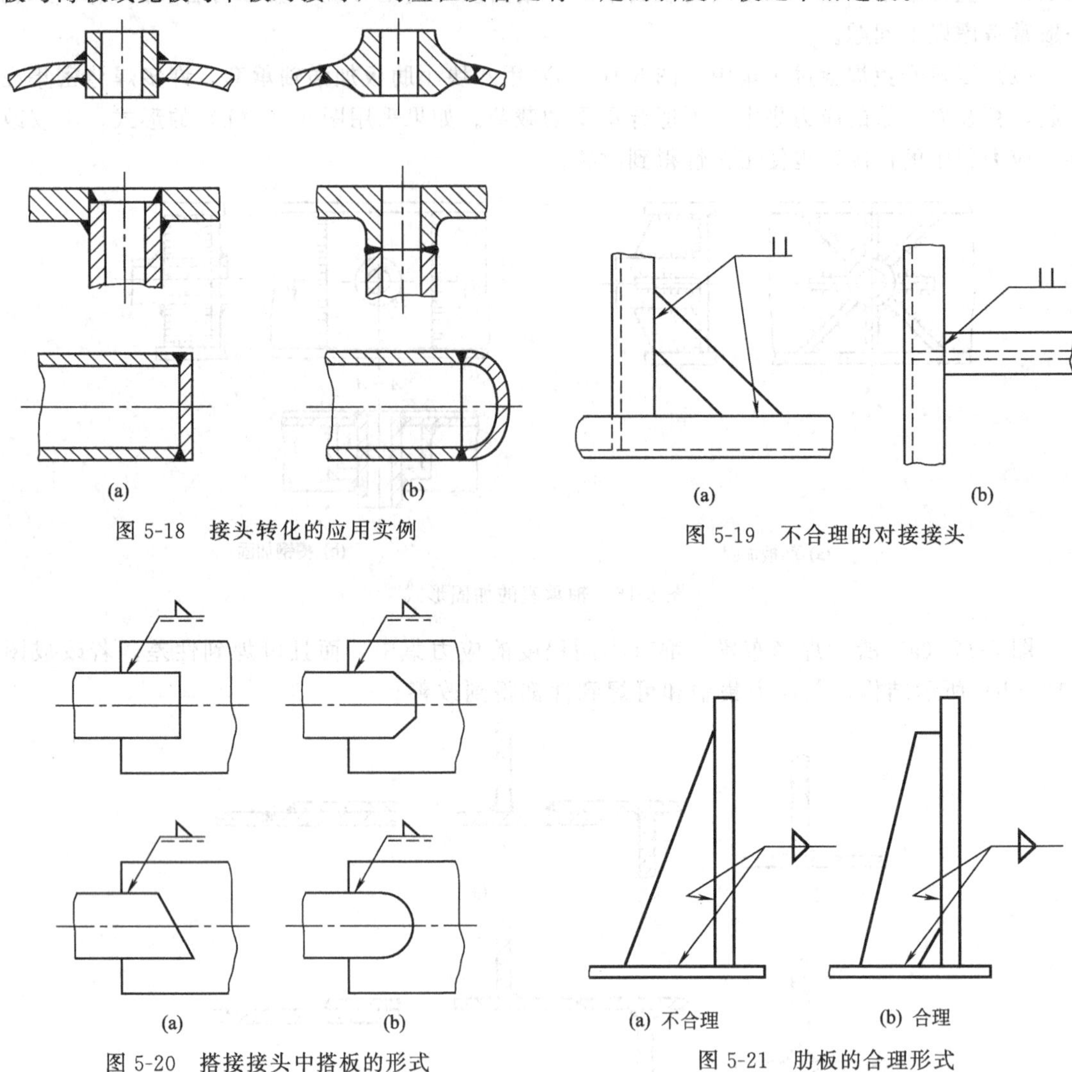

图 5-18　接头转化的应用实例

图 5-19　不合理的对接接头

图 5-20　搭接接头中搭板的形式

图 5-21　肋板的合理形式

5. 是否有利于节约材料和合理使用材料

合理节约材料和使用材料，不仅可以降低成本，而且可以减轻产品重量，便于加工和运输等，所以也是应关心的问题。设计者在保证产品强度、刚度和使用性能的前提下，为了减轻产品重量而采用薄板结构，并用肋板提高刚度。这样虽能减轻产品的重量，但要花费较多的装配、焊接、矫正等工时，而使产品成本提高。因此，还要考虑产品生产中其他的消耗和工艺性，这样才能获得良好的经济效果。

（1）尽量选用焊接性好的材料来制造焊接结构　在结构选材时首先应满足结构工作条件和使用性能的需要，其次是满足焊接特点的需要。在满足第一个需要的前提下，首先考虑的是材料的焊接性，其次考虑材料的强度。

（2）使用材料一定要合理　一般来说，零件的形状越简单，材料的利用率就越高。图5-22为法兰盘备料的三种方案，图5-22（a）为用冲床落料制作，图5-22（b）为用扇形片拼接，图5-22（c）为用气割板条热弯而成，材料的利用率按（a）、（b）、（c）顺序提高，但生产的工时也按此顺序增加，哪种方案好要综合比较才能确定。通常是法兰直径小，生产批量大时，可选用（a）方案；尺寸大、批量大时，采用（b）方案能节约材料，经济效果好；法兰直径大且窄，批量小，宜选用（c）方案。

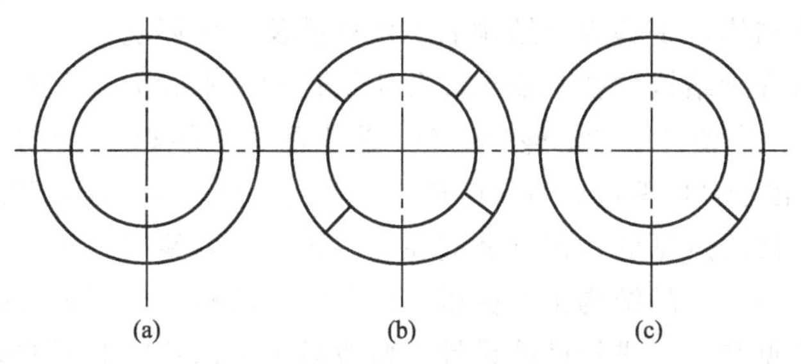

图 5-22　法兰盘的备料方案比较

图 5-23（b）所示为锯齿合成梁，如果用工字钢通过气割，见图 5-23（a），再焊接成锯齿合成梁，就能节约大量的钢材和焊接工时。

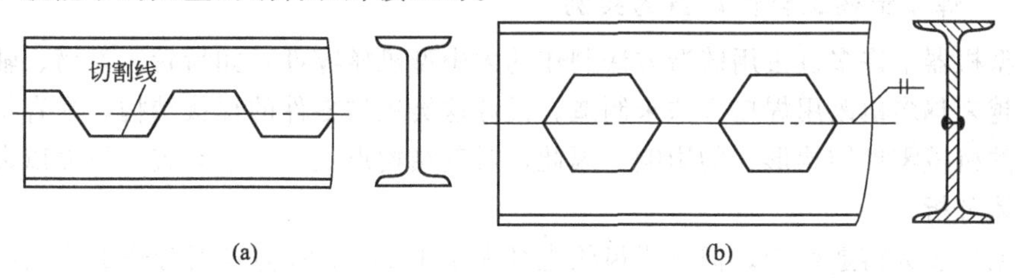

图 5-23　锯齿合成梁

5.1.3　焊接结构工艺性审查的步骤

初步设计和技术设计阶段的工艺性审查一般采用各方（设计、工艺、制造部门的技术人员和主管）参加的会审方式。对产品结构图样和技术要求的工艺性审查由产品主管工艺师和各专业工艺师（员）对有设计、审核人员签字的图样（应为计算机绘制的，原规定为铅笔原图）分头进行审查。

1. 产品结构图样审查

产品结构图样审查主要包括新产品设计图样、继承性设计图样和按照实物测绘的图样等。由于它们工艺性完善程度不同，因此工艺性审查的侧重点也有所区别。但是，在生产前无论哪种图样都必须按以下内容进行图面审查，合格后才能交付生产准备和生产使用。

对图样的基本要求：

（1）绘制的焊接结构图样，应符合机械制图国家标准中的有关规定；

（2）图样应当齐全，除焊接结构的装配图外，还应有必要的部件图和零件图；

（3）由于焊接结构一般都比较大，结构复杂，所以图样应选用适当的比例，也可在同一图中采用不同的比例绘出；

（4）当产品结构较简单时，可在装配图上直接把零件的尺寸标注出来；

（5）根据产品的使用性能和制作工艺需要，在图样上应有齐全合理的技术要求，若在图样上不能用图形、符号表示时，应有文字说明。

2. 产品结构技术要求审查

产品结构技术要求审查主要包括使用要求和工艺要求。使用要求一般是指结构的强度、刚度、耐久性（抗疲劳、耐腐蚀、耐磨和抗蠕变等），以及在工作环境条件下焊接结构的几何尺寸、力学性能、物理性能等。而工艺要求则是指组成产品结构材料的焊接性及结构的合理性、生产的经济性和方便性。

产品结构技术要求审查，主要从这几方面入手：

(1) 分析产品的结构，了解焊接结构的工作性质及工作环境；

(2) 然后必须对焊接结构的技术要求以及所执行的技术标准进行熟悉、消化理解；

(3) 结合具体的生产条件来考虑整个生产工艺能否适应焊接结构的技术要求，这样可以做到及时发现问题，提出合理的修改方案，改进生产工艺，使产品全面达到规定的技术要求。

审查完毕后，无修改意见的，审查者应在“工艺”栏内签字，对有较大修改意见的，暂不签字，审查者应填写“产品结构工艺性审查记录”与图样一并交设计部门。设计者根据工艺性审查记录上的意见和建议进行修改设计，修改后工艺未签字的图样返回工艺部门复查签字。若设计者与工艺员意见不一，由双方协商解决。若协商不成，由厂技术负责人进行协调或裁决。

5.1.4 焊接结构工艺性审查的实例

在重型机器中许多过去用铸造方法制作的大中型机械零件，如齿轮、卷筒、轴承座、连杆等，已越来越多地改用焊接方法来制造。设计这类机械零件的焊接结构，最容易受传统铸造或锻造的机械零件结构形式的影响。因此，对其结构形式应仔细审查。下面以齿轮结构为例进行具体分析。

齿轮毛坯多为铸造生产。但是当齿轮直径大于1m以上时仍采用铸造工艺生产，则废品率和生产成本都将会进一步增高。另外，由于齿轮的工作特点，决定齿轮不能只用一种材料制造，所以在重型机械中，过去一直用铸造方式制作的大中型齿轮越来越多地被焊接齿轮所代替。下面以图5-24所示的辐板式圆柱齿轮为例作些介绍。

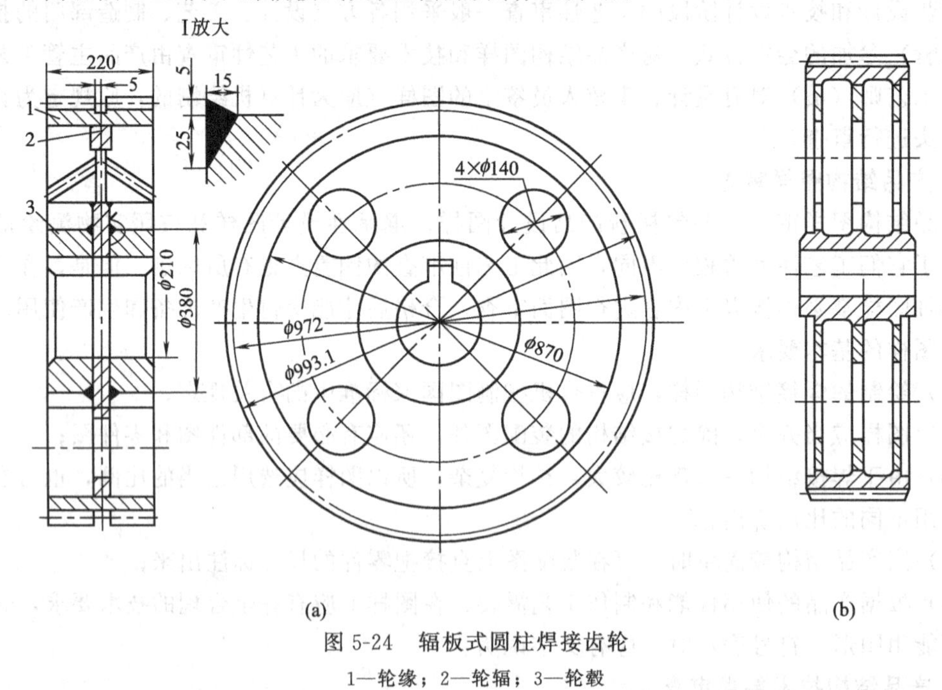

图5-24 辐板式圆柱焊接齿轮

1—轮缘；2—轮辐；3—轮毂

1. 焊接齿轮的工作特点

焊接齿轮在工作时可能受到下列几种力的作用：齿轮自身转动时产生的离心力；由传动轴传来的转动力矩或由外界作用的圆周力；由于工作部分结构形状和所处的工作条件不同而

引起的轴向力和径向力；由于各种原因引起的振动和冲击力。

2. 焊接齿轮的结构特点

焊接齿轮分为工作部分和基体部分。工作部分是指直接与外界接触并实现功能的部分，如轮齿；基体部分由轮缘、轮辐和轮毂三者组成，主要对工作部分起支撑和传递力的作用。制造时可选用不同的材料以满足齿轮各部位的工作要求。如轮缘、轮毂的表面受力大，可选用强度高的低合金钢生产；而辐板传递载荷，需要足够的韧性，强度要求可低些，选用Q235低碳钢制造。基体部分的毛坯全部采用焊接方法制造，其中考虑到齿轮的厚度、直径和设备能力，轮缘毛坯可以采用如图5-25所示的几种生产方式制备。图5-25（a）为分段锻造后拼焊，图5-25（b）为利用钢板气割下料后拼焊，图5-25（c）为钢板卷圆后焊成筒体，然后逐个切割下来。单辐板式圆柱齿轮的轮辐，多采用等厚度的圆钢板制作。轮毂是基体与轴相连的部分，是简单的圆筒体结构。转动力矩通过它与轴之间的过盈配合或键进行传递。轮毂毛坯用锻造或铸造制备，也可锻成两半圆片，再用电渣焊接等方法拼焊起来。

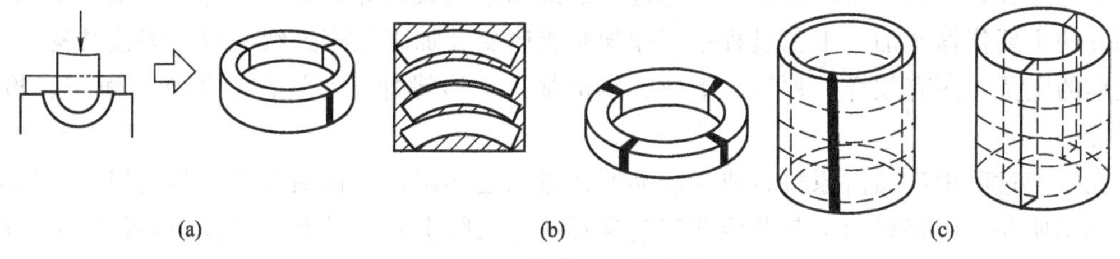

图5-25 轮缘毛坯的制备

从以上分析可以看出：

（1）焊接齿轮的整体结构应做到匀称和紧凑，轮体上焊缝分布相对于转动轴线应均匀对称以保证机械的平衡；

（2）根据轮体上各组成部分所处的地位和工作特点不同，对材料要求不同，因此应按实际需要选择材料，同时注意材料的焊接性；

（3）由于齿轮采用辐板式焊接结构，轮缘和轮毂对焊缝刚性约束大，基体上两条环形封闭的焊缝在焊接过程中最容易产生裂纹，因此应选用抗裂性能较好的低氢型焊接材料，并在工艺上采用预热或对工件实施对称焊接等措施；

（4）从焊接齿轮受力上分析，基体是在动载荷下工作，其破坏形式主要是疲劳破坏，因此基体的焊接结构需要尽量避免一切引起应力集中的因素，如接头应开坡口并两面施焊、焊缝避开应力集中区、在应力集中部位采用大圆弧过渡等；

（5）焊接齿轮的结构形式不应受传统结构的影响，在受力分析的基础上发挥焊接工艺的特长，通过对各构件的合理组合，有可能会获得强度高、刚性好和重量轻的新结构。

5.2 焊接结构加工工艺过程

技能点：

焊接结构加工工艺规程编制。

知识点：

焊接结构加工工艺过程的概念；

焊接结构加工工艺规程的编制原则；

焊接结构加工工艺规程的主要内容；
焊接结构加工工艺规程的编制依据。

5.2.1 焊接结构加工工艺过程的概念及组成

将原材料或半成品转变为产品的全部过程称为生产过程。它包括直接改变零件形状、尺寸和材料性能或将零、部件进行装配焊接等所进行的加工过程，如划线下料、成形加工、装配焊接及热处理等；同时也包括各种辅助生产过程，如材料供应、零部件的运输保管、质量检验、技术准备等。前者称为工艺过程，后者称为辅助生产过程。

焊接结构加工工艺过程是由工序依次排列组合而成的。通过各种工序可以将原材料或毛坯逐渐制成成品。下面先来认识以下几个概念。

1. 工序

由一个或一组工人，在一台设备或一个工作地点对一个或同时几个焊件所连续完成的那部分工艺过程，称为工序。工序是工艺过程的最基本组成部分，是生产计划的基本单元，工序划分的主要依据是加工工艺过程中工作地是否改变和加工是否连续完成。焊接结构生产工艺过程的主要工序有放样、划线、下料、成形加工、边缘加工、装配、焊接、矫正、检验、油漆等。

在生产过程中产品由原材料或半成品所经过的毛坯制造、机械加工、装配焊接、油漆包装等加工所通过的路线叫工艺路线或工艺流程，它实际上是产品制造过程中各种加工工序的顺序和总和。

2. 工位

工位是工序的一部分。在某一工序中，工件在加工设备上所占的每个工作位置称为工位。例如在转胎上焊接工字梁上的四条焊缝，如用一台焊机，工件需转动四个角度，即有四个工位，如图 5-26（a）所示。如用两台焊机，焊缝 1、4 同时对称焊→翻转→焊缝 2、3 同时对称焊，工件只需装配两次，即有两个工位，如图 5-26（b）所示。

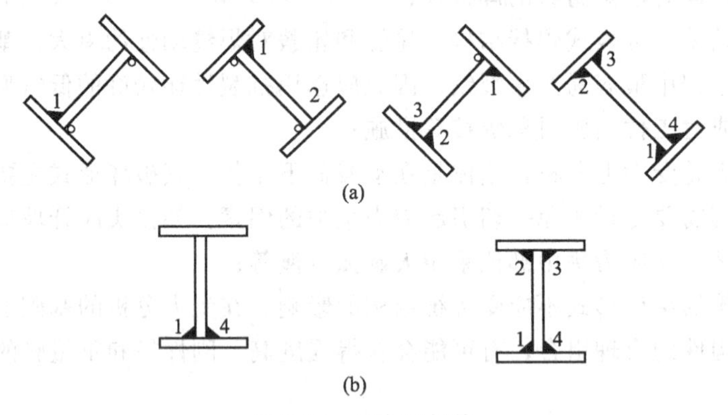

图 5-26 工字梁焊接

3. 工步

工步是工艺过程的最小组成部分，它还保持着工艺过程的一切特性。在一个工序内工件、设备、工具和工艺规范均保持不变的条件下所完成的那部分动作称为工步。构成工步的某一因素发生变化时，一般认为是一个新的工步。例如厚板开坡口对接多层焊时，打底层用 CO_2 气体保护焊，中间层和盖面层均用焊条电弧焊，一般情况下，盖面层选择的焊条直径较粗，电流也大一些，则这一焊接工序是由三个不同的工步组成。

5.2.2 焊接结构加工工艺规程的制定

1. 编制工艺规程的原则

工艺过程需保证四个方面的要求：安全、质量、成本、生产率。它们是产品工艺的四大支柱，即先进的工艺技术是在保证安全生产的条件下，用最低的成本，高效率地生产出质量优良具有竞争力的产品。编制工艺规程应遵循下列原则。

（1）技术上的先进性　在编制工艺规程时，要了解国内外本行业工艺技术的发展情况，对目前本厂所存在的差距要心中有数。要充分利用焊接结构生产工艺方面的最新科学技术成就，广泛地采用最新的发明创造、合理化建议和国内外先进经验。尽最大可能保持工艺规程技术上的先进性。

（2）经济上的合理性　在一定生产条件下，要对多种工艺方法进行对比与计算，尤其要对产品的关键件、主要件、复杂零部件的工艺方法，采用价值工程理论，通过核算和方案评比，选择经济上最合理的方法，在保证质量的前提下以求成本最低。

（3）技术上的可行性　编制工艺规程必须从本厂的实际条件出发，充分利用现有设备，发掘工厂的潜力，结合具体生产条件消除生产中的薄弱环节。由于产品生产工艺的灵活性较大，在编制工艺规程时一定要照顾到工序间生产能力的平衡，要尽量使产品的制造和检测都在本厂进行。

（4）良好的劳动条件　编制的工艺规程必须保证操作者具有良好而安全的劳动条件，应尽量采用机械化、自动化和高生产率的先进技术，在配备工装时应尽量采用电动和气动装置，以减轻工人的体力劳动，确保工人的身体健康。

在编制工艺规程时还要试制和单件小批量生产的产品，编制以零件加工工艺过程卡和装配焊接工艺过程卡为主的工艺规程。对于工艺性复杂、精密度较高的产品以及成批生产的产品，编制以零件加工工序卡、装配工序卡和焊接工序卡为主的工艺规程。

2. 工艺规程的主要内容

（1）工艺过程卡　将产品工艺路线的全部内容，按照一定格式写成的文件，它的主要内容有：备料及成形加工过程，装配焊接顺序及要求，各种加工的加工部位，工艺余量及精度要求，装配定位基准、夹紧方案，定位焊及焊接的方法，各种加工所用设备和工艺装备，检查和验收标准，材料的消耗定额以及工时定额等。

（2）加工工序卡　除填写工艺过程卡的内容外，尚需填写操作方法、步骤及工艺参数等。

（3）绘制简图　为了便于阅读工艺规程，在工艺过程卡和加工工序卡中应绘制必要的简图。图形的复杂程度，应能表示出本工序加工过程的内容、本工序的工序尺寸、公差及有关技术要求等，图形中的符号应符合国家标准。

5.2.3 制定工艺规程的主要依据和步骤

1. 编制工艺规程的依据

编制人员制定工艺规程时，必须熟悉产品的特点、工厂的生产能力等必要的原始资料，包括以下几方面。

（1）产品图样　产品图样是制定焊接工艺规程的基础，图样包括焊接结构总装图和零部件图。从总装图中可以掌握结构的技术要求和特点、焊缝的位置、材料的牌号及壁厚、检验的方法和验收标准等。从零部件图可以掌握零部件的焊接方法、材料、坡口形式等资料。编制人员在掌握这些资料后就可对设计图样和技术要求进行分析，认为不妥之处应与用户或设计者及时沟通，双方共同协商解决，根据最终图样和技术要求确定制造工艺。

（2）国标和部颁标准　目前，关于焊接方面的国家标准和行业标准已经很多，内容涉及与产品研制、开发、生产、检验有关的方方面面。要求工艺人员在编制工艺规程时，查阅相关规定与标准（见 1.5 焊接标准简介），使工艺规程符合这些规定与标准。

（3）产品的生产纲领和生产类型　生产纲领是指某产品或零、部件在一年内的产量（包括废品）。按照生产数量的大小，焊接生产可分为三种类型：单件生产、成批生产、大量生产。生产类型的划分见表 5-1。不同的生产类型，其特点是不一样的，因此所选择的加工路线、设备情况、人员素质、工艺文件等也是不同的。

表 5-1　生产类型的划分

生产类型		产品类型及同种零件的年产量/件		
		重型	中型	轻型
单件生产		5 以下	10 以下	100 以下
成批生产	小批生产	5～100	10～200	100～500
	中批生产	100～300	200～500	500～5000
	大批生产	300～1000	500～5000	5000～50000
大量生产		1000 以上	5000 以上	50000 以上

① 单件生产　当产品的种类繁多，数量较小，重复制造较少时，其生产性质可认为是单件生产，编制工艺规程时应选择适应性较广的通用装配焊接设备、起重运输设备和其他工装设备，这样可以在最大程度上避免了设备的闲置。使用机械化生产是得不偿失的，所以可选择技术等级较高的工人进行手工生产。应充分挖掘工厂的潜力，尽可能降低生产成本。编制的工艺规程应简明扼要，只需粗定工艺路线并制定必要的技术文件。

② 大量生产　当产品的种类单一，数量很多，工件的尺寸和形状变化不大时，其性质接近于大量生产。因为要长时间重复加工，所以宜采用机械化、自动化水平较高的流水线生产，每道工序都由专门的机械和工装完成，加工同步进行，生产设备负荷越大越好。对于大量生产的产品，要求制定详细的工艺规程和工序，尽可能实现工艺典型化、规范化。

③ 成批生产　成批生产的产品具有周期性重复加工的特点，机械化程度介于单件生产和大量生产之间。应部分采用流水线作业，但加工节奏不同步。应有较详细的工艺规程。

（4）工厂或车间现有的生产条件　编制工艺规程的目的是指导生产，能更好地把产品制造出来。工艺规程应切实可行，不切合工厂生产实际的工艺规程，即使再先进、再合理也是不可取的。制定工艺规程是不能脱离工厂或车间现有的生产条件的，现有生产条件包括车间现有的生产设备（主要包括卷板机、剪板机、焊机、冲压设备、胎夹具、工艺装备等）、车间的辅助能力（如起重能力和运输能力等）、材料的储备情况、人员状况和管理水平。

2. 编制工艺规程的步骤

（1）技术准备　产品的装配图和零件工作图、技术标准、其他有关资料以及本厂的实际情况，是编制工艺规程最基本的原始资料。在进行技术准备工作时应做好以下几项工作。

① 对产品所执行的标准要消化理解，并在熟悉的基础上掌握这些标准；要研究产品各项技术要求的制定依据，以便根据这些依据在工艺上采取不同的措施；找出产品主要技术要求和关键零、部件的关键技术，以便采用合适的工艺方法，采取稳妥可靠的措施。

② 对经过工艺性审查的图纸，再进行一次分析。其作用是通过再消化分析，可以发现遗漏，尽量把问题和不足暴露在生产前，使生产少受损失；另一个作用是通过分析，明确产品的结构形状，各零部件间的相对位置和连接方式等，作为选择加工方法的基础。

③ 熟悉产品验收的质量标准，它是对产品装配图和零件工作图技术要求的补充，是工艺技术、工艺方法及工艺措施等决策的依据。

④ 要掌握工厂的生产条件，这是编制切实可行工艺规程的核心问题。要深入现场了解设备的规格与性能，工装的使用情况及制作能力，工人的技术素质等。

⑤ 掌握产品生产纲领与生产类型，根据它来确定工艺类型和工艺装备等。

(2) 产品的工艺过程分析　在技术准备的基础上，根据图纸深入研究产品结构及备料、成形加工、装配及焊接工艺的特点，对关键零、部件或工序应进行深入的分析研究。考虑生产条件、生产类型，通过调查研究，从保证产品技术条件出发，在尽可能采用先进技术的条件下，提出几个可行的工艺方案，然后经过全面的分析、比较或经过试验，最后选出一个最好的工艺路线方案。

(3) 拟定工艺路线　工艺路线的拟定是编制工艺规程的总体布局，是对工程技术，尤其是对工艺技术的具体运用，也是工厂提高质量水平和提高经济效益的重要步骤。拟定工艺路线要完成以下内容。

① 加工方法的选择　确定各零、部件在备料、成形加工、装配和焊接等各工序所采用的加工方法和相应的工艺措施。选择加工方法要考虑各工序的加工要求、材料性质、生产类型以及本厂现有的设备条件等。

② 加工顺序的安排　焊接结构生产是一个多工种的生产过程，根据产品结构特点，考虑到加工方便，焊接应力与变形以及质量检查等方面问题，合理安排加工顺序。在大多数情况下，将产品分解成若干个工艺部件，要分别制定它们的装配、焊接顺序和它们之间组装成产品的顺序。

③ 确定各工序所使用的设备　应根据已确定的备料、成形加工、装配和焊接等工序的加工方法，选用设备的种类和型号，对非标准设备应提出简图和技术要求。

在拟定工艺路线时，都要提出两个以上的方案，通过分析比较选取最佳方案。尤其是对关键件、复杂件的工艺路线，在拟定时应深入车间、工段、生产班组做调查了解，征求有丰富经验老工人的意见，以便拟定出最合理的工艺路线方案。工艺路线一般是绘制出装配焊接过程的工艺流程图，并附以工艺路线说明，也可用表格的形式来表示。

(4) 编写工艺规程　在拟定了工艺路线并经过审核、批准后，就可着手编写工艺规程。这一步的工作是把工艺路线中每一工序的内容，按照一定的规则填写在工艺卡片上。

编写工艺规程时，语言要简明易懂，工程术语统一，符号和计量单位应符合有关标准，对于一些难以用文字说明的内容应绘制必要的简图。

在编写完工艺规程后，工艺人员还应提出工艺装备设计任务书，编制工艺管理性文件，如：材料消耗定额，外购件、外协件、自制件明细表、专用工艺装备明细表等。

5.2.4　工艺文件及制定工艺过程实例

把已经设计或制定的工艺规程内容写成文件形式，就是工艺文件。工艺文件的种类和形式多种多样，繁简程度也有很大差别。按照原机械工业部颁布的指导性技术文件中提出的常用工艺文件目录，焊接结构生产常用的工艺文件主要有工艺过程卡片、工艺卡片、工序卡片和工艺守则等。

1. 常用工艺文件种类

(1) 工艺过程卡片　是描述零件整个加工工艺过程全貌的一种工艺文件。它是制定其他工艺文件的基础，也是进行技术准备、编制生产计划和组织生产的依据。通过工艺过程卡可以了解零件所需的加工车间、加工设备和工艺流程。表 5-2 所示为装配工艺过程卡。

(2) 工艺卡片　它是以工序为单位来说明零件、部件加工方法和加工过程的一种卡片。工艺卡片表示了每一工序的详细情况，所需的加工设备以及工艺装备。如表 5-3 所示为焊接工艺卡片。

(3) 工序卡片　它是在工艺卡片的基础上为某一道工序编制的更为详细的工艺文件。工序卡片上须有工序简图，表示本工序完成后的零件形状、尺寸公差、零件的定位和装配装夹方式等。表 5-4 所示为装配工序卡。

(4) 工艺守则　是焊接结构生产过程中的各个工艺环节应遵守和执行的制度。主要包括守则的适用范围，与加工工艺有关的焊接材料及配方，加工所需设备及工艺装备，工艺操作前的准备以及操作顺序、方法、工艺参数、质量检验和安全技术等内容。如表 5-5 所示为工艺守则格式。

表 5-2　装配工艺过程卡

	装配工艺过程卡片	产品型号		零件图号			
		产品名称		零件名称		共 页	第 页

	工序号	工序名称	工序内容	装配部门	设备及工艺装备	辅助材料	工时定额/min
	(1)	(2)	(3)	(4)	(5)	(6)	(7)
	8	12	19×8	12	60	40	10
描图							
描校							
底图号							
装订号			8				

										设计(日期)	审核(日期)	标准化(日期)	会签(日期)	
标记	处数	更变文件号	签字	日期	标记	处数	更改文件号	签字	日期					

注：表中（　）填写内容：

(1) 工序号；

(2) 工序名称：

(3) 各工序装配内容和主要技术要求；

(4) 装配车间、工段或班组；

(5) 各工序所使用的设备和工艺装备；

(6) 各工序所使用的辅助材料；

(7) 各工序的工时定额。

表 5-3　焊接工艺过程卡

	焊接工艺卡片	产品型号		产品名称			
		零件图号		零件名称		共 页	第 页

简图	主要组成件				
(17)	序号	图号	名称	材料	件数
88	(1)	(2)	(3)	(4)	(5)
	10	26	20	26	14

（主要组成件表头行高 8，总高 21×8）

	工序号	工序内容	设备	工艺装备	电压或气压	电流或焊嘴号	焊条、焊丝、电极		焊剂	其他规范	工时
							型号	直径			
描图	(6)	(7)	(8)	(9)	(10)	(11)	(12)	(13)	(14)	(15)	(16)
描校											
底图号											
装订号											
	8		20	24	15	15	15	15	15	15	10

标记	处数	更改文件号	签字	日期	标记	处数	更改文件号	签字	日期	设计(日期)	审核(日期)	标准化(日期)	会签(日期)	

注：表中（　）填写内容：

(1) 序号用阿拉伯数字 1、2、3…填写；

(2)～(5) 分别填写焊接的零、部件图号名称，材料牌号和件数；

(6) 工序号；

(7) 每工序的焊接操作内容和主要技术要求；

(8)、(9) 设备和工艺装备分别填写其型号或名称，必要时写其编号；

(10)～(16) 可根据实际需要填写；

(17) 绘制焊接简图。

2. 制定加工工艺过程的实例

(筒体加工工艺过程的制定) 如图 5-27 所示为一冷却器的筒体。

(1) 主要技术参数

筒节数量：4（整个筒体由 4 个筒节组成）。材料：Ni-Cr 不锈钢。

椭圆度 e ($D_{max}-D_{min}$)：≤6mm。内径偏差：$\phi600^{+3}_{-2}$mm。

组对筒体：长度公差为 5.9mm，两端平行度公差为 2mm。

检验：试板作晶间腐蚀试验；焊缝外观合格后，进行 100%射线探伤。

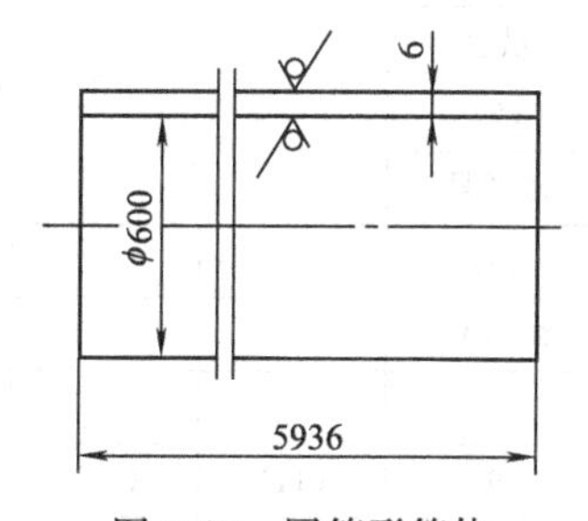

图 5-27　圆筒形筒体

(2) 筒体制造的工艺过程　该筒体为圆筒形，结构比较简单。筒体总长 5936mm，直径为 ϕ600mm，分为 4 段筒节制造。由于筒节直径小于 800mm，可用单张钢板制作，筒节只有一条纵焊缝。各筒节开坡口、卷制成形，纵缝焊完成后按焊接工艺组对环焊，并进行射线探伤。具体内容填入筒体加工工艺过程卡，如表 5-6 所示。

表 5-4 装配工序卡

	10	10	20	装配工序卡片			产品型号		零件图号			
							产品名称		零件名称		共 页	第 页
	工序号	(1)	工序名称	(2)	车间	(3)	工段	(4)	设备	(5)	工序工时	(6)
	简图			60	10	20	10	20	10	40	25	
				(7)								
	工步号	16	工步内容					工艺装备		辅助材料	工时定额/min	
	(8)	8	(9)					(10)		(11)	(12)	
描图												
	8							50		50	10	
描校		8×8										
底图号												
装订号												
								设计（日期）	审核（日期）	标准化（日期）	会签（日期）	
	标记	处数	更改文件号	签字	日期	标记	处数	更改文件号	签字	日期		

注：表中（ ）填写内容：

（1）工序号；

（2）装配本工序的名称；

（3）执行本工序的车间名称或代号；

（4）执行本工序的工段名称或代号；

（5）本工序所使用的设备名称；

（6）本工序工时定额；

（7）绘制装配简图和装配系统图；

（8）工步号；

（9）各工步名称、操作内容和主要技术要求；

（10）各工步所需使用的工艺装备型号名称或其编号；

（11）各工步所需使用的辅助材料；

（12）加工工件所需要工时数量。

表 5-5 工艺守则

	（工厂名称）			（ ）工艺守则（1）				（2）	
								共（3）页	第（4）页
描图	（5）								
（6）									
描校									
（7）									
底图号									
（8）						资料来源	编制	（签字）（18）	（日期）
装订号							审核	（19）	（23）
	5					（16）	标准化	（20）	
（9）	（11）	（12）	（13）	（14）	（15）	编制部门	批准	（21）	
（10）	标记	处数	更改文件号	签字	日期	（17）		（22）	

注：表中填写内容：

（1）工艺守则的类别，如“焊接”、“热处理”等；

（2）工艺守则的编号（按 JB/Z254 规定）；

（3）、（4）该守则的总页数和顺页数；

（5）工艺守则的具体内容；

（6）～（15）填写内容同“表头、表尾及附加栏”的格式；

（16）编写该守则的参考技术资料；

（17）编写该守则的部门；

（18）～（22）责任者签字；

（23）各责任者签字后填写日期。

表 5-6　筒体加工工艺过程卡

筒体加工工艺过程卡		产品型号		部件图号		共　页
		产品名称	筒体	部件名称		第　页
工序	工序名称	工序内容	车间	工艺装备及设备	辅助材料	工时定额
0	检验	材料应符合国家标准要求的材质证书	检验			
10	划线	号料、划线，筒体由 4 节组成，同时划出 400(500)×135 试块一副	划线			
20	切割下料	按划线尺寸切割下料	下料	等离子切割机		
30	刨边	按图要求刨各筒节坡口	机加	刨边机		
40	成形	卷制成形	成形	卷板机		
50	焊接	组对焊缝和试板，除去坡口及两侧的油漆；按焊接工艺组焊纵缝试板	焊机车间	自动焊	焊丝焊剂	
60	检验	1. 纵焊缝外观合格，按 GB 3323 标准进行 100％射线级合格 2. 试板按“规程”附录二要求 3. 按 GB1223 作晶间腐蚀试验	检验	射线探伤设备		
70	校型	校圆：$e \leqslant 3$mm	成形			
80	组焊	按焊接工艺组对环焊缝	铆焊	自动焊	焊丝焊剂	
90	检验	环焊缝外观合格后，按 GB 3323 标准进行 100％射线探伤Ⅰ级合格	检验	射线探伤设备		
100	焊接	在筒节 1 的右端组焊衬环，要求衬环与筒体紧贴	铆焊			

5.3　典型焊接结构的生产工艺

技能点：

桥式起重机主梁及端梁的制造工艺；

桥式起重机桥架的装配与焊接工艺；

压力容器的制造工艺；

球形容器的制造工艺。

知识点：

桥式起重机的基本知识；

压力容器的基本知识。

5.3.1　桥式起重机箱型桥架的生产工艺

起重机作为运输机械在国民生产各个部门的应用十分广泛，其结构形式多样，如桥式起重机、门式起重机、塔式起重机、汽车起重机等。其中，以桥式起重机应用最广，其结构的制造技术具有典型性，掌握了它的制造技术，对于其他起重机结构的制造都可借鉴。

1. 桥式起重机的基本知识

(1) 桥式起重机桥架的组成及常见形式　桥式起重机的桥架结构如图 5-28 所示，它主要由主梁（或桁梁）、栏杆（或辅助桁架）、端梁、走台（或水平桁架）、轨道及操纵室等组成。桥架的外形尺寸取决于起重量、跨度、起升高度及主梁结构形式。

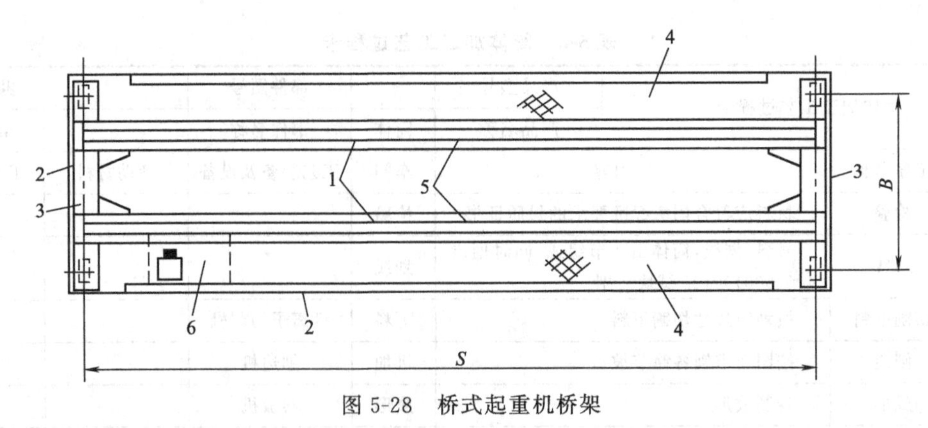

图 5-28 桥式起重机桥架

1—主梁；2—栏杆；3—端梁；4—走台；5—轨道；6—操纵室

桥式起重机桥梁架常见的结构形式有中轨箱形梁桥架，如图 5-29（a）所示，偏轨箱形梁桥架，如图 5-29（b）所示，偏轨空腹箱形梁桥架，如图 5-29（c）所示，箱形单主梁桥架，如图 5-29（d）所示。上述几种桥架形式中，以中轨箱形梁桥架最为典型，应用最为广泛，本节所涉及的内容均为该结构。

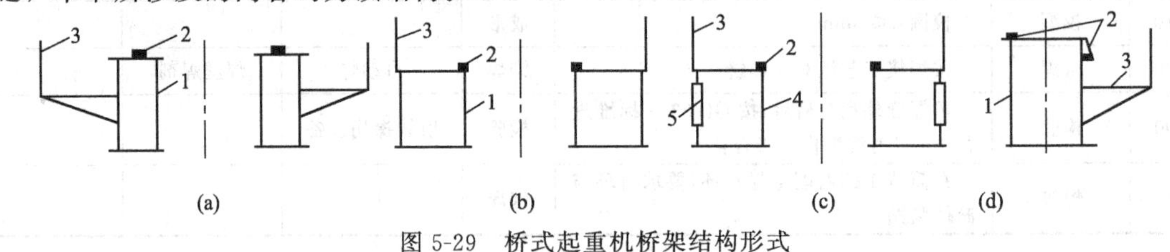

图 5-29 桥式起重机桥架结构形式

1—箱形主梁；2—轨道；3—走台；4—工字形主梁；5—空腹梁

（2）主要部件

① 主梁 主梁是桥式起重机桥架中主要受力部件，箱形主梁的一般结构如图 5-30 所示，由左右两块腹板，上下两块翼板以及若干长、短筋板组成。当腹板较高时，尚需加水平筋板，以提高腹板的稳定性，减小腹板的波浪变形；长、短肋板主要是提高梁的稳定性及上翼板承受载荷的能力。

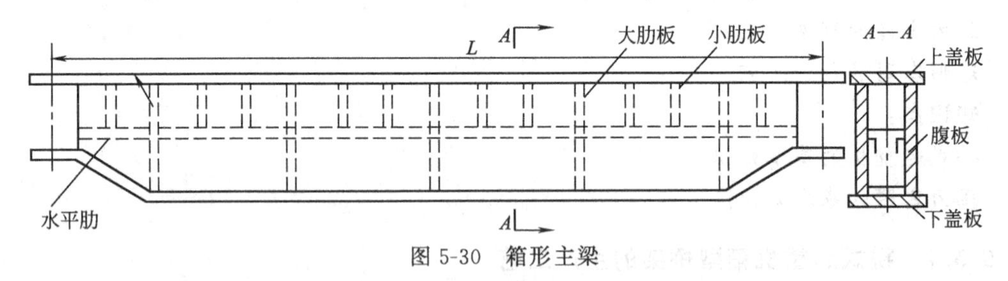

图 5-30 箱形主梁

② 端梁 端梁是桥式起重机桥架组成部分之一，一般采用箱形结构，并在水平面内与主梁刚性连接，端梁按受载情况可分为下述两类。

• 端梁受有主梁的最大支承压力，即端梁上作用有垂直载荷。结构特点是大车车轮安装在端梁的两端部，如图 5-31（a）所示。此类端梁应计算弯矩，弯矩的最大截面是在与主梁连接处 $A—A$、支承截面 $B—B$ 和安装接头螺孔削弱的截面。

• 端梁没有垂直载荷，结构特点是车轮或车轮的平衡体直接安装在主梁端部，如图5-31（b）所示。此类端梁只起联系主梁的作用，它在垂直平面几乎不受力，在水平面内仍属刚

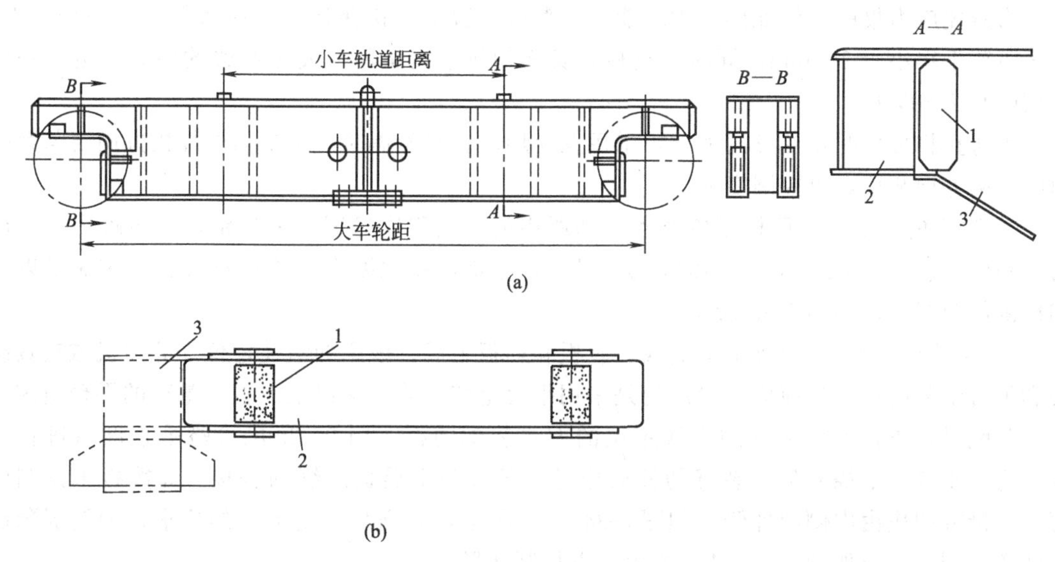

图 5-31　端梁的两种结构形式

1—连接板；2—端梁；3—主梁

性连接并受弯矩的作用。

依据桥架宽度和运输条件，在端梁上设置一个或两个安装接头，如图 5-31（b）中为两个接头，即将端梁分成两段或三段，安装接头目前都采用高强螺栓连接板。

③ 小车轨道　起重机轨道有四种：方钢、铁路钢轨、重型钢轨和特殊钢轨。中小型起重机采用方钢和轻型铁路钢轨；重型起重机采用重轨和特殊钢轨。中轨箱形梁桥架的小车轨道安放在主梁上翼板的中部。轨道多采用压板固定在桥架上，如图 5-32 所示。

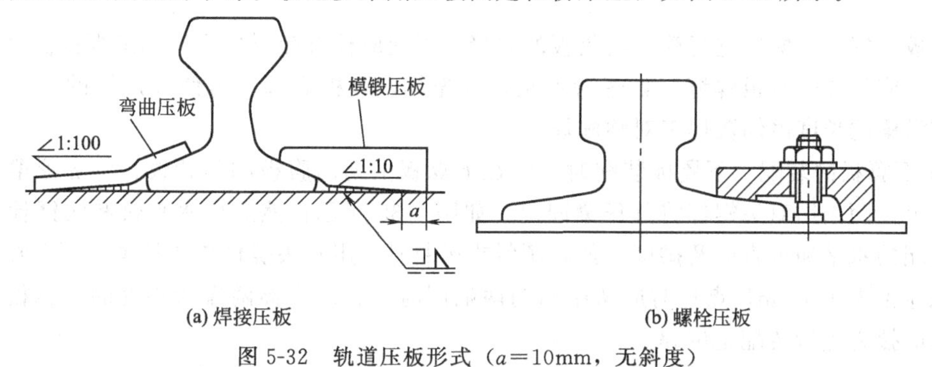

图 5-32　轨道压板形式（a＝10mm，无斜度）

2. 主梁及端梁的制造工艺

（1）主梁制造工艺要点

① 拼板对接焊工艺　主梁长度一般为 10～40m，腹板与上下翼板要用多块钢板拼接而成。肋板是一个长方形，长肋板中间一般开有减轻孔。短肋板用整料制成，长肋板也可用整料制成。所有拼缝均要求焊透，并要求通过超声波或射线检验，其质量应满足起重机技术条件中的规定。当采用双面拼接焊时，一面拼焊好后，必须把焊件翻转进行清根等工序。如拼板较长，翻转操作不当，会引起翘曲变形。若采用单面焊双面成形具有焊缝一次成形时，不需翻转清根，对装配间隙和焊接参数要求不十分严格，钢板厚度在 5～12mm 之间时，单面焊双面成形应用十分广泛。考虑到焊接时的收缩，拼板时应留有一定的余量。

为避免应力集中，保证梁的承载能力，翼板与腹板的拼接接头不应布置在同一截面上，错开距离不得小于 200mm；同时，翼板及腹板的拼板接头不应安排在梁的中心附近，一般应离中心 2m 以上。

为防止拼接板时角变形过大，可采用反变形法。双面焊时，第二面的焊接方向要与第一面的焊接方向相反，以控制变形。

② 腹板的上挠度　可根据生产条件和所用的工艺程序等因素来确定，一般跨中上挠度的预制值 f_m 可取（1/350～1/450）L。目前，上挠曲线主要有二次抛物线、正弦曲线以及四次函数曲线等，如图 5-33 所示。

③ 装焊 π 形梁　π 形梁由上翼板、腹板和筋板组成。该梁的组装定位焊分为机械夹具组装和平台组装两种，目前应用较广的是采用平台组装工艺，又以上翼板为基准的平台组装居多。装配时，先在上翼板上的划线定位的方式装配肋板，用 90°角尺检验垂直度后进行点固，为减小梁的下挠变形，装好肋板后应进行筋板与上翼板焊缝的焊接。如翼板未预制旁弯，焊接方向应由内侧向外侧，如图 5-34（a）所示，以满足一定旁弯的要求；如翼板预制有旁弯，则方向应如图 5-34（b）所示，以控制变形。

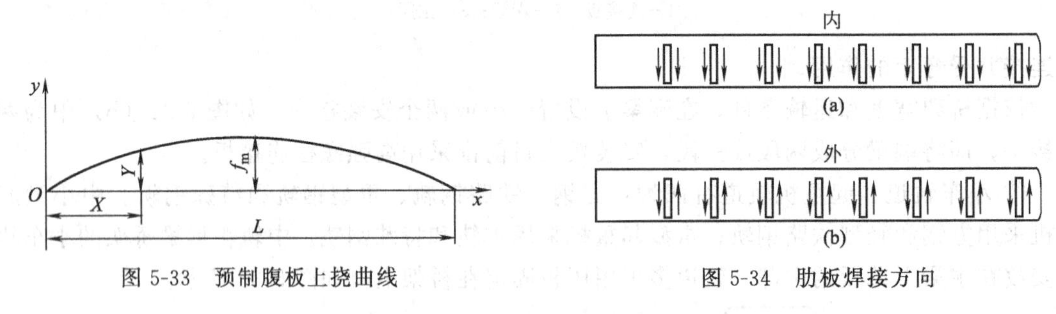

图 5-33　预制腹板上挠曲线

图 5-34　肋板焊接方向

腹板装好后，即应进行筋板与腹板的焊接。焊前应检查变形情况以确定焊接次序。如旁弯过大，应先焊外腹板焊缝；如旁弯不足，应先焊内腹板焊缝。为使 π 形梁的弯曲变形均匀，应沿梁的长度由偶数焊工对称施焊。

④ 下翼板的装配　下翼板装配时，先在下翼板上划出腹板的位置线，将 π 形梁吊装在下翼板上，两端用双头螺杆将其压紧固定，如图 5-35 所示；然后用水平仪和线锤检验梁中部和两端的水平和垂直度及拱度，如有倾斜或扭曲时，用双头螺杆单边拉紧。下翼板与腹板的间隙应不大于 1mm，点焊时应从中间向两端同时进行。主梁两端弯头处的下翼板可借助起重机的拉力进行装配定位焊。

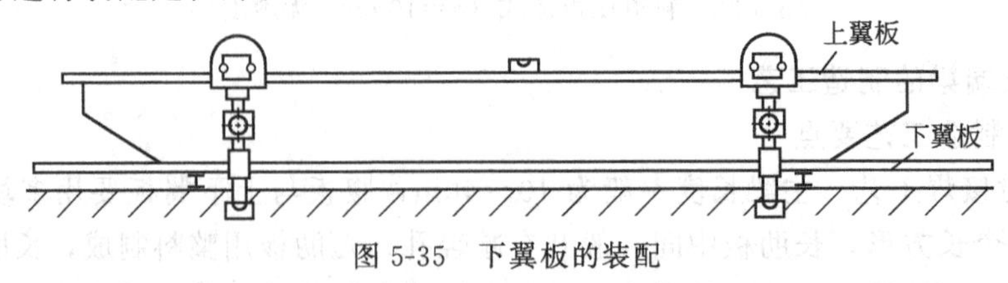

图 5-35　下翼板的装配

⑤ 主梁纵缝的焊接　主梁有四条纵缝，焊接顺序视梁的拱度和旁弯的情况而定，尽量采用自动焊焊接。当拱度不够时，应先焊下翼板左右两条纵缝；挠度过大时，应先焊上翼板左右两条纵缝。

采用自动焊焊接四条纵缝时，可采用图 5-36 所示的焊接方式，焊接时从梁的一端直通焊到另一端。图 5-36（a）为“船形”位置单机头焊，主梁不动，靠焊接小车移动完成焊接工作。平焊位置可采用双机头焊，如图 5-36（b）、（c）所示，其中图 5-36（b）为靠移动工件完成焊接，图 5-36（c）为通过机头移动来完成焊接操作。

当采用焊条电弧焊时，应采用对称的焊接方法，即把箱形梁平放在支架上，由四名焊工同时从两侧的中间分别向梁的两端对称焊接，焊完后翻身，以同样的方式焊接另外一边的两条纵缝。

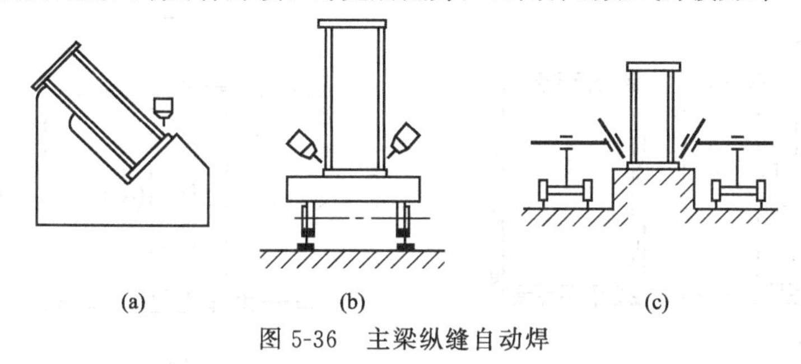

图 5-36　主梁纵缝自动焊

箱形主梁装焊完毕后应进行检查，每根箱形梁在制造时均应达到技术条件的要求，如果变形超过了规定值，应进行矫正。

⑥ 流水线生产主梁实例　这里简单介绍生产桥式起重机主梁流水作业线上几个主要生产环节及其所用的装备。如图 5-37 所示，图 5-37（a）是用埋弧焊机头 4 焊接上翼板 5 的拼接焊缝（内侧），依靠龙门架 2 通过真空吸盘 3 把上翼板送至拼焊地点；图 5-37（b）是安装长短筋板 6；图 5-37（c）由龙门架 8 运送和安装腹板，再由龙门架 9 上的气动夹紧装置使腹板向筋板和上翼板贴紧，然后点固焊；图 5-37（d）是有两个工作台同时工作，主梁翻转 90°处于倒置状态后，焊接腹板里侧的拼接焊缝和筋板焊缝，焊完一侧后，翻转 180°再焊另一侧；图 5-37（e）是装配下翼板，用液压千斤顶 10 压住主梁两端，再由翻转机 11 送进下翼板，在龙门架 12 的气动夹紧装置的压紧下进行点固焊，全部点固后松开主梁，然后焊接上翼板外面的拼接焊缝；图 5-37（f）是焊接箱形主梁外侧的纵向角焊缝和腹板的拼接焊缝；图 5-37（g）处是进行质量检验，整个箱形主梁即告完成。

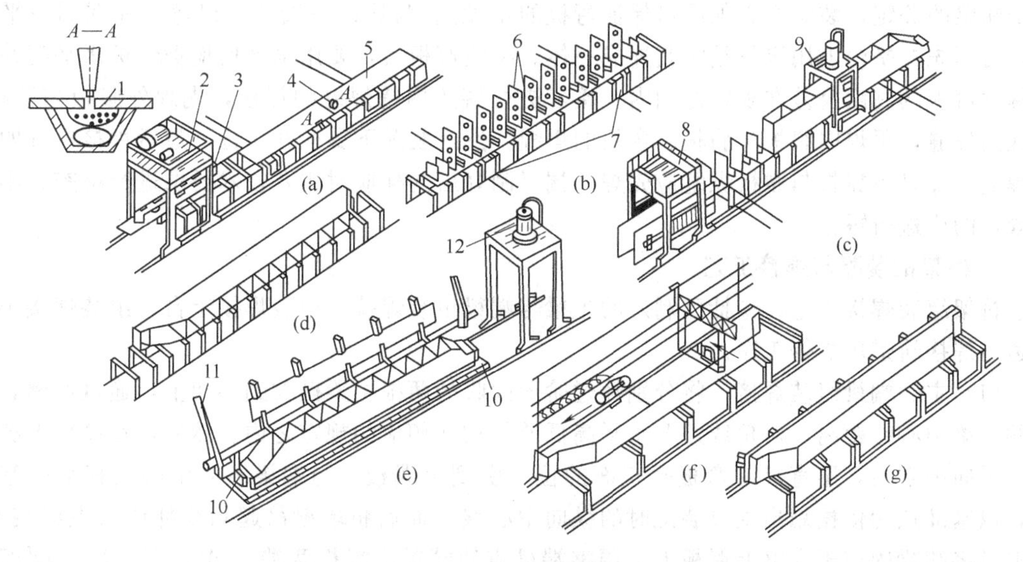

图 5-37　流水线上装焊主梁

1—焊剂垫；2,8,9,12—行走龙门架；3—真空吸盘；4—焊机机头；5—上翼板；
6—筋板；7—小车；10—液压千斤顶；11—翻转机

（2）端梁的制造工艺要点　箱形双梁桥架的端梁都采用钢板焊成的箱形结构，并在水平面内与主梁刚性连接。将主梁和端梁焊接成整体，这对运输造成一定的困难，因此尚需在端梁中设置1～2个运输安装接头，即把端梁分成2～3段，通过螺栓连接。安装接头有两种形式：一种是连接板连接，另一种是角钢连接，如图5-38所示。

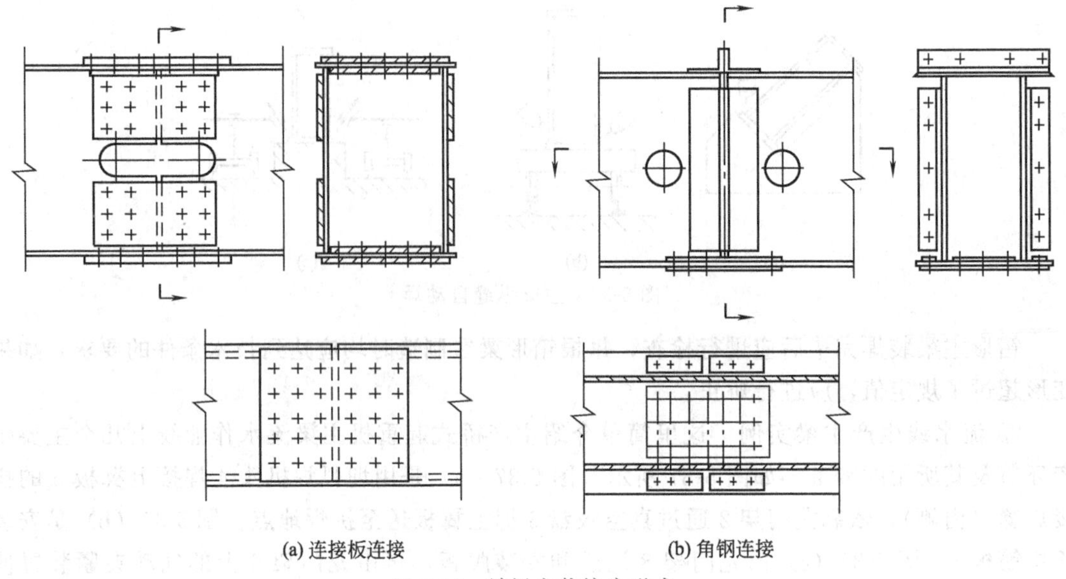

图5-38　端梁安装接头形式

考虑到端梁与主梁连接焊缝均在端梁内侧，因此在组装焊接端梁时应注意各焊缝的方向与顺序，使端梁与主梁装焊前有一定的外弯量。端梁制造的大致工艺过程如下。

① 备料　包括上、下翼板、腹板、肋板及两端的弯板。弯板采用压制成形，各零件应满足技术规定。

② 装焊　首先肋板与上翼板装配并焊接，再装配两腹板并定位，然后装弯板（弯板是整个端梁的关键，装焊中必须严格保证弯板的角度）。为保证一端的一组弯板能在同一平面内，可预先在平台上用定位胎将其连成一体。组装弯板后，要用水平尺检查弯板水平度并调节两端弯板的高度公差在规定范围内。接着进行端梁内壁焊缝的焊接，先焊外腹板与肋板、弯板的焊缝，再焊内腹板与肋板、弯板的焊缝，然后装配下翼板并定位。最后焊接端梁四条纵焊缝，并且下翼板与腹板纵缝应先焊。端梁制好后同样应对主要技术要求进行检查，不符合规定的应进行矫正。

3. 桥架的装配与焊接工艺

桥架组装焊接工艺，包括已制好的主梁与端梁组装焊接、组装焊接走台、组装焊接小车轨道与焊接轨道压板等工序。

（1）主、端梁组装焊接　将分别经过阶段验收的两根主梁摆放到垫架上，通过调整，应使两主梁中心线距离、对角线差及水平高低差等均在相应的规定之内。然后，在端梁上翼板划出纵向中心线，用直尺将弯板垂直面的位置引到上翼板，与端梁纵向中心线相交得基准点，以基准点为依据划出主梁装配时的纵向中心线，而后将端梁吊起划线部位与主梁装配，用夹具将端梁固定于主梁上翼板上，调整端梁应使端梁上翼板两端的A'、C'、B'、D'四点水平度差及对角线$A'D'$与$B'C'$之差在规定的数值内，如图5-39所示。同时，穿过吊装孔立T形标尺，用水准仪测量调整，保证同一端梁弯板水平面的标高差及跨度方向标高差不超过

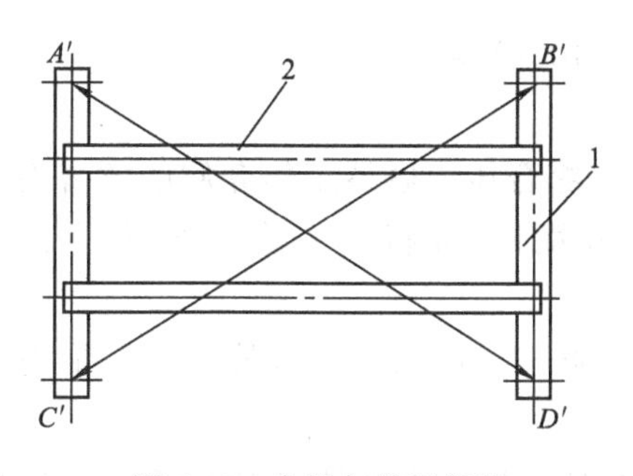

图 5-39　主梁与端梁组装

1—端梁；2—主梁

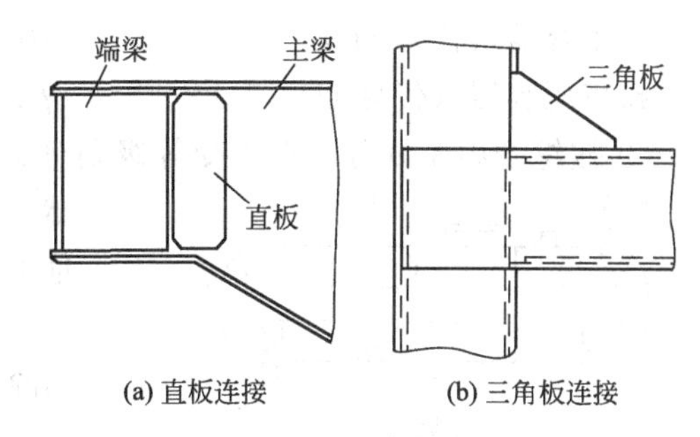

(a) 直板连接　(b) 三角板连接

图 5-40　主梁与端梁焊接连接

规定数值，所有这些检查合格后，再进行定位焊。

主梁与端梁采用的焊接连接方式有直板和三角板连接两种，如图 5-40 所示。主要焊缝有主梁与端梁上下翼板焊缝、直板焊缝或三角板焊缝。为减小变形与应力，应先焊上翼板焊缝，然后焊下翼板焊缝，再焊直板或三角板焊缝；先焊外侧焊缝，后焊内侧焊缝。

(2) 组装焊接走台　为减小桥架的整体变形，走台的斜撑与连接板，如图 5-41 所示，要按图样尺寸预先装配焊接成组件，再进行桥架组装焊接。组装时，按图样尺寸划走台的定位线，走台应与主梁上翼板平行，即具有与主梁一致的上挠曲线。装配横向水平角钢时，用水平尺找正，使外端略高于水平线定位焊于主梁腹板上，然后组装定位焊斜撑组件，再组装定位焊走台边角钢。走台边角钢应具有与走台相同的上挠度。走台板应在接宽的纵向焊缝完成后进行矫平，然后组装定位焊在走台上。整个走台的焊缝焊接时，为减小应力变形，应选择好焊接顺序，水平外弯大的一侧走台应先焊，走台下部焊缝应先焊。

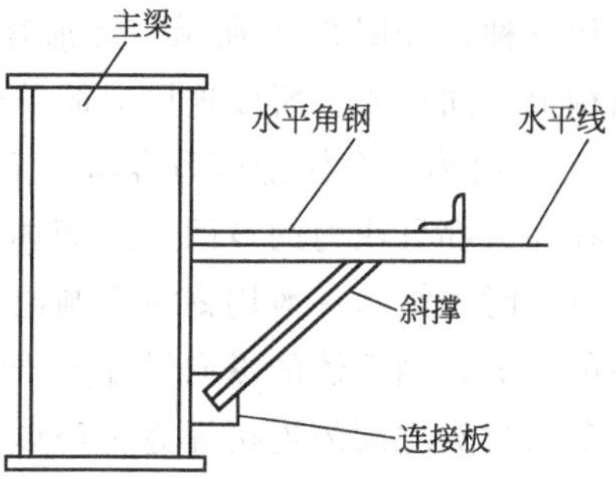

(3) 组装焊接小车轨道　小车轨道用电弧焊方法焊接成整体，焊后磨平焊缝。小车轨道应平直，不得扭曲和有显著的局部弯曲。轨道与桥架组装时，应预先在主梁的上翼板划出轨道位置线，然后装配，再定位焊轨道压板。为使主梁受热均匀，从而使下挠曲线对称，可由多名焊工沿跨度均匀分布，同时焊接。

主梁　水平角钢　水平线　斜撑　连接板

图 5-41　组装水平角钢

5.3.2　典型压力容器的生产工艺

1. 压力容器的基本知识

压力容器是能承受一定压力作用的密闭容器，它主要用于石油化工、能源工业、科研和军事工业等方面；同时在民用工业领域也得到广泛应用，如煤气或液化石油气罐、各种蓄能器、换热器、分离器以及大型管道工程等。

(1) 压力容器的分类　按 1999 年颁发的“压力容器安全技术监察规程”的规定，其所监督管理的压力容器定义是指最高工作压力≥0.1MPa，容积大于或等于 25L，工作介质为气体、液化气体或最高工作温度高于等于标准沸点的液体的容器。

压力容器的分类方法很多，主要的分类方法有以下两种。

① 按设计压力划分　可分为四个承受等级：

低压容器（代号 L）　　$0.1\text{MPa} \leqslant p < 1.6\text{MPa}$

中压容器（代号 M）　　$1.6\text{MPa} \leqslant p < 10\text{MPa}$

高压容器（代号 H） $10MPa \leqslant p < 100MPa$

超高压容器（代号 U） $p \geqslant 100MPa$

② 按综合因素划分　在承受等级划分的基础上，综合压力容器工作介质的危害性（易燃、致毒等程度），可将压力容器分为Ⅰ、Ⅱ和Ⅲ类。

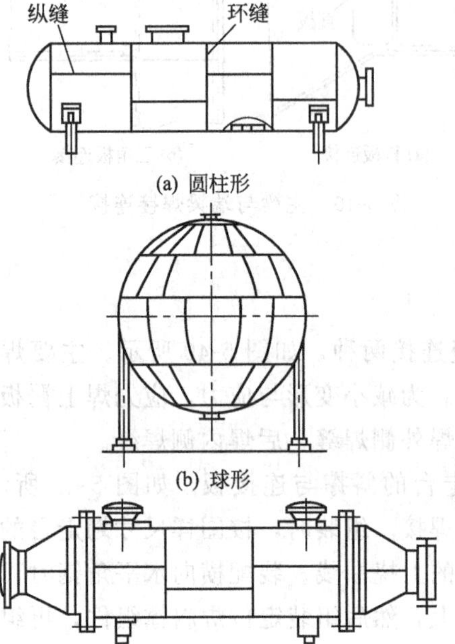

(a) 圆柱形

(b) 球形

(c) 圆锥形

图 5-42　容器的典型形式

• Ⅰ类容器。一般指低压容器（Ⅱ、Ⅲ类规定的除外）。

• Ⅱ类容器。属于下列情况之一者：a. 中压容器（Ⅲ类规定的除外）；b. 易燃介质或毒性程度为中度危害介质的低压反应容器和储存容器；c. 毒性程度为极度和高度危害介质的低压容器；d. 低压管壳式余热锅炉；e. 搪玻璃压力容器。

• Ⅲ类容器。属于下列情况之一者：a. 毒性程度为极度和高度危害介质的中压容器和 $pV \geqslant 0.2MPa \cdot m^3$ 的低压容器；b. 易燃或毒性程度为中度危害介质且 $pV \geqslant 0.5MPa \cdot m^3$ 的中压反应容器或 $\geqslant 10MPa \cdot m^3$ 的中压储存容器；c. 高压、中压管壳式余热锅炉；d. 高压容器。

（2）压力容器的结构特点与组成　压力容器有多种结构形式，最常见的结构为圆柱形、球形和圆锥形三种，如图 5-42 所示。球形容器的结构特点将在后面介绍，由于圆柱形和锥形容器在结构上大同小异，所以这里只简单介绍圆柱形容器的结构特点。

① 筒体　筒体是压力容器最主要的组成部分，由它构成储存物料或完成化学反应所需要存在大部分压力的空间。当筒体直径较小（小于 500mm）时，可用无缝钢管制作。当直径较大时，筒体一般用钢板卷制或压制（压成两个半圆）后焊接而成。筒体较短时可做成完整的一节，当筒体的纵向尺寸大于钢板的宽度时可由几个筒节拼接而成。由于筒节与筒节或筒节与封头之间的连接焊缝呈环形，故称为环焊缝。所有的纵、环焊缝焊接接头，原则上均采用对接接头。

② 封头　根据几何形状的不同，压力容器的封头可分为凸形封头、锥形封头和平盖封头三种，其中凸形封头应用最多。

• 凸形封头包括椭圆形封头、碟形封头、无折边球面封头和半球形封头，如图 5-43 所示。

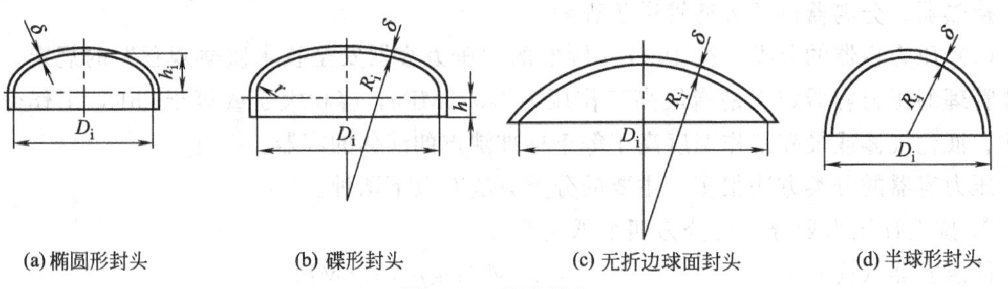

(a) 椭圆形封头　(b) 碟形封头　(c) 无折边球面封头　(d) 半球形封头

图 5-43　凸形封头

椭圆形封头的纵剖面呈半椭圆形，一般采用长短轴比值为 2 的标准。

碟形封头又称为带折边的球形封头。它是由三部分组成：第一部分为内半径为 R_i 的球面；第二部分为高度为 h 的圆形直边；第三部分为连接第一、二部分的过渡区（内半径为 r）。该封头特点为深度较浅，易于压力加工。

无折边球形封头又称球缺封头。虽然它深度浅，容易制造，但球面与圆筒体的连接处存在明显的外形突变，使其受力状况不良。这种封头在直径不大，压力较低，介质腐蚀性很小的场合可考虑采用。

• 锥形封头分为无折边锥形封头、大端折边锥形封头和折边锥形封头三种，如图 5-44 所示。从应力分析知，锥形封头大端的应力最大，小端的应力最小。因此，其壁厚是按大端设计的。

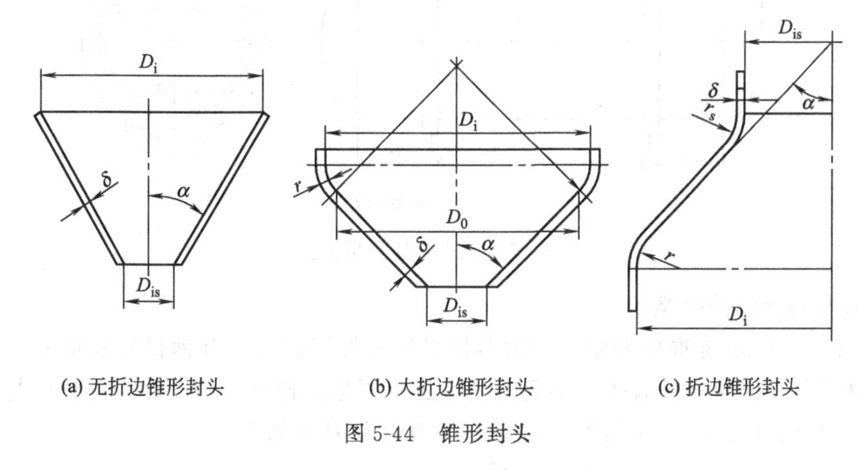

(a) 无折边锥形封头　(b) 大折边锥形封头　(c) 折边锥形封头

图 5-44　锥形封头

锥形封头由于其形状上的特点，有利于流体流速的改变和均匀分布，有利于物料的排出，而且对厚度较薄的锥形封头来说，制造比较容易，顶角不大时其强度也较好，它较适用于某些受压不高的石油化工容器。

• 平盖封头的结构最为简单，制造也很方便，但在受压情况下平盖中产生的应力很大，因此，要求它不仅有足够的强度，还要有足够的刚度。平盖封头一般采用锻件，与筒体焊接或螺栓连接，多用于塔器底盖和小直径的高压及超高压容器。

③ 法兰　法兰按其所连接的部分，分为管法兰和容器法兰。用于管道连接和密封的法兰叫管法兰；用于容器顶盖与筒体连接的法兰叫容器法兰。法兰与法兰之间一般加密封元件，并用螺栓连接起来。

④ 开孔与接管　由于工艺要求和检修时的需要，常在石油化工容器的封头上开设各种孔或安装接管，如人孔、手孔、视镜孔、物料进出接管，以及安装压力表、液位计、流量计、安全阀等接管开孔。

手孔和人孔是用来检查容器的内部并用来装拆和洗涤容器内部的装置。手孔的直径一般不小于 150mm。直径大于 1200mm 的容器应开设人孔。位于筒体上的人孔一般开成椭圆形，净尺寸为 300 mm×400mm；封头部位的人孔一般为圆形，直径为 400mm。对于可拆封头（顶盖）的容器及无需内部检查或洗涤的容器，一般可不设人孔。筒体与封头上开设孔后，开孔部位的强度被削弱，一般应进行补强。

⑤ 支座　椭圆筒形容器的安装位置不同，有立式容器支座和卧式容器支座两类。对卧式容器主要采用鞍形支座，对于薄壁长容器也可采用圈形支座，如图 5-45 所示。

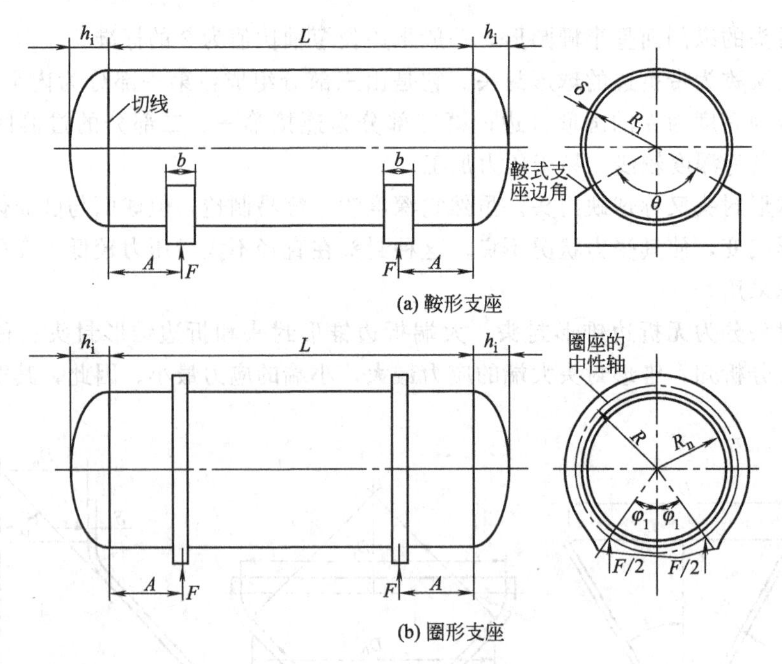

图 5-45 卧式容器典型支座

2. 压力容器焊缝的分类

在 GB 150—1998 标准中规定，压力容器受压元件用钢应具有钢材质检证书，制造单位应按该质检证书对钢材进行验收，必要时尚应进行复检。把压力容器受压部分的焊缝按其所在的位置分为 A、B 、C 、D 四类，如图 5-46 所示，具体如下。

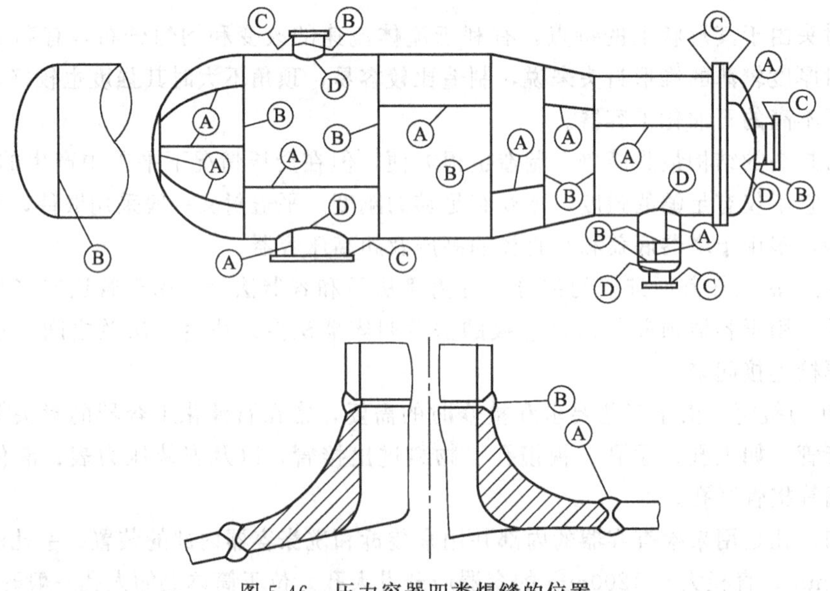

图 5-46 压力容器四类焊缝的位置

（1）A 类焊缝 受压部分的纵向焊缝（多层包扎压力容器层板的层间纵向焊缝除外），各种凸形封头的所有拼接焊缝，球形封头与圆筒连接的环向焊缝以及嵌入式接管与圆筒或封头对接连接的焊缝，均属于此类焊缝。

（2）B 类焊缝 受压部分的环形焊缝、锥形封头小端与接管连接的焊缝均属于此类焊缝

（已规定为A、C、D类的焊缝除外）。

（3）C类焊缝　法兰、平封头、管板等与壳体、接管连接的焊缝，内封头与圆筒的搭接填角焊缝均属于此类焊缝。

（4）D类焊缝　插管、人孔、凸缘等与壳体连接的焊缝，均属于此类焊缝（已规定为A、B类的焊缝除外）。

3. 中低压压力容器的制造工艺

中低压压力容器结构及制造较为典型，应用也最为广泛。这类容器一般为单层筒形结构，其主要受力元件是封头和筒体。

（1）封头的制造　目前广泛采用冲压成形工艺加工封头。现以椭圆形封头为例来说明其制造工艺。

封头制造工艺大致如下：原材料检验→划线→下料→拼缝坡口加工→拼板的装焊→加热→压制成形→二次划线→封头余量切割→热处理→检验→装配。

椭圆形封头压制前的坯料是一个圆形，封头的坯料尽可能采用整块钢板，如直径过大，一般采用拼接。这里有两种方法：一种是用两块或由左右对称的三块钢板拼焊，其焊缝必须布置在直径或弦的方向上；另一种是由瓣片和顶圆板拼接制成，焊缝方向只允许是径向和环向的。径向焊缝之间最小距离应不小于名义厚度 δ_n 的3倍，且不小于100mm，如图5-47所示。封头拼接焊缝一般采用双面埋弧焊。

封头成形有热压和冷压之分。采用热压时，为保证热压质量，必须控制始压和终压温度。低碳钢始压温度一般为1000～1100℃，终压温度为850～750℃。加热的坯料在压制前应清除表面的杂质和氧化皮。封头的压制是在水压机（或油压机）上，用凸凹模一次压制成形，不需要采取特殊措施。

已成形的封头还要对其边缘进行加工，以便于筒体装配。一般应先在平台上划出保证直边高度的加工位置线，用氧气切割割去加工余量，可采用图5-48所示的封头余量切割机。此机械装备在切割余量的同时，可通过调整割矩角度直接割出封头边缘的坡口（V形），经修磨后直接使用；如对坡口精度要求高或其他形式的坡口，一般是将切割后的封头放在立式车床上进行加工，以达到设计图样的要求。封头加工完后，应对主要尺寸进行检查，合格后才可与筒体装配焊接。

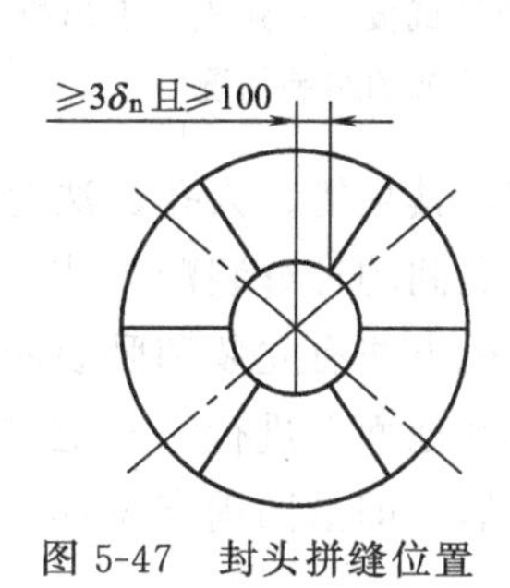

图5-47　封头拼缝位置

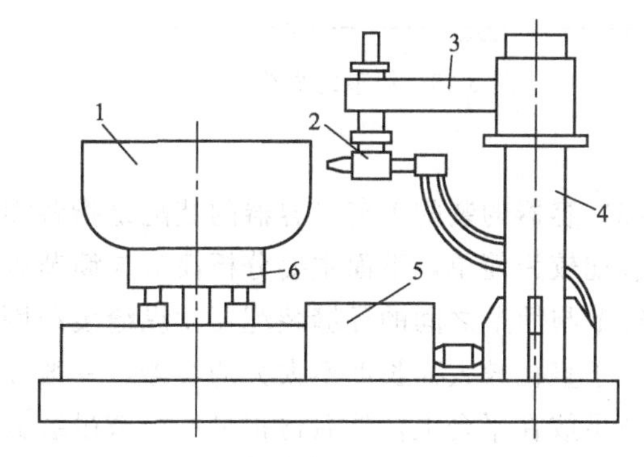

图5-48　封头余量切割机示意图

1—封头；2—割炬；3—悬臂；4—立柱；5—传动系统；6—支座

（2）筒节的制造　筒节的制造的一般过程为：原材料检验→划线→下料→边缘加工→卷制→纵缝装配→纵缝焊接→焊缝检验→矫圆→复检尺寸→装配。

筒节一般在卷板机上卷制而成，由于一般筒节的内径比壁厚要大许多倍，所以，筒节下料的展开长度 L，可用筒节的平均直径 D_p 来计算，即

$$L=2\pi D_p$$

$$D_p=D_g+\delta$$

式中　D_g——筒节的内径，mm；

δ——筒节的壁厚，mm。

筒节可采用剪切或半自动切割下料，下料前先划线，包括切割位置线、边缘加工线、孔洞中心线及位置线等，其中管孔中心线距纵缝及环缝边缘的距离不小于管孔直径的 0.8 倍，并打上样冲标记，图 5-49 为筒节划线示意图。这里需注意，筒节的展开方向应与钢板轧制的纤维方向一致，最大夹角也应小于 45°。

中低压压力容器的筒节可在三辊或四辊卷板机上冷卷而成，卷制过程中要经常用样板检查曲率，卷圆后其纵缝处的棱角、径纵向错边量应符合技术要求。

筒节卷制好后，在进行纵缝焊接前应先进行纵缝的装配，主要是采用杠杆——螺旋拉紧器、柱形拉紧器等各种工装夹具来消除卷制后出现的质量问题，满足纵缝对接时的装配技术要求，保证焊接质量。装配好后即进行定位焊。筒节的纵环缝坡口是在卷制前就加工好的，焊前应注意坡口两侧的清理。

筒节纵缝焊接的质量要求较高，一般采用双面焊，顺序是先里后外。纵缝焊接时，一般都应做产品的焊接试板；同时，由于焊缝引弧处和灭弧处的质量不好，故焊前应在纵向焊缝的两端装上引弧板和引出板，图 5-50 为筒节两端装上引弧板、焊接试板和引出板的情况。筒节纵缝焊接完后还须按要求进行无损探伤，再经矫圆，满足圆度的要求后才送入装配。

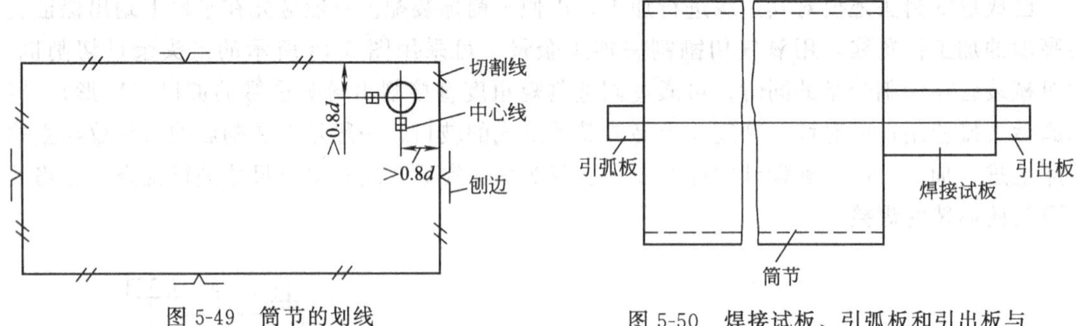

图 5-49　筒节的划线

图 5-50　焊接试板、引弧板和引出板与筒节的组装情况

（3）容器的装配工艺　容器的装配是指各零部件间的装配，其接管、人孔、法兰、支座等的装配较为简单，下面主要分析筒节与筒节以及封头与筒节之间的环缝装配工艺。

筒节与筒节之间的环缝装配要比纵缝装配困难得多，其装配方法有立装和卧装两种。立装适合于直径较大而长度不太大的容器，一般在装配平台或车间地面上进行。装配时，先将一筒节吊放在平台上，然后再将另一筒节吊装其上，调整间隙后，即沿四周定位焊，依相同的方法再吊装上其他筒节。

卧装一般适合于直径较小而长度较大的容器。卧装多在滚轮架或 V 形铁上进行。先把将要组装的筒节置于滚轮架上，将另一筒节放置于小车式滚轮架上，移动辅助夹具使筒节靠近，端面对齐。当两筒节连接可靠，将小车式滚轮架上的筒节推向滚轮架上，再装配下一筒节。

筒节与筒节装配前，可先测量周长，再根据测量尺寸采用选配法进行装配，以减少错边量；或在筒节两端内使用径向推撑器，把筒节两端整圆后再进行装配。另外，相邻筒节的纵向焊缝应错开一定的距离，其值在圆周方向应大于筒节壁厚的 3 倍以上，并且不应小于 100mm。

封头与筒体的装配也可采用立装和卧装，当封头上无孔洞时，也可先在封头外临时焊上起吊用吊耳（吊耳与封头材质相同），便于封头的吊装。立装与前面所述筒节之间的立装相同；卧装时如是小批量生产，一般采用手工装配的方法，如图 5-51 所示。装配时，在滚轮架上放置筒体，并使筒体端面伸出滚轮架外 400～500mm 以上，用起重机吊起封头，送至筒体端部，相互对准后横跨焊缝焊接一些刚性不太大的小板，以便固定封头与筒体间的相互位置。移去起重机后，用螺旋压板等将环向焊缝逐段对准到适合的焊接位置，再用“Ⅱ形马”横跨焊缝用点固焊固定。批量生产时，一般是采用专门的封头装配台来完成封头与筒体的装配。封头与筒体组装时，封头拼接焊缝与相邻筒节的纵焊缝也应错开一定的距离。

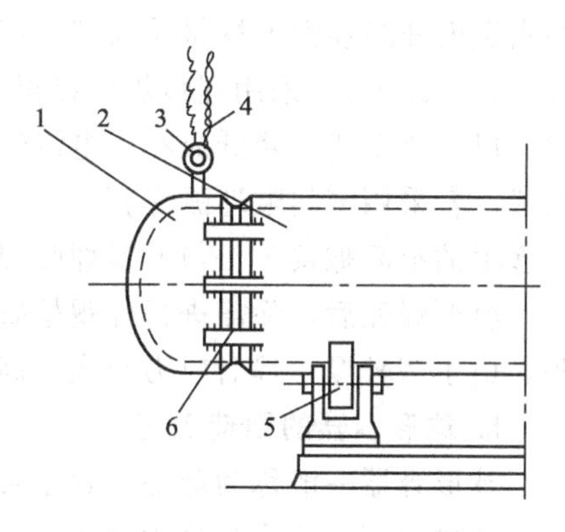

图 5-51　封头简易装配法

1—封头；2—筒体；3—吊耳；4—吊钩；5—滚轮架；6—Ⅱ形马

（4）容器的焊接　容器环缝的焊接一般采用双面焊。采用在焊剂垫上进行双面埋弧焊时，经常使用的环缝焊剂垫有带式焊剂垫和圆盘式焊剂垫两种。带式焊剂垫如图 5-52（a）所示，是在两轴之间的一条连续带上放有焊剂，容器直接放在焊剂垫上，靠容器自重与焊剂贴紧，焊剂靠容器转动时的摩擦力带动一起转动，焊接时需要不断添加焊剂。圆盘式焊剂垫是一个可以转动的圆盘装满焊剂放在容器下边，圆盘与水平面成 15°角，焊剂紧压在工件与圆盘之间，环缝位于圆盘最高位置，焊接时容器旋转带动圆盘随之转动，使焊剂不断进入焊接部位，如图 5-52（b）所示。

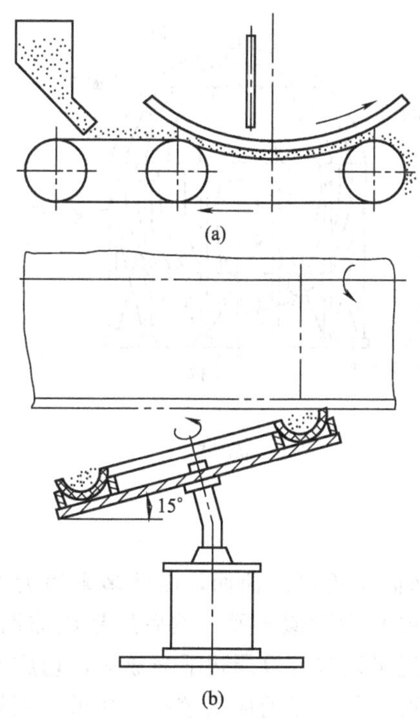

图 5-52　焊剂垫形式

容器环缝焊接时，可采用各种焊接操作机进行内外缝的焊接，但在焊接容器最后一条环缝时，只能采用手工封底的或带垫板的单面埋弧焊。

容器的其他部件，如人孔、接管、法兰、支座等，一般采用焊条电弧焊焊接。容器焊接完以后，还必须用各种方法进行检验，以确定焊缝质量是否合格。对于力学性能试验、金相分析、化学分析等破坏性试验，是用于对产品焊接试板的检验；而对容器本身焊缝则应进行外观检查、各种无损探伤、耐压及致密性试验等。凡检验出超过规定的焊接缺陷，都应进行返修，直到重新探伤后确认缺陷已全部清除才算返修合格。焊缝质量检验与返修的各项规定可参看 GB 150—1998的有关内容。

4. 高压容器的制造工艺

高压容器所使用的钢较中低压容器所使用的钢强

度更高，同时壁厚也要大得多，大体上分为单层和多层结构两大类。在大型容器方面，因为单层结构制造工艺比较简单，或由于本身结构的需要，所以单层结构容器应用较广，如电站锅炉汽包就是如此。

单层结构容器的制造过程与前面所述的中低压单层容器大致相同，只是在成形和焊接方法的选取等方面有所不同。单层高压容器由于壁较厚，筒节一般采用热弯卷加热矫正成形。由于加热时产生的氧化皮危害较严重，会使钢板内外表面产生麻点和压坑，所以加热前需涂上一层耐高温、抗氧化的涂料，防止卷板时产生缺陷；同时热卷时，钢板在辊筒的压力下会使厚度减小，减薄量为原厚度的5%～6%，而长度略有增加，因此下料尺寸必须严格控制。始卷温度和终卷温度视材质而定。筒节纵缝可采用开坡口的多层多道埋弧焊，但如果壁厚太大（δ>50mm），采用埋弧焊则显得工艺复杂，材料消耗大，劳动条件差，这时可采用电渣焊，以简化工艺，降低成本，电渣焊后需进行正火处理。容器环缝多用电渣焊或窄间隙焊来完成。若采用窄间隙埋弧焊新技术，可在宽18～22mm，深达350mm的坡口内自动完成每层多道的窄间隙接头。与普通埋弧焊相比，效率大大提高，同时可节约焊接材料。

容器焊完后，除需进行外观检查外，所有焊缝还要进行超声波探伤及X射线检查。另外，由于壁较厚，焊后应力较大，高压容器焊后均应作消除应力处理。

5. 球形容器的制造工艺

球形容器一般称为球罐，它主要用来储存带有压力的气体或液体。

球罐按其瓣片形状分为橘瓣式、足球瓣式及混合式，如图5-53所示。橘瓣式球罐因安装较方便，焊缝位置较规则，目前应用最广泛。按球罐直径大小和钢板尺寸分为三带、四带、五带和七带橘瓣式球罐。足球瓣式的优点是所有瓣片的形状、尺寸都一样，材料利用率高，下料和切割比较方便，但大小受钢板规格的限制，混合式球罐的中部用橘瓣式，上极和下极用足球瓣式，常用于较大型球罐。一个完整的球体，往往需要数十或数百块的瓣片。

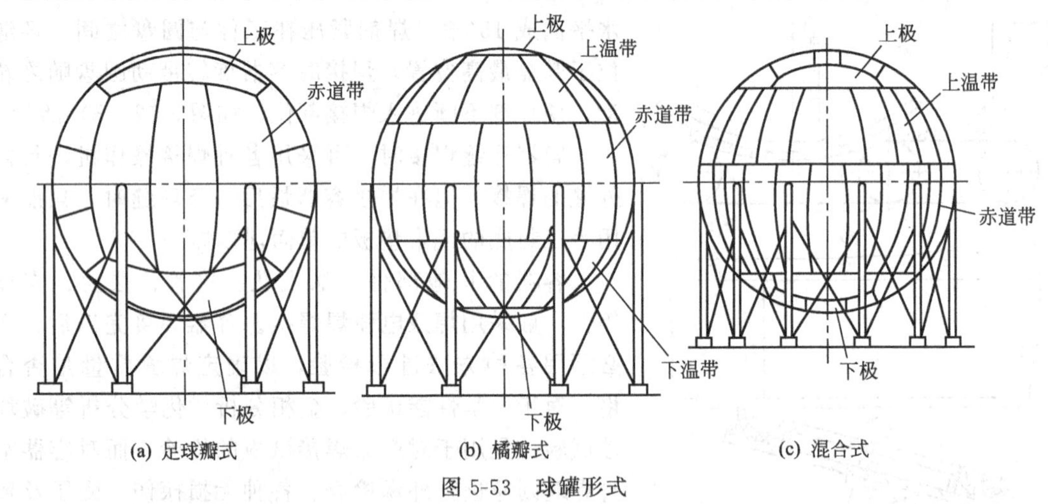

(a) 足球瓣式　(b) 橘瓣式　(c) 混合式

图5-53　球罐形式

(1) 球罐的制造工艺

① 瓣片制造　球瓣的下料及成形方法较多。由于球面是不可展曲面，因此多采用近似展开下料。通过计算（常用球心角弧长计算法），放样展开为近似平面，然后压延成球面，再经简单修整即可成为一个瓣片，此法称为一次下料。还可以按计算周边适当放大，切成毛料，压延成形后进行二次划线，精确切割，此法称为二次下料，目前应用较广。如果采用数学放样，数控切割，可大大提高精度与加工效率。

对于球瓣的压形，一般直径小，曲率大的瓣片采用热压；直径大、曲率小的瓣片采用冷压。压制设备为水压机或油压机等。冷压球瓣采用局部成形法。具体操作方法是：钢板由平板状态进入初压时不要压到底，每次冲压坯料一部分，压一次移动一定距离，并留有一定的压延重叠面，这可避免工件局部产生过大的突变和折痕。当坯料返程移动时，可以压到底。

② 支柱制造　球罐支柱形式多样，以赤道正切式应用最为普遍。

赤道正切支柱多数是管状形式，小型球罐选用钢管制成；大型球罐由于支柱直径大而长，所以用钢板卷制拼焊而成。如考虑到制造、运输、安装的方便，大型球罐的支柱制造时分成上、下两部分，其上部支柱较短。上、下支柱的连接，是借助一短管，使安装时便于对拢。

支柱接口的划线、切割一般是在制成管状后进行。划线前应先进行接口放样制样板，其划线样板应以管子外壁为基准。支柱制好后要按要求进行检查，合格后还要在支柱下部的地方，约离其端部 1500mm 处取假定基准点，以供安装支柱时测量使用。

(2) 球罐的装焊　球罐的装配方法很多，现场安装时，一般采用分瓣装配法。分瓣装配法是将瓣片或多瓣片直接吊装成整体的安装方法。分瓣装配法中以赤道带为基准来安装的方法运用得最为普遍。赤道带为基准的安装顺序是先安装赤道带，以此向两端发展。它的特点是由于赤道带先安装，其重力直接由支柱来支承，使球体利于定位，稳定性好，辅助工装少。图 5-54 所示为橘瓣式球罐分瓣装配法中以赤道带为基准的装配流程简图。

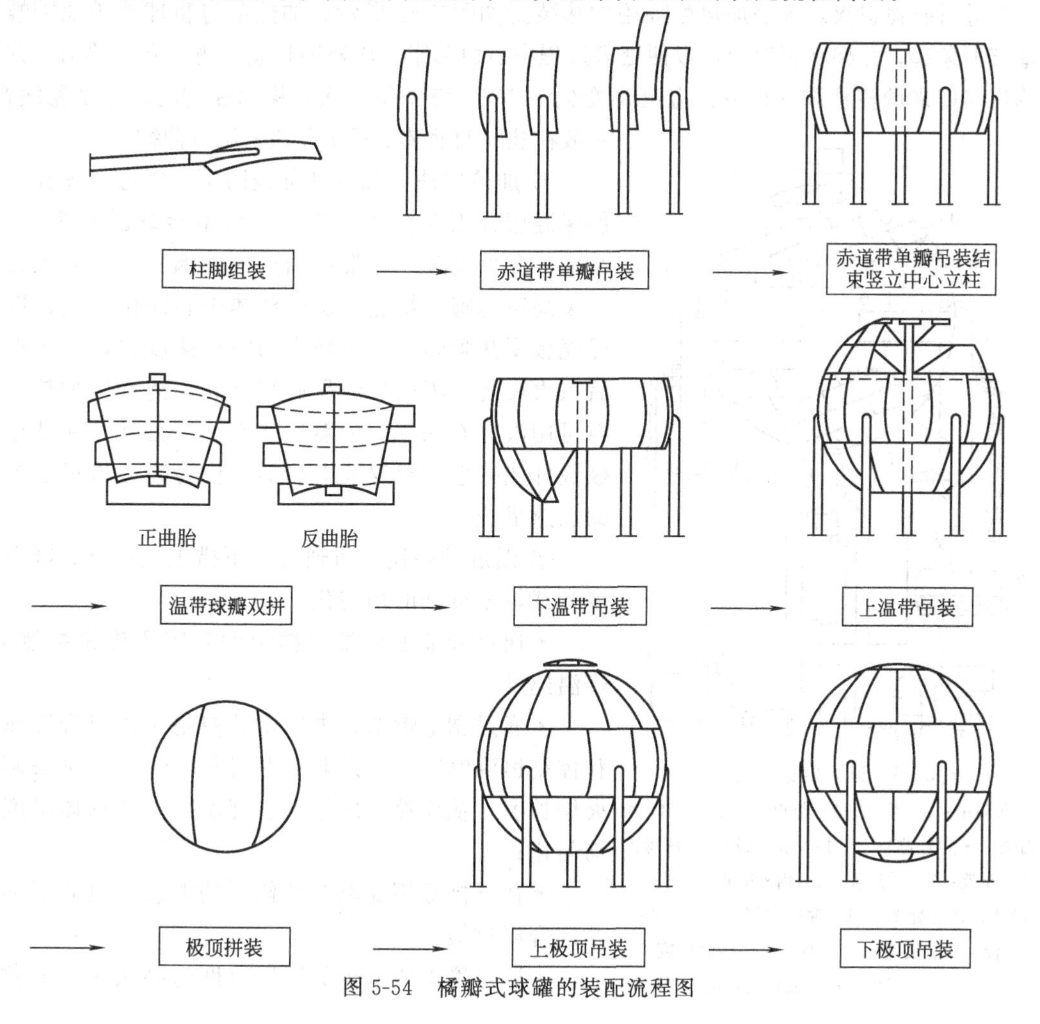

图 5-54　橘瓣式球罐的装配流程图

球罐制造时，一般装焊交替进行，其安装、焊接及焊后的各项工作为：支柱组合→吊装赤道板→吊装下温带板→吊装上温带板→装里外脚手→赤道纵缝焊接→下温带纵缝焊接→上温带纵缝焊接→赤道下环缝焊接→赤道上环缝焊接→上极板安装→上极板环缝焊接→下极板安装→下极板环缝焊接→射线探伤和磁粉探伤（赤道带焊接结束即可穿插探伤）→水压试验→磁粉探伤→气密性试验→热处理→油漆、包保温层→交货。

球罐的焊接大多数情况下采用焊条电弧焊完成，焊前应严格控制接头处的装配质量，并在焊缝两侧进行预热。同时，应按国家标准进行焊接工艺评定，焊工也须取得合格证书。现场焊接时，要参照有关条例严格控制施焊环境。焊缝坡口形式为：一般厚 18mm 以下的板采用单面 V 形坡口；厚 20mm 以上的板采用不对称 X 形坡口，一般赤道和下温带环缝以上焊缝，大坡口在里，即里面先焊。下温带环缝及以下的焊缝，大坡口在外，即外面先焊。焊接材料的干燥、发放和使用均按该材料和压力容器焊接的要求执行。纵缝焊接时，每条焊缝要配一名焊工同时焊接。如焊工不够，可以间隔布置焊工，分两次焊接。环缝则按焊工数均匀分段，但层间焊接接头应错开，打底焊应采用分段退焊法。

焊条电弧焊焊接球罐工作量大，效率低，劳动条件差，因此，一直在探索应用机械化焊接方法，现已采用的有埋弧焊、管状丝极电渣焊、气体保护电弧焊等。

（3）球罐的整体热处理　球罐焊后是否要进行热处理，主要取决于材质与厚度。球罐热处理一般进行整体退火，火焰加热处理用加热装置如图 5-55 所示。加热前将整球连带地脚螺丝从基础上架起，浮架在辊道上，以便处理过程中自由膨胀。热处理时应监测实际位移值，并按计算位移值来调整柱脚的位移。温度每变化 100℃，应调整一次。移动柱脚时，应平稳缓慢，一般在柱脚两面装 2 只千斤顶来调节伸缩。

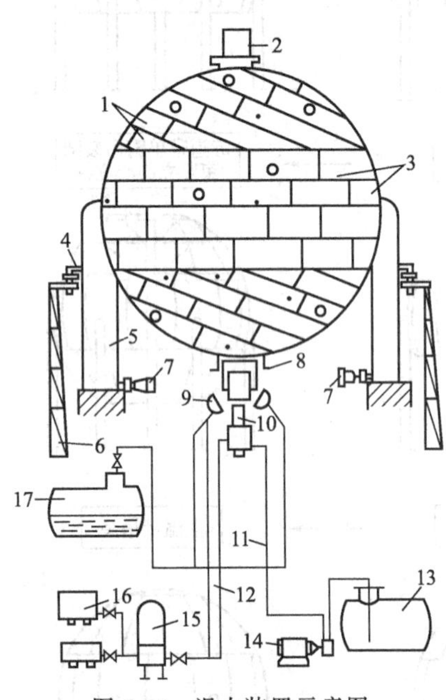

图 5-55　退火装置示意图

1—保温毡；2—烟囱；3—热电偶布置点（O 为内侧，• 为外侧）；4—指针和底盘；5—柱脚；6—支架；7—千斤顶；8—内外套筒；9—点燃器；10—烧嘴；11—油路软管；12—气路软管；13—油罐；14—泵组；15—储气罐；16—空压机；17—液化气储罐

① 加热方法。球罐外部设防雨、雪棚。球壳板外加保温层并安装测温热电偶。将整台球罐作为炉体，在上人孔处安装一个带可调挡板的烟囱；在下人孔处安装高速烧嘴，烧嘴要设在球体中心线位置上，以使球壳板受热均匀。高速烧嘴的喷射速度快，燃料喷出后点火燃烧，喷射热流呈旋转状态，能均匀加热。燃料可用液化石油气、天然气或柴油。另外，在球罐下极板外侧一般还要安装电热器，作为罐体低温区的辅助加热措施。

② 温度的控制。可通过以下措施控制升、降温速度和球体温度场的均匀化。

• 通过调节上部烟囱挡板的开闭程度来控制升、降温速度；

• 通过调节燃料、进风量的控制来调节升温速度和控制恒温时间，通过调节燃料与空气的比例来调节火焰长度，从而控制球体上下部温差，使球体温度场均匀化；

• 在下极板用加电热补偿器的办法，以防下部低温区升温过缓；

• 通过增加或减少保温层厚度的办法来调节散热

量，以使球体温度场均匀化。

③ 保温与测温。保温一般通过外贴保温毡实现。先将焊有保温钉的带钢纵向绕在球体外面，然后贴上保温毡。多层保温时，各保温毡接缝处要对严，各层接缝要错开，不得形成通缝。单层保温时，保温毡接缝要搭接 100mm 以上。在下极板处贴保温毡前要把电热补偿器挂好。保温毡贴好后再用钢带勒紧，以使保温毡贴紧罐壁。球壳板温度的监测用热电偶测量完成。在球体上设有若干个测温点，热电偶的测温触头要用螺栓固定在球壳板上，外侧测温热电偶工作触点周围要用保温材料包严，接线端应露出一定的长度，并注明编号，用补偿导线将其与记录仪连接起来。

球罐热处理也可采用履带式电加热和红外线电加热。电加热法比较简便、干净，热处理过程可以用电脑自动控制，控制精度高，温差小。

5.3.3　船舶结构的焊接工艺

1. 船舶结构的类型及特点

船舶是一座水上或水中（潜艇）浮动结构物，其主体的船体是由一系列板材和骨架（简称“板架”）相互连接而又相互支持构成的。如图 5-56 所示。

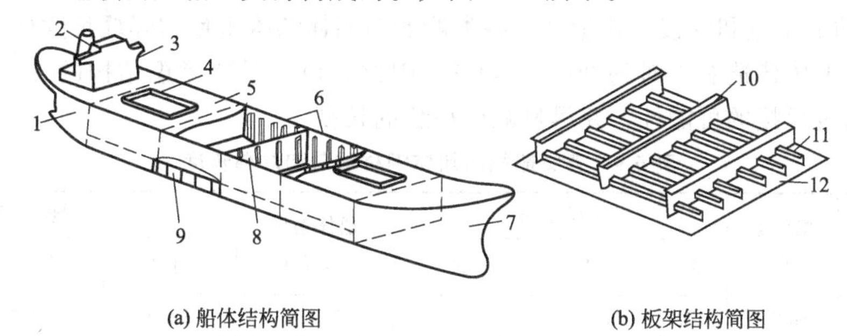

(a) 船体结构简图　　(b) 板架结构简图

图 5-56　船体结构的组成及其板架简图

1—尾部；2—烟囱；3—上层建筑；4—货舱口；5—甲板；6—舷侧；7—首部；8—横舱壁；9—船底；10—桁材；11—骨架；12—板

(1) 船舶板架结构的类型及使用范围　船体内的骨架分为纵向骨架和横向骨架，纵向骨架是指沿船长方向分布，横向骨架是指沿板宽方向分布。船体板架结构分为纵骨架式、横骨架式及混合骨架式三种，其特征、使用范围和性能比较见表 5-7、表 5-8。

表 5-7　船体板架结构的类型及特征

板架类型	结构特征	适用范围
纵骨架式	板架中纵向(船长方向)构件较密、间距较小，而横向(船宽方向)构件较稀、间距较大	大型油船的船体;大中型货船的甲板和船底;军用船舶的船体
横骨架式	板架中横向构件较密、间距较小，而纵向构件较稀、间距较大	小型船舶的船体，中型船舶的弦侧、甲板，民船的首尾部
混合骨架式	板架中纵、横向构件的密度和间距相差不多	除特种船舶外，很少使用

表 5-8　纵向、横向骨架式板架的结构特性比较

板架形式	强度	稳定性	结构重量	工艺性
纵骨架式	抗总纵弯曲的能力强，局部弯曲中纵向应力较小	板的稳定性好，故板较薄时，特别是采用高强度钢板的场合，尤为有利	用于中、大型船舶能减轻船体重量	1)纵向接头较多，特别是穿过水密肋板和舱壁时要增加很多补板 2)用于线性变化大的中、小型船舶，纵骨加工较困难，大合拢较麻烦 3)分段的刚度大，便于吊运

续表

板架形式	强度	稳定性	结构重量	工艺性
横骨架式	横向强度好，但上甲板和底部参与总纵弯曲能力差，舷侧抗冰挤压能力较好	板的稳定性较差，尤其在板较薄，初始挠度较大时	用于小型船舶能减轻船体重量	施工方便 分段的刚性较差，吊运时需作适当加强

(2) 船体结构的特点

船体结构与其他焊接结构相比，具有以下特点：

① 零部件数量多　一艘万吨级货船的船体其零部件数量在20000个以上。

② 结构复杂、刚性大　船体中纵、横构架相互交叉又相互连接，尤其是首尾部分还有不少典型结构。这些构件用焊接连成一体，使整个船体成为一个刚性的焊接结构。一旦某一焊缝或结构不连续处衍生微小的裂缝，就会快速地扩展到相邻构件，造成部分结构乃至整个船体发生破坏。因此，在设计时要避免构件不连续和应力集中的因素。在制造时要正确装配、保证焊接质量，并注意零件自由边的切割质量、构件端头和开孔处应实施包角焊等。

③ 钢材的加工量和焊接工作量大　各类船舶的船体结构重量和焊缝长度列于表5-9。焊接工时一般占船体建造总工时的30%～40%。因此，设计时要考虑结构的工艺性，同时也要考虑采用高效焊接的可能性，并尽量减少焊缝的长度。

表5-9　各类船舶的船体钢材重量和焊缝长度

项目 船种	载重量 /t	主尺寸/m			船体钢材 重量/t	焊缝长度/km		
		长	宽	深		对接	角接	合计
油　船	88000	226	39.4	18.7	13200	28.0	318.0	346.0
油　船	153000	268	53.6	20.0	21900	48.0	437.0	485.0
汽车运输船	16000	210	32.2	27.0	13000	38.0	430.0	468.0
集装箱船	27000	204	31.2	18.9	11100	28.0	331.0	359.0
散装货船	63000	211	31.8	18.4	9700	22.0	258.0	280.0

④ 使用的钢材品种多　各类船舶所使用的钢种见表5-10。

表5-10　各类船舶的使用钢材种类

船舶类型	使用钢种	备　注
一般中小型船舶	船用碳钢	
大中型船舶、集装箱船和油船	船用碳钢 Re=320～400MPa船用高强钢	用于高应力区构件
化学药品船	船用碳钢和高强钢、奥氏体不锈钢、双相不锈钢	用于货舱
液化气船	船用碳钢和高强钢 低合金高强钢 0.5Ni、3.5Ni、5Ni和9Ni钢，36Ni，2A12铝合金	用于全压式液罐、半冷半压和全冷式液罐和液舱

2. 船舶结构焊接的工艺原则

(1) 焊接顺序的基本原则　在船体建造中，为了减少船体结构的变形与应力，正确选择和严格遵守焊接顺序，是保证船体焊接质量的重要措施。由于船体结构复杂，各种类型的船体结构也不一样，因此焊接顺序也不相同。所谓焊接顺序就是减小结构变形，降低焊接残余应力并使其分布合理的按一定次序进行的过程。船体结构焊接顺序的基本原则是：

① 船体外板、甲板的拼缝，一般应先焊横向焊缝（短焊缝），然后焊纵向焊缝（长焊缝），如图 5-57 所示，对具有中心线且左右对称的构件，应左右对称进行焊接，最好是双数焊工同时进行焊接，避免构件中心线产生移位。埋弧焊一般应先焊纵缝后焊横缝。

② 构件中同时存在对接焊缝和角接焊缝时，则应先焊对接焊缝，后焊角接焊缝。如同时存在立焊缝和平焊缝，则应先焊立焊缝，后焊平焊缝。所有焊缝应采取由中间向左右，由中间向艏艉，由下往上的焊接顺序。

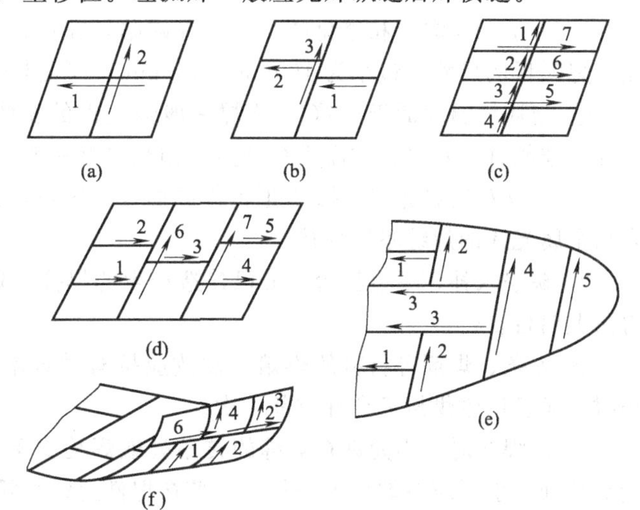

图 5-57　拼板接缝的焊接顺序

③ 凡靠近总段和分段合拢处的对接焊缝和角焊缝应留出 200～300mm，暂时不焊，以利于船台装配对接，待分段、总段合拢后再进行焊接。

④ 手工焊时，焊缝长度小于 1000mm 时，可采用直通焊，焊缝长度大于 1000mm 时，采用分段退焊法。

⑤ 在结构中同时存在厚板与薄板构件时，先将收缩量大的厚板进行多层焊，后将薄板进行单层焊。多层焊时，各层的焊接方向最好相反，各层焊缝的接头应相互错开。或采用分段退焊法，焊缝的接头不应处在纵横焊缝的交叉点。

⑥ 刚性大的焊缝，如立体分段的对接焊缝（大接头），焊接过程不应间断，应迅速连续完成。

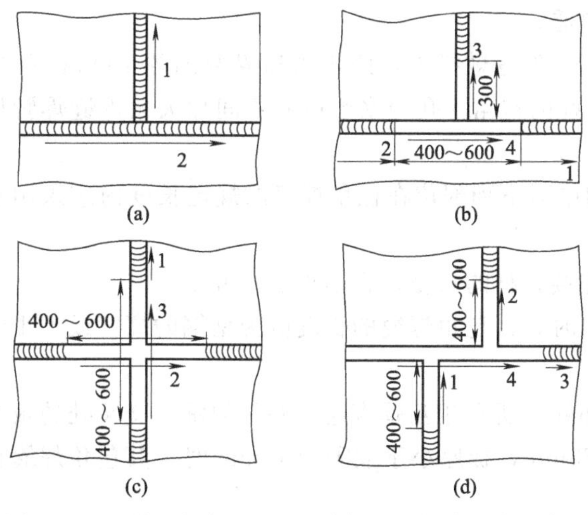

图 5-58　T 形、十字形交叉对接焊缝的焊接顺序示意图

⑦ 分段接头呈 T 形和十字形交叉时，对接焊缝的焊接顺序是：T 字形对接焊缝可采用直接先焊好横焊缝（立焊），后焊纵焊缝（横焊），如图 5-58（a）所示。也可以采用图 5-58（b）所示的顺序，先在交叉处两边各留出 200～300mm，留在最后焊接，这可防止在交叉部位由于应力过大而产生裂缝。同样，十字形对接焊缝的焊接顺序如图 5-58（c）所示，横缝错开的 T 字形交叉焊缝的焊接顺序如图 5-58（d）所示。

⑧ 船台大合拢时，先焊接总段中未焊接的外板、内底板、舷侧板和甲板等的纵焊缝，同时焊接靠近大接头处的纵横构架的对接焊缝，然后焊接大接头环形对接焊缝，

最后焊接构架与船体外板的连接角焊缝。

(2) 船舶结构焊接的工艺守则

在船体结构的焊接过程中，焊工应该遵守以下几项守则：

① 凡是担任船结构焊接的电焊工，必须按我国“钢质海船入级与建造规范”（英文略称ZC）规则，以及相对应的国外船检局（如NK、GL、ABS等）规则进行考试（包括定位焊的焊工），并取得考试合格证。

② 为了保证焊透和避免产生弧坑等缺陷，在埋弧焊焊缝两端应安装引弧和熄弧板。引弧与熄弧板的尺寸，最小为150mm×150mm，厚度与焊件相同。

③ 当环境温度低于－5℃，施焊一般强度钢的船体主要结构（船体外板和甲板的接缝、艏柱、挂舵臂等）时，均需进行预热，预热温度一般为100℃左右。

④ 所有对接焊缝（包括T形构件的面板、腹板）正面焊好后，反面必须碳弧气刨清根，未出金属光泽的焊缝不得焊接。

⑤ 缺陷未补，不上船台，分段建造产生的焊接缺陷和焊接变形，应修正和矫正完毕后，再吊上船台。

⑥ 焊条、焊剂等材料的烘焙、发放应按有关技术要求严格执行，一次使用不得超过4小时，而且回收烘焙只允许重复二次。

⑦ 在焊接时，不允许在焊缝的转角处或焊缝交叉处起弧或收弧，焊缝的接头应避开焊缝交叉处。引弧应在坡口中进行，严禁在焊件上缘引弧。

⑧ 装配使用的定位焊条必须与焊工施焊焊条牌号相同。在施焊过程中，遇到接头定位焊开裂，使错边量超过标准要求，须修正后再焊接。如果坡口间隙过大，可采用堆焊坡口方法，以及采用临时垫板工艺。切不可以嵌焊条或用切割余料等作为填充嵌补金属材料。

当构件连续角焊缝与已完工的拼接缝相交时，可采取如下工艺措施：

• 可将相交部分焊缝打平，但不允许该处焊缝呈突变的缺口。

• 允许在构件腹板上开R30mm半圆孔或长形孔60mm×4mm。让平焊缝增强量高出部分通过，而施行角焊时将长孔填满。

• 当构件要求水密时，其腹板上开长60mm、高3mm、剖面削斜45°的长形孔，既使平焊缝增高部分通过，又能保证施焊角焊缝焊透。

• 当构件穿越液舱时，应采取隔水孔或其他等效措施，距水密边界两侧各100mm处构件开R40mm的半圆孔，保证半圆孔处有良好的包角，孔与水密边界之间加大角焊缝焊脚尺寸10%。

⑨ 按“ZC船规”规定，一般船体结构中对下列部位在包角焊缝的规定长度内应采用双面连续的角焊缝：

• 肋板趾端的包角焊缝长度应不小于连接骨材的高度，且不小于75mm。

• 型钢端部，特别是短型钢的端部削斜时，其包角焊缝的长度应为型钢的高度或不小于削斜长度。

• 各种构件的切口、切角和开孔的端部处和所有相互垂直连接构件的垂直交叉处的板厚大于12mm时，包角焊缝的长度应不小于75mm，板厚小于或等于12mm时，其包角焊缝长度应不小于50mm。

包角焊操作时，包角焊缝应有平顺的过渡，焊脚尺寸不能小于设计尺寸，在构件的端部更不能以点焊代替。

焊接时，对船体结构和构件，还应按“ZC 船规”的规定，采用相应焊条。船体主要结构中的平行焊缝应保持一定距离。对接焊缝之间的平行距离应不小于 100mm，且避免尖角相交；对接焊缝与角焊缝之间的平行距离应不小于 50mm，如图 5-59 所示。

随着现代化船舶产品的多样化、大型化和海洋工程的开发，大大增加了船舶建造技术的复杂性和施工难度。

现代造船有整体焊接造船和分段焊接建造两种工艺，一般采用分段焊接建造的方法。下面对这两种方法都进行简单的介绍。

3. 整体造船中的焊接工艺

整体造船法目前在船厂中用得较少，只有在起重能力小、不能采用分段造船法和中小型船厂才使用，一般适用于吨位不大的船舶。

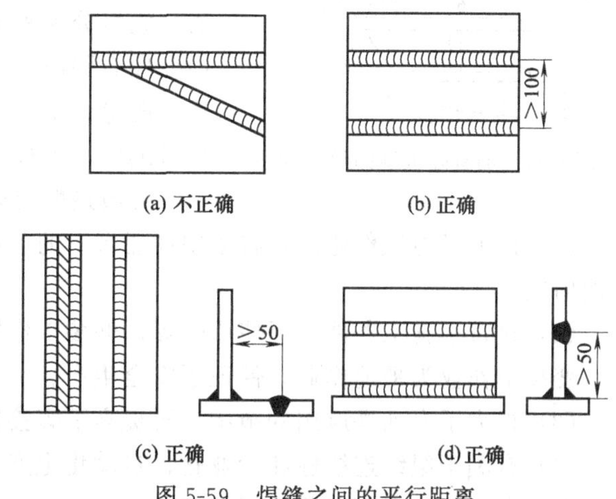

图 5-59 焊缝之间的平行距离

整体造船法，就是直接在船台上由下至上，由里至外先铺全船的龙骨底板，然后在龙骨底板上架设全船的肋骨框架、舱壁等纵横构架，最后将船板、甲板等安装于构架上，待全部装配工作基本完毕后，才进行主船体结构的焊接工作。这种整体造船法的焊接工艺是：

(1) 先焊纵横构架对接焊缝，再焊船壳板及甲板的对接焊缝，最后焊接构架与船壳板及甲板的连接角焊缝。前两者也可同时进行。

(2) 船壳板的对接焊缝应先焊船内一面，然后外面碳弧气刨扣槽封底焊。甲板对接焊缝可先焊船内一面（仰焊），反面刨槽进行平对接封底焊或采用埋弧自动焊。也可以采用外面先焊平对接，船内用刨槽仰焊封底。两种方法各有利弊，一般采用后者较多，因易保证质量，劳动强度较小。或者直接采用先进的单面焊接双面成形工艺（有焊条电弧焊和 CO_2 气体保护焊）。

(3) 按船体结构顺序的基本原则要求，船壳板及甲板对接缝的焊接顺序是：若是交叉接缝，先焊横缝（立焊），后焊纵缝（横焊）；若是平列接缝，则应先焊纵缝，后焊横缝，如图 5-60 所示。

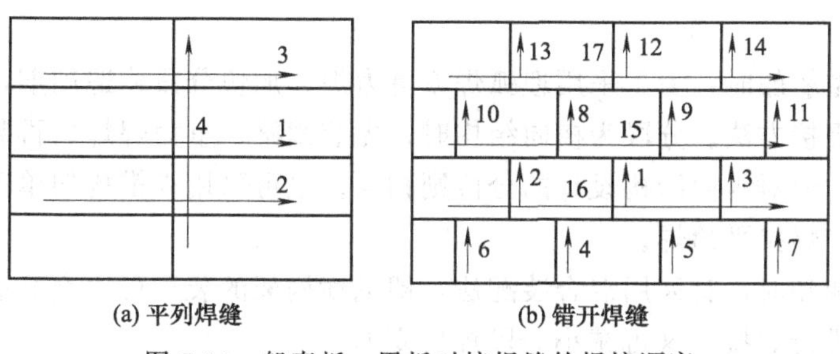

图 5-60 船壳板、甲板对接焊缝的焊接顺序

(4) 船首外板缝的焊接顺序应待纵横焊缝焊完后，再焊船首柱与船壳板的接缝，如图 5-61 所示。

(5) 所有焊缝均采用由船中向左右，由中向首尾，由下往上的焊接，以减少焊接变形和应力，保证建造质量。

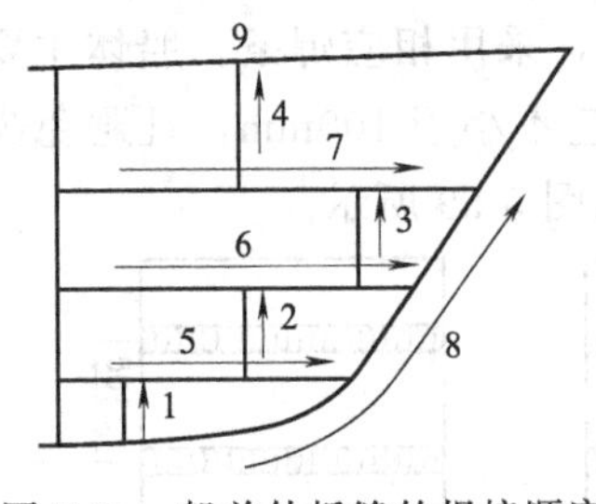

图 5-61　船首外板缝的焊接顺序

4. 分段造船中的焊接工艺

目前在建造大型船舶时，都是采用分段造船法。分段是由两个或两个以上零件装焊而成的部件和零件组合而成。它可分为平面分段、半立体分段和立体分段三种。平面分段有隔舱、甲板、舷侧分段等；立体分段有双重底、边水舱等；半立体分段介于二者之间，如甲板带舷部、舷部带隔舱、甲板带围壁及上层建筑等。

分段造船有以下优点：

（1）扩大了施工作业面，将集中在船台上的工作分散到车间、平台上进行，因而缩短了造船周期。

（2）改善了施工条件。可使原仰焊、仰装工作转为附装和附焊，使室外操作变为室内操作，变高空作业为平地作业，保证了安全生产。

（3）扩大了自动焊应用的范围，既提高了焊接质量又控制了焊接变形。

（4）有利于组织连续性和专业化、自动化生产。

下面介绍几种典型分段的焊接工艺。

（1）甲板分段的焊接工艺

① 甲板拼板的焊接　甲板是具有船体中心线的平面板材构件，虽具有较小的曲形（一般为船宽的 1/50～1/100 梁拱），但可在平台上进行装配焊接，焊接顺序可与一般拼板接缝顺序相同。确定焊接顺序时，应保证在船体中心线左右对称地进行，如图 5-57 所示。

② 甲板分段的焊接　将焊后的甲板吊放在胎架上，为了保证甲板分段的梁拱和减小焊接变形，将甲板与胎架应间隔一定距离进行定位焊。按构架位置划好线后，将全部构件（横梁、纵桁、纵骨）用定位焊装配在甲板上，并用支撑加强，以防构件焊后产生角变形。焊接顺序应按下列工艺进行：

• 先焊构架的对接缝，然后焊构架的角焊缝（立角焊缝）及构架上的肘板，最后焊接构架与甲板的平角焊缝。甲板分段焊接时，应由双数焊工从分段中央开始，逐步向左右及前后方向对称进行焊接。

• 为了总段或立体分段装配方便，在分段两端的纵桁应有一档约 300mm 暂不焊，待总段装配好后再按装配的实际情况进行焊接。横梁两端应为双面焊，其焊缝长度相当于肘板长度或横梁的高度。

• 在焊接大型船舶时，为了采用埋弧焊或重力焊，加快分段建造周期，提高生产率，可采用分离装配的焊接方法。分段为横向结构时，先装横梁，重力焊焊后再装纵桁，然后再进行全部焊接工作，但对纵向结构设计的分段则相反。也可采用纵横构架单独装焊成整体，然后再和甲板合拢，焊接平角焊。

• 焊接小型船舶时，宜采用混合装配法，即纵横构架的装配可以交叉进行，待全部构件装配完成后，再进行焊接，这可减小分段焊后变形。

（2）舷侧分段的焊接工艺

舷侧分段又称傍板分段，由傍板、肋骨和舷侧纵桁等组成。根据不同舷侧分段的线型特点，可分为平直形状和弯曲形状两种。平直的舷侧分段，可在平台装焊，傍板的接缝可用埋弧焊进行，然后装配上面的构件，按与甲板分段相同的焊接顺序，焊接构件及构件与傍板的角焊缝。弯曲的舷部分段应在胎架上进行。装配和焊接顺序如下：

① 把傍板铺放在胎架上，用定位焊将它与胎架焊牢定位。为了防止分段焊后变形，傍板对接缝用“马”强制，然后采用手工焊进行傍板对接缝焊接。焊接顺序见图 5-57。

② 傍板对接焊完后，装配肋骨和舷侧纵桁，并用定位焊固定构件。然后进行构件之间的对接缝焊接，再进行构件之间的立角焊缝的焊接，最后焊接构件与傍板的角接焊缝。焊接顺序都采用由傍板分段的中央向两端对称逐步向外展开的原则进行手弧焊或 CO_2 焊。

③ 为了方便装配，同甲板分段一样，构件的两端离傍板端 300mm 范围内的角接焊缝暂不施焊。

④ 舷侧分段内侧的所有焊缝结束后，将分段翻身，根据情况分别采用埋弧焊或手弧焊进行封底焊，封底焊前，均需用碳弧气刨清根，以保证焊接质量，封底焊焊接顺序与正面焊缝相同。

(3) 双层底分段的焊接工艺

按照船舶建造规范的要求，考虑船舶的不同类型、尺寸以及用途，船舶底部的形式可分为单底、双层底和双底双层壳等几种结构，下面只介绍双层底结构焊接工艺。

双层底分段是由船底板、内底板、肋板、中桁板（中内龙骨）、旁桁材（傍内龙骨）和纵骨组成的小型立体分段。根据双层底分段的结构和钢板的厚度不同，有两种建造方法。一种是以内底板为基面的“倒装法”，对于结构强度大、板厚或单一生产的船舶，多采用“倒装法”建造；另一种是以船底板为基面的“顺装法”，它在胎架上建造，能保证分段的正确线型。

①“倒装法”的装焊工艺

• 在装配平台上铺设内底板，进行装配定位焊，并按图 5-57 的顺序进行埋弧焊。

• 在内底板上装配中桁材、傍桁材和纵骨。定位焊后，用重力焊或 CO_2 气体保护焊等方法，进行对称平角焊，焊接顺序见图 5-62。或者暂不焊接，等肋板装好一起进行手工平角焊。

• 在内底板上装配肋板，定位焊后，用焊条电弧焊或 CO_2 气体保护焊焊接肋板与中桁材、旁桁材的立角焊，其焊接顺序见图 5-63。然后焊接肋板与纵骨的角缝。焊接顺序的原则是由中间向四周；由双数焊工（图上为 4 名焊工）对称进行；立角焊长度大于 1 米时，要分段退焊，即先上后下焊接。

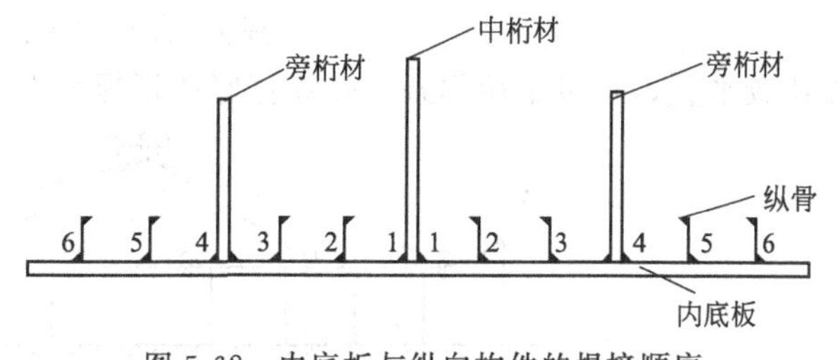

图 5-62　内底板与纵向构件的焊接顺序

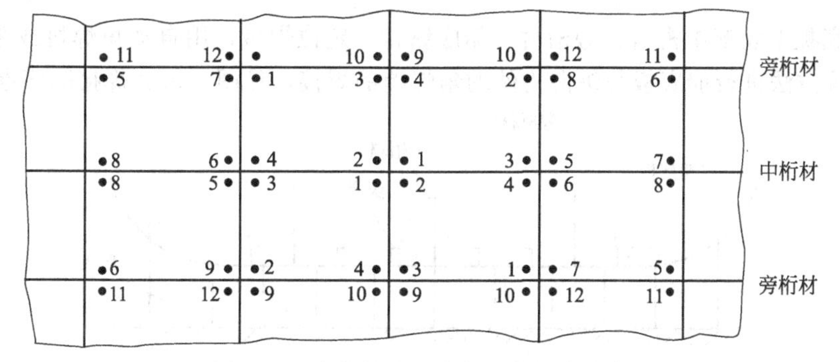

图 5-63　内底板分段立角板的焊接顺序

• 焊接肋板、中桁材、傍桁材与内底板的平角焊，焊接顺序见图 5-64。

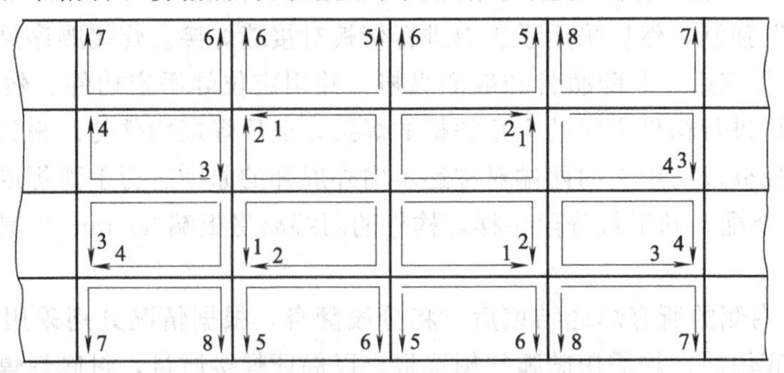

图 5-64 内底板分段平角板的焊接顺序

• 在肋板上装纵骨构架，并做好铺设船底板的一切准备工作。

• 在内底构架上装配船底板，定位焊后，焊接船底板对接内缝（仰焊），内缝焊毕，外缝碳弧气刨清根封底焊（尽可能采用埋弧焊）。但有时为了减轻劳动强度，也可采用先焊外缝，翻身后碳弧气刨清根再焊内缝（两面都是平焊），或采用单面焊双面成形的方法，焊接顺序见图 5-65。

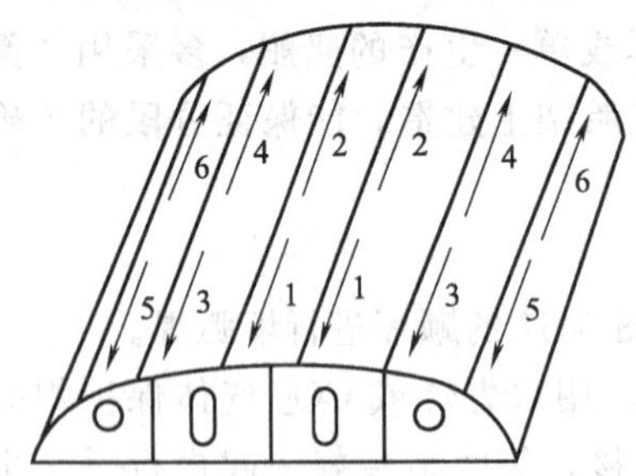

图 5-65 船底外板对接焊的焊接顺序

• 为了总段装配方便，只焊船底板与内底板的内侧角焊缝，外侧角焊缝待总段总装后再焊。

• 分段翻身，焊接船底板的内缝封底焊（原来先焊外缝），然后焊接船底板与肋板、中桁材、旁桁材、纵骨的角焊缝，其焊接顺序参照图 5-64。

②“顺装法”的装焊工艺

• 在胎架上装配船底板，并用定位焊将它与胎架固定，再用碳弧气刨刨坡口（若预先刨好坡口就不用该工序），用焊条电弧焊焊接船底板内侧对接焊缝。如果船底板比较平直，也可采用焊条电弧焊打底埋弧焊盖面，见图 5-66。

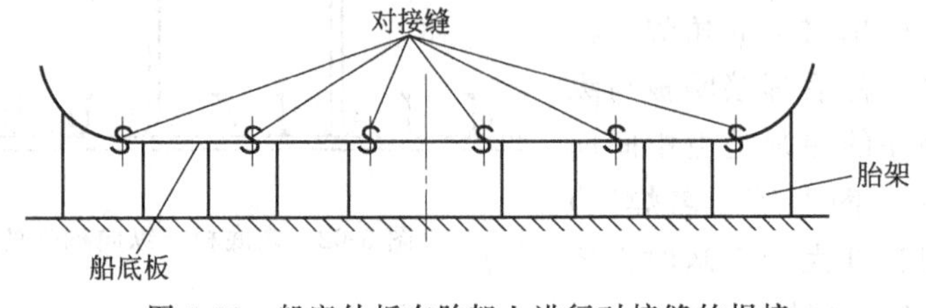

图 5-66 船底外板在胎架上进行对接缝的焊接

• 在船底板上装配中桁材、旁桁材、船底纵骨，定位焊后，用自动角焊机或重力焊、CO_2 气体保护焊等方法进行船底板与纵向构件的角焊缝的焊接，见图 5-67，焊接顺序参照图 5-62。

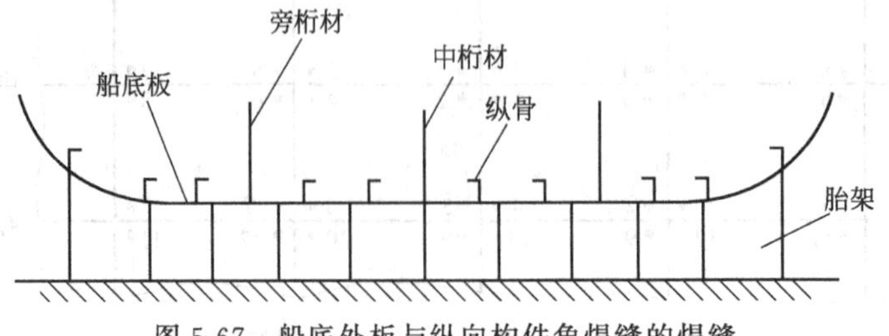

图 5-67 船底外板与纵向构件角焊缝的焊缝

• 在船底板上装配肋板，定位焊后，先焊肋板与中桁板、旁桁板、船底纵骨的立角焊，然后再焊接肋板与船底板的平角焊缝，见图 5-68；焊接顺序参照图 5-63、图 5-64。

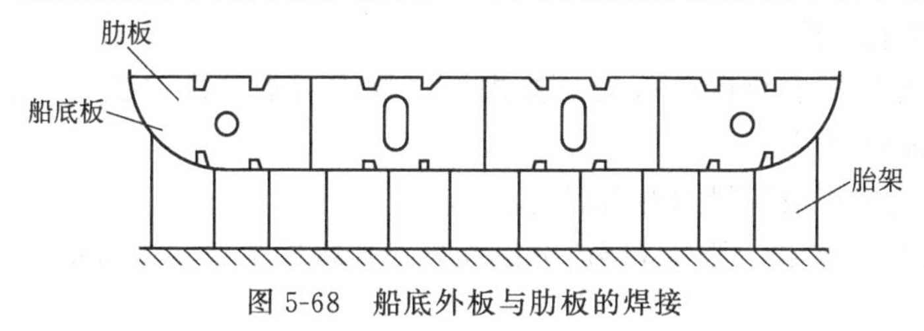

图 5-68　船底外板与肋板的焊接

• 在平台上装配焊接内底板，对接缝采用埋弧焊。焊完正面焊缝后翻身，并进行反面焊缝的焊接。焊接顺序参照图 5-57。

• 在内底板上装配纵骨，并用自动角焊机或重力焊进行纵骨与内底板的平角焊缝。

• 将内底板平面分段吊装到船底构架上，并用定位焊将它与船底构架、船底板固定，见图 5-69。

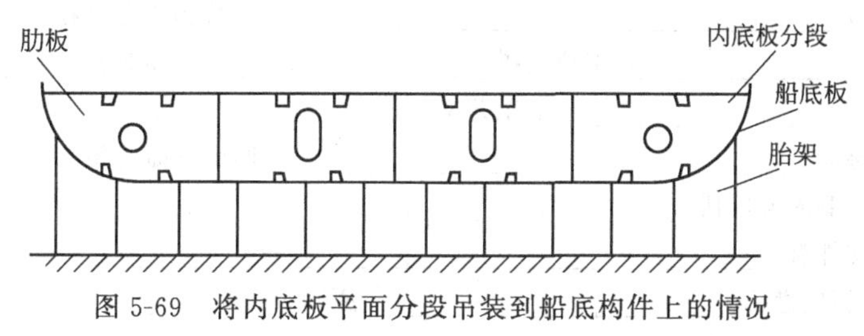

图 5-69　将内底板平面分段吊装到船底构件上的情况

• 将双层底分段吊离胎架，并翻身后焊接内底板与中桁材、傍桁材、船底板的平角焊缝以及焊接船底板对接焊缝的封底焊。

"顺装法"的优点是安装方便，变形小，能保证底板有正确的外形。缺点是在胎架上安装，成本高，不经济。

"倒装法"的优点是工作比较简便，直接可铺在平台上，减少胎架的安装，节省胎架的材料和缩短分段建造周期。缺点是变形较大，船体线型较差。

(4) 平面分段总装成总段的焊接工艺

在建造大型船舶时，先在平台上装配焊接成平面分段，然后在船台上或车间内分片总装成总段，图 5-70。最后再吊上船台进行总段装焊（大合拢）。平面分段总装成总段的焊接工艺如下：

① 为了减小焊接变形，甲板分段与舷侧分段、舷侧分段与双层底分段之间的对接缝，应采用"马"板加强定位。

② 由双数焊工对称地焊接两侧舷侧外板分段与双层底分段对接缝的内侧焊缝。焊前应根据板厚开设特定坡口，采用焊条电弧焊或 CO_2 气体保护焊。

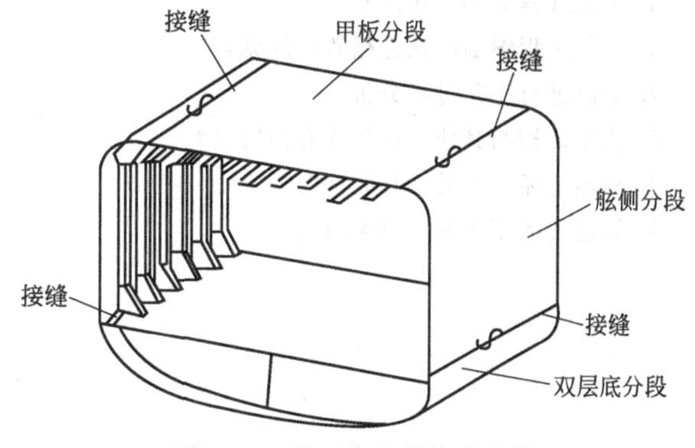

图 5-70　平面分段总装成总段

③ 焊接甲板分段与舷侧分段的对接缝。在采用手工焊时，先在接缝外面开设 V 形坡口，进行手工平焊，焊完后，

内面碳弧气刨清根，进行手工仰焊封底；也可采用接缝内侧开坡口焊条电弧焊仰焊打底，然后在接缝外面采用埋弧焊；有条件可以直接采用FAB衬垫或陶瓷衬垫使用CO_2气体保护焊单面焊双面成形工艺方法。

④ 焊接肋骨与双层底分段外板的角接焊缝，焊完后焊接内底板与外底板外侧角焊缝，以及肘板与内底板的角焊缝。

⑤ 焊接肘板与甲板或横梁间的角焊缝。

⑥ 用碳弧气刨将舷侧分段与双层底分段间外对接焊缝清根，进行手工封底焊接。

【综合训练】

一、填空题

1. 焊接结构工艺性审查的目的是保证____、____、____和____。
2. 焊接结构技术要求主要包括____和____。
3. 焊接齿轮分为____部分和____部分。
4. 生产过程是指____。____称为工艺过程。
5. 工序是指____，工位是指____，工步是指____。
6. 工艺规程是____的工艺文件。
7. 工艺过程需保证____、____、____、____四个方面的要求。
8. 工艺规程的主要内容包括____、____、____。
9. 常用的工艺文件有____、____、____和____。
10. 工艺过程分析应遵循____原则。
11. 桥式起重机主要有____、____、____、____、和____、____等组成。
12. ____是桥式起重机桥架中的主要受力部件。
13. 压力容器常见的结构形式有____、____、____三种。
14. 压力容器封头有____、____、____三种。
15. 球罐按其瓣片形状分为____式、____式和____式。

二、简答题

1. 压力容器焊缝是如何分类的？
2. 焊接结构工艺审查对图样的基本要求有哪些？
3. 焊接结构工艺性审查的内容包括哪些方面？
4. 如何从降低应力集中的角度分析结构的合理性？
5. 工艺规程有哪些作用？
6. 工艺规程编制应该遵循哪些原则？
7. 如何进行工艺过程分析？
8. 船体结构与其他结构相比有何特点？
9. 简述造船工艺的“顺装法”。

10 简述造船工艺的“倒装法”。

第6章　焊接工艺评定

焊接是焊接结构生产过程中的核心，直接关系到焊接结构的质量和生产效率。同一种焊接结构，由于其生产批量、生产条件不同或由于结构形式不同，不同的焊接工艺、不同的焊接顺序，也就会有不同的工艺过程。本章重点介绍焊接工艺的评定。

6.1　焊接工艺评定的目的和意义

技能点：

焊接工艺评定方法；

焊接工艺评定程序；

编制焊接工艺评定报告。

知识点：

焊接工艺评定的定义；

焊接工艺评定的目的及意义。

焊接工艺评定是为验证所拟定焊接工艺的正确性而进行的试验过程及结果评价。

6.1.1　焊接工艺评定的定义

焊接工艺评定是通过对焊接接头的力学性能或其他性能的试验证实焊接工艺规程正确性和合理性的一种程序。每家承包商或制造焊接结构的企业都应按国家有关标准、监督规程或国际通用的法规，如焊接工艺规程设计书的编制、评定试板的焊接等委托另一个单位完成。但如果本企业因设备或检测手段不完善，可将试件的下料和坡口加工、试板的无损检验、试板取样及加工、力学性能试验及其他性能的检验等委托其他单位完成，但承包商或制造厂仍应对整个工艺评定工作及试验结果负全部责任。

6.1.2　焊接工艺评定的目的和意义简述

其目的在于验证焊接工艺指导书的正确性，焊接工艺正确与否的标志在于焊接接头的使用性能是否符合要求。焊接工艺评定有两个功能：其一是验证施焊单位拟定的焊接工艺的正确性，其二是评定施焊单位焊制焊接接头的使用性能符合设计要求的能力。经过焊接工艺评定合格后，提出“焊接工艺评定报告”，作为编制“焊接工艺规程”时的主要依据之一。焊接工艺评定可以作为施焊单位技术储备的标志之一。

重要的焊接结构如压力容器、锅炉、能源与电力设备的金属结构、桥梁、重要的建筑结构等，在编制焊接工艺规程之前都要进行焊接工艺评定。通常，在企业接受新的结构生产任务，进行工艺分析，初步制定工艺之后，就要下达焊接工艺评定任务书、拟定焊接工艺评定指导书，根据文献标准规定的焊接试件、试样，进行检验、加工、试验，测定焊接接头是否具有所有要求的性能。然后作出评定报告，编制焊接工艺规程，作为焊接生产的依据。现行国家强制性标准，如《压力容器安全技术监察规程》、《蒸汽锅炉安全技术监察规程》、《电力建设施工及验收技术规范》等，都对焊接制造的相关结构规定了进行焊接工艺评定的要求。

所以它表明施工单位是否有能力焊出符合各规程和产品技术条件的焊接接头，并验证所制定的焊接工艺是否合适。

6.1.3 焊接工艺评定方法

焊接工艺评定是评定某一焊接工艺是否能获得力学性能符合要求的焊接接头。首先按施焊单位制定的焊接工艺对试件进行施焊，然后对焊接试件进行力学性能试验，判断该焊接工艺是否合格。焊接工艺评定是评定焊接工艺的正确性，而不是评定焊工技艺。因此，为减少人为因素，试件的焊接应由技术熟练的焊工担任。

1. 焊接工艺评定程序

（1）统计焊接结构中应进行焊接工艺评定的所有焊接接头的类型及各项有关数据 如材料、板厚、管子壁厚、焊接位置、坡口形式及尺寸等，确定出应进行焊接工艺评定的若干典型接头，避免重复评定或漏评。

（2）编制“焊接工艺指导书”或“焊接工艺评定任务书” 在进行焊接评定试件之前，由焊接工艺人员负责编制。其内容有以下几方面。

① 焊接工艺指导书的编号和日期。

② 相应的焊接工艺评定报告的编号。

③ 焊接方法及自动化程度。

④ 接头形式，有无衬垫及衬垫材料牌号。

⑤ 用简图表明坡口、间隙、焊道分布和顺序。

⑥ 母材的钢号、分类号。

⑦ 母材熔敷金属的厚度范围。

⑧ 焊条、焊丝的牌号和直径，焊剂的牌号和类型，钨极的类型、牌号和直径，保护气体的名称和成分。

⑨ 焊接位置，立焊的焊接方向。

⑩ 预热的最低温度、预热方式、最高层间温度、焊后热处理的温度范围和保温时间范围。

⑪ 每层焊缝的焊接方法、焊条、焊丝、钨极的牌号和直径，焊接电流的种类、极性和数值范围，电弧电压范围，焊接速度范围，送丝速度范围，导电嘴至焊件的距离，喷嘴尺寸及喷嘴与焊件的角度，保护气体的成分和流量，施焊技术（有无摆动，摆动方法等）。

⑫ 焊接设备及仪表。

⑬ 编制人和审批人的签字、日期等。

在编制焊接工艺指导书时各评定单位可根据评定所涉及的内容自行设计一种实用的“焊接工艺指导书”的表格。统计需进行焊接工艺评定的接头种类，每一种焊接接头需编一份焊接工艺指导书。

编制焊接工艺指导书时，其中有关焊接参数方面的具体数据，应参考有关资料及试验来确定，对于新型材料应通过焊接性试验来确定。编制焊接工艺指导书的正确性或精确性将直接影响焊接工艺评定的结果。

（3）焊接试件的准备 试件的材质必须与实际结构相同。试件的类型根据所统计的焊接接头的类型需要来确定选取哪些试件及其数量。

（4）焊接设备及工艺装备的准备 焊接工艺评定所用的焊接设备应与结构施焊时所用设备相同。要求焊机的性能稳定，调节灵活。焊机上应装有准确的电流表、电压表、焊接速度表、气体压力表和流量计等。

焊接工艺装备就是为了焊接各种位置的各种试件方便而制作的支架，将试件按要求的焊接位置固定在支架上进行焊接，有利于保证试件的焊接质量。

（5）焊工准备　焊接工艺评定应由本单位技术熟练的焊工施焊，且应按所编制的焊接工艺指导书进行施焊。

（6）试件的焊接　焊接工艺评定试件的焊接是关键环节。除要求焊工认真操作外，尚应有专人做好记录。记录内容主要有：试件名称编号、接头形式、焊接位置、焊接电流、电弧电压、焊接速度或一根焊条所焊焊缝长度与焊接时间等。实焊记录应事先准备好记录卡。记录卡是现场焊接的原始资料，它也是编制焊接工艺评定报告的重要依据，故应妥善保存。

（7）焊接工艺评定试件的性能试验　试件焊完即可交给力学性能与焊缝质量检测部门进行各有关项目的检测。送交试件时应随带检测任务书，指明每个试件所要进行的检测项目及要求等。

常规性能检测项目包括：焊缝外观检验；力学性能检验（拉伸试验、面弯、背弯或侧弯等弯曲试验及冲击韧性试验等）；金相检验；射线探伤；断口检验等。

（8）编制“焊接工艺评定报告”　各种评定试件的各项试验报告汇集之后，即可编制“焊接工艺评定报告”。

焊接工艺评定报告的内容主要有报告编号；相应的焊接工艺指导书的编号或相应的焊接工艺规程编号；焊接方法或焊接工艺名称；焊缝形式；坡口形式及尺寸，焊接参数和操作方法；评定时的环境温度和相对湿度；试验项目和试验结果；评定用母材及焊接材料的质量证明书；焊工姓名和钢印号；评定结论等。表6-1为一种焊接工艺评定报告的表格形式，可供参考。

焊接工艺评定结论为“合格者”，即可将全部评定用资料汇总，作为一份完整的评定材料存档保存，以备编制“焊接工艺规程”时应用。如评定结论为“不合格”者，应分析原因，提出改进措施，修改焊接工艺指导书，重新进行评定直到合格为止。

表6-1　焊接工艺评定报告

(1)

<table>
<tr><td colspan="2">单位名称：________
焊接工艺评定报告编号：________　焊接工艺指导书编号：________
焊接方法：________　机械化程度：（手工、半自动、自动）</td></tr>
<tr><td colspan="2">接头简图：（坡口形式、尺寸、衬垫、焊接方法或焊接工艺、焊接金属厚度）</td></tr>
<tr><td>母材：
焊接标准：________
钢号：________
类、组别号：________　与类、组别号：________
厚度：________
直径：________
其他：________</td><td>焊后热处理：
热处理温度/℃：________
保温时间/h：________
保护气体：[气体　混合比　流量/(L/min)]
________　________　________
尾部保护气体：________　________　________
背面保护气体：________　________　________</td></tr>
<tr><td>填充金属：
焊接标准：________
焊材牌号：________
焊材规格：________
焊缝金属厚度：________
其他：________</td><td>电特性：
电流种类：________
极性：________
钨极尺寸：________
焊接电流/A：________
电弧电压/V：________
其他：________</td></tr>
</table>

续表

焊接位置： 对接焊缝位置：______方向：(向上、向下) 角焊缝位置：________方向：(向上、向下)	技术措施： 焊接速度/(cm/min)：______ 摆动或不摆动：______ 摆动参数：______ 多道焊或单道焊(每面)：______ 多丝焊或单丝焊：______ 其他：______
预热： 预热温度/℃：______ 层间温度/℃：______ 其他：______	

(2)

拉伸试验：　　　　试验报告编号：______

试样编号	试样宽度/mm	试样厚度/mm	横截面积/mm²	断裂载荷/kN	抗拉强度/MPa	断裂部位和特征

弯曲试验：　　　　试验报告编号：______

试样编号	试样类型	试样厚度/mm	弯曲直径/mm	弯曲角度/(°)	试验结果

冲击试验：　　　　试验报告编号：______

试样编号	试样类型	缺口类型	缺口位置	试验温度/℃	冲击吸收功/J	备注

在制造重要结构和压力容器时，凡是下列情况之一者，施焊前必须进行焊接工艺评定。通过试验，制定符合要求的焊接工艺规程。

① 施焊单位首次焊接的钢种，或钢材类别号改变时。为了减少焊接工艺评定数量，将钢材划分为五类，每类再划分若干组。当改用相同组别钢材时，不需要重新评定；在相同类别号中，高组别号钢材的评定可以用于低组别号钢材。

② 改变焊接方法。

③ 改变焊接材料；改变焊剂的类型或成分；改变填充材料的化学成分等。

④ 改变焊接坡口形式。

⑤ 改变焊前预热温度或层间温度。

⑥ 改变焊后热处理规范。

焊接工艺评定首先是按照金属材料种类来进行，原则上每种材料的焊接接头均需要做焊接工艺评定试验。但是为了避免不必要的重复工作，将各种钢材按其强度和焊接性归并成类。属于同一类的钢材，只要厚度在规定的范围内，已评定合格的工艺可以相互通用。例如：Q235-B 和 20g 的两种钢属于同一类，如果已经完成 Q235-B 钢的焊接工艺评定，不必做 20g 的焊接工艺评定了。但是前提是所采用的焊接方法、焊接材料和主要焊接工艺参数应基本相同。

在常用的各种焊接方法中，主要的焊接工艺参数有所不同，焊接工艺评定中必须考虑接头及坡口形式、焊接位置、预热和后热、技术措施等因素。

2. 焊接工艺评定的标准

（1）国内外标准概述　国内外现行的焊接工艺评定标准数量很多，但针对一般结构产品的通用性焊接工艺评定标准主要有：ISO9956. 3、ANSI/AWS D1. 1、NB/T 47014—2011、JIS Z3040 等。

ISO/TC44/SC10 从 20 世纪 90 年代开始致力于焊接工艺规程及认可方面的标准制定工作。1995 年与 EN288 等效的 ISO9956 系列标准开始陆续问世。在 ISO9956 系列标准中，ISO9956. 3 描述了如何利用焊接工艺试验对焊接工艺进行认可的方法。

美国的 ANSI/AWS D1. 1 是一部内容丰富的钢结构焊接规范。适用于各类钢结构。

日本的 JIS Z3040 标准制定于 1981 年，适用的产品对象也是锅炉、压力容器。在 1995 年修订后，JIS Z3040 做了较大的改变，使之使用范围扩大至各类焊接结构产品。

上述各标准主要内容的对比见表 6-2。

表 6-2　国内外标准主要内容的对比

<table>
<tr><td colspan="2">标准编号</td><td>ISO9956. 3</td><td>ANSI/AWS D1. 1</td><td>JIS Z3040</td><td>NB/T 47014</td></tr>
<tr><td colspan="2">评定出发点</td><td colspan="4">追求评定方法科学性、合理性，通过少量试验，获得尽可能大的认可范围</td></tr>
<tr><td colspan="2">适用范围</td><td>钢</td><td>钢结构</td><td>焊接结构</td><td>钢制件</td></tr>
<tr><td colspan="2">涉及的工艺</td><td>弧焊(具体包括焊条电弧焊、埋弧焊、气体保护药芯焊丝电弧焊、TIG 焊、MIG 焊、MAG 焊等)</td><td>焊条电弧焊、药芯焊丝电弧焊、埋弧焊、气体保护焊、电渣焊、气电立焊</td><td>焊条电弧焊、自保护电弧焊、埋弧焊、TIG 焊、MIG 焊、MAG 焊等</td><td>气焊、焊条电弧焊、埋弧焊、钨极气体保护焊、MIG 焊、MAG 焊、电渣焊、等离子弧焊、摩擦焊等</td></tr>
<tr><td rowspan="6">接头及焊缝</td><td>板材对接焊缝</td><td>√</td><td>√</td><td>√</td><td>√</td></tr>
<tr><td>管材对接焊缝</td><td>√</td><td>√</td><td>√</td><td>√</td></tr>
<tr><td>T 形接头角焊缝</td><td>√</td><td>√</td><td>√</td><td>√</td></tr>
<tr><td>套管接头角焊缝</td><td>√</td><td>√</td><td>√</td><td>√</td></tr>
<tr><td>管板对接</td><td></td><td>√</td><td></td><td></td></tr>
<tr><td>插管角焊缝</td><td></td><td></td><td>√</td><td></td></tr>
<tr><td colspan="2">评定规则特点</td><td>采用限定评定合格适用范围的方法，超出标准规定范围时需要重新评定</td><td>采用主要参数评定体系，针对每种工艺规定主要参数的允许范围，参数变化超出此范围时需做重新评定</td><td>材料类组划分细致，并在此基础上对各类工艺方法影响接头性能的共性因素提出要求</td><td>综合吸纳日、美标准的评定规则，在做共性因素限定的同时，提出特定因素要求</td></tr>
</table>

(2) NB/T 47014 标准的应用要点

① 适用范围 本标准规定了承压设备(锅炉、压力容器、压力管道)的对接焊缝和角焊缝焊接工艺评定的规则、试验方法和合格指标。

在本标准中，焊接工艺评定是指为使焊接接头的力学性能、弯曲性能或者堆焊层的化学成分符合规定，对预焊接工艺规程进行验证性试验和结果评价的过程。

② 金属材料及分类 根据金属材料的化学成分、力学性能和焊接性能将焊制承压设备用母材进行分类、分组，见表 6-3。

焊接材料的分类及分组与母材的分类分组类似，具体见 NB/T 47014 标准(节选)中焊材的分类分组。

表 6-3 焊制承压设备用的母材分类分组

母材		牌号、级别、型号	标准
类别	组别		
Fe-1	Fe-1-1	10	GB/T 699,GB/T 711,GB 3087,GB 6479,GB/T 8163,GB 9948,GB/T 12459
		15	GB/T 710 ,GB/T 711,GB/T 13237
		20	GB/T 699,GB/T 710,GB/T 711,GB 3087,GB 6479,GB/T 8163,GB 9948,GB/T 12459,GB/T 13237,NB/T 47008
		20G	GB 5310,GB/T 12459
		Q195	GB/T 700
		Q215A	GB/T 700,GB/T 3091
		Q235A. F	GB/T 3274
		Q235A	GB/T 700,GB/T 912,GB/T 3091,GB/T 3274,GB/T 13401
		Q235B	GB/T 700,GB/T 912,GB/T 3091,GB/T 3274,GB/T 13401
		Q235C	GB/T 700,GB/T 912,GB/T 3274
		Q235D	GB/T 700,GB/T 3274
		Q245R	GB 713
		Q295	GB/T 1591,GB/T 8163
		L175	GB/T 9711. 1
		L210	GB/T 9711. 1
		L245	GB/T 9711. 1,GB/T 12459
		L290	GB/T 9711. 1
		L245NB	GB/T 9711. 2
		L245MB	GB/T 9711. 2
		L290NB	GB/T 9711. 2
		L290MB	GB/T 9711. 2
		10MnDG	GB/T 12459,GB/T 18984
		20MnG	GB 5310,GB/T 12459
		WCA	GB/T 12229
		ZG200-400	GB/T 11352
	Fe-1-2	25	GB/T 699
		HP295	GB 6653
		HP325	GB 6653
		HP345	GB 6653
		Q345	GB 1591,GB/T 8163,GB/T 12459
		Q345R	GB 713
		Q390	GB/T 1591
		L320	GB/T 9711. 1
		L360	GB/T 9711. 1
		L390	GB/T 9711. 1

续表

母材		牌号、级别、型号	标准
类别	组别		
Fe-1	Fe-1-2	L415	GB/T 9711.1
		L360QB	GB/T 9711.2
		L360MB	GB/T 9711.2
		L415NB	GB/T 9711.2
		L415QB	GB/T 9711.2
		ZG230-450	GB/T 11352
		ZG240-450BD	GB/T 16253
		09MnD	GB 150.2
		16Mn	GB 6479,GB/T 12459,NB/T 47008
		25MnG	GB 5310,GB/T 12459
		16MnD	NB/T 47009
		16MnDG	GB/T 12459,GB/T 18984
		16MnDR	GB 3531,GB/T 13401
		09MnNiD	GB 150.2,NB/T 47009
		09MnNiDR	GB 3531,GB/T 13401
		15MnNiDR	GB 3531
		WCB	GB/T 12229
		WCC	GB/T 12229
	Fe-1-3	HP365	GB 6653
		Q370R	GB 713
		L450	GB/T 9711.1
		L450QB	GB/T 9711.2
		L450MB	GB/T 9711.2
		15MnNiNbDR	GB 150.2
	Fe-1-4	07MnMoVR	GB 19189
		07MnNiVDR	GB 19189
		07MnNiMoDR	GB 19189
		12MnNiVR	GB 19189

(3) 试件厚度和与焊件厚度的评定规则

① 对接焊缝试件评定合格的焊接工艺适用于焊件厚度的有效范围，见表6-4或表6-5。

② 用焊条电弧焊、埋弧焊、钨极气体保护焊、熔化极气体保护焊、等离子弧焊等焊接方法完成的试件，当规定进行冲击试验时，焊接工艺评定合格后，若 $T \geqslant 6$mm 时，适用于焊件母材厚度的有效范围最小值为试件厚度 T 与16mm两者中的较小值；当 $T < 6$mm，适用于焊件母材厚度的最小值为 $T/2$。如试件经过高于上转变温度的焊后热处理或奥氏体材料焊后经固溶处理时，仍按照表6-4或表6-5。

表6-4 对接焊缝试件厚度与焊件厚度规定（试件进行拉伸试验和横向弯曲试验） mm

试件母材厚度 T	适用于焊件母材厚度的有效范围		适用于焊件焊缝金属厚度(t)的有效范围	
	最小值	最大值	最小值	最大值
<1.5	T	$2T$	不限	$2t$
$1.5 \leqslant T \leqslant 10$	1.5	$2T$	不限	$2t$
$10 < T < 20$	5	$2T$	不限	$2t$

续表

试件母材厚度 T	适用于焊件母材厚度的有效范围		适用于焊件焊缝金属厚度(t)的有效范围	
	最小值	最大值	最小值	最大值
$20\leqslant T<38$	5	$2T$	不限	$2t(t<20)$
$20\leqslant T<38$	5	$2T$	不限	$2T(t\geqslant 20)$
$38\leqslant T\leqslant 150$	5	200①	不限	$2t(t<20)$
$38\leqslant T\leqslant 150$	5	200①	不限	200①$(t\geqslant 20)$
>150	5	$1.33T$①	不限	$2t(t<20)$
>150	5	$1.33T$①	不限	$1.33T$①$(t\geqslant 20)$

① 限于焊条电弧焊、埋弧焊、钨极气体保护焊、熔化极气体保护焊，其余按表 6-6、表 6-7 或 $2T$、$2t$。

表 6-5　对接焊缝试件厚度与焊件厚度规定（试件进行拉伸试验和纵向弯曲试验）　mm

试件母材厚度 T	适用于焊件母材厚度的有效范围		适用于焊件焊缝金属厚度(t)的有效范围	
	最小值	最大值	最小值	最大值
<1.5	T	$2T$	不限	$2t$
$1.5\leqslant T\leqslant 10$	1.5	$2T$	不限	$2t$
>10	5	$2T$	不限	$2t$

③ 当厚度大的母材焊件属于表 6-6 所列情况时，评定合格的焊接工艺适用于焊件母材厚度的有效范围最大值按照表 6-6 规定。

表 6-6　焊件在所列条件时试件母才厚度与焊件母材厚度规定　mm

<table>
<tr><td rowspan="2">序号</td><td rowspan="2">焊件条件</td><td rowspan="2">试件母材厚度 T</td><td colspan="2">适用于焊件母材厚度的有效值范围</td></tr>
<tr><td>最小值</td><td>最大值</td></tr>
<tr><td>1</td><td>焊条电弧焊、埋弧焊、钨极气体保护焊、熔化极气体保护焊和等离子弧焊用于打底焊，当单独评定时</td><td>≥13</td><td rowspan="6">按表 7、表 8 或②中相关规定执行</td><td>按继续填充焊缝的其余焊接方法的焊接工艺评定结果确定</td></tr>
<tr><td>2</td><td>部分焊透的对接焊缝焊件</td><td>≥38</td><td>不限</td></tr>
<tr><td>3</td><td>返修焊、补焊</td><td>≥38</td><td>不限</td></tr>
<tr><td rowspan="2">4</td><td rowspan="2">不等厚对接焊焊件，用等厚的对接焊缝试件来评定</td><td>≥6(类别号为 Fe-8、Ti-1、Ti-2、Ni-1、Ni-2、Ni-3、Ni-4、Ni-5 的母材，不规定冲击试验)</td><td>不限(厚边母材厚度)</td></tr>
<tr><td>≥38(除类别号为 Fe-8、Ti-1、Ti-2、Ni-1、Ni-2、Ni-3、Ni-4、Ni-5 的母材外</td><td>不限(厚边母材厚度)</td></tr>
</table>

④ 当试件符合表 6-7 所列的焊接条件时，评定合格的焊接工艺适用于焊件的最大厚度按照表 6-7 的规定。

表 6-7　试件在所列焊接条件时试件厚度与焊件厚度规定　mm

<table>
<tr><td rowspan="2">序号</td><td rowspan="2">试件的焊接条件</td><td colspan="2">适用于焊件的最大厚度</td></tr>
<tr><td>母材</td><td>焊缝金属</td></tr>
<tr><td>1</td><td>除气焊、螺柱电弧焊、摩擦焊外，试件经超过上转变温度的焊后热处理</td><td>$1.1T$</td><td rowspan="4">按表 6-4、表 6-5 相关规定执行。</td></tr>
<tr><td>2</td><td>试件为单道焊或多道焊是，若其中任一焊道的厚度大于 13mm</td><td>$1.1T$</td></tr>
<tr><td>3</td><td>气焊</td><td>T</td></tr>
<tr><td>4</td><td>短路过渡的熔化极气体保护焊，当试件厚度小于 13mm</td><td>$1.1T$</td></tr>
<tr><td>5</td><td>短路过渡的熔化极气体保护焊，当试件焊缝金属厚度小于 13mm</td><td>按表 6-4、表 6-5 或②中相关规定执行</td><td>$1.1t$</td></tr>
</table>

6.2　焊接工艺评定试验

技能点：

管材对接、板材对接、板材角接焊缝试件焊接位置；

管材对接焊缝试件取样。

知识点：

焊接工艺评定。

6.2.1　焊接工艺评定试验简述

焊接工艺评定的一般过程是：拟定焊接工艺指导书、施焊试件和制取试样、检验试件和试样、测定焊接接头是否具有使用性能、提出焊接工艺评定报告并对拟定的焊接工艺指导书进行评定。表 6-8 为焊接工艺指导书推荐格式之一。焊接工艺评定验证施焊单位拟定的焊接工艺的正确性，并评定施焊单位的加工能力。

必须按照焊接工艺评定要求准备母材和焊接材料并进行试件的坡口加工。根据试件的厚度确定适合焊件的厚度范围。板材试件的评定适用于管材焊件；管材试件的评定也适用于板材焊件。

管材对接焊缝试件的焊接位置如图 6-1 所示。板材对接焊缝和板材角接焊缝试件的焊接位置分别如图 6-2 和图 6-3 所示。套管和管板角焊缝试件的焊接位置如图 6-4 所示。

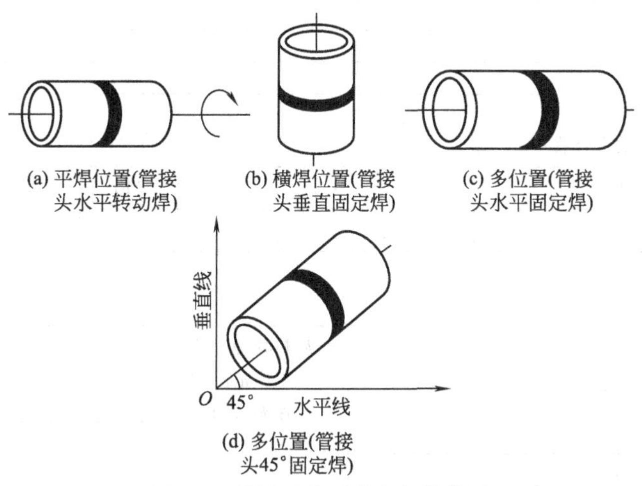

图 6-1　管材对接试件与焊接位置

按给定的焊接工艺参数加工成焊接试板后，要根据有关技术标准对所焊接试件进行各种力学检验，所规定的每一项检验合格——即满足产品技术条件，方可认为此焊接工艺评定合格，在此基础上，编制焊接工艺规程。否则，重新进行焊接工艺评定。

焊接工艺评定之前应先做焊接接头的焊接性试验，并按与试验方法相应的规定进行评定。通过抗裂试验确定焊前预热温度、层间温度以及选择焊接材料。有焊后热处理要求的工件应在热处理后评定。焊接工艺评定用试件应按照焊接工艺要求进行焊接，准备做各种检验的焊接接头。试件通常有以下几种形式：对接焊缝试件（包括板材对接焊缝试件和管材对接焊缝试件）、角焊缝试件（包括板材角焊缝试件、套管角焊缝试件和管材角焊缝试件）和堆焊试件。

表 6-8 焊接工艺指导书

单位名称____________________

焊接工艺指导书编号__________ 日期__________ 焊接工艺评定报告编号__________

焊接方式__________ 机械化程度__________

____

焊接接头： 简图：(接头形式、坡口形式与尺寸、焊层、焊道布置及顺序)

坡口形式____________________

衬垫(材料及规格)____________________

其他____________________

母材：

类别号__________组别号__________与类别号__________组别号__________相焊及

标准号__________钢 号__________与标准号__________钢 号__________相焊

厚度范围：

对接焊缝__________角焊缝__________

管子直径、壁厚范围：对接焊缝__________角焊缝__________

焊缝金属厚度范围：对接焊缝__________角焊缝__________

其他：

焊接材料：

焊材类别

焊材标准

填充金属尺寸

焊材型号

焊材牌号(钢号)

其他：

耐蚀堆焊金属化学成分(质量分数) %

C	Si	Mn	P	S	Cr	Ni	Mo	V	Ti	Nb

其他：

焊接位置：

对接焊缝位置__________

焊接方向(向上、向下)__________

角焊缝位置__________

焊接方向(向上、向下)__________

焊后热处理：

温度范围/℃__________

保温时间/h__________

预热：

预热温度(允许最低值)/℃__________

层间温度(允许最高值)/℃__________

保温预热时间__________

加热方式__________

气体：

气体种类 混合比 流量/(L/min)

保护气体__________

尾部保护气体__________

背面保护气__________

电特性：

电流种类__________ 极性__________

焊接电流范围/A__________ 电弧电压/V__________

(按所焊接位置和厚度，分别列出电流和电压范围，计入下表)

续表

焊道/焊层	焊接方法	填充材料		焊接电流		电弧电压/V	焊接速度/(cm/min)	热输入/(kJ/cm)
		牌号	直径	极性	电流/A			

钨极类型及直径____________ 喷嘴直径/mm____________
熔滴过渡形式____________ 焊丝送进速度/(cm/min)____________

技术措施：
摆动焊或不摆动焊____________ 摆动参数____________
焊前清理和层间清理____________ 背面清根方法____________
多道焊或单道焊(每面)____________ 多丝焊或单丝焊____________
导电嘴至工件距离/mm____________ 锤击____________
其他：

编制		日期		审核		日期		批准		日期	

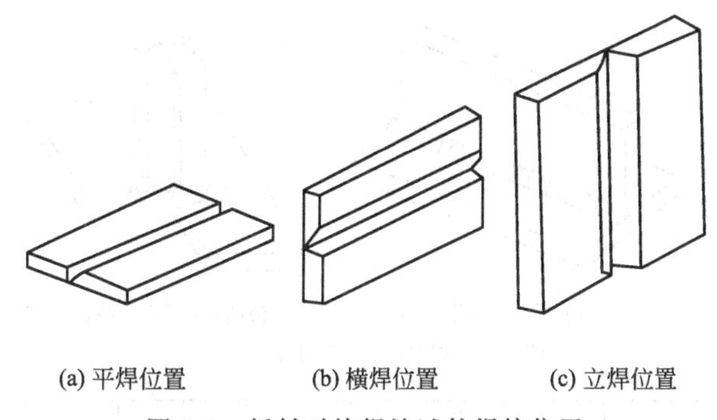

(a) 平焊位置 (b) 横焊位置 (c) 立焊位置

图 6-2 板材对接焊缝试件焊接位置

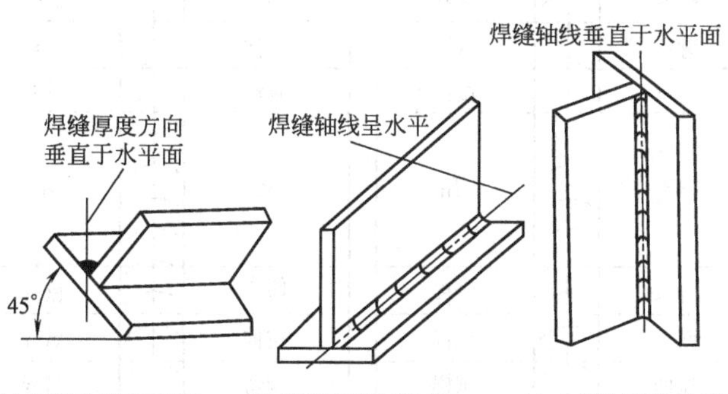

(a) 平焊位置(船形焊) (b) 横焊位置(平角焊) (c) 立焊位置(立角焊)

图 6-3 板材角接焊缝试件焊接位置

图 6-5 所示为部分焊接工艺评定试件形式。制成后的焊接工艺评定试板经过外观检查和射线探伤或者超声波合格后，方可进行各种力学性能的检验。对接焊缝试件力学性能检验的项目有拉伸试验、弯曲试验，若有规定还需做冲击试验。

板材对接焊缝试件取样顺序如图 6-6 所示。管材对接焊缝试件取样顺序如图 6-7 所示。

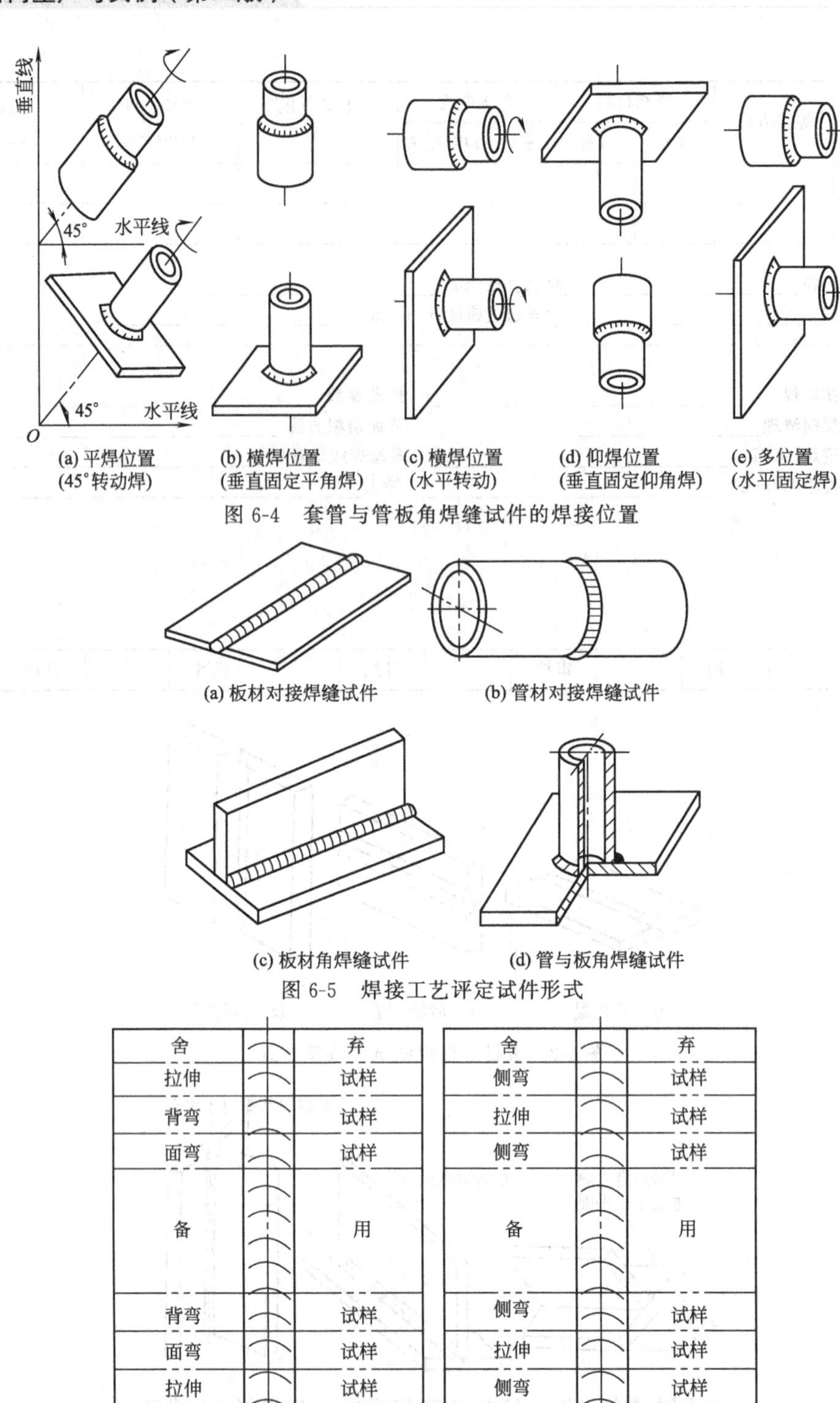

图 6-4　套管与管板角焊缝试件的焊接位置

图 6-5　焊接工艺评定试件形式

图 6-6　管材对接焊缝试件上试样位置图

6.2.2 实例

1. 实例一 锅炉、压力容器的焊接工艺评定程序

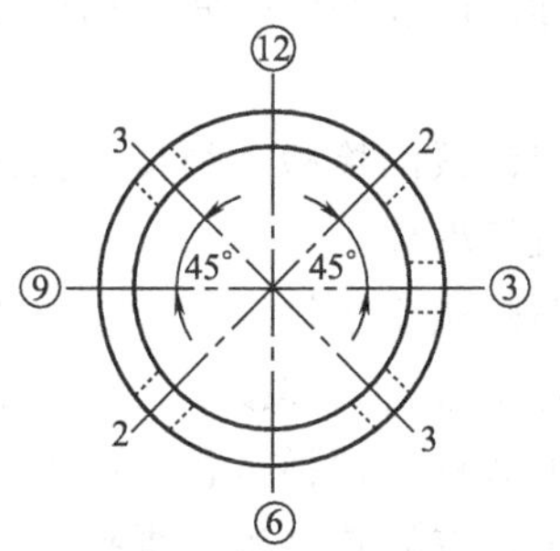

(a) 拉伸试样为整管时弯曲试样位置

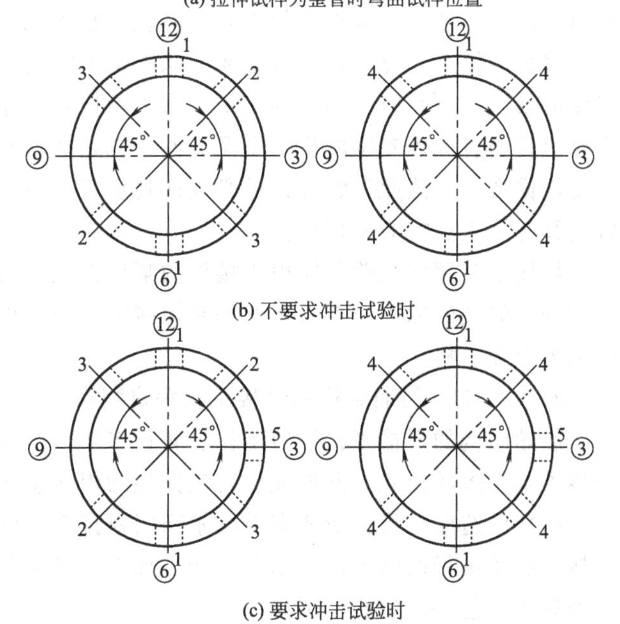

(b) 不要求冲击试验时

(c) 要求冲击试验时

图 6-7 管材对接焊缝试件取样位置图

焊接工艺评定的程序按照产品的类型和等级而定，对于自行设计的大型焊接结构，其程序如下。

（1）焊接工艺评定立项

① 焊接工艺评定按焊接工艺方案立项。对于重大的新设计的结构产品，通常要求编制焊接工艺方案，其中包括该产品结构需完成的焊接工艺评定项目。因此，产品焊接工艺方案经企业总工程师批准后，其中所列的焊接工艺评定项目即可列入工作计划。

② 按新产品施工图立项。对老结构新型号或结构相似工作参数不同的新产品，由于无需编制焊接工艺方案，可按新产品施工图，根据所采用的新材料、新焊接方法和壁厚范围提出焊接工艺评定项目。

③ 按产品制造过程中的重大更改立项。在产品制造过程中可能出现结构、材料和工艺的重大更改，焊接工艺规程需重新编制，对重要工艺参数变更后的焊接工艺规程需重新作焊接工艺评定。

（2）下达焊接工艺评定任务书　焊接工艺评定立项后，通过审批程序，根据产品的技术条件编制焊接工艺评定任务书。其内容包括：产品订货号、接头形式、母材金属牌号及规格，对接头性能的要求，检验项目和合格标准。

（3）编制焊接工艺规程设计书　按照焊接工艺评定任务书提出的条件和技术要求编制焊接工艺规程设计书。设计书的格式与焊接工艺规程相似，但比较简单。在设计书中，原则上只要求填写所要评定的焊接工艺的所有重要参数，而焊接工艺的次要参数，尤其是操作技术参数可列也可不列，由编制者自行决定。但为便于正式焊接工艺规程的编制，大多数焊接工艺规程设计书都列出焊接工艺的次要参数，特别是那些对评定试板焊接质量有较大影响的次要参数。

（4）编制焊接工艺评定试验执行计划　该执行计划的内容应包括完成所列焊接工艺评定试验的全部工作，如试板备料、坡口加工、试板组焊、焊后热处理、无损探伤和理化检验等的计划进度、费用预算、负责单位、协作单位分工及要求。

（5）评定试板的焊接　应由考试合格的熟练焊工，按焊接工艺规程设计书规定的各种焊接参数焊接。试板焊接过程中应监控并记录焊接参数的实测数据。次要工艺参数一般可不做记录，如负责工艺评定试验的工程师认为有必要，也可记录试板焊接过程中各参数的实际使用范围，供编制正式焊接工艺规程时参考。如试板要求作焊后热处理，则应记录热处理过程

中试板的实际温度和保温时间。如热处理设备装备自动温度记录仪，则可利用打印机记录纸的复印件。

（6）评定试板的检验　焊接工艺评定试板原则上不作无损探伤，应在试板焊接后或焊后热处理之后直接取样。

（7）编写焊接工艺评定报告　完成所要求的试验项目，且试验结果全部合格后，即可编写焊接工艺评定报告。焊接工艺评定报告的内容大体上分成两大部分。第一部分记录焊接工艺评定试验的条件，包括试板材料牌号、类别号、接头形式、焊接位置、焊接材料、保护气体、预热温度、焊后热处理、焊接能量参数；第二部分记录各项检验结果，其中包括拉伸、弯曲、冲击、硬度、宏观金相检验、着色试验和化学成分分析结果等。

编写焊接工艺评定报告最重要的原则是如实记录，无论是试验条件和检验结果都必须是实测记录数据，并应有相应的记录卡和试验报告等原始证据。焊接工艺评定报告是一种必须由企业管理者代表签字的重要质保文件，也是技术监督部门和用户代表审核企业质保能力的主要依据之一。因此，编写人员必须认真负责，一丝不苟，如实填写，不得错填和涂改。报告应经有关人员校对和审核。

焊接工艺评定试验可能由于接头的某项性能不符合标准要求而失败。在这种情况下，首先应分析失败的原因，然后重新编制焊接工艺规程设计书，重复进行上述程序，直至评定试验结果全部合格。

2. 实例二　船舶结构的焊接工艺评定程序

船舶结构的焊接工艺评定工作已实行多年，成为船舶建造中控制焊接质量的有效手段并积累了相当多的经验，并形成一套较完整的焊接工艺评定的程序。其主要内容如下。

（1）由造船厂设计所或有关技术部门根据产品的设计结构、材料、接头形式、所采用的焊接方法及钢板的厚度范围以及生产过程中焊接工艺的重大改动，提出焊接工艺评定项目并开列焊接工艺评定试验申请单。

（2）由该厂焊接研究所或焊接技术部门，根据焊接工艺评定项目申请单编写试验计划书送交验船师审批。同时开列下料清单，交监造师备料。

（3）焊接工艺评定试验计划书经批准后，加工试板，领取试验用的焊接材料。根据试验用料的检验号、炉批号和焊接材料检验号核对合格证和质保证。

（4）烘干焊接材料、组装试板，将试板编号。准备工作就绪后，请验船师到试验现场，在试板上打上验船师钢印予以确认。焊接试验全过程由焊接工程师监督进行。试板焊完后请验船师检查焊缝外形，并对焊缝外形拍照存档。

（5）将焊接试板送无损探伤室检验，检验合格后，请验船师在探伤报告上签字确认。如检验不合格，则重焊试板。

（6）根据力学性能测试项目，在焊接试板上划试样线并编号。

（7）请验船师到场监督试板铅印转移到每个试样上的全过程。

（8）将试样毛坯送理化试验所或试样加工单位，按要求加工试样。

（9）将面弯、背弯试样的受拉面进行打磨，棱角按要求倒角。冲击试样加工过程中需再次请验船师监督铅印的转移。

（10）试样加工后，请验船师到理化试验室监督力学性能试验，试样试验后拍外观照片备案，力学性能试验报告送交验船师签字确认。

（11）各项检验和力学性能试验合格后，由负责焊接工艺评定的焊接工程师编写焊接工艺评定报告，经校对、审核、会签和审定程序后，将焊接工艺评定报告送交验船师审批。

(12) 焊接工艺评定报告经审批后，该报告的正本存档，副本存焊接技术部门备查。同时应将焊接工艺评定试验报告交申请部门——造船设计所。

焊接工艺评定试板的检验结果中可能某项性能不合格，则应及时分析原因，与验船师协作，根据船检的要求重复取样。若因工艺、材料等因素造成焊接工艺评定失败，则应向造船设计所及时反馈信息，重复上述试验程序，调整焊接参数后重焊试板，直至焊接工艺评定试验的所有项目全部合格。

随着船舶新产品的不断开发，焊接工艺评定项目将日渐增多，对焊接工艺评定的科学管理也会提出更高的要求。为简化检索程序，缩短核查时间，应将焊接工艺评定报告的内容，包括报告编号、项目名称、焊接方法、钢号及厚度、接头形式、焊接材料等输入计算机。编制出一份报告总目录，以备有关人员查阅并提供质量管理部门随时审查。

【综合训练】

简答题

1. 为什么要进行焊接工艺评定？
2. 焊接工艺评定的目的及意义是什么？
3. 焊接工艺评定的程序如何？
4. 焊接工艺评定的试件如何准备？
5. 焊接工艺评定报告如何编制？

第7章　焊接结构生产的组织与安全技术

本章主要介绍焊接结构生产的组织形式、焊接车间的组成与平面布置，以及焊接结构生产过程中的劳动保护知识。

7.1　焊接结构生产的组织

技能点：

焊接结构生产组织。

知识点：

焊接结构生产的空间组织；

焊接结构生产的时间组织。

焊接结构生产过程的组织包括生产的空间组织与时间组织。

焊接车间的空间组织和时间组织形式是科学合理组织焊接车间生产过程的重要环节，可使焊接生产对象在生产过程中尽可能实现生产过程连续、提高劳动生产率、提高设备利用率和缩短生产周期的要求。

7.1.1　焊接结构生产的空间组织

生产过程的空间组织，包括焊接车间由哪些生产单位（工段）组成及其布置生产单位组成所采取的专业化形式及平面布置等内容。

车间生产单位组成的专业化形式，对车间内部各工段之间的分工与协作关系、组织计划的方式与设备、工艺的选择等诸方面的工作都有重要的影响。

专业化形式主要有两种，即工艺专业化形式和对象专业化形式。

1. 工艺专业化形式

工艺专业化形式就是按工艺工序或工艺设备相同性的原则来建立生产工段。按这种原则组成的生产工段称工艺专业化生产工段，如材料准备工段、机械加工工段、装配焊接工段、热处理工段等，如图7-1所示。

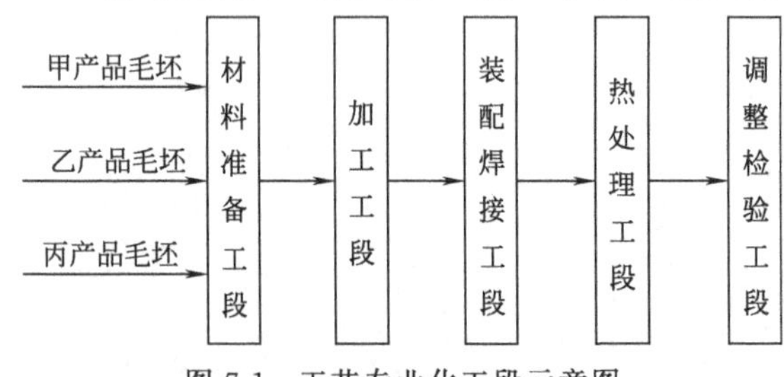

图7-1　工艺专业化工段示意图

工艺专业化工段内集中了同类设备和同工种工人，加工方法基本相同，而加工对象则有多样化的特点。适用于小批量产品的生产。

(1) 工艺专业化工段的优点

① 对产品变动有较强的应变能力。当产品发生变动时，生产单位的生产结构、设备布置、工艺流程不需要重新调整，就可适应新产品生产过程的加工要求。

② 能够充分利用设备。同类或同工种的设备集中在一个工段，便于互相调节使用，提高了设备的负荷率，保证了设备的有效使用。

③ 便于提高工人的技术水平。工段内工种具有工艺上的相同性，有利于工人之间交流

操作经验和相互学习工艺技巧。

(2) 工艺专业化生产工段的缺点

① 一批焊接制品要经过几个工段才能实现全部生产过程，因此加工路线较长，必然造成运输量的增加。

② 生产周期长，在制品增多，导致流动资金占有量的增加。

③ 工段之间相互联系比较复杂，增加了管理工作的协调内容。

工艺专业化形式适用于小单件、小批量产品的生产。

2. 对象专业化形式

对象专业化形式是以加工对象相同性，作为划分生产工段的原则。加工的对象可以是整个产品的焊接，也可以是一个部件的焊接。按这种原则建立起来的工段成为对象专业化工段。如梁柱焊接工段、管道焊接工段、储罐焊接工段等。

在对象专业化工段中要完成加工对象的全部或大部分工艺过程。这种工段又称封闭工段，在该工段内，集中了制造焊接产品整个工艺过程所需的各种设备，并集中了不同工种的工人，如图 7-2 所示。

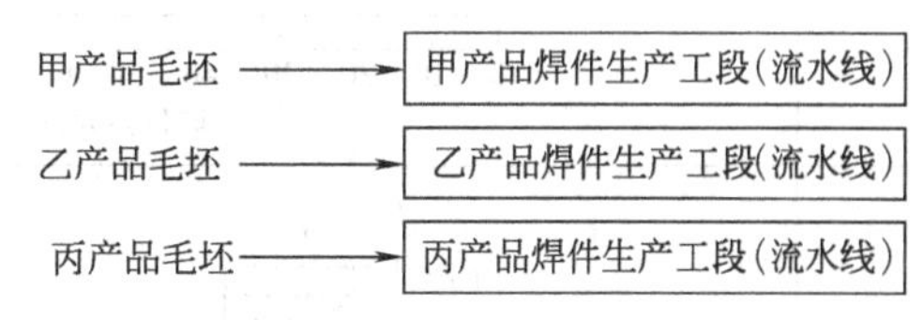

图 7-2　对象专业化工段示意图

(1) 对象专业化的优点

① 由于加工对象固定，品种单一或只有尺寸规格的变化，生产量大，可采用专用的设备和工、夹、量具，故生产效率高。

② 便于选用先进的生产方式，如流水线、自动线等。

③ 加工对象在同一工段内完成全部或者大部分工艺过程，因而加工路线较短，减少了运输的工作量。

④ 加工对象生产周期短，减少了在制品的占有量，加速了流动资金的周转。

(2) 对象专业化的缺点

① 由于对象专业化工段的设备是封闭在本工段内，为专门的加工对象使用，不与其他工段调配使用，不利于设备的充分利用。

② 对象专业化工段使用的专用设备及工、夹、量具是按一定的加工对象进行选择和布置的，因此很难适应品种的变化。

7.1.2　焊接结构生产的时间组织

生产过程的时间组织，主要反映加工对象在生产过程中各工序之间移动方式这一特点上。生产对象的移动方式可分为三种，即顺序移动方式、平行移动方式及平行顺序移动方式，见表 7-1。

表 7-1　焊接生产的对象移动方式

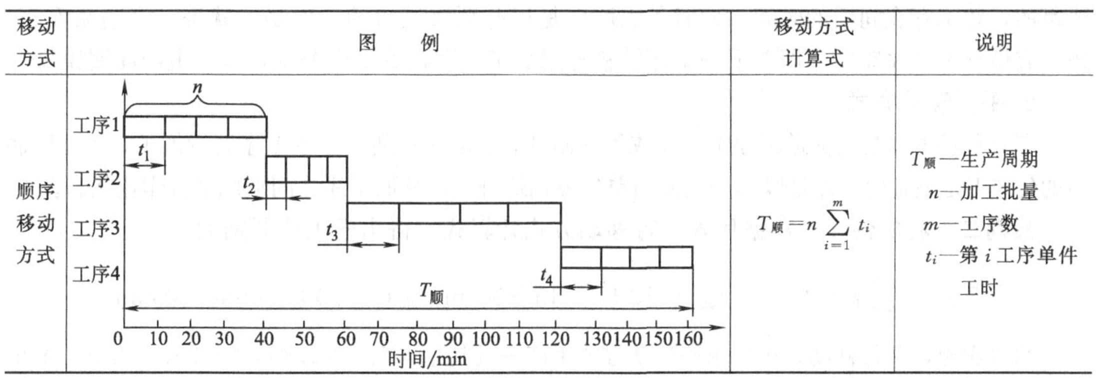

移动方式	图例	移动方式计算式	说明
顺序移动方式		$T_顺=n\sum_{i=1}^{m}t_i$	$T_顺$—生产周期 n—加工批量 m—工序数 t_i—第 i 工序单件工时

续表

移动方式	图例	移动方式计算式	说明
平行移动方式	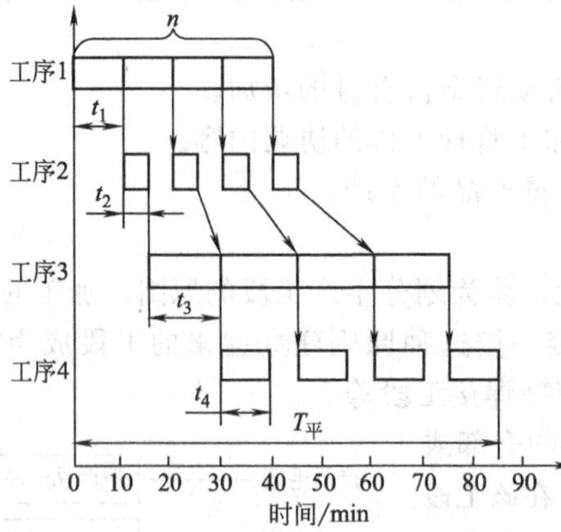 工序1 工序2 工序3 工序4 n t_1 t_2 t_3 t_4 $T_{平}$ 0 10 20 30 40 50 60 70 80 90 时间/min	$T_{平}=\sum_{i=1}^{m}t_i+(n-1)t_{长}$	$T_{平}$—生产周期 $t_{长}$—各工序中最长的工序单件工时
平行顺序移动方式	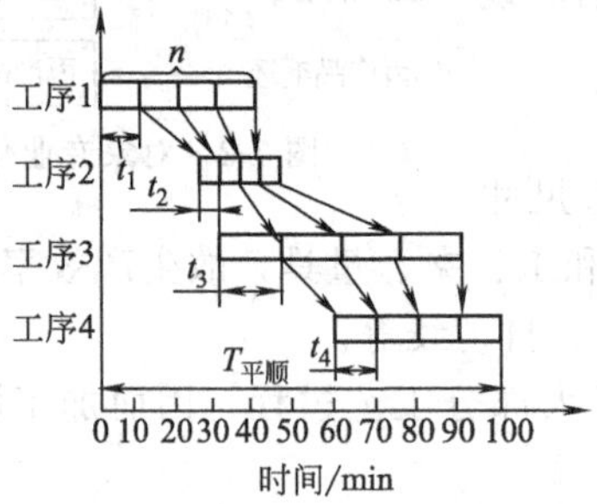 工序1 工序2 工序3 工序4 n t_1 t_2 t_3 t_4 $T_{平顺}$ 0 10 20 30 40 50 60 70 80 90 100 时间/min	$T_{平顺}=n\sum_{i=1}^{m}t_i-(n-1)\sum_{i=1}^{m-1}t_{i短}$	$T_{平顺}$—生产周期 $t_{i短}$—每一相邻两工序中工序时间较短的单件工时

1. 顺序移动方式

顺序移动方式是一批制品只有在前道工序全部加工完成之后才能整批地转移到下道工序进行加工的生产方式。采用顺序移动方式时，一批制品经过各道工序的加工时间称为生产周期。

实例一 设制品批量 $n=4$ 件，经过工序数 $m=4$。

各道工序单件的工时分别为 $t_1=10\text{min}$，$t_2=5\text{min}$，$t_3=15\text{min}$，$t_4=10\text{min}$，假设工序间其他时间，如运输、检查、设备调整等时间忽略不计，则生产周期为

$$T_{顺}=n\sum_{i=1}^{m}t_i=4\times(10+5+15+10)\text{min}=160\text{min}$$

从实例一可以看出，按顺序移动方式进行生产过程组织，就设备开动与工人操作而言，是连贯的，并不存在间断的时间，同时各工序也是按此顺次进行的。但是，就每一个制品而言，还没有做到本工序完后立即向下一工序转移连续加工，存在着工序等待，因此生产周期较长。

2. 平行移动方式

平行移动方式是当前道工序加工完成每一制品后立即转移到下一道工序进行加工，工序间制品的传递不是整批的，而是以单个制品为单位分别地进行，从而工序之间形成平行作业状态。

实例二 将实例一中数据代入平行移动方式计算式，得出的生产周期为

$$T_{平}=\sum_{i=1}^{m}t_i+(n-1)t_{长}=(10+5+15+10)\text{min}+(4-1)\times15\text{min}=85\text{min}$$

可以看出，平行移动方式较顺序移动方式生产一批制品周期大为缩短，后者为 160min，而前

者为85min，共缩短了75min。但由于前后相邻工序作业时间不等，当后道工序加工时间小于前道工序时，就会出现设备和工人在工作中产生停歇时间，不利于设备和工人有效工时的利用。

3. 平行顺序移动方式

顺序移动方式可保持工序连续性，但生产周期延续比较长；平行移动方式虽然缩短了生产周期，但某些工序不能保持连续进行。平行顺序移动方式是在综合两者优点、排除两者缺点的基础上产生的。

平行顺序移动方式，就是一批制品每道工序都必须保持既连续，又与其他工序平行地进行作业的一种移动方式。为了达到这一要求，可分为两种情况加以考虑：第一种情况，当前道工序的单件工时小于后道工序的单件工时时，每个零件在前道工序加工完之后可立即向下一道工序传递，后道工序开始加工后，便可保持加工的连续性；第二种情况，当前道工序的单件工时大于后道工序的单件工时时，则要等待前一工序完成的零件数足以保证后道工序连续加工时，才传递至后道工序开始加工。

为了求得 $t_{i短}$，必须对所有相邻工序的单件工时进行比较，选取其中较短的一道工序的单件工时，比较的次数为（$m-1$）次。

实例三　现仍用实例一数据，按平行顺序移动方式计算生产周期，即

$$T_{平顺}=n\sum_{i=1}^{m}t_i-(n-1)\sum_{i-1}^{m-1}t_{i短}=160\text{min}-(4-1)(5+5+10)\text{min}=100\text{min}$$

从计算结果可以看出，平行顺序移动方式的生产周期比平行移动方式长，比顺序移动方式短，但它的综合效果比较好。

采用哪种移动方式，可根据生产实际情况权衡优劣。一般考虑的因素有：加工批量多少、加工对象尺寸、工序时间长短及生产过程空间组织的专业化形式等。凡批量不大、工序时间短、制品尺寸较小及生产单位按工艺专业化形式组织时，以采用顺序移动方式为宜；反之，那些批量大、工序时间长、加工对象尺寸较大以及生产单位是按对象专业化形式组织时，则宜采用平行移动或平行顺序移动方式较好。为了研究问题方便，计算三种移动方式的生产周期时忽略了某些影响生产周期的因素。生产实际中，制定生产周期标准时，要全面考虑各种因素。

焊接结构件的制造生产周期 T，是指从原材料投入生产到结构成形出厂的时间。周期的长度包括材料准备周期 $T_{准}$、加工周期 $T_{加}$、装配周期 $T_{装}$、焊接周期 $T_{焊}$、修理调整周期 $T_{调}$、自然时效周期 $T_{自}$、检查时间 $T_{检}$、工序运输时间 $T_{运}$ 和工序间在制品的存放时间 $T_{存}$ 等，即：$T=T_{准}+T_{加}+T_{装}+T_{焊}+T_{调}+T_{自}+T_{检}+T_{运}+T_{存}$。

7.2　焊接车间的组成与平面布置

技能点：

焊接车间的设计方法；

焊接车间的平面布置。

知识点：

焊接车间的组成；

焊接车间平面布置的基本原则。

7.2.1　焊接车间的组成

焊接结构车间一般由生产部门、辅助部门和行政管理部门及生活间等组成。各部门的具

体组成如下。

1. 生产部门

（1）工段、小组成立原则　车间生产组织既要精兵简政，又要利于生产管理。一般车间年产量在5000t以上，工人300人以上，应成立工段一级。每一工段人数在100～200人左右。工段以下成立的小组，少于以上年产量和人数的车间，一般只成立小组，每小组人数最好在10～30人左右。

（2）工段和小组的划分

① 按工艺性质划分　包括备料加工工段、装配工段、焊接工段、检验试验工段和涂装包装工段等。

② 按产品结构对象划分　如碳钢容器、不锈钢容器、管子工段；工程机械的底架、伸缩臂工段等；起重运输设备的主梁、小车架、桥架工段等。

2. 辅助部门和仓库部分

主要依据车间规模大小、类型、工艺设备以及协作情况而定，一般包括计算机房（负责数控程序的编制）、样板间和样板库、水泵房或油泵库、油漆调配室、机电修理间、工具分发室、焊接试验室、焊接材料库、金属材料库、中间半成品库、胎夹具库、辅助材料库、模具库和成品库。

3. 行政管理部门及生活间

行政管理部门及生活间包括车间办公室、技术科（组、室）、会议室、资料室、更衣室、盥洗室、休息室（或餐室）等。

车间工艺平面布置，就是将上述车间各个生产工段、作业线、辅助生产用房、仓库及服务生活设施等按照它们的作用和相互关系既有利于生产，又便于管理来进行配置。这种配置包括，产品从毛坯到成品所应经历的路线、各工段的作用和所处位置、各种设备和工艺装备的具体配置、起重运输线路及设备的排列安置等。这是焊接车间设计工作中重要的组成部分。

7.2.2　焊接车间设计的一般方法

1. 车间设计的原始资料

（1）生产纲领，即将要生产的产品清单和年产量；

（2）生产纲领中每种产品的总图和主要部件的简要说明和图样；

（3）每种产品的零件一览表，表中应有材料、质量及数量；

（4）制造、试验和验收的技术条件；

（5）所设计车间与其他车间的关系；

（6）改建车间设备详细清单、使用年限及现状平面布置图；

（7）工厂总平面草图。

2. 车间设计的内容

焊接结构生产的工艺文件中详细规定了生产工艺过程所包含的工艺方法、各工艺工序所用工艺参数、材料和动力消耗及设备的需要量、工人数量、工种及技术等级等。然而，装配焊接车间的设计还包括以下内容。

（1）通过计算确定车间所需生产工人、辅助工人的工种、等级和数量，进而确定行政管理人员和工程技术人员的级别和数量。

（2）确定所需各种主要生产设备、辅助设备、装配焊接机械化装置和胎卡具的规格、型号及数量。

（3）计算制造产品所需基本材料、辅助材料、各种动力（即能源——电力、压缩空气、煤气、氧和乙炔气等）的消耗量。

（4）按照确定的生产组成部分、产品结构、生产纲领和生产工艺要求将其绘制在平面图上，以便调整设备和人员，组织生产及确定建筑物的基本尺寸。

（5）根据产品结构、生产工艺要求及车间平面布置图，选择确定车间内部、车间与车间之间的运输方式及所用起重运输设备的种类和数量等。

3. 车间设计的步骤

（1）根据产品的工艺规程、工艺卡片，每件产品每个工序所需的劳动量、原材料及能源消耗以及产品的年生产量，计算出一年所需的劳动量，并将相同设备、同工种、同级别工人所需年劳动量相合并。

（2）计算出各种设备、各种工人需要量。提出设备（包括胎卡具）和原材料及能源需要清单，各种工人数量明细表，以便进行生产的准备工作。

（3）根据确定的生产组成部分，按车间、工段或生产组把它画到平面图上。

（4）根据平面布置结果，安装设备，组织生产。

（5）根据平面布置确定车间的基本尺寸，如有几个车间，车间需要多长、多宽、多高，为车间建设提供依据。

（6）根据生产工艺的要求选择最经济、最合理的总体车间生产布置方案。

（7）按先装配焊接部分，后材料加工及准备部分的顺序进行平面图的布置。

（8）进行车间辅助部分和非生产部分（如产品检查和试验工段、修整工段、涂装涂饰工段、仓库和生活间等）的计算和平面布置。

（9）计算经济效益，所设计车间投资额低并且能较快收回投资，工厂有盈余，经济效益高。对于经济效益和技术指标低的设计要进行修改或重新设计。

4. 对车间设计的总体要求

（1）所设计的焊接车间组织生产时，能满足生产工艺的要求，且方便合理。

（2）所设计的车间中生产工人有较好的劳动条件，有足够的劳动防护，能够安全生产。

（3）尽量提高设备的负荷率，减少设备投资，缩小车间面积，节约投资。

7.2.3　焊接车间的平面布置

车间工艺平面布置就是将上述车间所有的生产部门、辅助部门、仓库和服务生活设施有机而合理的布置。车间工艺平面布置一般分为两大类，一类注重产品，另一类注重生产工艺。对大量、长期生产的标准化产品，一般注重产品布置方法；当加工非标准化产品或加工量不很大，即单件小批量生产性质，需要有一定的灵活性，一般将重点放在产品加工必需的各个工位上。总之，理想的车间布置应该以最低的成本，获取最快、更方便的物流，充分满足各部门的要求，既有利于生产，便于管理，又适应发展。

1. 车间平面布置的基本原则

车间平面布置与采用的工艺方法及批量大小有很密切的关系，在平面布置时应使工艺路线尽量成直线进行，避免零部件在车间内发生迂回现象。基本原则如下。

（1）车间工艺路线的选择原则

① 合理布置封闭车间内（即产品基本上在本车间完成）各工段与设备的相互位置，应使运输路线最短，没有倒流现象。

② 对散发有害物质，产生噪声的地方和有防火要求的工段、作业区，应布置在靠外墙

的一边并尽可能隔离，以保证安全卫生、环境保护和文明生产。

③ 主要部件的装配—焊接生产线的布置，应使部件能经最短的路线运到装配地点，生产线的流向应与工厂总平面图基本流水方向相一致。

④ 应根据生产方式划分成专业化的部门和工段，经济合理地选用占地面积和建筑参数，并对长远的发展有一定的适应性。

⑤ 辅助部门（如工具室、试验室、修理室、办公室等）应布置在总生产流水线的一边，即在边跨内。充分考虑车间的采光、通风的因素。

(2) 车间布置方案的基本形式 目前金属结构车间布置方案的基本形式大致分为纵向布置、迂回布置、纵横向混合布置等方案。

(3) 车间设备和通道布置原则

设备布置：

① 设备布置必须满足车间生产流水线和工艺流向的要求；

② 在布置大型设备时，其基础一般应该避开厂房基础；

③ 设备离开柱子和墙的距离，除满足工艺要求，操作方便、安全外，还要考虑设备安装和修理时吊车能够吊到；

④ 对有方向性的设备，必须严格满足进出料方向的要求；

⑤ 除保证设备操作互不干扰外，还必须满足两台经常需要吊车的设备同时使用吊车的可能性；

⑥ 大型稀有设备，如大型液压机、冲床、旋压机等，必须满足负荷考虑布置和面积，应充分发挥其生产能力，提高经济效益。

运输通道布置：

① 为了减少铁路和弯道占用面积，金属材料库和成品库进出铁路线应尽可能合一条铁路线，规模较大的车间也可以分开设置；

② 铁路进入车间和仓库的方向，应尽可能符合长材料和成品不转弯的原则；

③ 铁路及平车轨道的位置和长度，应保证可以使用两台吊车装卸的可能；

④ 无轨运输时，车间内的纵向，横向通道应可能保持直线形式；

⑤ 车间内的运输通道应在吊车吊钩可以达到的正常范围。

2. 车间的平面布置

(1) 平面布置主要根据车间规模、产品对象、总图位置等情况加以确定。其基本形式可分为纵向布置、迂回布置、纵横向混合布置等方案。

① 纵向生产线平面布置方案如图 7-3 (a) 所示，车间工艺路线为纵向生产线方向，这种方式是通用的，即车间内生产线的方向与工厂总平面图上所规定的方向一致，或者是产品生产流动方向与车间长度同向。其工艺路线紧凑，空运路程最少，备料和装焊同跨布置。但两端有仓库限制了车间在长度方向的发展。

图 7-3 (b) 是纵向生产线平面布置的另一种方案，只是仓库布置在车间一侧。室外仓库与厂房柱子合用，可节省一些建筑投资，但零部件越跨较多。适用于产品加工路线短，外形尺寸不太长，备料与装焊单件小批生产的车间。

纵向生产线的车间适用于各种加工路线短、不太复杂的焊接产品的生产，包括质量不大的建筑金属结构的生产。

② 迂回生产线平面布置方案如图 7-3 (c) 所示，车间工艺路线为迂回生产线方向，这

种方式每一工段有 1～2 个跨间，是备料与装焊分开跨间布置，厂房结构简单，经济实用。备料设备集中布置，调配方便，发展灵活。但是不管零件部件加工路线长短，都必须要走较长的空程，并且长件越跨不便。

此种布置方案的车间适用于产品零件加工路线较长的单件小批、成批生产性质。

图 7-3（d）是迂回生产线平面布置的另一种方案，只是车间面积较大，按照不同的加工工艺在各个车间里进行专业化生产，包括备料（剪切、刨边、气割下料等），零部件的装焊，最后到总装配焊接的车间。此种方案适用于桥式起重机成批生产性质的车间。

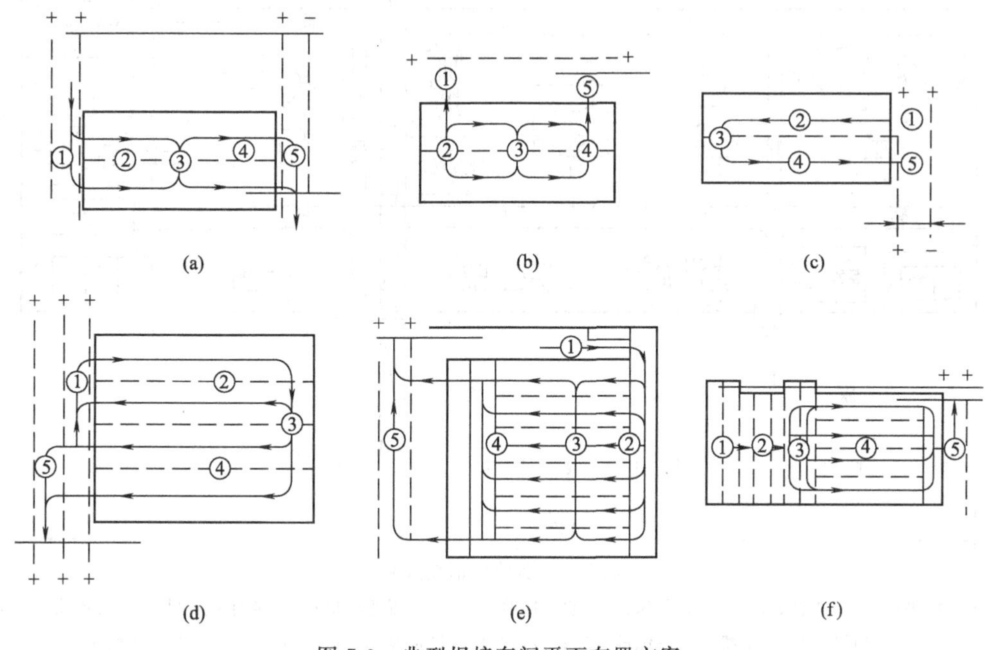

图 7-3　典型焊接车间平面布置方案

①—原材料库；②—备料工段；③—中间仓库；④—装焊工段；⑤—成品仓库

③ 纵横向生产线混合布置方案如图 7-3（e）所示，车间工艺路线为纵-横向混合生产方向布置方案，备料设备既集中又分散布置，调配灵活，各装焊跨间可根据多种产品的不同要求分别组织生产。路线顺而短，又灵活、经济，但厂房结构较复杂，建筑费用较贵。此种方案适用于多种产品、单件小批、成批生产性质的炼油化工容器车间。

图 7-3（f）是纵横向生产线平面布置的另一种方案，生产工艺路线短而紧凑。同类设备布置在同一跨内便于调配使用，工段划分灵活，中间半成品库调度方便。备料设备可利用柱间布置，面积可充分利用。共用的设备布置在两端，各跨可根据不同产品的装焊要求，分别布置。适用于产品品种多而杂，并且量大的重型机器、矿山设备生产性质的车间。

车间标准平面布置的形式还有很多种，仅从以上介绍中可以看得出，车间平面的布置是由焊接产品的特征及生产纲领决定的。

（2）**实例四**　列举锅炉车间平面布置和成批生产、机械化程度较高的船体配件车间平面布置的方案供学习和应用时参考。

① 锅炉车间的任务一般是：放样、下料、加工成形、滚圆、冲压、切割、装配、焊接、安装等。锅炉车间的加工部分与装配焊接部分的厂房组成一般采取串联形式。

图 7-4 是锅炉厂锅筒生产车间的平面布置方案，其设计方案是根据锅炉产品的特点和工

艺流程进行的。加工部分的设备布置应符合加工程序和加工路线，而且要使车间所有跨度中的零件加工工艺流程通畅，避免往返运输，并使每个跨度中的横向运输减少到最低程度。

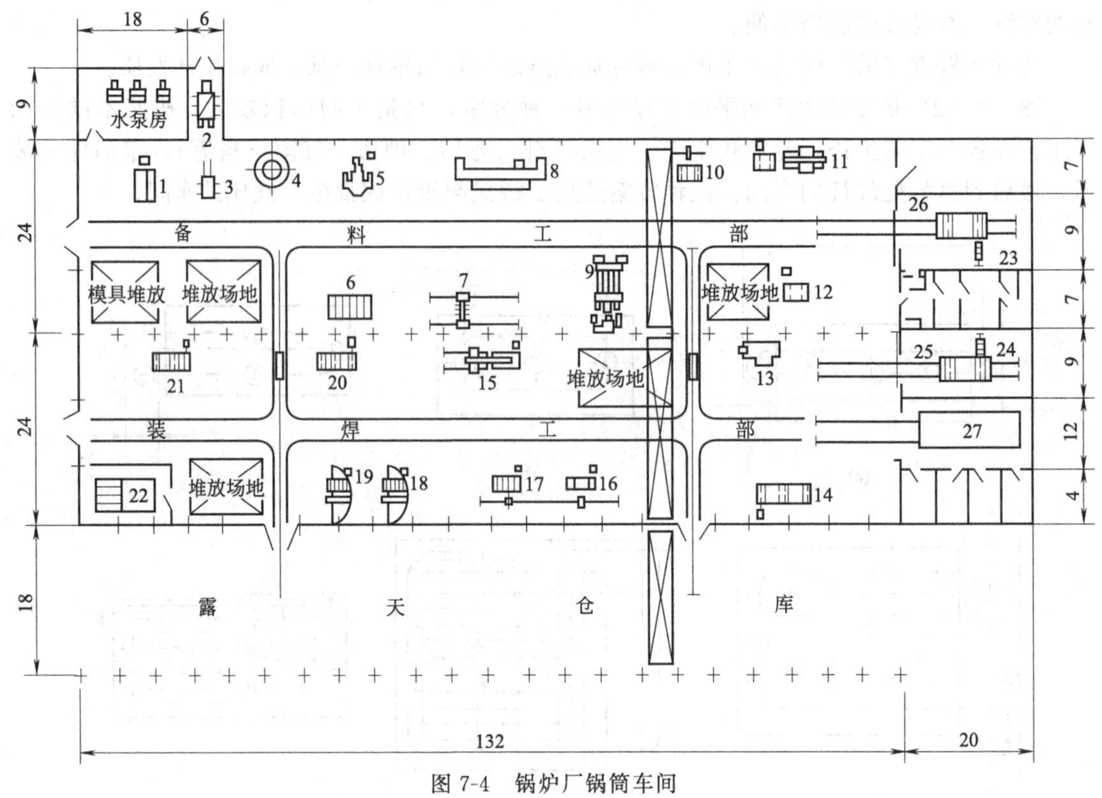

图 7-4 锅炉厂锅筒车间

1—七辊校平机；2—加热炉；3—压力剪床；4—联合冲剪机；5—三辊弯板机；6—半自动切割机；7—数控切割机；8—刨边机；9—卷板机；10—纵缝坡口；11,13,15—焊接操作机；12,14,20,21—焊接滚轮架；16—焊缝修磨机；17—环缝坡口加工机；22—水压试验台；18,19—摇臂钻床；23,24—X 射线探伤机；25,26—专用平板车；27—退火炉

从图 7-4 中可以看出，钢板通过单轨专用平板车 26 进入车间，放入堆场处，需校平的送至七辊校平机 1，需要划线的进入划线区；需要加工成形的，根据其要求分别送至三辊弯板机 5 处或压力剪床 3、联合冲剪机 4、环缝坡口加工机 17。在这以前需要气割下料的，可送至半自动切割机 6、数控切割机 7。加工成形后的装配成零部件送至焊接操作机 11、13、15 进行焊接。

当加工钢料年产量在 400t 以上时，车间内热加工（加热炉、热压等）部分可与锻工车间、管子车间等合并在一个车间内。

至于一些辅助性部分，如日用钢料仓库、工具间、材料间、焊条间等可以安排在车间附近，或者与主车间合建在一起。

② 图 7-5 是成批生产、机械化程度较高的船体配件车间平面布置图。船体配件包括金属结构件及机械零件。以往金属结构件是由船体加工车间、管子车间承担，而机械零件的加工则由机械装配车间承担。协作关系复杂，不利于生产管理。

在规模较大的船厂中大多单独设立船体配件车间，若船厂规模不大或只制造非机动船则金属结构件与机械零件制造以工段的形式附设在船体加工车间内。

船体配件车间的组成是根据车间任务及生产成批性而定，基本上分生产区部分和辅助区

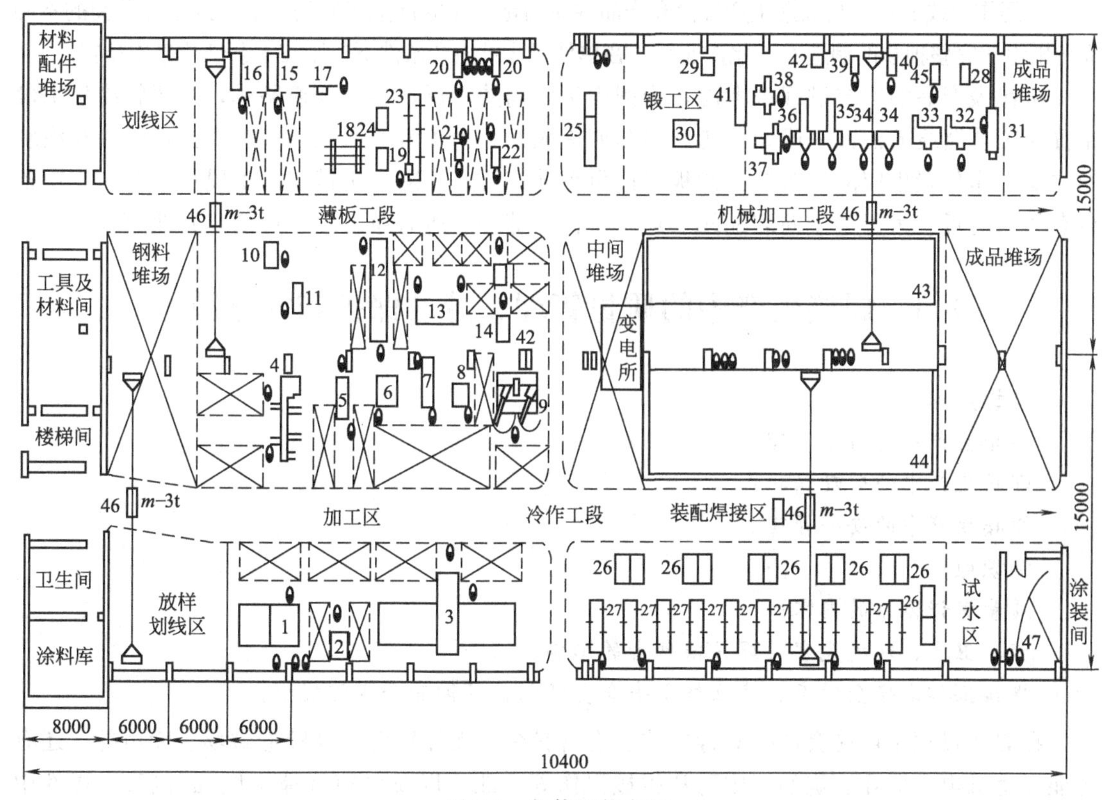

图 7-5　船体配件车间

1—半自动切割机；2—自动切割机；3—七辊校平机；4—龙门剪床；5—圆盘剪切机；7—水压机；6,8—摩擦压力机；9—摇臂钻床；10—锯切机；11—联合剪冲机；12—三辊弯板机；13—手动折边机；14,39,40—立钻；15—单柱曲轴压力机；16—剪冲床；17—手剪机；18—方铁架；19—手动轧型机；20,22—点焊机；21—缝焊机；23—六人钳工工作台；24,26,30—平台；25—气焊架；27—四人钳工工作台；28—划线平台；29—锻工炉；31—转塔车床；32,33,34—车床；35—卧式铣床；36—立式铣床；37—牛头刨床；38—插床；41—锻工工作台；42—砂轮机；43,44—焊接平台；45—铣床；46—电动梁式起重机；47—悬臂吊杆

部分。

生产区部分按工艺性质，一般划分成三个工段：

• 冷作工段，负责钢板的加工以及配件的装配焊接工作；

• 薄板工段，负责薄钢板配件的加工和焊接工作；

• 机械加工工段，负责机械加工和钳工零件加工，在成批生产的条件下，有时也按制件种类组成专业化的工段。

辅助区部分一般包括五个部门：

• 消耗品仓库及工具间；

• 夹具及模具间；

• 钢料仓库；

• 零件和半成品中间仓库；

• 成品仓库。

船体配件车间一般都与管子车间及电工车间一起组合成车间组，而且在总平面布置上应邻近船体装配焊接车间、船台及码头，以便工作联系。

车间作业线的布置是根据生产规模和产品性质而定。在成批生产的条件下，按零件种类的不同而分别组成完整独立的制造专业化作业线，在单件或小批生产条件下，则按工艺性质集中布置。

从代表产品的工艺过程来考虑，为减少工序间的往返，缩短运输路线，一般将冷作工段布置在工艺路线的前面一段，用遮光屏与四周隔开。为了考虑通风条件和安全，焊接和涂装的主要工作位置也应隔离布置。薄板工段可单独布置在一隅，机械加工工段可布置在工厂备料车间区附近。为了便于向装配线上运送零件与部件，所有通道应尽可能布置成直线。

7.3 焊接生产中的质量管理、劳动保护和安全技术

技能点：

焊接生产中的质量管理；

焊接生产中的劳动保护；

焊接生产中的安全管理。

知识点：

质量保证体系的内容；

劳动卫生、环境危害对焊接操作者的影响；

焊接操作者安全教育、建立健全安全责任制、贯彻安全操作规程。

在焊接过程中可能会产生有毒气体、有害粉尘、弧光辐射、高频电磁场、噪声等，还有可能发生触电、爆炸、烧伤、中毒和机械损伤等事故，以及尘肺（肺尘埃沉着病）、慢性中毒等职业病。这些都严重地危害着焊工及其他人员的生命安全与健康，加强各项安全防护的措施和组织措施，加强焊接技术人员的责任感，防止事故和灾害的发生，是十分必要的。

7.3.1 焊接生产中的质量管理

焊接生产中的质量管理是指从事焊接生产或工程施工的企业通过建立质量保证体系发挥质量管理职能，进而有效地控制焊接产品质量的全过程。这里的质量既满足用户“使用要求”的性能及品质，又满足相应的标准、规范、合同或第三方的有关规定。就企业而言，强化焊接质量管理不仅有助于产品质量的提高，达到向用户提供满足使用要求的产品的目的，而且可以推动企业的技术进步，提高企业的经济效益，增强产品的市场竞争能力。

日益发展的国际趋势表明：企业必须在接受他们的顾客订货前报告他们的质量保证体系。在欧共体市场内部的许多领域要求一个极为有效的和具有许可证的质量保证体系。但质量只是用系统的和文字编制的质量保证来达到降低成本的目的。它降低了产品的责任风险，保护了产品质量不受损害，增加了资金的利用率。

质量保证体系首先是一个咨询体系，要求工作能够做到：

（1）尽可能制订预防产品出错的措施；

（2）在产品生产中的所有质量问题的确定和记录；

（3）根据规定的程序能促使、推荐、拟定问题的解决；

（4）确认问题已经解决；

（5）广泛地监督有缺陷的产品的处理、供应和安装，直到缺陷或不满意状况被消除。

在大量不同产品的条件下如大型采矿设备、起重设备、桥梁、石油化工设备，要求必须强制建立质量保证体系，这是由于这些产品的建造规范千差万别，从而带来了生产上不同的

漏洞和问题。

质量保证体系是以 ISO 9000 族国际标准为基础的。

7.3.2　焊接生产中的劳动保护

焊接过程中产生的有害因素（弧光、噪声、高频磁场、热辐射、放射线、化学因素等）危害着焊工及其他人的健康与生命安全，同时也会给国家财产带来损失。在实际施工操作时，必须进行有效防护。下面简单介绍几种常见的焊接有害因素的危害与防护措施。

1. 电弧辐射

（1）光辐射的危害　弧光辐射是所有明弧焊共同具有的有害因素。焊条电弧焊的电弧温度达 5000～6000℃，可产生较强的光辐射。光辐射作用到人体被体内组织吸收，引起组织作用，致使人体组织发生急性或慢性的损伤。焊接过程中的光辐射由紫外线、红外线和可见光等组成。

① 焊接电弧产生的强烈紫外线的过度照射，会造成皮肤和眼睛的伤害。皮肤受强烈紫外线作用时，可引起皮炎、红斑等，并会形成不褪的色素沉积。紫外线的过度照射还会引起眼睛的急性角膜炎，称为电光性眼炎，能损害眼睛的结膜与角膜。

② 红外线通过人体组织的热作用，长波红外线被皮肤表面吸收产生热的感觉；短波红外线可被组织吸收，使血液和海绵组织损伤。眼部长期接触红外线可能造成红外线白内障，视力减退。

（2）光辐射的防护　为了防护电弧对眼睛的伤害，焊工在焊接时必须使用镶有特制滤光镜片的面罩，身着有隔热和屏蔽作用的工作服，以保护人体免受热辐射、弧光辐射和飞溅物等伤害。主要防护措施有护目镜、防护工作服、电焊手套、工作鞋等，有条件的车间还可以采用不反光而又有吸收光线的材料，工作室内墙壁的饰面进行车间弧光防护。

2. 高频电磁场

（1）高频电磁场的危害　氩弧焊和等离子弧焊，都广泛采用高频振荡器来激发引弧。人体在高频电磁场的作用下能吸收一定的辐射能量，产生生物学效应，长期接触强度较大的高频电磁场，会引起头晕、头痛、疲劳乏力、心悸、胸闷、神经衰弱及植物神经功能紊乱。

（2）高频电磁场的防护措施

① 减少高频电的作用时间。

② 在不影响使用的情况下，降低振荡器频率。

③ 保持工件良好地接地，能大大降低高频电流，接地点距工件越近，情况越能得到改善。

④ 屏蔽把线及软线。

3. 噪声

（1）噪声的危害

噪声对人体的影响是多方面的。首先是对听觉器官，强烈的噪声可以引起听觉障碍、噪声性外伤、耳聋等症状。此外，噪声对中枢神经系统和血管系统也有不良作用，引起血压升高、心跳过速，还会使人厌倦、烦躁等。

在焊接生产现场会出现不同的噪声源，如对坡口的打磨、装配时锤击、焊缝修整、等离子切割等。在生产现场，操作人员在噪声 90dB 时工作 8h 就会对听觉和神经系统有害。

（2）噪声的控制　焊接车间的噪声不得超过 90dB（A），控制噪声的方法有以下几种：

① 采用低噪声工艺及设备。如采用热切割代替机械剪切；采用电弧气刨、热切割坡口

代替铲坡口；采用整流、逆变电源代替旋转直流电焊机等。

② 采取隔声措施。对分散布置的噪声设备，宜采用隔声罩；对集中布置的高噪声设备，宜采用隔声间；对难以采用隔声罩或隔声间的某些高噪声设备，宜在声源附近或受声处设置隔声屏障。

③ 采取吸声降噪措施，降低室内混响声。

④ 操作者应佩戴隔音耳罩或隔音耳塞等个人防护器具。

4. 射线

(1) 射线的危害

焊接工艺过程的放射性危害，主要来自氩弧焊与等离子弧焊时的钍放射性污染和电子束焊接时的X射线。氩弧焊和等离子弧焊使用的钍钨电极中的钍，是天然放射性物质，钍蒸发产生放射性气溶胶、钍射气。同时，钍及其蜕变产物产生α、β、γ射线。当人体受到的射线辐射剂量不超过允许值时，不会对人体产生危害。但是，人体长期受到超过允许剂量的照射，则可造成中枢神经系统、造血器官和消化系统的疾病。电子束焊时，产生的低能X射线，对人体只会造成外照射，危害程度较小，主要引起眼睛晶状体和皮肤损伤。如长期接受较高能量的X射线照射，则可出现神经衰弱和白细胞下降等症状。

(2) 射线的主要防护措施

① 综合性防护。如用薄金属板制成密封罩，在其内部完成施焊；将有毒气体、烟尘及放射性气溶胶等最大限度地控制在一定空间，通过排气、净化装置排到室外。

② 钍钨极储存点应固定在地下室封闭箱内，钍钨极修磨处应安装除尘设备。

③ 对真空电子束焊等放射性强的作业点，应采取屏蔽防护。

5. 粉尘及有害气体

(1) 粉尘及有害气体的危害　焊接电弧的高温将使金属剧烈蒸发，焊条和母材在焊接时也会产生各种金属气体和烟雾，它们在空气中冷凝并氧化成粉尘；电弧产生的辐射作用与空气中的氧和氮，将产生臭氧和氮的氧化物等有害气体。

粉尘与有害气体的多少与焊接参数、焊接材料的种类有关。例如，用碱性焊条焊接时产生的有害气体比酸性焊条高；气体保护焊时，保护气体在电弧高温作用下能离解出对人体有影响的气体。焊接粉尘和有害气体如果超过一定浓度，而工人又在这些条件下长期工作，没有良好的保护条件，焊工就容易得肺尘埃沉着病、锰中毒、焊工金属热等职业病，影响焊工的身心健康。

(2) 粉尘及有害气体的防护　减少粉尘及有害气体的措施有以下几点：

① 首先设法降低焊接材料的发尘量和烟尘毒性，如低氢型焊条内的萤石和水玻璃是强烈的发尘致毒物质，就应尽可能采用低尘、低毒的低氢型焊条，如“J506”低尘焊条。

② 从工艺上着手，提高焊接机械化和自动化程度。

③ 加强通风，采用换气装置把新鲜空气输送至厂房或工作场地，并及时把有害物质和被污染的空气排出。通风可采取自然通风和机械通风，可全部通风也可局部通风。目前，采用较多的是局部机械通风。

7.3.3　焊接生产中的安全管理

焊接生产现场中，由于直接从事生产作业的人、机、料相对集中，存在多种危险因素，故需对焊接生产的安全进行管理。安全管理措施与安全技术措施之间是互相联系、互相配合的，它们是做好焊接安全工作的两个方面，缺一不可。

1. 焊工安全教育和考试

焊工安全教育是搞好焊接安全生产工作的一项重要内容，它的意义和作用是使广大焊工掌握安全技术和科学知识，提高安全操作技术水平，遵守安全操作规程，避免工伤事故。

焊工刚入厂时，要接受厂、车间和生产小组的三级安全教育，同时安全教育要坚持经常化和宣传多样化。按照安全规则，焊工必须经过安全技术培训，并经过考试合格后才允许上岗独立操作。

2. 建立焊接安全责任制

安全责任制是把“管生产的必须管安全”的原则从制度上固定下来，是一项重要的安全制度。通过建立焊接安全责任制，对企业中各级领导、职能部门和有关工程技术人员等，在焊接安全工作中应负的责任明确地加以确定。

工程技术人员在从事产品设计、焊接方法的选择、确定施工方案、焊接工艺规程的制定、工夹具的选用和设计等时，必须同时考虑安全技术要求，并应当有相应的安全措施。

总之，企业各级领导、职能部门和工程技术人员，必须保证与焊接有关的现行劳动保护法令中所规定的安全技术标准和要求得到认真贯彻执行。

3. 焊接安全操作规程

焊接安全操作规程是人们在长期从事焊接操作实践中，克服各种不安全因素和消除工伤事故的科学经验总结。经多次分析研究事故的原因表明，焊接设备和工具的管理不善以及操作者失误是产生事故的两个主要原因。因此，建立和执行必要的安全操作规程，是保障焊工安全健康和促进安全生产的一项重要措施。

应当根据不同的焊接工艺来建立各类安全操作规程，如气焊与气割的安全操作规程、焊条电弧焊安全操作规程及气体保护焊安全操作规程等。

4. 焊接工作场地的组织

安全规则中规定，车辆通道的宽度不小于3m，人行通道不小于1.5m。操作现场的所有气焊胶管、焊接电缆线等，不得相互缠绕。用完的气瓶应及时移出工作场地，不得随便横躺竖放。焊工作业面积不应小于4m^2，地面应基本干燥。

在焊割操作点周围10m直径的范围内严禁堆放各类可燃易爆物品，诸如木材、油脂、棉丝、保温材料和化工原料等。如果不能清除时，应采取可靠的安全措施。若操作现场附近有隔热保温等可燃材料的设备和工程结构，必须预先采取隔绝火星的安全措施，防止在其中隐藏火种，酿成火灾。

室外作业时，操作现场的地面与登高作业以及与起重设备的吊运工作之间，应密切配合，秩序井然而不得杂乱无章。在地沟、坑道、检查井、管段或半封闭地段等处作业时，应先用仪器判明其中有无爆炸和中毒的危险。用仪器进行检查分析时，禁止用火柴、燃着的纸张及在不安全的地方进行检查。对施焊现场附近敞开的孔洞和地沟，应用石棉板盖严，防止焊接时火花进入其内。

【综合训练】

一、填空题

1. 焊接生产过程的组织包括__________组织与__________组织。

2. 焊接结构生产的时间组织有三种方式即__________、__________、__________。

3. 焊接结构生产车间一般由__________部门、__________部门、__________部门、__________部门及生活间等组成。

4. 焊接结构的生产部门一般包括__________工段、__________工段、__________工段、检验试验工段和__________工段等。

5. 全面质量管理的思想是__________、__________。

6. 现代质量管理学认为，质量就是满足__________的期望程度。

7. 焊条电弧的电弧温度达5000～6000℃，可产生较强的__________辐射。

8. 安全规则中规定，车辆通道的宽度不小于__________ m，人行通道不小于__________ m。

9. 焊工作业面积不小于__________ m^2。

10. 在焊割操作点周围__________ m直径的范围内严禁堆放各类可燃易爆物品，诸如木材、油脂、棉丝、保温材料和化工原料等。

二、简答题

1. 为什么要对焊接结构生产进行组织？
2. 焊接结构生产的空间组织包括哪些内容？
3. 焊接结构生产的时间组织包括哪些内容？
4. 焊接结构生产车间的面积如何确定？
5. 试述企业建立质量管理体系的意义。

三、实践题

组织学生参观调研有关焊接结构生产单位，了解各生产单位有哪些部门，各部门的职能是什么？各生产车间的平面布置采用那种形式，对其平面布置形式进行评价。通过参观调研，写出调研报告。

第8章 焊接结构生产与实例课程设计

8.1 课程设计工作规范

焊接结构与生产实例课程是焊接技术及自动化专业的主干专业课。课程设计（含课程实训）是实践教学的一个重要教学环节，使学生能全面系统掌握所学知识，学会调研方法，学会资料查找与运用方法，掌握调研手段，为毕业设计打基础。尽量选用源于实际的“真刀真枪”的课题或者是仿真课题。职业院校学生的学习应突出个性化，学生是学习的主体，学习的过程是学生通过主动探索、发现问题、培养和建构工程技能意识的过程。通过课程设计环节，学生能独立地解决焊接结构件制造、维修中的问题，会查阅技术文献和资料，全面考虑设计内容及过程，培养学生分析问题和解决问题的能力。由于课程设计是教学过程中的一个重要环节，必须认真对待。

8.1.1 课程设计的目的

通过对教学计划中设置课程设计环节，达到如下目的。

1. 培养知识应用能力

加深学生对该课程基础知识和基本理论的理解和掌握，培养学生综合运用所学知识，独立分析和解决工程技术问题的能力。

2. 培养动手能力

培养学生在理论计算、制图、运用标准和规范、查阅设计手册与资料检索以及应用计算机网络等方面的能力。

3. 培养科学创新及相互合作能力

加强理论联系实际，培养学生科学严谨、实事求是的工作作风和勇于探索创新、和谐协作精神。

8.1.2 课程设计的选题原则

1. 切合实际原则

理论设计的题目和内容应符合课程设计教学大纲的要求和符合生产实际，有正确的技术参考资料，能够使学生得到较全面的综合训练。

2. 注重深浅度原则

课程设计的深度和广度应根据该课程在教学计划中的地位与作用决定。设计工作量应综合考虑教学计划规定的学时数以及学生的知识和能力状况，既能使学生获得充分的能力训练，又能在规定的时间内经过努力完成任务。

3. 程序与教师工作量原则

课程设计的题目一般由指导教师拟订，教研室主任初审，系主任最终审定。课程设计的题目也可由学生自拟，但必须经指导教师审核，报系主任审批同意后方可执行。同一课题原则上不允许超过 10 名学生，且每个学生独立完成的部分不应少于课程设计总工作量的 30%。

4. **资料存档与成绩评定原则**

课程设计要根据教学计划和教学大纲要求，制定课程设计计划（方案），在设计前交实习实训中心（或教务处）、教学评估中心备案。设计计划应包括：制定设计进程、设计组织、答疑检查、成绩评定等方面。

8.1.3 课程设计任务书、指导书

（1）课程设计任务书应由指导教师填写并经教研室主任、系主任签字后，在布置课程设计任务之前印发给学生。

（2）课程设计任务书的内容应包括：

① 设计题目；

② 已知技术参数和设计要求；

③ 设计工作量；

④ 工作计划；

⑤ 指导教师与系主任签字。

（3）课程设计任务书的格式因课程设计类型和课程的不同而不同，具体格式由承担课程设计的系或教研室制定。纸幅大小为 16 开，由学院统一印制。

（4）课程设计任务书装订位置在设计计算说明书封面之后，目录页之前。

（5）课程设计指导书可根据情况需要通过教材科订购，或由指导教师编写，并经系主任审定。编写的指导书应包括设计步骤、设计要点、设计进度安排及主要技术关键的分析、解决问题思路和方案比较等内容。

8.1.4 课程设计的答辩

答辩是检验学生对课程设计全程的理解与把握的最后环节，发现设计的不足，进一步加以改进和完善的必要手段，在课程设计中具有重要的作用，是圆满的达到课程设计的目的和教学要求的重要环节。课程设计结束后，指导教师应认真批阅学生做的全部设计文件和图纸等成果，然后组织学生进行答辩或质疑，以确定学生对知识掌握和运用程度。

1. **答辩资格**

按照计划完成课程设计任务，经指导教师审查同意后，在其设计图纸、说明书、封面等文件上签字者，方可获得答辩资格。

2. **答辩小组组成**

课程设计答辩小组由 2～3 名教师（或相当于讲师、技师）及以上的教师组成，由系负责组织。

3. **答辩过程**

答辩中每个学生自述时间约 5min，整个过程约 15min。

8.1.5 课程设计成绩评定标准

（1）课程设计成绩按以下五个等级评定。

① 优秀

a. 设计方案合理，内容正确，有独立见解或创造性；

b. 设计中能正确运用本专业的基础知识，设计计算方法正确，计算结果准确；

c. 全面完成规定的设计任务，图面质量好，且所绘图纸符合国家制图标准；

d. 说明书内容完整，书写工整清晰；

e. 答辩中自述清楚，回答问题全面正确；

f. 设计中有个别缺点，但不影响设计质量。

② 良好

a. 设计方案及内容，有一定见解；

b. 设计中能正确运用本专业的基础知识，设计计算方法正确；

c. 能完成规定的全部设计任务，图面质量较好，所绘图纸符合国家制图标准；

d. 说明书内容较完整、正确，书写整洁；

e. 答辩中自述清楚，能正确回答教师提出的大部分问题；

f. 设计中有个别缺点和小错误，但不是原则性的，基本上不影响设计的正确性。

③ 中等

a. 设计方案及内容基本正确，分析问题基本正确，无原则性错误；

b. 设计中基本能运用本专业的基础知识进行模拟设计；

c. 能完成规定的设计任务，图面质量一般；

d. 说明书中能进行基本分析，计算基本正确；

e. 答辩中自述较清楚，回答问题大部分正确；

f. 设计中有个别小原则性错误。

④ 及格

a. 设计方案及内容基本合理，分析问题能力较差，但无原则性错误；

b. 设计中尚能运用本专业的基础知识进行设计，考虑问题不够全面；

c. 基本上能完成规定的设计任务，图面质量尚可；

d. 说明书内容基本正确完整，书写工整；

e. 答辩中表达能力一般，能回答教师提出的部分问题；

f. 设计中有一些原则性小错误。

⑤ 不及格

a. 设计方案不合理，有严重的原则性错误；

b. 设计内容没有达到规定的基本要求；

c. 没有在规定的时间内完成设计任务；

d. 设计中不加消化，照搬照抄；

e. 答辩中自述不清楚，回答问题时错误较多。

(2) 答辩完成后，答辩小组应客观公正地评定学生的成绩。

(3) 课程设计成绩由指导教师和答辩小组两部分（设计质量、设计中的态度表现和答辩三方面成绩）评分组成，其权重由各系自行制定。

(4) 成绩分布要求合理，优秀者一般不超过答辩人数的 20%。课程设计成绩按等级分制评分，记入学生成绩册。课程设计不及格按一门课程不及格处理。

8.1.6　课程设计说明书规范

说明书（论文）是体现和总结课程设计成果的载体，一般不应少于 5000 字。

1. 说明书（论文）基本格式

说明书（论文）要求打印。打印时正文采用 5 号宋体，16 开纸，页边距均为 20mm，行间距采用 18 磅。文中标题采用小四号宋体加粗。

2. 说明书（论文）结构及要求

(1) 封面。由学院统一印刷，到实习实训中心（或教务处）领取。包括：题目、系、班级、指导教师及时间（年、月、日）等项。

(2) 任务书。

(3) 目录。要求层次清晰，给出标题及页次。其最后一项是无序号的“参考文献”。

(4) 正文。正文应按照目录所定的顺序依次撰写，要求计算准确，论述清楚、简练、通顺，插图清晰，书写整洁。文中图、表及公式应规范地绘制和书写。

(5) 参考文献。

① 期刊杂志：

作者姓名：《所引用文章的题目》，《杂志名称》，杂志出版年份，期号。

② 著作：

作者、编者姓名：《著作名称》，出版社名称，出版年份第几版，引文所在的页码。

8.1.7 课程设计说明书样例

××××××大学

××××学院

课程设计

＊＊此处写课程设计题目＊＊

专　　业：____________________

姓　　名：____________________

学　　号：____________________

指导教师：____________________

完成时间：____________________

二〇一四年一月

××××××大学

课程设计任务书

题　　目：____________________

____

学院(部)：____________________

专　　业：____________________

班　　级：____________________

学生姓名：____________________

学　　号：____________________

____月____日至____月____日　共____周

指导教师（签字）：__________

年　月　日

一、目的及任务

1. 目的

2. 任务

二、设计原始资料

三、设计完成后提交的文件、图表等

四、进度安排

<table>
<tr><td>五、主要参考资料

</td></tr>
<tr><td>六、指导教师评语

成绩：______指导教师：(签字)：______
年　月　日</td></tr>
</table>

8.1.8　对指导教师的要求

1. 指导教师资格

（1）课程设计的指导教师一般由讲师（或相当于讲师、技师）及以上职称的教师担任。

（2）第一次承担指导工作的教师需由系组织他们亲自做一遍，并且审查合格后方可上岗。

2. 指导教师职责

（1）认真选择题目，确保题目质量；

（2）拟订并下达任务书；

（3）对学生的出勤率、工作进度和质量进行检查，对学生进行有计划地、耐心细致地指导，及时解答和处理学生遇到的问题；

（4）审查学生完成的设计图纸和资料，确认学生的答辩资格；

（5）参与答辩工作，客观公正地评价学生成绩；

（6）按照要求在规定的时间内填好成绩单，并分送学生所在系和实习实训中心（或教务处）；

（7）在指导课程设计的过程中，注意言传身教，教书育人；

（8）按照要求填好《学院课程设计情况分析表》，与课程设计资料一起存档。

3. 指导教师工作量

每位指导教师指导课程设计的人数因课程而异，在条件允许的情况下，以 20 人左右为宜，一般不能超过 30 人。

4. 对指导教师的纪律要求

在指导课程设计期间，指导教师应保证足够的指导时间，平均每个工作日指导时间不少于 4 学时。若因工作需要出差，则必须经系主任审核，报主管院长批准，并委托相当水平的教师代理指导。

8.1.9　对学生的要求

(1) 学生应端正学习态度，勤于思考、刻苦钻研，按照要求独立分析、解决问题，按计划完成课程设计任务；

(2) 注意在课程设计中自觉培养创新意识和创新能力；

(3) 必须独立完成课程设计任务，不得抄袭或找人代做，否则成绩以不及格记，并视情节轻重给予相应纪律处分。

8.1.10　课程设计成果保存

课程设计成果由系保留三年，对于有示范意义的优秀课程设计图纸及说明书（论文）保管期限可适当延长，或移交校档案室存档。

8.2　课程设计实例

8.2.1　实例一　磨煤机进料端盖裂纹补焊变形的控制

1. 设计题目

磨煤机进料端盖裂纹补焊变形的控制措施

2. 设计要求

要求根据实训室现有的设备条件和企业所能提供的试验材料，按照安全可靠、技术先进、经济合理的要求，确定试验方案，寻找一种消除补焊后变形的措施，并确定该措施与焊接变形量的关系，为现场修复磨煤机进料端盖裂纹提供依据。

3. 设计依据或题目来源背景

(1) 图纸资料，如图 8-1 所示。

(2) 某发电厂 20 万千瓦发电机组的磨煤机进料端盖在运行中产生了裂纹，两端盖中间是直径约 3960mm 的圆筒，圆筒由电动机经减速装置带动以很低的转速（16～25r/min）旋转，带料（自重、钢球、煤）运行质量达 700 余吨，端盖材料为 ZG35，磨煤机端盖结构及裂纹部位如图 8-1 所示。

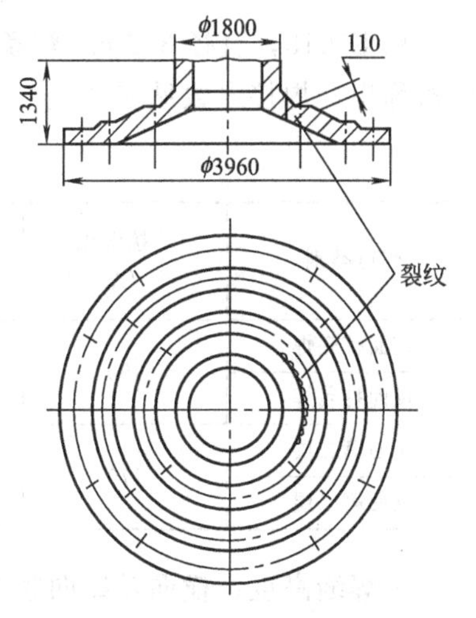

图 8-1　磨煤机端盖结构及裂纹部位

该厂共 24 台磨煤机，48 个端盖，其中 13 个端盖产生了穿透性裂纹。要进行重新制造，不仅需要花费大量的资金，而且也需要很长的制作周期，为了避免损机停电事故，节约企业资金，决定进行修复处理，在课程设计中对这些裂纹进行研究和测量。

(3) 分析磨煤机工作原理，补焊变形带来的后果。

4. 设计任务

要求在规定时间内独立完成下列工作量。

（1）设计说明书，需包括：

目录

前言

正文

① 试验材料

• 试验材料和模拟方法。

试验材料 ZG35，试件及其坡口尺寸如图 8-2 所示。

将模拟试件用砂轮机、角向抛光机及砂纸打磨至露出金属光泽，再用细砂纸打磨，打磨范围如图 8-2 所示。为测量补焊变形量需要用样冲打标距孔，标距孔布置（正、反面相同）如图 8-3 所示。

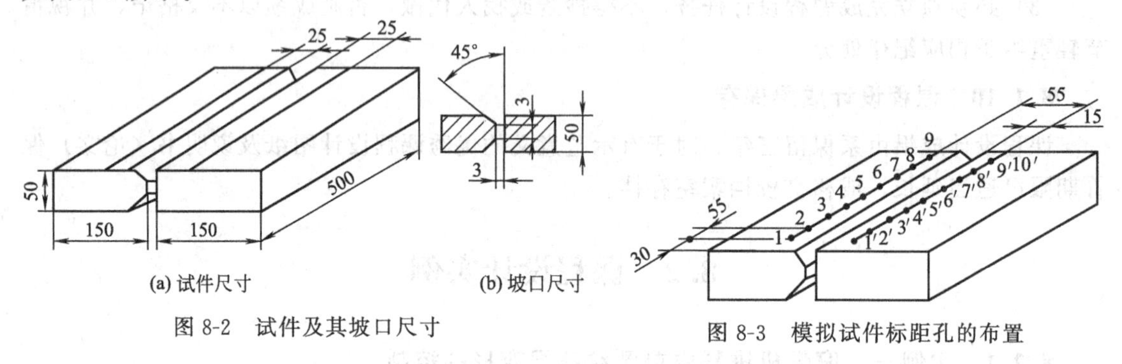

(a) 试件尺寸　　(b) 坡口尺寸

图 8-2　试件及其坡口尺寸

图 8-3　模拟试件标距孔的布置

为模拟端盖裂纹拘束条件，将图 8-2 的试件两端采用对称多层多道手弧焊分别焊满坡口，长度 100mm，如图 8-4 所示，实际模拟裂纹的长度为 300mm，相当于局部裂纹，裂纹刚度很大，模拟端盖刚度条件，对模拟焊缝采用多层多道对称焊，分别测得每层焊道焊后的横向、纵向变形量。本课程设计只测量了第一、二层焊道的变形量，因一、二层焊道的变形量最大。

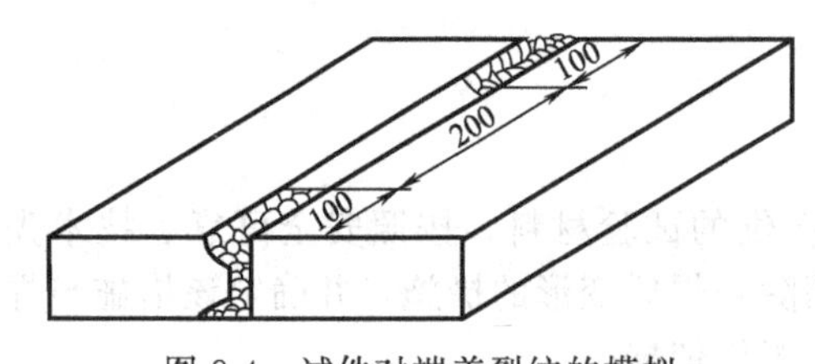

图 8-4　试件对端盖裂纹的模拟

用 E5015，直径 3.2mm 焊条打底焊，再用 E5015，直径 4mm 焊条逐层填满坡口，均采用对称焊。焊接参数见表 8-1。

表 8-1　焊道及焊接参数

<table>
<tr><th>焊道类别</th><th>焊接电流
/A</th><th>焊接电压
/V</th><th>焊接时间
/s</th><th>焊缝长度
/mm</th><th>焊接线能量
/(J/cm)</th></tr>
<tr><td>正面打底焊</td><td rowspan="2">150</td><td rowspan="2">30</td><td rowspan="2">156</td><td rowspan="2">300</td><td rowspan="2">23400</td></tr>
<tr><td>反面打底焊</td></tr>
<tr><td>正面第二层</td><td rowspan="2">170</td><td rowspan="2">32</td><td rowspan="2">130</td><td rowspan="2">300</td><td rowspan="2">23573</td></tr>
<tr><td>反面第二层</td></tr>
</table>

• 焊缝高度、横向及纵向收缩的测量。

测量焊缝高度锤击前后的变化装置如图 8-5 所示。

手工锤击焊缝劳动强度大，且效果不明显，本课程设计采用风锤（将风铲头换上圆柱形锤头）捶击焊缝，风锤风压为 0.5MPa。

打底焊道（第一层）不锤击，锤击第二层及以后各层。

模拟试件是在保证层间温度（200℃）下测量的，焊一层测一遍，因温度较高，故采用机械引伸仪测量焊缝横向、纵向的变形。

图 8-5　焊缝高度测量

1—游标卡尺；2—钢板尺；3,7—支座；4—试件；5—平台；6—焊缝

② 试验结果与讨论。

• 试验结果。

试件正反面焊缝（第二层）锤击前后，焊缝高度、横向收缩与角变形、纵向收缩与挠曲变形如图 8-6 所示。

• 试验讨论。

试件焊接时，焊缝及其附近由于在高温下的自由膨胀变形受到阻碍，产生了压缩塑性变形，即形成塑性变形区。塑性变形区的存在，相当于一个试件受到一个外加压力作用而缩短，使得端盖轴承内表面向内凸出，造成回转精度下降，保证不了机械加工后的精度，或者补焊后端盖装不到轴上去。

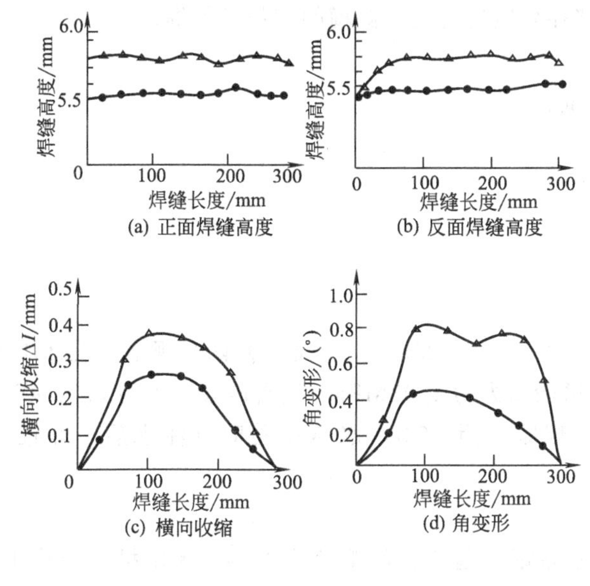

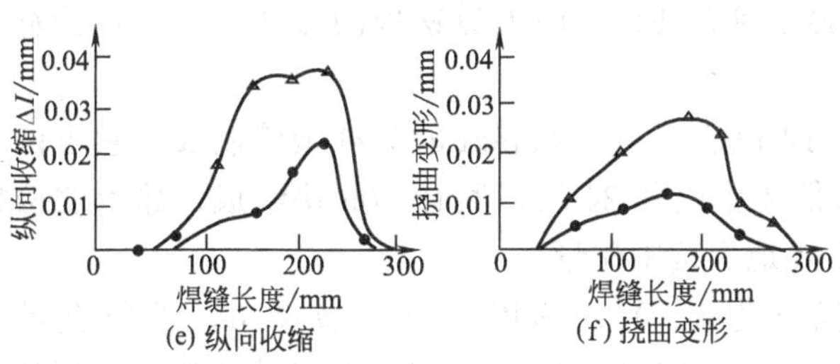

图 8-6　第二层焊道锤击前后的焊缝高度及变形曲线

△—锤击前　●—锤击后

压缩塑性变形与焊接参数、焊接方法、焊接顺序及材料热物理性质有关，而在工艺因素中，焊接线能量是主要的。因此，模拟试件采用多层多道焊，尽量减小线能量。

• 补焊变形控制措施：

用小电流、慢焊速、多层多道焊降低焊接线能量；

采用对称焊工艺，两侧同时施焊，且规范参数相同，使两侧的变形互相抵消；

焊后锤击焊缝，可以使焊缝金属延展，使塑性变形区金属的拉应力降低，变形减少。

③ 结论。

• 通过厚板模拟端盖裂纹补焊变形控制试验，得到焊缝减薄量与变形的关系。第二层焊缝减薄 0.28～0.33mm，变形值就很小，为现场补焊捶击焊缝、矫正变形提供了必要的依据。

• 通过模拟端盖材料、端盖裂纹尺寸、拘束度、坡口形式、对称焊工艺等，得出用风锤捶击焊缝可有效地控制变形。

（2）设计图样

主要设备

材料

必要图样

5. 设计时间

______年______月______日至______年______月______日

指导教师：____________（签名）

______年______月______日

注：课程设计时间建议为一周～二周；建议3～5人左右为一个设计小组，一个小组可共同设计同一个题目。

衍生题目：（1）磨煤机端盖裂纹补焊焊接材料的选用与焊接工艺

（2）大型球磨机裂纹 CO_2 焊修复

8.2.2 实例二 2000m³ 球罐的焊接实例

1. 设计题目

2000m³ 球罐的焊接工艺

2. 设计要求

指导教师给出球罐参数，同学调研掌握 GB 12337—1998《钢制球形储罐》标准，GB/T 150—1998《钢制压力容器》标准，储罐储存介质的特性、储罐的工作条件等。

3. 设计任务

要求在规定时间内独立完成下列工作量。

（1）设计说明书，需包括：

目录

前言

正文

① 设备参数。

球罐内径 15.7m，容积 2000m³。板厚为 25mm、28mm（赤道带）两个规格。设计压力为 0.7MPa，工作压力为 0.64MPa，水压试验压力为 1.03MPa，气密试验压力为 0.72MPa，设计温度为常温，介质为丁烯、丁二烯。球罐自重 162t，水压试验时（注水后）球罐总重 2200t。

② 制造概况。

该球罐按 GB 12337—1998《钢制球形储罐》制造。球瓣片由 2000t 水压机冷压成形。为消除冷作硬化现象，球瓣片经 550～580℃回火处理，回火后钢板的力学性能经检验符合要求。

球罐本体焊缝总长 650m。支柱采用 12 根 ϕ529mm×8mm 的无缝钢管制成。它由南北两极各一块、南北寒带各 16 块、南北温带及赤道各 24 块，共计 106 块组成，除南北两极外，每两块板在工厂预先拼焊好，以减少工地焊接工作量。

焊前，经焊接裂纹试验确定预热温度为 100℃，选用 E5015 型焊条，焊条直径为 3.2mm 和 4mm 两种。由几种位置的焊接试板验证试验表明，各项力学性能指标均达到设计要求。

③ 焊前准备。

• 材料检验。原材料需进行逐张复验，钢材力学性能及化学成分要符合有关产品制造法规、标准和技术条件的规定。

• 坡口加工。球瓣片冷压成形前，一次下料时切出坡口。坡口采用不对称双 V 形，如图 8-7 所示。由于大坡口面在外，可以减少罐内焊接工作量。成形后，坡口边缘应磨光，并用着色或磁粉探伤。若发现有缺陷，如裂纹、夹层等应进行修补，严重者应更换。球壳板加工好以后，在车间内按带试装，并试装相邻的两个带。试装时，可作适当修整，合格后按位置编号，并将每两个带先行焊接。

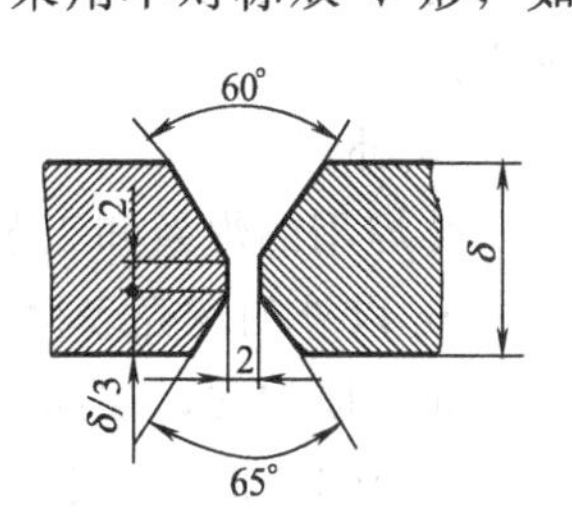

图 8-7 球壳板的坡口形式

• 预热装置。采用弯成弧度的凹形和凸形丙烷喷管加热。

• 焊条的烘干。焊条应由专人管理，焊条经 350～400℃烘焙 2h 后放入 100～120℃的烘箱内保温，随用随取。焊工配备保温筒，取出的焊条超过 4h 时，应重新烘干。

• 焊接变形的防止。为防止焊接变形，纵缝和环缝的焊接都在球形焊接夹具上进行，在凹形夹具上焊内焊缝，在凸形夹具上焊外焊缝，并用弧形加强板固定，罐内采用十字交叉支撑。焊后检查，如有超标变形可用水压机进行矫正。

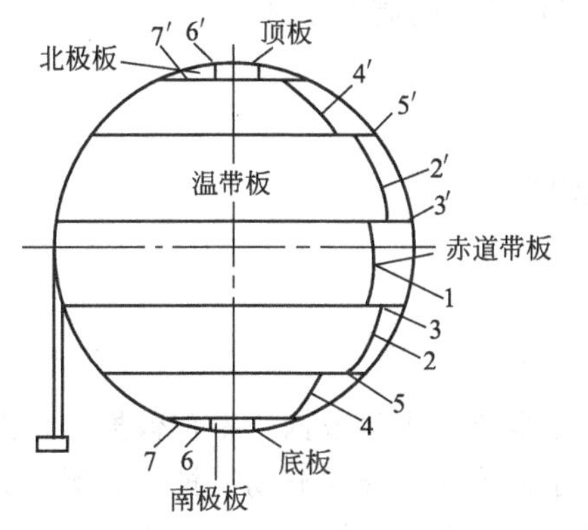

图 8-8 球罐焊接顺序示意图

④ 现场施焊。

• 焊接程序。球罐本体的焊接采用总体装配后再焊接的程序。优点是：变形小，有利于保证整体尺寸和形状。但拘束度大，容易产生裂纹。焊接顺序是从中间（赤道带）向二极，先纵缝后环缝，先外后内，焊接顺序示意图如图 8-8 所示。

• 焊接方法。为使收缩变形均匀，应力较小，采用对称焊法。每一组带焊接时，各条纵缝应同时施焊。如赤道带、南北温带，由 24 名焊工同时焊接。环缝焊接时，由多名偶数的焊工对称分段、朝同一方向施焊。施焊时应注意，各层焊道的接头应错开。

每条焊缝都先在外侧用 ϕ3.2mm 的焊条焊两层。然后反面拆除装配马、圆弧加强板、清除焊根、排除未焊透等缺陷，砂轮磨光后，经着色或磁粉探伤合格后，分别用 ϕ3.2mm 和 ϕ4.0mm 焊条焊满内侧。再用 ϕ4.0mm 焊条将外侧焊满。平焊、立焊、仰焊缝采用多层焊，横焊缝采用多层多道焊。焊缝完全焊完并进行后热后，相隔 24h 以上，进行 X 射线或超声波探伤，并进行表面裂纹检查，以防漏检延迟裂纹。水压试验前，还需进行焊缝表面的磁粉检测。

焊接前在焊缝背面采用丙烷管预热，把火焰对准焊缝中心，同时在正面坡口两侧 50mm 处进行测温，当达到 100℃时开始施焊。焊接时火焰不熄灭，用能量较小的火焰燃烧，当低于预热温度时，应随时加热。层间温度不低于 100℃。每条焊缝焊完后，继续加热 30min 后缓冷。

• 支柱及其他附件的焊接。支柱及其他附件与球罐罐体的焊接处，均应预热至 100℃，工艺参数适当大些。焊接时不准在坡口处随意引弧，以防产生淬硬组织。

球罐共有 12 根支柱，可先焊其中的 6 根，待先焊支柱全部焊妥并冷却后，再焊其余 6 根，以防变形或下沉。每根支柱焊完后，继续加热 20～30min。全部焊完 24h 后，进行着色或磁粉探伤。

• 焊缝的返修。经 X 射线、超声波及表面探伤检出的超标准缺陷，应返修。根据缺陷存在的实际情况进行电弧气刨。气刨后应将表面打磨光滑，经检查确认缺陷清除后方可补焊。

⑤ 补焊。

补焊用的焊条和工艺参数应与正式焊接时相同。补焊处需预热，要求在相距补焊位置100mm以外的球壳表面温度达到150℃时，才能开始补焊。当补焊长度超过500mm时，采用逆向分段焊法，层间温度不低于100℃。补焊后立即用氧乙炔焰加热0.5h，24h后进行射线（100%）和超声波（大于20%）探伤。

对于球罐本体的对接焊缝、热影响区以及与其相连接的任何形式的焊缝和热影响区，在去除吊环、工装夹具后的焊接痕迹处均应在水压试验前、后作表面探伤（探伤比例分别为100%、大于20%，探伤方法为MT或PT）。

球罐经无损探伤（RT、UT、MT或PT）检查合格后，进行整体热处理（包括产品试板），最后进行耐压试验。

（2）设计图样

衍生题目：（1）圆筒形储罐（600MW压力式除氧器水箱）的制造工艺

（2）热交换器的制造工艺

（3）塔器的制造工艺

8.2.3 实例三 压力容器焊接结构加工的质量控制

1. 设计题目

产品质量控制技术

2. 设计要求

掌握质量控制的基本原理：质量管理的一项主要工作是通过收集数据、整理数据，找出波动的规律，把正常波动控制在最低限度，消除系统性原因造成的异常波动。把实际测得的质量特性与相关标准进行比较，并对出现的差异或异常现象采取相应措施进行纠正，从而使工序处于控制状态，这一过程就叫做质量控制。

掌握质量控制的步骤：

（1）选择控制对象；

（2）选择需要监测的质量特性值；

（3）确定规格标准，详细说明质量特性；

（4）选定能准确测量该特性值的监测仪表标准或自制测试手段；

（5）进行实际测试并做好数据记录；

（6）分析实际与规格之间存在差异的原因；

（7）采取相应的纠正措施。

在上述七个步骤中，最关键有两点：

（1）质量控制系统的设计；

（2）质量控制技术的选用。

3. 设计内容

内容之一：质量控制系统设计

在进行质量控制时，对需要控制的过程、质量检测点、检测人员、测量类型和数量等几个方面进行决策，这些决策完成后就构成了一个完整的质量控制系统。

（1）过程分析　一切质量管理工作都必须从过程本身开始。在进行质量控制前，必须分析生产某种产品或服务的相关过程。一个大的过程可能包括许多小的过程，通过采用流程图分析方法对这些过程进行描述和分解，以确定影响产品或服务质量的关键环节。

(2) 质量检测点确定　在确定需要控制的每一个过程后，就要找到每一个过程中需要测量或测试的关键点。一个过程的检测点可能很多，但每一项检测都会增加产品或服务的成本，所以要在最容易出现质量问题的地方进行检验。典型的检测点包括以下几个方面。

① 生产前的外购原材料或服务检验。为了保证生产过程的顺利进行，首先要通过检验保证原材料或服务的质量。当然，如果供应商具有质量认证书，此检验可以免除。另外，在JIT（准时化生产）中，不提倡对外购件进行检验，认为这个过程不增加价值，是"浪费"。

② 生产过程中产品检验。典型的生产中检验是在不可逆的操作过程之前或高附加值操作之前。因为这些操作一旦进行，将严重影响质量并造成较大的损失。例如在陶瓷烧结前，需要检验。因为一旦被烧结，不合格品只能废弃或作为残次品处理。再如产品在电镀或油漆前也需要检验，以避免缺陷被掩盖。这些操作的检验可由操作者本人对产品进行检验。生产中的检验还能判断过程是否处于受控状态，若检验结果表明质量波动较大，就需要及时采取措施纠正。

③ 生产后的成品检验。为了在交付顾客前修正产品的缺陷，需要在产品入库或发送前进行检验。

(3) 检验方法　要确定在每一个质量控制点应采用什么类型的检验方法。检验方法分为：计数检验和计量检验。计数检验是对缺陷数、不合格率等离散变量进行检验；计量检验是对长度、高度、重量、强度等连续变量的计量。在生产过程中的质量控制还要考虑使用何种类型控制图问题：离散变量用计数控制图，连续变量采用计量控制图。

(4) 检验样本大小　确定检验数量有两种方式：全检和抽样检验。确定检验数量的指导原则是比较不合格品造成的损失和检验成本相比较。假设有一批500个单位产品，产品不合格率为2%，每个不合格品造成的维修费、赔偿费等成本为100元，则如果不对这批产品进行检验的话，总损失为100×10=1000元。若这批产品的检验费低于1000元，可对其进行全检。当然，除了成本因素，还要考虑其他因素。如涉及人身安全的产品，就需要进行100%检验。而对破坏性检验则采用抽样检验。

(5) 检验人员　检验人员的确定可采用操作工人和专职检验人员相结合的原则。

内容之二：质量控制技术

质量控制技术包括两大类：抽样检验和过程质量控制。

抽样检验通常发生在生产前对原材料的检验或生产后对成品的检验，根据随机样本的质量检验结果决定是否接受该批原材料或产品。过程质量控制是指对生产过程中的产品随机样本进行检验，以判断该过程是否在预定标准内生产。抽样检验用于采购或验收，而过程质量控制应用于各种形式的生产过程。

衍生题目：产品质量检验技术

8.2.4　实例四　压力容器焊接结构生产管理

1. 设计题目

压力容器焊接结构加工车间生产组织管理

2. 课程设计内容

生产组织管理工作

（1）生产的概念及生产要素

① 生产的概念：是将生产要素、投入的资源转移为有形和无形的生产财富、产品和服务，由此增加附加产值，并产生效用的功能。

② 生产要素

• 生产对象：主要材料和辅助材料等。

• 生产手段：机器设备、工装、动力运输和储存设施等。

• 劳动力：体力、脑力和智力的总和。

• 生产信息：指生产活动中应用的知识、经验、技术等，也包括组织生产过程所需的程序、方法和数据资料等。

• 生产资金。

（2）生产的基本过程

① 工艺过程：即直接改变劳动对象的性质、形状、大小等的过程。

② 检验过程：即劳动对象在各生产环节进行质量检验的过程。

③ 运输过程：即劳动对象在各生产单位间运输的过程。

④ 自然过程：即在自然力的作用下，使劳动对象发生物理或化学变化的过程。

⑤ 储存等待过程：即劳动对象处于储存或等待的过程。

⑥ 生产技术准备过程：指新产品在投入生产前或改造老产品而进行的各种生产技术准备工作。

⑦ 基本生产过程：指直接对劳动对象进行加工而制成企业基本产品的过程，是企业的主要活动。

⑧ 辅助生产过程：指为保证基本生产过程正常进行所必需的各种辅助产品的生产过程。

⑨ 生产服务过程：指为基本生产和辅助生产过程所进行的各种生产服务活动。

⑩ 附属生产过程：指企业根据自身的条件，生产市场所需的但不属于本企业专业方向的产品而进行的生产过程。

（3）生产过程

① 生产过程的连续性：指产品在生产过程中的运动，自始至终处于连续状态，没有或很少有不必要的中断、停顿和等待现象。

② 生产过程的平行性：指生产过程的各项活动在时间上实行平行交叉作业。

③ 生产过程的比例性：指生产过程和各个生产阶段、各道工序以及各种设备的生产能力要适合产品制造数量和质量要求的比例关系。

④ 生产过程的节奏性、均衡性：指企业及其各个生产环节，在一定时间内（如月、旬、周、日）生产数量相等或递增的产品，使工作地和人员的负荷保持相对的稳定，均衡地完成生产任务。

⑤ 生产过程的适应性：指企业的生产过程对产品的变动具有较强的应变能力。

（4）广义的生产类型

① 以设备的先进程度来划分：

• 技术密集型；

• 资金密集型；

• 劳动密集型。

② 按生产任务的来源来划分：

• 订货式生产；

• 存货式生产。

③ 按生产工艺的特点来划分：

• 合成型；

• 分解型；

• 调制型；

• 提取型。

④ 按生产的连续程度来划分：

• 连续生产；

• 间断生产。

(5) 狭义的生产类型

按工作地的专业化程度和生产产品的重复程度来划分可分为以下几种。

① 大量生产。

② 成批量生产：

• 大批量生产；

• 中批量生产；

• 小批量生产。

③ 单件生产。

总结上述三种生产类型的技术经济特性以及对生产管理的影响。

衍生题目：(1) 压力容器焊接结构加工车间生产的技术管理

(2) 生产计划

(3) 生产库存控制

8.2.5 实例五　罐式集装箱角件与框架焊接

1. 设计题目

罐式集装箱角件与框架焊接

2. 题目来源

某单位目前接到一批罐式集装箱生产订单，根据集装箱检验规范相关规定，对集装箱的框架的平面度和垂直度要求比较高，所以针对此种情况，制定以下工艺措施来保证产品的质量，集装箱焊接件如图 8-9 所示。

图 8-9 为罐式集装箱端框结构图，顶横梁、底横梁、立柱的结构形式均为方钢管，角件为铸钢件。

3. 解决方案

为防止顶横梁、底横梁、立柱与角件焊接完成后发生变形，导致其内凹或者外凸，我们从焊接方法、焊接坡口装配精度、装配工艺等方面考虑，采取一系列措施控制焊接变形。

(1) 焊接方法：CO_2 气体保护焊

由于 CO_2 气体保护焊的热输入相对于焊条电弧焊等焊接方法相对较小，而且电流密度较大，能在较小的热输入情况下取得足够的熔深，减少焊接接头的变形量。

(2) 焊接参数：方钢管上采用单 V 形 30°坡口

由于角件上开坡口难度较大，选用在方钢管侧开出单 V 形 30°坡口，既能保证顶横梁、

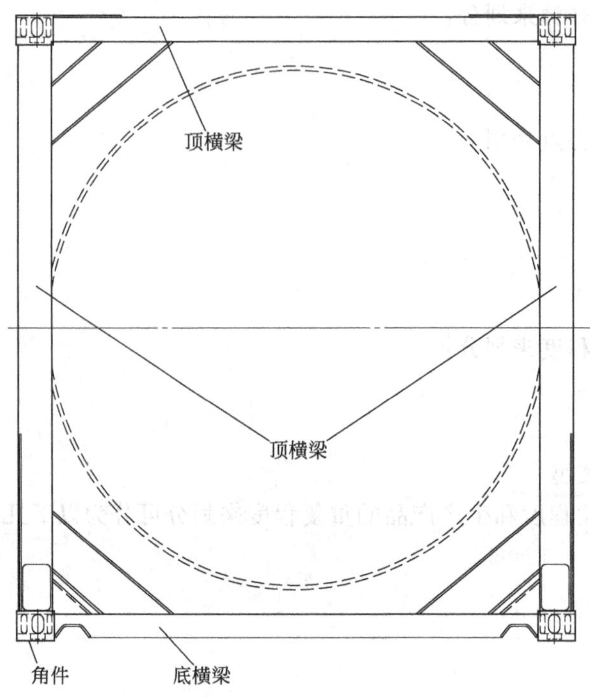

图 8-9 罐式集装箱角件与框架焊接结构图

底横梁、立柱与角件焊缝的熔深，而且减少焊接填充量，减小了焊接变形。

(3) 装配精度：顶横梁、底横梁、立柱与两端角件对接时均留出 2mm 间隙，此工艺一方面是保证两端焊缝间隙均匀，保证焊接过程中焊缝、母材的伸缩均匀，另一方面使焊缝焊透，保证强度，避免在焊接过程中两端伸缩不匀，一段凸起等现象发生。

(4) 装配工艺：在顶横梁、底横梁、立柱与两端角件装配过程中，采取一定的紧固措施，控制其焊接变形量；并要求两个焊工沿中心线两端同时对称焊接，控制焊接变形。

4. 结论

在实际生产过程中，通过上述措施，很好地控制了顶横梁、底横梁、立柱等的焊接变形量，均符合相关标准要求。

8.2.6 实例六 挂车牵引鞍座焊接变形的控制

1. 设计题目

挂车牵引鞍座焊接变形的控制

2. 题目来源

某单位生产的挂车在一段时间内经常出现牵引销和牵引鞍座焊接完成后底板中部向牵引销侧凸起，变形较严重现象，影响后续使用，针对此情况，对此问题进行了深入分析和探讨，找出了问题之所在，并采取一系列措施将此问题解决，提高了牵引销的焊接质量，牵引销结构如图 8-10 所示。

3. 解决方案

(1) 焊接方法

牵引销与底板焊接采用焊条电弧焊，加强筋与底板焊接采用 CO_2 气体保护。之所以这么选择，是因为牵引销与底板的焊缝为重要焊缝，使用过程中为主受力焊缝，采用焊条电弧

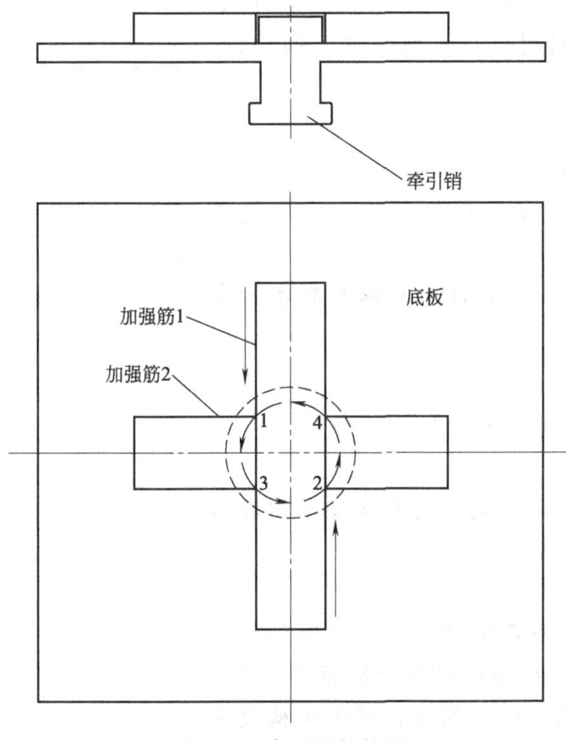

图 8-10　牵引销结构图

焊焊接是为了保证其焊缝强度和质量，而加强筋与底板的焊缝在使用过程中受力不大，可采用热输入较小的 CO_2 气体保护焊，减少热输入，控制焊接变形。

（2）焊接顺序

如图 8-10 所示，牵引销与底板的焊缝焊接顺序采取的是分段对称焊接，控制焊接变形，加强筋 1 与底板、牵引销的焊缝采取的是两焊工对称同时焊接，使两侧焊缝伸缩互补，控制焊接变形。

（3）焊后热处理

焊接完成后，对加强筋与底板的焊缝进行焊后热处理，消除焊接应力。

4. 结论

通过上述措施焊接完成后的牵引销的变形量符合设计要求，解决了焊接变形问题。

8.2.7　实例七　风力发电塔筒法兰与筒体焊接变形的控制

1. 设计题目

风力发电塔筒法兰与筒体焊接变形的控制

2. 题目来源

某单位生产的风力发电塔筒项目中，由于法兰面上面需安放电机等设备，所以其锻件法兰的平面度要求特别高，不能外翻，风力发电塔如图 8-11 所示。

3. 解决方案

（1）法兰锻造时预制一定的内倾度

根据实际情况在法兰锻造时，预先制出一定的内倾度，这样保证焊接后法兰不向外翻。

（2）开内侧坡口

如图 8-11 所示，开内侧坡口，并保证内侧的焊接量比外侧多，从而利用焊缝收缩使法兰向内倾，保证技术要求。

4. 结论

通过上述控制变形措施，保证了法兰与筒体焊接完成后的内倾度，把焊接变形量控制在合格范围内。

8.2.8 实例八 秋千立柱焊接接头断裂的力学分析

1. 设计题目

秋千立柱焊接接头断裂的力学分析。

2. 题目来源

题目来自一起民事诉讼案，实例从技术角度对焊接接头的力学破坏进行了分析。

3. 问题概述

某广场有一娱乐健身用的秋千，用材质牌号为 10 钢，规格为 ϕ51mm×3.5mm 钢管焊接而成，其中一根立柱紧贴地面处有一焊接接头，具体结构尺寸见图 8-12。该设施投入运行使用不到 3 个月，发现立柱焊接接头断裂，险些酿成事故。

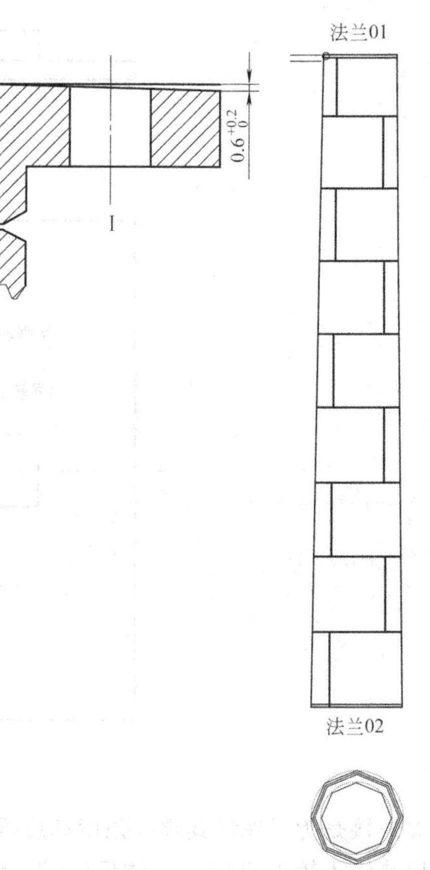

图 8-11 风力发电塔结构

4. 秋千立柱焊接接头的受力分析

健身者在秋千上做往复摆动，健身者受力情况为自身重力 G，绳索的拉力 F，将重力 G 分解成 $F_{离}$ 和 $F_{切}$，$F_{离}$ 与 $F_{相}$ 平衡，$F_{切}$ 既是使健身者做往复摆动的切向力，同时也对焊接接头产生变曲力矩 M，见图 8-13。弯曲力矩 M：

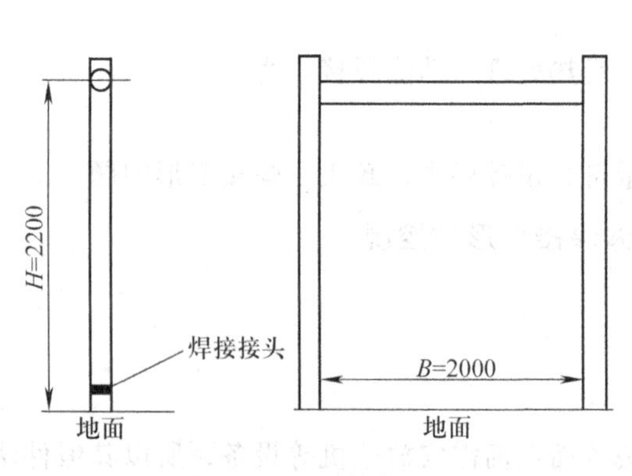

图 8-12 秋千结构尺寸

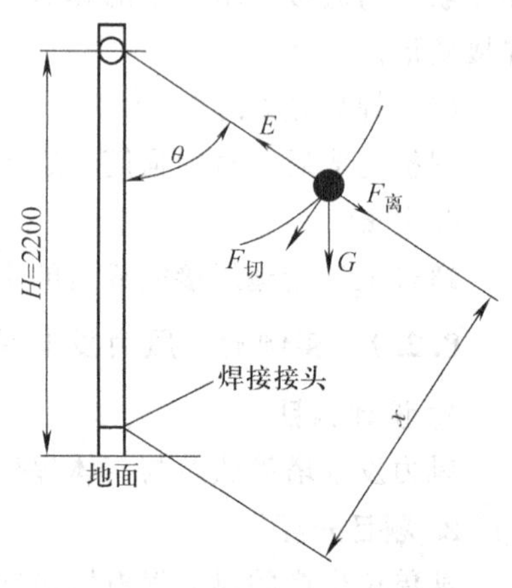

图 8-13 秋千受力图

$$
\begin{aligned}
M &= F_{离} \cdot x \\
&= G\cos\theta \cdot H\sin\theta \\
&= \frac{1}{2} GH\sin 2\theta
\end{aligned}
$$

从上式得出，当 $\theta=45°$ 时，弯曲力矩达到最大值，$M_{max}=\frac{1}{2}GH$。假设健身者体重50kg，则：

$$M_{max}=\frac{1}{2}\times50\times9.8\times2.2$$
$$=539N\cdot m$$
$$=0.539\times10^3kN\cdot m$$

管子外径为 D，内径为 d，见图 8-14，焊接接头横断面惯性矩 I_y：

$$I_y=\frac{\pi}{64}(D^4-d^4)$$
$$=\frac{3.14}{64}(0.051^4-0.044^4)$$
$$=1.48\times10^{-7}m^4$$
$$x_a=\frac{D}{2}$$
$$=\frac{0.051}{2}$$
$$=0.0255m$$

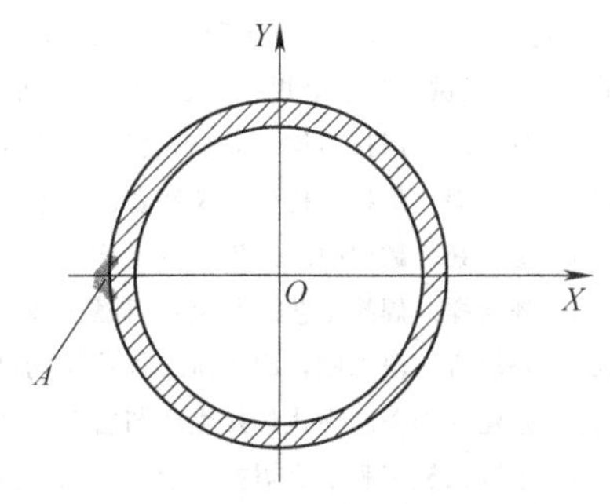

图 8-14　秋千立柱焊接接头横断面

则 A 点最大应力：

$$\sigma_A=\frac{M_{max}\cdot x_a}{I_y}$$
$$=\frac{0.539\times10^3\times0.0255}{1.48\times10^{-7}}$$
$$=92.8MPa$$

5. 焊接接头的断裂分析

尽管 A 点所处的应力（是拉压交变应力）最大也仅为 92.8MPa，远低于 10 钢的屈服强度极限（$\sigma_S=205MPa$），但从焊接接头断裂断面形貌观察是存在未焊透，焊接时未开坡口，只焊一遍，存在未熔合缺陷，相当于断裂力学里的边缘裂纹，即属于张开型（Ⅰ型）裂纹，随着拉压交变应力的作用，对裂纹扩展危害性最大，裂纹扩展速度会加剧。裂纹在边缘还是在中心要进行断口形貌分析。因此，使材料所能承担的载荷降低很多，亦即在低载荷时就发生破坏。

6. 预防措施

(1) 应进行开坡口焊接，焊接两遍，一定要调整好焊接电流，一定保证焊透，有条件的应进行水压试验和 X 光无损探伤拍片；

(2) 尽量用整根钢管做立柱，如果必须拼接，应将接头安排在远离地面端（即上部）的位置。

参 考 文 献

[1] 邢晓林. 焊接结构生产，化学工业出版社，2002.
[2] 王国凡. 钢结构焊接制造，化学工业出版社，2004.
[3] 赵岩，高昭福，吴文飞，宋学成. 热壁加氢反应器现场焊接的监检. 中国锅炉压力容器安全，1999 (3) 32-33.
[4] 田锡唐. 焊接结构. 北京：机械工业出版社，1996.
[5] 贾安东. 焊接结构与生产. 北京：机械工业出版社，2007.
[6] 邓洪军. 焊接结构生产. 北京：机械工业出版社，2004.
[7] 付荣柏. 焊接变形的控制与矫正. 北京：机械工业出版社，2006.
[8] 陈祝年. 焊接工程师手册. 北京：机械工业出版社，2002.
[9] 中国机械工程学会焊接学会. 焊接手册——焊接结构. 第2版. 北京：机械工业出版社，2001.
[10] 黄正闫. 焊接结构. 北京：机械工业出版社，1991.
[11] 周浩森. 焊接结构生产及装备. 北京：机械工业出版社，1992.
[12] 王云鹏，戴建树. 焊接结构生产. 北京：机械工业出版社，2004.
[13] 陈云祥. 焊接工艺. 北京：机械工业出版社，2003.
[14] 宗培言，段志刚，闵庆凯. 焊接结构制造技术与装备. 北京：机械工业出版社，2007.
[15] 张建勋编著. 现代焊接生产与管理. 北京：机械工业出版社，2005.
[16] 中国机械工程学会焊接学会. 北京：焊接手册：第3卷. 北京：机械工业出版社，2003.
[17] 赵岩. 磨煤机端盖裂纹补焊变形的控制. 焊接，1994 (8)：21-23.
[18] 李亚江，张永喜，王娟等. 焊接修复技术. 北京：化学工业出版社，2005.
[19] 孙爱芳，吴金杰. 焊接结构制造. 北京：北京理工大学出版社，2007.
[20] 杨松. 锅炉压力容器焊接技术培训教材. 北京：机械工业出版社，2006.
[21] 赵朝夕，赵岩. 秋千立柱焊接接头断裂力学分析. 焊接技术，2015 (3).